象山港入海污染物总量控制及减排考核应用研究

费岳军　刘　莲　主编

海洋出版社

2018年·北京

图书在版编目（CIP）数据

象山港入海污染物总量控制及减排考核应用研究/费岳军，刘莲主编. —北京：海洋出版社，2018.3
ISBN 978-7-5210-0045-0

Ⅰ.①象… Ⅱ.①费… ②刘… Ⅲ.①象山港-海洋污染-总排污量控制-研究 Ⅳ.①X55

中国版本图书馆 CIP 数据核字（2018）第 040491 号

责任编辑：常青青
责任印制：赵麟苏
海洋出版社 出版发行
http：//www.oceanpress.com.cn
北京市海淀区大慧寺路 8 号 邮编：100081
北京朝阳印刷厂有限责任公司印刷
2018 年 3 月第 1 版 2018 年 3 月北京第 1 次印刷
开本：880 mm×1230 mm 1/16 印张：18
字数：511 千字 定价：78.00 元
发行部：62132549 邮购部：68038093
总编室：62114335 编辑室：62100038
海洋版图书印、装错误可随时退换

《象山港入海污染物总量控制及减排考核应用研究》
编写委员会

主　编：费岳军　刘　莲

顾　问：黄秀清

副主编：何琴燕　曹　维　刘艳云　魏天飞

编　委：俞海波　徐　清　杨耀芳　周巳颖

　　　　秦铭俐　姚炎明　陈　琴　魏永杰

目　录

第1章 概 述

象山港位于宁波市东南部，穿山半岛与象山半岛之间，东临太平洋，北面紧邻杭州湾，南邻三门湾，东侧为舟山群岛，通过青龙门、双屿门和牛鼻山水道与外海相连，是一个东北向西南入内陆的狭长形半封闭型港湾。港区跨越奉化、宁海、象山、鄞州、北仑5个县（市、区），海港岸线总长406 km，其中大陆岸线长297 km。象山港是我国典型的狭长形港湾，水体交换能力差，自净能力弱，海洋生态环境比较脆弱。随着环象山港区域开发利用活动的频繁和扩大，大量污染物进入海域，使近岸海域的环境污染日益加重，甚至影响到沿海地区社会经济的进一步健康发展。开展象山港入海污染物总量控制及减排考核应用研究，在确保象山港海洋环境资源的充分利用的同时，有效保护生态环境，促进象山港区域社会经济的可持续发展，加快推进宁波海洋生态文明示范区的建设，将为实施海域污染物总量控制管理和国家节能减排政策积累经验，为象山港乃至浙江省海域实施总量控制和减排管理提供示范。

1.1 研究背景和意义

长期以来，我国环境管理主要采取污染物排放浓度控制，浓度达标即视为合法。近年来，国家适当提高了主要污染物排放浓度标准，但由于受技术、经济条件的限制，单靠控制浓度达标，无法有效遏制环境污染加剧的趋势，必须对污染物排放总量进行控制。目前国家环保部承担落实国家减排目标的责任，包括水（流域、海域）污染物总量控制和大气污染物总量控制。在实际工作中，采用“存量管理”进行减排考核，如陆域、大气的减排目标一般按10%进行。对于海域污染物总量控制制度的实施，基本尚属空白。鉴于海洋的特殊地理区域特性，主要受潮涨潮落影响明显，存在自身的净化能力和环境承载力，因此，对于海域污染物总量控制采用“存量管理”进行减排尚不科学。我们认为，根据海域水体交换特点和水体污染现状，并结合区域发展需求，来确定海域环境容量以及入海污染物总量减排量则更为科学，即建立“以海定陆”理念的入海污染物总量减排考核技术，从而有效实现经济社会发展和生态效益有机统一。

随着社会经济持续快速发展，象山港区域综合实力日益增强，特别是临港产业的迅猛发展以及环杭州湾产业带的逐步形成，这在给象山港区域发展带来良好发展机遇的同时，也使象山港区域发展面临着诸多难题，如生态环境压力较大、资源优势尚未充分发挥、实现区域可持续发展的体制机制仍未形成等。当前，生态环境的战略价值日益凸显，浙江海洋经济上升为国家战略。在此背景下，该区域发展也正迎来新的重大机遇。进一步推进象山港区域可持续发展，是宁波市加快发展海洋经济的重要内容，也是宁波市加快建设现代都市和提升城乡居民生活品质的重要载体。

象山港作为一个相对独立而又脆弱的生态系统，各级政府都高度重视象山港区域的发展，鉴于象山港在宁波市海洋经济中的重要地位和目前该海域存在的问题严重性，以及现有的研究基础和政策性保障等有利条件，制定象山港主要污染物总量控制及考核制度，并开展减排示范。以行政单元为考核主体，以主要入海点源为考核对象，控制不同类型污染源的主要污染物排放总量，确保在象山港海域海洋环境资源得到充分利用的同时，有效保护生态环境，促进象山港区域社会经济的可持续发展，加快推进宁波海洋生态文明示范区建设，对推进全省全面实施重点港湾污染物总量控制管理、落实国家节能减排政策具有重要意义。

象山港入海污染物总量控制及其示范应用研究工作主要由宁波市海洋环境监测中心承担，浙江大学和宁波大学作为技术支撑单位共同完成，分别负责象山港环境容量核算和象山港区域保护体制机制创新。研究工作自1998年获国家海洋局和宁波市政府立项以来（即“象山港环境容量及污染物总量控制研究”），已历经近20年。项目研究包括，理论研究和成果应用两个阶段，为浙江省首次开展的入海污染物总量控制研究，为全国示范港湾研究。随后，依托多年（2005—2015年）宁波市海洋与渔业专项资金支持，开展象山港入海污染物总量减排考核及其示范应用研究，即从1998年以汇水区单元，到以“行政单元”“减排示范”“考核试点”为研究目标。

减排研究成果经宁波市发改委、宁波市海洋行政管理部门采纳，已成功应用于2014年和2015年象山港周边5个县（市、区）的减排考核工作中，并且在“以海定陆”以及浙江省和宁波市“五水共治”政府决策中发挥了积极作用。

基于上述研究成果及减排试点示范经验，编著完成本书，以期为浙江省乃至全国港湾实施污染物总量控制研究和减排管理提供参考。

1.2 主要研究内容

在了解象山港区域自然环境、社会经济、开发利用现状等的基础上，通过象山港污染源调查，确定象山港主要污染物的初始源强；结合海域水质现状和污染源特征，通过建立水动力、泥沙输运、污染物扩散迁移模型，确定海域环境容量及总量控制减排目标；制定象山港入海污染物总量控制和减排考核方案，并开展5个县（市、区）减排考核示范应用。

（1）开展污染源调查，核算初始源强

调查范围覆盖整个象山港区域，跨越奉化、宁海、象山、鄞州、北仑5个县（市、区），内容包括环象山港海域沿岸污染源现场踏勘、污染源的统计调查以及陆源入海口（河流、水闸、工业企业直排口）污染现状采样调查，分析象山港入海污染物的污染时空分布特征及污染排放现状，核算象山港区域各类污染物的入海源强以及各入海口污染物的初始源强。

本文在入海污染物初始源强的确定中，在传统仅以线-面和污染物产生原因的基础上，首次提出以污染物入海方式、采用以点（入海口）为单元确定入海污染物源强，改变了仅以线-面为基础的传统核算方法，丰富了入海污染负荷和初始源强确定的内涵，提高海域污染物总量控制的针对性和可操作性。

（2）确定海域环境容量及总量控制减排目标

确定象山港建立水动力模型和污染物扩散模型，模型网格平均密度约150 m，最小达60 m。根据象山港区域入海污染源调查，基于海域环境净化能力和承载力的分析，以象山港污染物扩散模型为基础，计算各入海口污染物响应系数场，确定各入海口主要污染物的环境容量和减排量。

以点代替行政单元，根据入海口不同的排污方式进行分类，按照不同的排污量量级进行分组，采用分类分组的配权分配技术，将总减排目标分配至各入海口，科学确定入海污染物总量减排量。

（3）制定总量控减排考核方案及其示范应用

从环境承载力和社会经济现状发展需求，首次以行政单元为考核主体，以主要入海点源（河流、水闸、工业企业直排口的入海口）为考核对象，科学制定总量减排考核方案，并在象山港沿岸5个县（市、区）开展减排考核示范应用。

建立以“行政单元—海洋点源化”为技术理论依据的象山港入海过程中，考核对象难以着陆的问题。

同时，在总量控制考核设计中，除考虑总量控制外，将减排工程纳入考核指标，使入海污染物总量控制及减排考核方案更具可操作性。

（4）象山港区域环境保护措施、管理建议以及创新机制研究

对象山港主要污染物总量控制和考核制度提出相应的对策及保障措施，通过组织协调、监测评估、财政倾斜、协同配合、奖惩机制以及舆论监督，切实落实污染物总量控制及考核制度。

1.3 资料来源

1.3.1 资料收集

象山港入海污染主要包括工业污染、生活污染、畜禽养殖污染、农业污染、水土流失和海水养殖污染等各类污染源，资料收集主要包括象山港沿岸5个县（市、区）2012年正式出版的统计年鉴以及各相关行业管理部门提供的污染源统计资料，用于污染源强估算，为海域环境容量计算提供基础数据。具体包括：①工业排污主要通过收集当地环保部门工业排污等相关统计资料获取；②生活、农业、水土流失、禽畜养殖等陆源面源主要通过象山港周边5个县（市、区）统计年鉴获取人口、耕地面积、禽畜养殖量等相关统计数据、采用相关公式估算其污染源强；③海水养殖污染源主要通过当地海洋与渔业部门获取海水养殖量等相关统计资料，采用相关公式估算得出其污染源强；④径流量资料通过各县（市、区）水利部门获取。

1.3.2 现场调查

为了解和掌握象山港海域的主要污染来源以及周边陆源和海域的开发利用活动，环象山港开展了现场踏勘和现状采样调查，从而获取象山港陆源入海排放现状和海域生态环境现状等第一手基础资料，为象山港污染物总量控制及减排技术研究奠定基础。

1.3.2.1 现场踏勘

（1）踏勘时间

2013年11月。

（2）踏勘范围

环整个象山港区域，包括北仑、鄞州、象山、宁海、奉化5个县（市、区）。

（3）踏勘内容

象山港污染物主要入海口，包括河流、水闸及工业企业直排口等排放特征以及沿岸的开发利用现状等。

1.3.2.2 陆源入海口调查

（1）陆源入海口污染物现状调查

为掌握象山港陆源入海口的污染排放状况，2013年开展了象山港主要入海口的污染物现状调查，调查时间为2013年11月（枯水期），共调查了28个入海口，即河流12条（R1～R12）、水闸13个（S1～S13）和工业企业直排口3个（I1～I3）（表1.3-1和图1.3-1）。

（2）入海污染物总量减排考核采样监测

为了在象山港周边的5个县（市、区）开展入海污染物总量控制及减排考核示范应用，2014年和

2015年分别开展了各入海口（包括河流、水闸和工业企业直排口，即考核对象）的污染物采样监测。通过开展现状监测，一方面可直接服务于当年的入海污染物总量减排考核工作，同时也为下一年的减排考核工作提供基础数据。

2014年每季度开展1次，即2014年的3月、5月、8月、11月。2014年共调查了43个入海口，即河流13条（R1~R13）、水闸27个（Z1~Z27）和工业企业直排口3个（I1、I2、I4）（表1.3-1和图1.3-1）。

2015年每季度开展1~2次，即2015年的3月、5月、7月、8月、9月、10月、11月。2015年共调查了31个入海口，即河流8条（R1、R2、R5~R8、R14、R15）、水闸20个（Z1~Z14、Z16、Z20、Z25、Z27~Z29）和工业企业直排口3个（I1、I4、I5）（表1.3-1和图1.3-1）。

表1.3-1　象山港陆源污染入海口调查站位

河流	纬度	经度	水闸	纬度	经度	工业企业直排口	纬度	经度
R1	29°36′18.2″	121°57′31.1″	Z1	29°40′48.2″	121°47′14.6″	I1	29°36′52.7″	121°50′13.0″
R2	29°31′39.1″	121°51′28.3″	Z2	29°40′48.2″	121°49′0.70″	I2	29°28′44.6″	121°48′51.7″
R3	29°31′10.4″	121°41′45.6″	Z3	29°42′00.8″	121°49′26.1″	I3	29°28′10.8″	121°46′55.2″
R4	29°29′08.3″	121°40′06.6″	Z4	29°36′58.0″	121°51′43.3″	I4	29°29′59.5″	121°39′33.5″
R5	29°28′40.3″	121°38′48.4″	Z5	29°29′19.9″	121°37′00.7″	I5	29°28′51.0″	121°48′25.0″
R6	29°26′01.0″	121°33′09.4″	Z6	29°30′30.8″	121°27′6.3″			
R7	29°23′00.3″	121°29′21.2″	Z7	29°30′49.5″	121°27′19.0″			
R8	29°24′42.5″	121°25′49.3″	Z8	29°30′55.0″	121°27′19.0″			
R9	29°31′16.5″	121°27′19.0″	Z9	29°31′11.3″	121°28′33.7″			
R10	29°33′40.4″	121°30′50.9″	Z10	29°31′19.2″	121°29′10.7″			
R11	29°34′07.3″	121°38′42.7″	Z11	29°31′41.1″	121°30′59.5″			
R12	29°36′23.4″	121°41′53.7″	Z12	29°32′59.6″	121°38′35.7″			
R13	29°39′48.7″	121°47′15.0″	Z13	29°35′19.4″	121°42′56.0″			
R14	29°28′05.5″	121°25′40.0″	Z14	29°18′39.7″	121°24′52.8″			
R15	29°28′45.3″	121°48′53.3″	Z15	29°30′08.9″	122°01′50.0″			
			Z16	29°29′42.5″	122°00′50.3″			
			Z17	29°29′06.7″	121°35′06.2″			
			Z18	29°27′43.6″	121°33′11.4″			
			Z19	29°27′43.5″	121°33′10.9″			
			Z20	29°27′07.6″	121°32′38.5″			
			Z21	29°27′07.1″	121°32′38.1″			
			Z22	29°27′07.0″	121°32′37.1″			
			Z23	29°27′06.9″	121°32′36.9″			
			Z24	29°26′45.1″	121°32′24.8″			
			Z25	29°26′36.0″	121°32′03.4″			
			Z26	29°26′34.7″	121°31′56.6″			
			Z27	29°27′20.3″	121°35′38.0″			
			Z28	29°25′29.9″	121°31′32.6″			
			Z29	29°18′18.5″	121°24′03.9″			

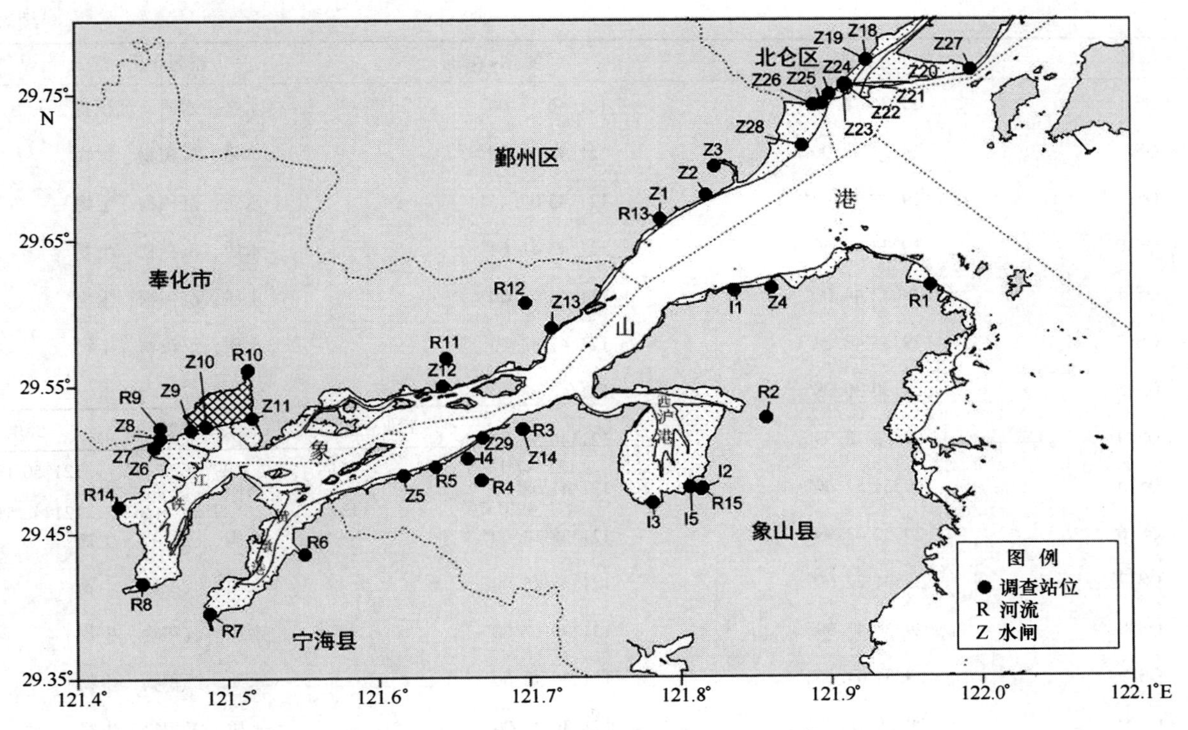

图 1.3-1 象山港陆源污染入海口调查站位

(3) 调查项目

主要包括总氮（TN）、总磷（TP）、化学需氧量（COD）、石油类、重金属及其他特征污染物等。采样及分析方法均采用现行的国家及行业标准与规范进行。

1.3.2.3 海域生态环境现状调查

(1) 调查时间

2011 年丰水期和枯水期共进行了 2 个航次。

(2) 调查站位

在研究海域共布设水质、沉积物、生物大面站位 31 个，水文站位 1 个，潮间带生物布设 8 条断面（表 1.3-2 和图 1.3-2）。

表 1.3-2 海域生态环境调查站位

站位	纬度	经度	监测介质
QS1	29°40′55.82″	121°50′39.52″	水质、沉积物、生物
QS2	29°40′00.00″	121°51′20.00″	水质、沉积物、生物
QS3	29°38′45.36″	121°52′05.33″	水质、沉积物、生物
QS4	29°38′34.80″	121°48′32.40″	水质、沉积物、生物
QS5	29°37′24.60″	121°46′34.20″	水质、沉积物、生物
QS6	29°36′21.60″	121°47′06.00″	水质、沉积物、生物

续表

站位	纬度	经度	监测介质
QS7	29°36′11.99″	121°46′18.00″	水文、水质、沉积物、生物
QS8	29°34′48.00″	121°45′18.00″	水质、沉积物、生物
QS9	29°33′43.99″	121°43′07.46″	水质、沉积物、生物
QS10	29°33′10.50″	121°43′41.64″	水质、沉积物、生物
QS11	29°32′44.00″	121°44′14.00″	水质、沉积物、生物
QS12	29°31′48.88″	121°47′53.49″	水质、沉积物、生物
QS13	29°30′30.99″	121°47′53.00″	水质、沉积物、生物
QS14	29°32′18.99″	121°40′57.00″	水质、沉积物、生物
QS15	29°31′57.00″	121°41′08.00″	水质、沉积物、生物
QS16	29°32′03.99″	121°38′12.00″	水质、沉积物、生物
QS17	29°31′27.00″	121°38′45.00″	水质、沉积物、生物
QS18	29°30′47.99″	121°39′17.00″	水质、沉积物、生物
QS19	29°31′04.00″	121°35′42.00″	水质、沉积物、生物
QS20	29°29′48.99″	121°36′22.00″	水质、沉积物、生物
QS21	29°30′22.70″	121°33′44.50″	水质、沉积物、生物
QS22	29°27′33.00″	121°32′04.00″	水质、沉积物、生物
QS23	29°26′31.17″	121°31′42.39″	水质、沉积物、生物
QS24	29°25′30.00″	121°31′22.00″	水质、沉积物、生物
QS25	29°29′42.00″	121°31′47.00″	水质、沉积物、生物
QS26	29°30′24.99″	121°31′09.00″	水质、沉积物、生物
QS27	29°30′00.00″	121°30′56.99″	水质、沉积物、生物
QS28	29°29′24.17″	121°30′41.98″	水质、沉积物、生物
QS29	29°29′59.63″	121°29′50.05″	水质、沉积物、生物
QS30	29°28′19.11″	121°28′17.53″	水质、沉积物、生物
QS31	29°26′44.82″	121°27′43.73″	水质、沉积物、生物
T1	29°33′57.00″	121°42′20.46″	潮间带生物
T2	29°33′28.54″	121°40′31.38″	潮间带生物
T3	29°32′47.34″	121°37′35.16″	潮间带生物
T4	29°31′05.00″	121°40′19.00″	潮间带生物
T5	29°30′04.00″	121°39′00.00″	潮间带生物
T6	29°30′07.44″	121°27′27.72″	潮间带生物
T7	29°26′07.00″	121°32′29.00″	潮间带生物
T8	29°38′49.26″	121°46′42.96″	潮间带生物

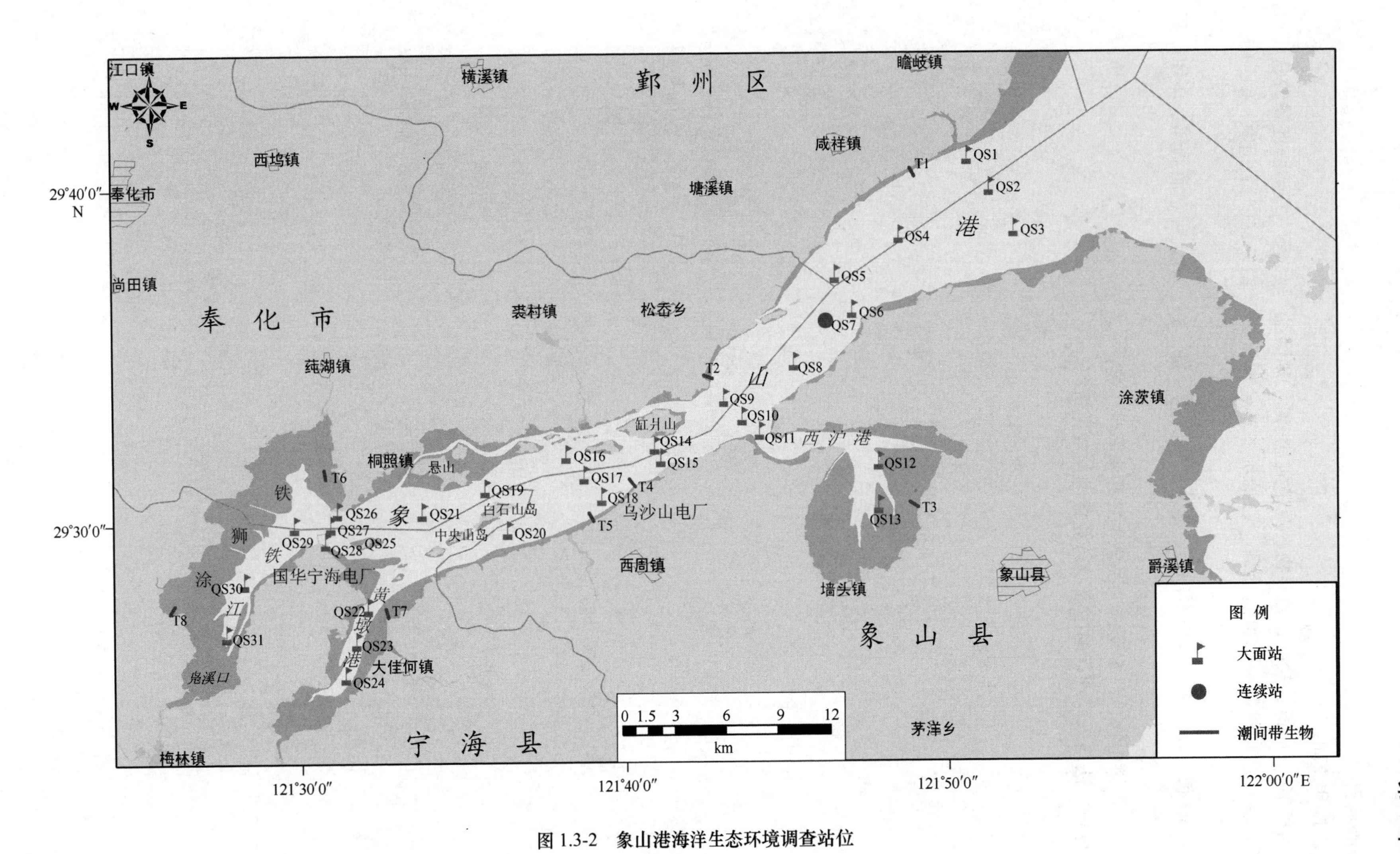

图 1.3-2　象山港海洋生态环境调查站位

（3）调查项目

水文：流速和流向。

水质：溶解氧、pH 值、盐度、悬浮物、亚硝酸盐-氮、硝酸盐-氮、氨-氮、活性磷酸盐、活性硅酸盐、化学需氧量、总有机碳、总氮、总磷、石油类、重金属（铜、铅、锌、铬、镉、汞、砷）和叶绿素 a。

沉积物：pH 值、Eh、有机碳、石油类、总汞、铜、铅、镉、锌、铬、砷、滴滴涕、多氯联苯、硫化物和粒度。

生物生态：浮游植物、浮游动物、底栖生物和潮间带生物。

采样及分析方法均采用现行的国家及行业标准与规范进行。

第 2 章　自然环境、社会经济状况

象山港位于六横岛西侧，南北两侧为象山半岛和穿山半岛，地理坐标为 29°24′—29°48′N、121°25′—122°03′E，是一个 NE—SW 走向的狭长形半封闭港湾，港域狭长，岸线曲折，全长 406 km，其中岛屿岸线 109 km。主湾中心线长约 60 km，口门宽约 20 km。内港宽 3~8 km。港区跨越奉化、宁海、象山、鄞州、北仑 5 个县（市、区），总面积约 2 270 km^2，其中陆域面积 1 707 km^2、海域面积约 391 km^2，滩涂面积 171 km^2。港内有大小岛屿 59 个，总面积约 10 km^2，其中以缸爿山岛为最大，面积 3 km^2（图 2.1-1）。

图 2.1-1　象山港地理位置

象山港是一个完整的自然地理单元，属海洋生态系统和陆地生态系统的有机结合体。象山港内还有西沪港、黄墩港和铁港，形成所谓的“港中有港”。象山港海域纵深，沿岸有大小溪流 95 条，年平均径流量 12. 9×10^8 m^3。港内风平浪静，水色清晰，象山港主槽较深，一般在 10~20 m，最深处可达 47 m。象山港滩涂平坦广阔，水体交换口门良好，港底较差。

2. 1　自然环境

2. 1. 1　地形地貌

象山港是一个循东北向的向斜断裂谷发育起来的潮汐通道港湾。后被北东向断裂和东西向断裂利用和改造成“S”形，表层沉积物以泥质沉积为主；内湾主要为分选好、中等的灰黄色粉砂质黏土，口门段为分选中等的灰黄色黏土质粉砂。水道底部则多为分选差的砂、贝壳砂、粉砂和黏土，局部有贝壳砂，厚度可达数米，主要为牡蛎壳。基岩海岸主要由酸性凝灰岩夹酸性火山岩等岩石组成（主要出现在港内的岛屿，大陆海岸较少）。由于受风浪作用较少，所以这些基岩海岸的海蚀崖或岩滩等海蚀地貌不发育。

淤泥质海岸主要由粉砂质黏土构成。在风浪作用下，口门段北岸岸滩比较平坦。内湾段由于岛屿众多，特别是凤凰山与悬山周围，有较大淤泥滩分布，呈放射状潮沟发育，淤泥滩宽度达 200~1 000 m，最宽达 1 500 m。由于象山港是狭长形的港湾，其内湾段顶端掩护条件好，水域内风平浪静，因此在缸爿山以内的水域常年清澈，淤积甚微，岸滩稳定。在小湾及潮流弱的岸段有不同程度的潮滩发育。在口门段由于潮流流速小，波浪不大，岸滩也属稳定。

2. 1. 2　气候特征

象山港属欧亚大陆东部的亚热带季风区，暖湿多雨，光照充足，热量丰富；四季分明，冬夏季风交替显著；气温适中，具有夏热少酷暑，冬冷寡严寒的气候特征。年平均温度为 16. 2~17. 0℃，极端最高温度为 38. 8℃，极端最低温度为−7. 5℃，年平均日照时数为 1 904~1 999 h，最多年份为 2 336. 1 h，最少年份为 1 667. 9 h，年平均降水量 1 239~1 522 mm，一年中有两个相对干季和湿季。3—6 月和 9 月为相对湿季，7—8 月和 10 月至翌年 2 月为相对干季；年均蒸发量为 1 417~1 503 mm，年平均风速 3. 8 m/s，9 月至翌年 3 月以西北和西风为主，4—8 月以东南和南风为主。6 月风速最小，1 月风速最大，定时最大风速 28 m/s。年平均静风出现频率为 11%，主要异常的灾害性天气有台风、暴雨、洪涝、高温、干旱、强冷空气、霜冻以及局部性冰雹、龙卷风等。象山港多年平均雾日数为 15. 3~56. 7 d，港口高于港顶。雾的季节变化较大，主要集中在春、冬两季。

2. 1. 3　海洋水文

象山港是一个循东北向的向斜断裂谷发育起来的潮汐通道港湾，与三门湾、乐清湾并为浙江省三大著名的半封闭海湾。象山港是呈 NE—SW 走向的狭长形海湾，纵深约 60 km，口门处宽度约 20 km，水深 7~8 m，港内较窄，宽度 3~8 km，水深 10~20 m。港内岸线曲折，海底地形复杂，港区内有大小岛屿共 65 个以及西沪港、铁港和黄墩港 3 个港中之港。象山港内存在着大片的潮滩，潮滩面积（理论深度基准面以上）为 171 km^2 约占整个海域面积的 30%。象山港北、西、南三面环陆，东面朝海，口门外有六横、梅山等纵多岛屿为屏障。其东南通过牛鼻水道与大目洋相通，东北通过佛渡水道与舟山海域毗邻，象山港水域主要通过这两个水道与外海进行水交换。

（1）潮汐特性

象山港属于强潮浅水半日潮海湾，潮波在象山港内传播过程中，因受到湾内地形地貌的影响，浅海分潮振幅迅速增大，且由口门往里逐渐增加。湾内涨落潮历时明显不对称，涨潮历时均大于落潮历时，其差约 10 min 至 3 h 不等，越往港内涨潮历时越长。由于港顶的落潮历时比港口短约 2 h，所以出现低潮港顶最先到达，而港口最迟到达的现象。此外，高潮也偶有超前现象，但超前时间短。整个港域内不仅涨落潮历时不等，还存在高潮不等和低潮不等、“日不等”现象。象山港潮差较大，且越往湾顶潮差越大，湾内多年平均潮差在 3 m 以上，湾顶部接近 4 m。

（2）潮流特性

象山港内流速较大，从流速分布来看，无论是涨潮流还是落潮流，都呈现出流速由港口至港底递减，南岸潮流流速要比北岸流速大，上层流速要比下层流速大的特征。受到地形及岸线的影响，象山港内潮流除口门附近略带旋转性外，其余水域涨落潮流流向基本与岸线平行，呈明显的往复流性质。

象山港的余流特征。由实测潮流资料分析可知，港内大部分水域表层余流流速大于底层余流流速。余流区域性较强，在口门附近水域存在着以水平结构为主的余环流；而西沪港西侧的狭湾内段基本上是以表层向海、底层向湾顶的重力余环流为主；西沪港以东至口门处的狭湾外段的余流则是水平环流和重力环流的叠加，环流的断面结构取决于这两种余流结构的强弱对比。

2.1.4　海洋自然资源

2.1.4.1　港口、岸线资源

象山港口门宽广，约 20 km^2，出东北通过佛渡水道与舟山海域相连；港内较窄，为 3~8 km，区域内海域面积约 391 km^2。水深为中部最深，最大水深在 30 m 以上，口门和港底部较浅，一般在 10~20 m，港内潮流平稳、无淤积、航道宽阔、暗礁少、最大潮差 5.4 m，万吨轮可候潮进出。沿岸陆域条件较好，宜建港岸段大多有陆域可以依托，水深条件较好，距岸 50 m 处水深 8 m。适宜建造 3000~5000 吨级码头的岸线有多处。

2.1.4.2　滩涂资源

滩涂资源是象山港区域一项重要的自然资源，自北仑峙头角至象山钱仓 270 km 以上的岸线范围内，共有海涂 25.7×10^4 亩[①]，约占全市海涂总量 144.1×10^4 亩的 17.8%，其中比较集中地分布在铁江、西沪港、黄墩港内，滩涂宽度一般为 200~1 000 m，坡度为 2%~8%。港域内滩涂饵料丰富，气候条件适宜，发展水产养殖非常有利。

2.1.4.3　海洋渔业资源

象山港自然环境优良，生态类型复杂，湾内既有典型的海洋性鱼类进港索饵和洄游繁殖，又有定居性鱼类和滩涂穴居性贝类的栖息、生长和繁衍。生物资源丰富，种类繁多，形成了各种经济水产资源的集中分布区，是浙江省乃至全国的重要海水增养殖区。象山港及其附近海域渔业资源品种多、蕴藏量丰富、渔期长。根据调查，象山港海域渔业资源的类型包括洄游性种类、河口性种类、近岸性种类、岩礁性种类等，渔业资源品种有 330 多种，主要经济鱼类有大小黄鱼、带鱼、鲳鱼、鳓鱼、马鲛鱼、鳗鱼等。

（1）洄游性种类

象山港是重要的鱼类索饵场和产卵场，比较典型的有蓝点马鲛、鳓鱼、梭子蟹等的生殖洄游；小黄鱼、海鳗等多种鱼虾蟹进入象山港索饵洄游，成为象山港渔业资源的重要组成。

（2）近岸性种类

象山港内多数种类为近岸港湾型种类，基本在象山港内生长、繁殖，如黑鲷、刀鲚、虾蛄、舌鳎、

① 亩为我国非法定计量单位，1 hm^2 = 15 亩，1 亩 ≈ 667 m^2，全书同。

鲟、虾虎鱼等，是象山港渔业资源的主要组成部分，多数种类分布广、数量多、生命周期短、更新快。

（3）河口性种类

象山港内的河口性种类有20余种，以脊尾白虾、东方豚、鲈鱼等为代表。

同时，象山港潮间带海洋生物资源也很丰富，潮间带平均总生物量达107 g/m^2。优势经济品种有菲律宾蛤仔、泥螺、彩虹明樱蛤（海瓜子）、四角蛤蜊等，均可作人工养殖或自然增殖品种。此外，海洋藻类资源也比较丰富，如主要产于象山港狮子口内的紫菜和浒苔（苔条）等。

2.1.4.4 潮汐能资源

象山港港湾具有潮差大、湾口小、有效库容大、水清、港深等优越的自然条件，蕴藏着丰富的潮汐能资源。其中，黄墩港和狮子口两处均是象山港底的港中之港，口门窄，库面较大，且港内滩地遍布，滩面坡度平缓，加之潮差较大，故港内蓄潮量相当可观。且两港内潮流运动具有平均落潮流流速大于平均涨潮流流速的特点，如黄墩港口表层平均涨潮流流速为0.33 m/s，平均落潮流流速为0.56 m/s，致使随潮流进入的泥沙不易在港内淤积，从而使港内水深得以维持。许多地方具有建立潮汐能发电站的理想位置。

2.1.4.5 矿产资源

象山港矿产资源总体上属于资源较少的地区，以陆地埋藏为多，主要以非金属矿产为主。主要种类包括铅锌矿、萤石矿、珍珠岩、叶蜡石、沸石、黏土矿、花岗石等。已探明的主要矿藏有宁海县储家中型铅锌矿、象山县沈山岙小型铅锌矿和鄞州凤凰山中型明矾石黄铁矿床。

2.1.4.6 旅游资源

象山港内湾段水域水色清澈，风平浪静，气候温和、四季分明，山清水秀、空气清新、环境优美。湾内岛屿众多，星罗棋布，山地低小，离大陆岸线近。绵延曲折的海岸线及先民的河姆渡文化伴生了具有“滩、岛、海、景、特”五大特色的滨海旅游资源。浓郁的海洋自然景观和丰富独特的历史人文景观有机地融合成一体，为发展滨海旅游业提供了良好的条件。强蛟岛群风景区是不可多得的海岛旅游胜地，横山岛南道头的普南禅院和山岙中的镇福庵，历史久远，建筑精致，具有较高的研究和观赏价值。

2.1.5 海洋生态灾害

2.1.5.1 赤潮

2009—2011年（根据宁波市海洋环境公报）的象山港赤潮发生情况，具体情况见表2.1-1。3年间，象山港内共发生赤潮7起，发生区域遍布整个象山港海域，发生面积为20~190 km^{2}不等，发生时间在1—2月和7—8月。赤潮发生的优势种包括中肋骨条藻（5次）、红色中缢虫（3次）、具刺膝沟藻（1次）和洛氏角毛藻（1次），均为无毒赤潮种。

表2.1-1 2009—2011年象山港赤潮发生情况

序号	发生区域	发生面积/km^2	赤潮优势种	发生时间
1	黄墩港、铁港海域	25	中肋骨条藻	2009年1月
2	黄墩港	30	中肋骨条藻	2010年1月
3	胜利船厂邻近海域至乌沙山电厂邻近海域	20	中肋骨条藻、红色中缢虫	2010年7月
4	象山港大礁岛海域	190	红色中缢虫	2010年8月
5	中央山西侧海域至薛岙	30	中肋骨条藻	2011年2月9—28日
6	洋沙山附近海域至浙江船厂附近海域	90	红色中缢虫、具刺膝沟藻	2011年7月9—13日
7	象山港口至乌沙山电厂附近海域	160	中肋骨条藻、洛氏角毛藻	2011年7月26—29日

2.1.5.2 大米草外来物种

（1）西沪港大米草分布现状

2009年，西沪港大米草占据滩涂总面积约1.5×10^4亩，主要分布在西沪港下沙—盛王张一带的乱堍大涂滩涂区大约1×10^4亩；西沪港北涂包括黄溪涂和洋北涂大约0.25×10^4亩；军事管制区约0.20×10^4亩，其他高滩区约0.05×10^4亩。西沪港大米草的面积大约占整个象山港大米草面积的95%左右（图2.1-2）。

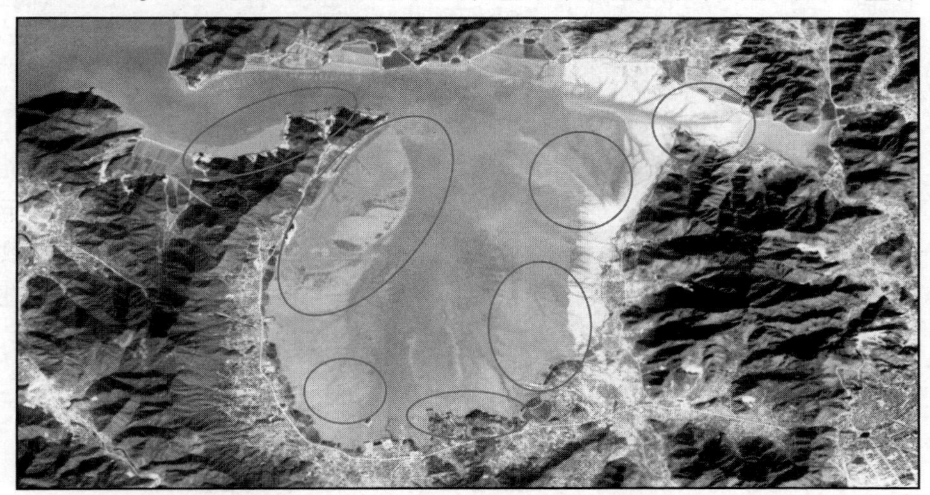

图2.1-2 西沪港大米草主要分布区域图

（2）西沪港大米草发展趋势

由于西沪港海域受无机氮，磷酸盐的污染，呈严重富营养化状态，其海域环境特征较适合其生长，又因为大米草的生命力和繁殖力极强，港内没有抑制大米草生长的生物物种，对于大米草的利用或治理目前还缺少研究，所以造成西沪港大米草在短时间内疯长蔓延，成为西沪港滩涂上的优势物种。从历年的遥感影像图分析，西沪港大米草集结区下沙、乱堍大涂一带滩涂区，2002年前分布范围还比较小，到2007年乱堍大涂高滩区全部被大米草占领，但局限于该区域，2009年时，西沪港内大部分高滩区均有大米草生长。按照有关研究资料，如果条件适宜，大米草可以每年几何级速度增长，从目前西沪港海域大米草分布区域面积和发展速度来看，大米草很快会占领整个西沪港海域滩涂，对西沪港生态环境和滩涂养殖业造成严重打击（图2.1-3至图2.1-5）。

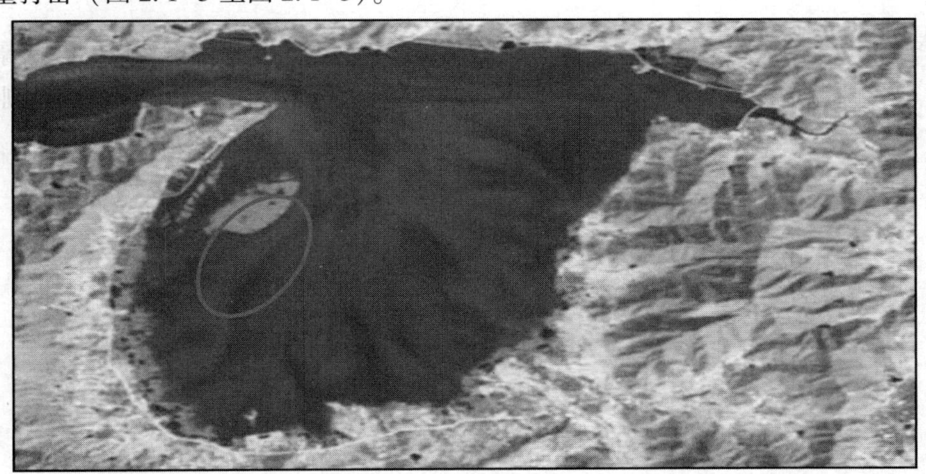

图2.1-3 2002年西沪港（乱堍大涂高滩区大米草）大米草遥感影像

图 2.1-4　2007 年西沪港（乱埝大涂高滩区大米草）大米草遥感影像

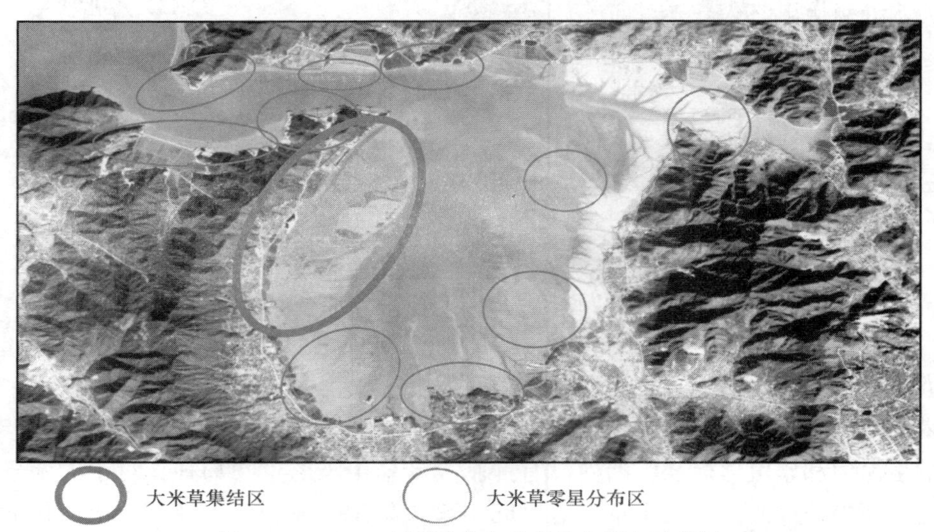

图 2.1-5　2009 年西沪港大米草分布调查示意图

2.2　社会经济

2.2.1　行政区划

象山港区域为狭长形的 NE—SW 走向，其区域范围涉及北仑、鄞州、奉化、宁海、象山 5 个县（市、区），包括了梅山、白峰、春晓、瞻岐、咸祥、塘溪、松岙、裘村、莼湖、西店、深甽、强蛟、梅林、跃龙、桃源、桥头胡、大佳何、西周、墙头、黄避岙、贤庠、大徐、涂茨 23 个乡镇（街道）（表 2.2-1）。

表 2.2-1　象山港沿岸城镇

县（市、区）	北仑区	鄞州区	奉化市	宁海县	象山县
乡（镇）	白峰镇、春晓镇、梅山乡	瞻岐镇、咸祥镇、塘溪镇	莼湖镇、裘村镇、松岙镇	西店镇、深甽镇、强蛟镇、梅林街道、跃龙街道、桃源街道、桥头胡街道、大佳何镇	西周镇、墙头镇、黄避岙、贤庠镇、涂茨镇、大徐镇

2.2.2 沿岸县（市、区）社会经济概况

根据 2010 年第六次人口普查初步结果，全区常住人口约 80.5 万人，工业总产值约为 737.04 亿元，其中第一产业生产总值 60.80 亿元。象山港区域除宁海城关以及西周、松岙两个镇，人均财政收入达到 1 万元左右，其他乡镇人均财政收入基本在 2 000~4 000 元。2011 年，养殖从业人员达到 1.47 万人，创造产值 11.99 亿元。

2.2.3 海洋开发利用、海洋经济与海洋产业现状

2.2.3.1 海水养殖

象山港的海水养殖历史悠久，到目前已有 400 多年的历史。近年来，在市委、市政府一系列政策的引导和扶持下，象山港海域的浅海和滩涂养殖发展迅速，养殖面积和产量已具有相当规模，是宁波市重要的增养殖基地，港内网箱、池塘、滩涂、浮筏养殖业发达，同时也是众多鱼类的生殖、索饵和越冬的场所。2011 年象山港内开展海洋渔业养殖的地区有宁海县的西店镇、强蛟镇和大佳何，奉化市松岙镇、裘村镇和莼湖镇，象山县西周镇、墙头镇和黄避岙，鄞州区的咸祥镇。根据宁波市海洋渔业局 2011 年的统计资料，这些地区滩涂总养殖面积有 48 905 亩，池塘总养殖面积有 5 445 亩，网箱总养殖面积有 18 824 亩，其他养殖面积有 9 898 亩（表 2.2-2、图 2.2-1 和图 2.2-2）。

表 2.2-2 2011 年电厂周边地区海洋渔业养殖情况

区县	乡镇	滩涂/亩	池塘/亩	网箱/亩	其他/亩
宁海县	西店镇	23 728	4 992	500	3 000
	强蛟镇	4 230	650	7 550	600
	大佳何	3 577	8 662	0	0
奉化市	松岙镇	2 150	7 030	420	525
	裘村镇	620	5 824	2 669	3 322
	莼湖镇	1 150	2 300	5 000	916
象山县	西周镇	250	7 800	160	500
	墙头镇	8 000	2 400	25	1 035
	黄避岙	3 100	4 800	2 500	0
鄞州区	咸祥镇	2 100	10 000	0	0
总计		48 905	54 458	18 824	9 898

图 2.2-1 滩涂养殖

图 2.2-2 网箱养殖

2.2.3.2　港口运输

目前象山港内的泊位主要是轮渡码头等地方交通码头，渔业码头和电厂、船厂业主码头以及海军码头。轮渡码头和地方交通码头主要有横山、西泽、薛岙等码头，其中横山西泽航线是象山连接宁波市区及宁波北部地区的重要通道。渔业码头主要有桐照一级渔港，码头长 270 m；栖凤渔业码头等。业主码头主要有宁海国华电厂 5 万吨级卸煤泊位 1 个，3.5 万吨级卸煤泊位 2 个，3 000 吨级综合泊位 2 个；大唐乌沙山电厂 3.5 万吨级卸煤泊位 2 个；海螺水泥码头 1 个（表 2.2-3、图 2.2-3 和图 2.2-4）。

表 2.2-3　电厂周边的企业码头状况

码头名称	产能	位置	码头数量
宁海国华电厂	已运营 440×10^4 kW，规划 200×10^4 kW	宁海临港开发区	一期 3.5×10^4 吨级煤炭码头两座（年通过能力 700×10^4 t）；二期 1 个 5 万吨级煤炭码头和 1 个 3 000 吨级综合码头
大唐乌沙山电厂	已运营 240×10^4 kW，规划 200×10^4 kW	象山西周内	一期 3 000 吨级综合码头一个（能力 38×10^4 t，用于熟料运输）和 2 个 3.5 万吨级煤炭码头（兼靠 5×10^4 t）；年设计能力 670×10^4 t；二期设计一个 5 万吨煤码头
宁海强蛟海螺水泥	320×10^4 t	宁海临港开发区	2 个 5 000 吨级泊位，3 000 吨级泊位 1 个，年装卸能力达 500×10^4 t
象山海螺水泥	440×10^4 t	象山西周工业园区	3 个 5 000 吨级码头泊位一座

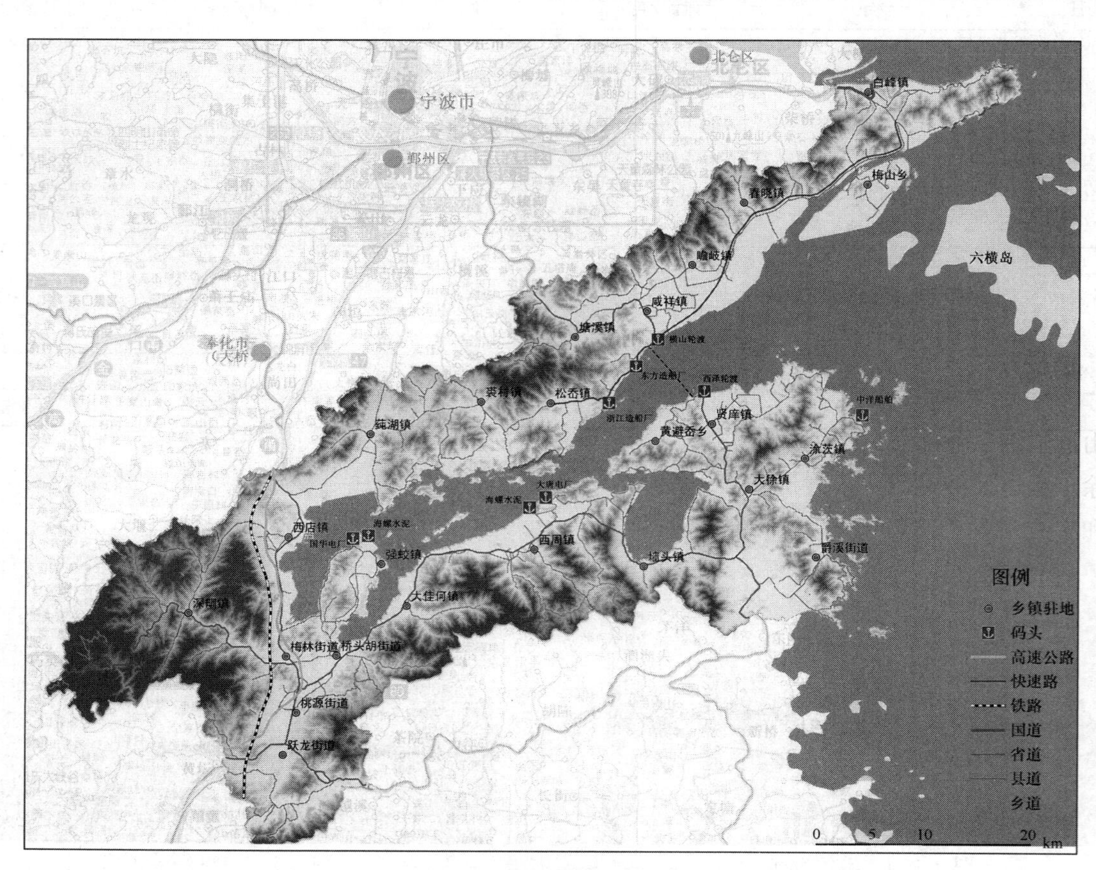

图 2.2-3　象山港内码头分布

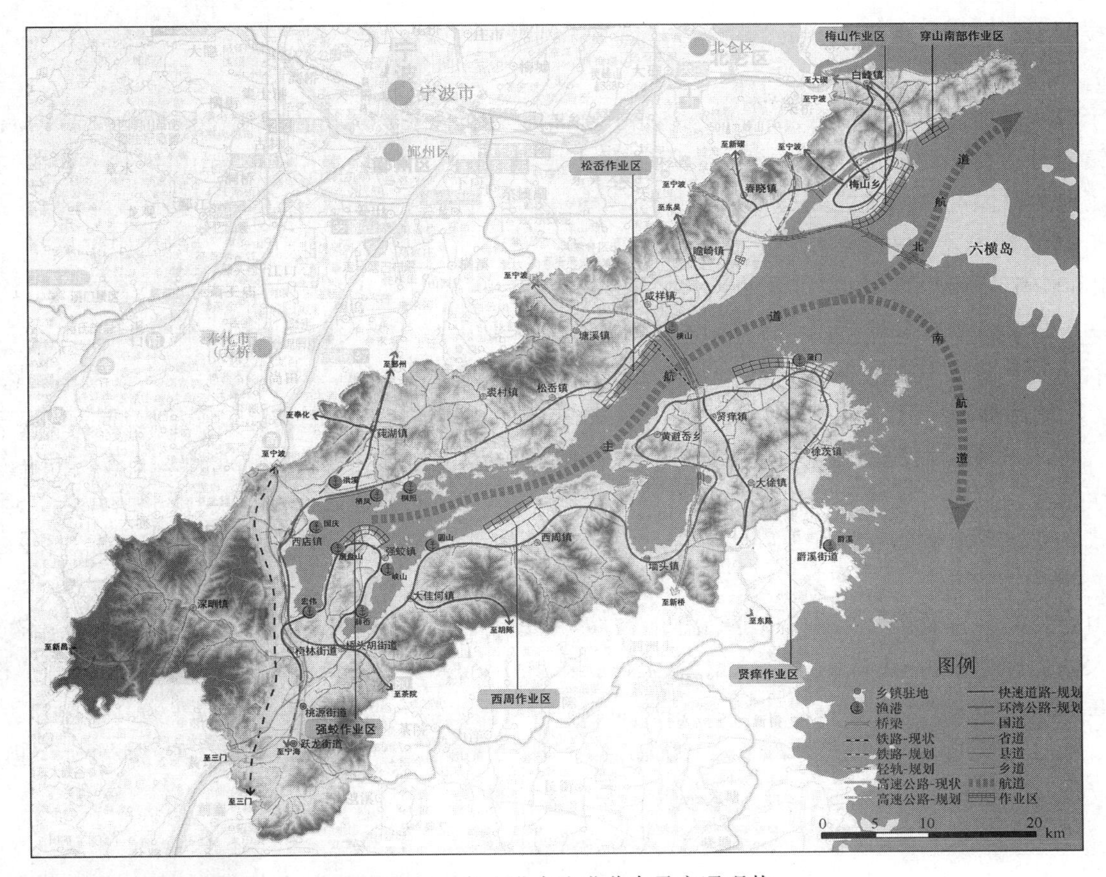

图 2.2-4　象山港内渔港分布及交通现状

修造船厂大量占用岸线资源，形成颇具规模的码头设施，包括浙江船厂、东方造船等船厂，但主要是修造船的船坞和船台设施，生产用为主；渔港造在 20 世纪 50 年代，随着海水养殖业的兴起，渔民自发建设了一批养殖渔船停泊港，多是在沿岸滩涂或是海岸搭建一些渔船靠岸平台或者道口，规模较小；此外，还建有部分地方车客渡码头，如现有的横山轮渡和西泽轮渡，同时建有部分 500 吨级以下的小型民用码头和地方交通码头。

2.2.3.3　临港工业

象山港临港工业随着象山港开发建设逐步兴起，主要有梅山七姓涂、大嵩江海塘、洋沙山、红胜海塘等围涂工程以及港口码头、大桥工程、电厂（宁海国华电厂和大唐乌沙山电厂）以及船舶修造业（浙江船厂和宁波东方船厂等 7 家）。

此外，以象山临港工业区（象山）和宁海强蛟工业区为龙头的象山港综合开发区也已形成能源、新型建材、汽配、针纺织等临港产业群。象山港工业园区（象山）包括象山港工业园区 A 区和 B 区，A 区位于象山贤庠镇滨海，以象山港大桥的兴建为契机，建设成为宁波南部重要的物流中心和临港加工工业区。B 区位于西周镇沿海，建设以宁波华翔工业园为主体的汽车配件及整车生产基地以巨鹰等企业为龙头的针织服装生产基地；同时通过乌沙山电厂的建设，加大电厂部分下游产业的发展。鄞州区滨海投资创业中心位于鄞州区东部瞻岐镇，东邻象山港，西依沿海中线一级公路，北与北仑区春晓镇接壤，南至大嵩江，中心近期规划面积 7 km^2，远期规划面积 15 km^2。通过对现有盐场地块的改造，以一、二类工业为主，建设成为集工业、商业、行政办公、居住等设施于一体的工业、商住园区。象山港跨海大桥建设，进一步拉近了宁波市区与象山半岛的距离，加速象山半岛的发展。

（1）电厂

①宁海国华浙能发电有限公司概况。国华宁海浙能发电有限公司位于象山港底部浙江省宁波市宁海县强蛟镇的月岙村，距强蛟镇约 1.5 km，距宁海县城 23 km。厂址北、东面临象山港滩地，西面与白象山相连，场地为铁港与黄墩港之间的半岛状地形。主厂区位于苏家岙白象山东坡及东面浅滩区。一期工程由 4×600 MW 燃煤发电机组组成，二期为 2 台 1 000 MW 超临界燃煤抽凝式汽轮发电机组组成。一期工程 1 台机组 600 MW 于 2005 年 12 月开始运营，到 2006 年 12 月，一期工程竣工，4 台 600 MW 机组均投入运营。二期工程 2×1 000 MW 机组，于 2009 年年底投产，采用二次循环模式进行冷却。

②浙江大唐乌沙山电厂概况。浙江大唐乌沙山发电厂位于象山县西周莲花乡乌沙村境内，距西周乡 2.5 km。厂址北临象山港，东面为乌沙山。主厂区位于乌沙山以西，甬台温高速公路象山连接线以北的西周东北部。电厂一期工程建设规模为 4×600 MW 超临界燃煤机组，电厂主供电输向华东电网，2006 年年底，浙江大唐乌沙山发电厂的 4 台机组已经试运行，陆域环保设置均已投入运行。电厂燃料为煤炭，运输采用船运方式。在电厂北侧建设 3.5 万吨级燃煤码头与 3000 吨级综合码头，煤码头有 2 个泊位（图 2.2-5）。

（2）象山港大桥

象山港公路大桥及接线工程北岸起始于宁波绕城高速所在，鄞州云龙镇，向南跨象山港，终点戴港。象山港大桥工程全长约 47 km，其中象山港大桥长约 6.7 km，宽度 25.5 m，为双塔双索面斜拉桥桥型，主跨 688 m、为全省之最，设计基本风速 46.5 m/s、为全国之最。该项目为双向四车道高速公路，路基宽度 26 m，行车道宽度 15 m，设计时速为 100 km。项目于 2008 年 12 月 30 日开工，2012 年 12 月 30 日完工并通车（图 2.2-6）。

图 2.2-5　乌沙山电厂

（3）围填海工程

受建设用地的限制，各地都将开发重点转向了滨海地区。目前象山港内围填海活动主要有在建的象山港区避风锚地建设项目、奉化市红胜海塘围垦工程和宁海西店新城围填海工程。

①象山港区避风锚地建设项目：位于奉化市莼湖镇象山港北侧，占用海域面积约 40 hm^2，围护形成的锚地水域面积约为 6 km^2，非透水性构筑物长约 3 000 m，宽约 100 m，东侧水闸（船闸）长约 500 m，西侧水闸（船闸）长约 300 m。建成后可供 580 艘 200 吨级以上渔船日常靠泊，在台风等极端气候情况

图 2.2-6　象山港大桥

下，可容纳 2 000 艘渔船靠泊避风。项目于 2010 年 10 月开工，计划于 2013 年年底竣工。

②奉化市红胜海塘围垦工程：红胜海塘位于奉化市莼湖镇，象山港末端，围涂面积 1.6×10^4 亩，将建设 50 年一遇标准堤坝 4 600 m，20 年一遇标准堤坝 3 000 m，建设排涝水闸 2 座（净孔 53 m）。围垦工程完工后，将大大提高莼湖沿海地区的防洪标准，增加抵御风暴潮能力。

③宁海西店新城围填海工程：位于象山港尾铁港西海岸，北与樟树海塘相接，南抵茅洋海塘北部。围区总面积约 0.445×10^4 亩，防潮标准为 50 年一遇，新建海堤全长 6.86 km、水闸 4 座、节制闸 5 座、交通桥 1 座、修建水闸 5 座等配套工程，主要用于西店新城建设。

（4）船舶修造业

环象山港主要的船舶修造业有浙江造船有限公司和宁波市东方船舶修造有限公司。

①浙江造船有限公司：位于象山港畔松岙镇湖头渡，占地约 136×10^4 m^2，一期和二期已经建成，现拟建三期，目前共有 5 条生产线，其中 3 条为海洋工程船舶产品专项生产线，有 2 条室内船台生产线，配有一座万吨级浮船坞，专门建造世界高端海洋工程船舶产品，如 PX105、SX130、GPA696 等型号的海洋工程船舶。年造船能力各种海工船 30~36 艘，其他船舶 10 艘。

②宁波市东方船舶修造有限公司：位于宁波市鄞州区咸祥镇，紧邻 71 省道，占地逾 40×10^4 m^2，建筑面积逾 10×10^8 m^2，拥有万吨级以上船台 12 个，拥有先进的涂装车间、造船设备，并采取了目前世界上较先进的建造工艺，具备年产 30 余万载重吨的建造能力。

（5）其他

①宁海强蛟海螺水泥有限公司：位于宁海县临港开发区，依山傍水，占地面积 202 亩。规划建设 4 套 $\phi4.2\times14.5$ m 磨机，年水泥产能规模 380×10^4 t。项目由安徽海螺水泥股份有限公司投资兴建，该项目被列为 2006—2007 年宁波市重点工程和浙江省发展循环经济示范项目。一期工程建设 2 套 $\phi4.2\times14.5$ m 磨机。

②象山海螺水泥有限责任公司：位于宁波市象山县西周镇工业园区，东公司由安徽海螺水泥股份有限公司投资兴建，工厂占地 224.65 亩，建设 4 套 $\phi4.2\times13$ m 带辊压机的粉磨系统，该生产系统具有工艺先进、设备成套、能耗低的优点，同步配套建设 3 个 5000 吨级码头泊位一座，年水泥产能 440×10^4 t，年消纳电厂的工业废渣粉煤灰、脱硫石膏 80×10^4 t 以上。一期建设 2 套 $\phi4.2\times13$ m 带辊压机的粉磨系统，年水泥产能 220×10^4 t。

2.2.3.4 滨海旅游

象山港区域整体环境良好，常年风平浪静，有着优良的航道和宜建港岸线。部分海域水体比较清澈，含沙量低，能见度高，为浙江近陆海域中少见。港内岛屿众多，大量岛屿少有人住，处于未开发或稍有开发的状态。岛上植被良好，环境静谧宜人。港岸海产丰富，陆上群山环抱、绿树成荫。象山港区城乡镇大多环境宜人，保留一些较完整的古寺院、古街道等人文景观，也有部分地区已建设了参差不齐、相对凌乱的一些建筑设施。可以说象山港的环境山清水秀、海岛风光、海产丰富、渔乡风情。此外，港湾风情度假区具有优良的自然资源，拥有以碧海绿岛为背景的、以滨海休闲度假、水上运动、游艇休闲等为特色的长三角重要的港湾旅游度假区和滨海生态人居社区。

滨海旅游业的核心区域包括北仑梅山岛、春晓、奉化西岙、莼湖、宁海强蛟、西店、大佳何等区域。目前已形成规模的旅游项目有：北仑春晓—洋沙山旅游区、莼湖海上餐饮、宁海湾度假、横山岛小普陀、象山黄避岙北黄金海岸度假村等。

第3章　象山港污染源现状调查与估算

入海污染源调查是海洋环境容量计算与分配以及污染物总量控制的一项基础性研究工作，根据污染物产生原因，象山港污染源可分为陆源污染和海域污染。陆源污染物可分为点源和面源，主要来自工企业直排口、水闸、生活污染、农业径流污染等；海源污染主要来自海水养殖污染。本章所阐述的污染物现状调查时间为2013年。

3.1　象山港区域污染源调查与统计分析

3.1.1　现场踏勘的情况

现场踏勘范围环整个象山港区域，包括北仑、鄞州、象山、宁海、奉化共5个县（市、区）。

现场踏勘情况（表3.1-1），包括：沿港的水闸、河流、排污口、海洋工程等。通过本次踏勘，初步掌握环象山港沿岸的开发利用现状以及污染物的排放特征和排放方式，调查到主要排入象山港海域的污染源共28个点位，拍摄照片500多张，现场调查照片如图3.1-1至图3.1-8所示。

表3.1-1　象山港现场探勘记录

序号	入海口	所在位置	污染源状况
1	Z1	咸祥镇横山村东	小型修船厂
2	Z2	咸祥镇	1 500亩海塘，海水养殖换水，距入海口200 m
3	Z3	咸祥镇岐化村东	距入海口3 km
4	R1	涂茨镇钱仓村北	—
5	Z4	贤庠镇芦岙碶头村西	钢管厂
6	I1	贤庠镇	印染企业直排入海口，象山港口门
7	R2	大徐镇R2村北	—
8	I2	墙头镇	印染企业直排入海口，排放口附近水质差，西沪港底部
9	I3	墙头镇	印染企业直排入海口，废水1 000 t/d，排放口附近水质差，西沪港底部
10	R3	西周镇淡港门	—
11	R4	R4航管理站东	—
12	R5	西周镇下沈村北	—
13	Z5	西周镇牌头村	闸口，养殖场附近
14	R6	大佳何	—
15	R7	下洋顾	现场水质黑臭，有排污口直排
16	R8	洪家塔	中间开挖3 m宽沟渠放水，河床基本干涸
17	Z6	西店镇	养猪场水，黑臭，水量较大，现场条件恶劣

续表

序号	入海口	所在位置	污染源状况
18	Z7	莼湖镇	—
19	R9	莼湖镇下陈二村村东南	养殖造成水质恶化
20	Z8	莼湖镇	周围网箱养殖
21	Z9	莼湖镇塘头村	—
22	Z10	莼湖镇塘头村	—
23	Z11	莼湖镇栖凤村	—
24	R10	莼湖镇东（九峰山东）	—
25	R11	裘村镇马头村南	—
26	Z12	裘村镇石盆村	上游养猪场，水中筏式养殖（养虾）
27	Z13	松岙镇街横村	闸口上游有海水养殖
28	R12	松岙镇大石坑水库南	取样点为松岙镇上河流（附近有生活污染及制药污染）

图 3.1-1　某水闸口旁小型造船厂

图 3.1-2　某工厂排污口

图 3. 1-3　某养猪场（直接排入河流）

图 3. 1-4　某小五金厂排放污水入闸口

图 3. 1-5　某印染企业污水排放（位于西沪港底部）

图 3. 1-6　西沪港大米草和大唐乌沙山电厂

图 3. 1-7　滩涂养殖与围垦

图 3. 1-8　某河流

3.1.2 污染源调查与估算

象山港污染源调查与估算主要包括工业污染源、生活污染源、畜禽养殖污染源、农业面源污染源和海水养殖污染源5个部分。

3.1.2.1 象山港汇水区划分

结合象山港区域遥感影响及DEM数字高程地图，把象山港划分为7个海区、21个汇水区，具体可见表3.1-2。象山港区域河流水系网络、主要水闸及流域范围如图3.1-9和图3.1-10所示。

以汇水区为调查与统计单元，对各单元污染源进行调查和统计。

表3.1-2 象山港周边海区和汇水区划分

海区	汇水区	行政区	面积/km²	总面积/km²
Ⅰ	1	北仑区春晓镇	75.80	454.18
	2	鄞州区瞻歧镇	94.00	
	3	鄞州区咸祥镇	64.54	
	4	鄞州区塘溪镇、横溪镇东南部（7个村：吴徐、梅山、金山、梅岭、梅溪、梅福、杨山）	117.88	
	19	象山县贤庠镇、黄避岙乡北部（3个村：谢家村、周家、大斜桥）	71.40	
	20	象山涂茨镇北部（11个村：屿岙、黄沙、汤岙、新塘、钱仓、大坦、中堡、前山姚、东港、里庵、玉泉）	30.57	
Ⅱ	5	奉化市松岙镇	51.10	75.42
	18	象山县黄避岙乡中部（7个村：兵营、横里、龙屿、横塘、黄避岙、大林、鲁家岙）	24.32	
Ⅲ	16	象山县墙头镇、西周镇蚶岙村	92.74	149.37
	17	象山县大徐镇大部分（除杉木洋、黄盆岙、林善岙3个村外）、黄避岙乡南部（6个村：高泥、驿角岙、白屿、塔头旺、鸭屿、山夹岙）	56.63	
Ⅳ	6	奉化市裘村镇	89.53	234.79
	15	象山县西周镇大部分（除蚶岙村外）	145.26	
Ⅴ	7	奉化市莼湖镇东部（3个村：河泊所、鸿屿、桐照）	16.28	22.94
	21	宁海县强蛟镇胜龙村	6.66	
Ⅵ	8	奉化市莼湖镇中部（除东部3个村和西部17个村外）	93.88	451.46
	9	宁海县西店镇，奉化市莼湖镇西部（原鲒埼乡，共17个村：鲒埼、马夹岙、张夹岙、许家、缪家、洪溪、漂溪、章胡、陆家山、朱家弄、宋夹岙、下陈一、下陈二、下陈三、冯家、塘头、四联）	136.89	
	10	宁海县深甽镇大部分（除西部3个村：马岙、大洋、龙宫），梅林街道大部分（除东南部7个村外）	209.26	
	11	宁海县桥头胡街道北部（2个村：涨家溪、潘家岙），强蛟镇加爵科村	11.44	
Ⅶ	12	宁海县强蛟镇（除加爵科村、胜龙村外）	15.52	205.13
	13	宁海县桃源街道大部分（除瓦窑头村外）、梅林街道东南部（7个村：九顷洋、应家、九都王、新庄、梅园、半洋、胜建）、桥头胡街道大部分（除涨家溪、潘家岙2个村外）	113.98	
	14	宁海县大佳何镇	75.62	
总计				1 593.29

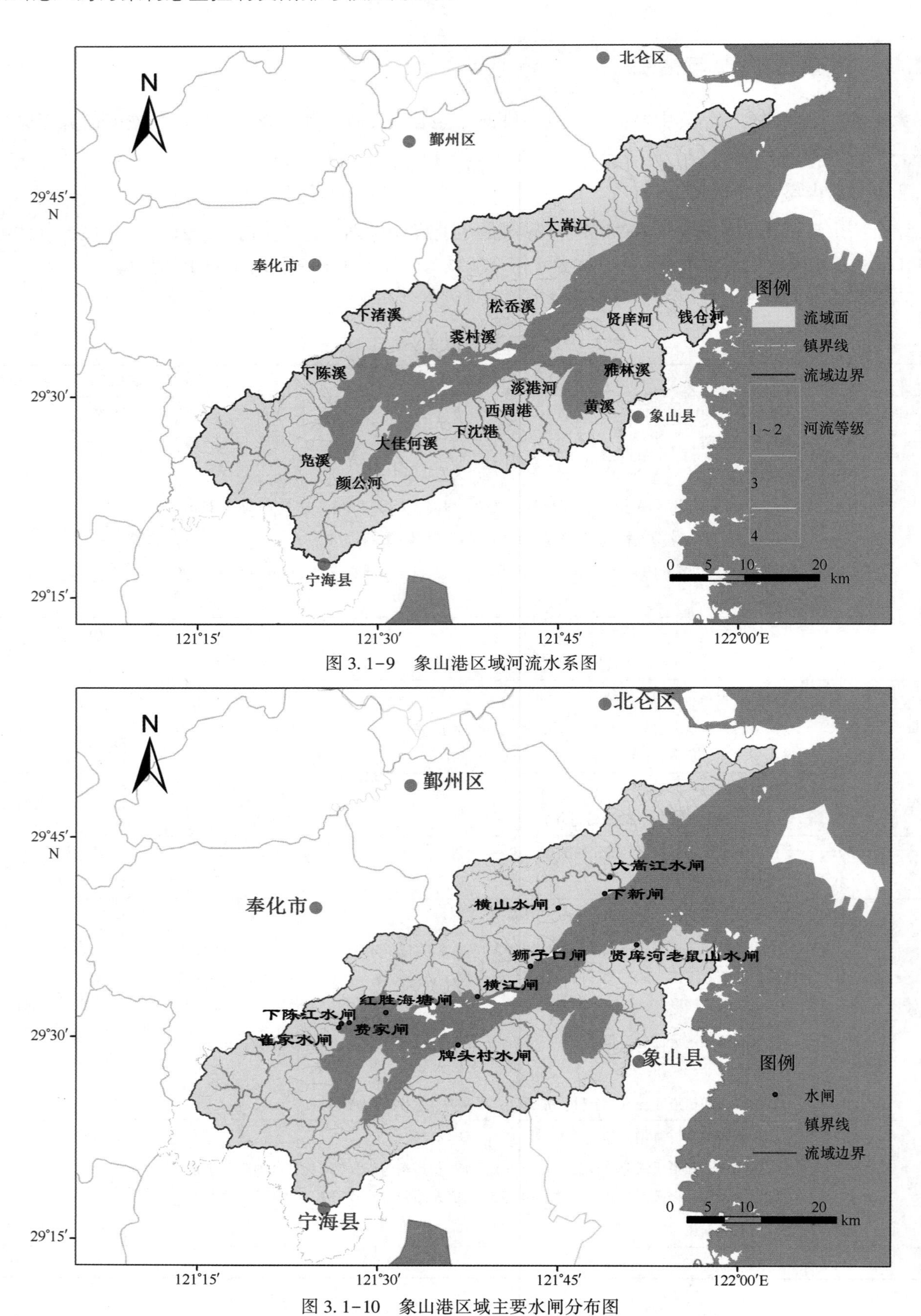

图 3. 1-9 象山港区域河流水系图

图 3. 1-10 象山港区域主要水闸分布图

3.1.2.2 工业污染源

本次调查主要统计了各乡镇的工业废水排放量和COD、氨氮、石油类等污染物排放量。根据调查结果，象山港周边陆源工业废水和污染物排放量如图3.1-11至图3.1-13和表3.1-3、表3.1-4所示。象山港周边工业废水排放总量约为746.74×10^4 t，COD排放总量约为682.26 t，入海量646.2 t。各海区中以Ⅶ海区（包括汇水区12、汇水区13和汇水区14）污水排放量为最高，占象山港工业污水排放总量的33.52%，COD排放量占总排放量的29.04%，该区域企业包括电镀、造纸、五金、电器等行业，多数集中在宁海县桃源街道（汇水区13），不过该区域的工业污水基本上都进入污水处理厂集中处理，污水处理率较高，因此COD排放量还相对较低；其次是Ⅰ海区，工业污水排放量和COD排放量分别占各自排放总量的18.66%和14.39%，排放量较大的企业主要是两岸的印染、铸造和水产公司；Ⅲ海区，其污水排放量占象山港工业污水排放总量的17.32%，COD排放量占总排放量的18.14%，该区域96%的工业污水和COD来自象山县墙头镇的两家印染公司；Ⅱ海区，工业污水排放量占排放总量的16.45%，COD排放量占COD排放总量的18.31%；Ⅳ海区、Ⅴ海区、Ⅵ海区工业污水排放量总和占排放总量的14.05%，COD排放量总和占排放总量的20.11%。

参考《象山港污染物总量控制及减排试点示范研究报告》（2012年12月），非直排入象山港的工业污水COD_{Cr}入海量以其排放量的80%计，氨氮按60%计算，直排入象山港的都按100%计算。

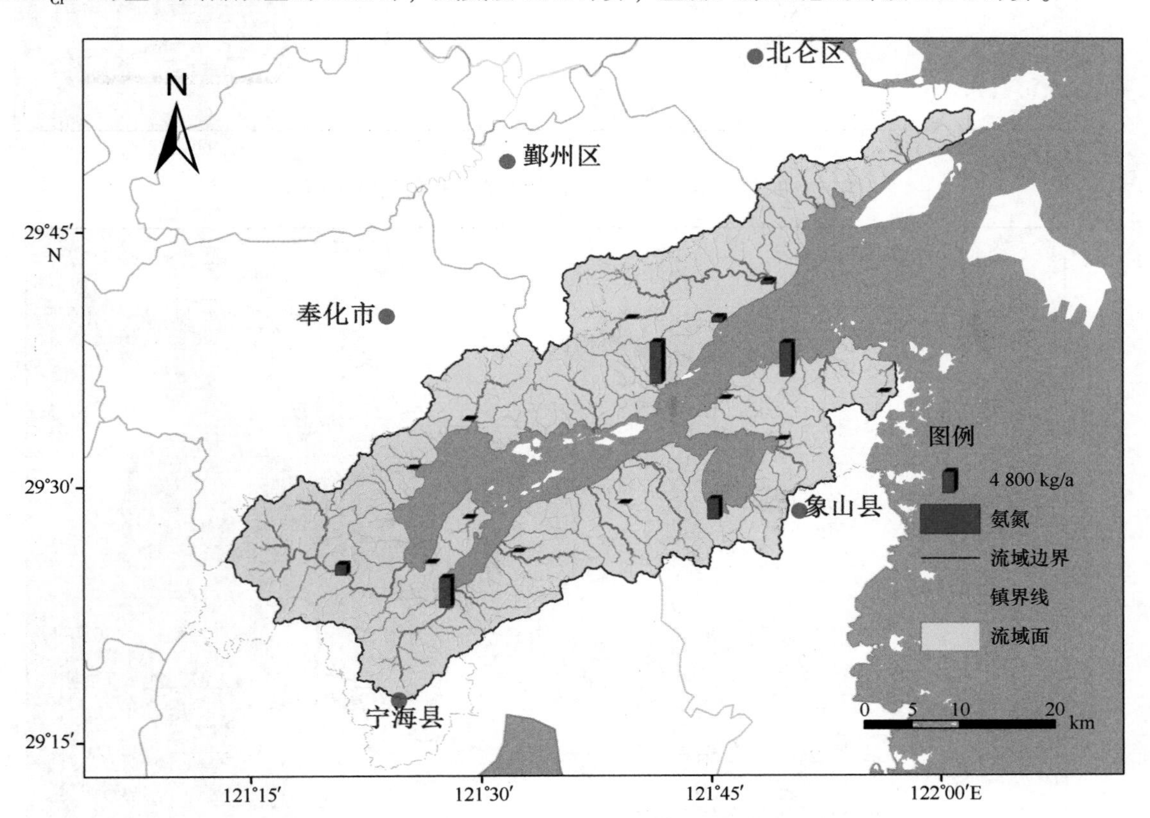

图3.1-11 象山港区域工业污染源氨氮排放量空间分布

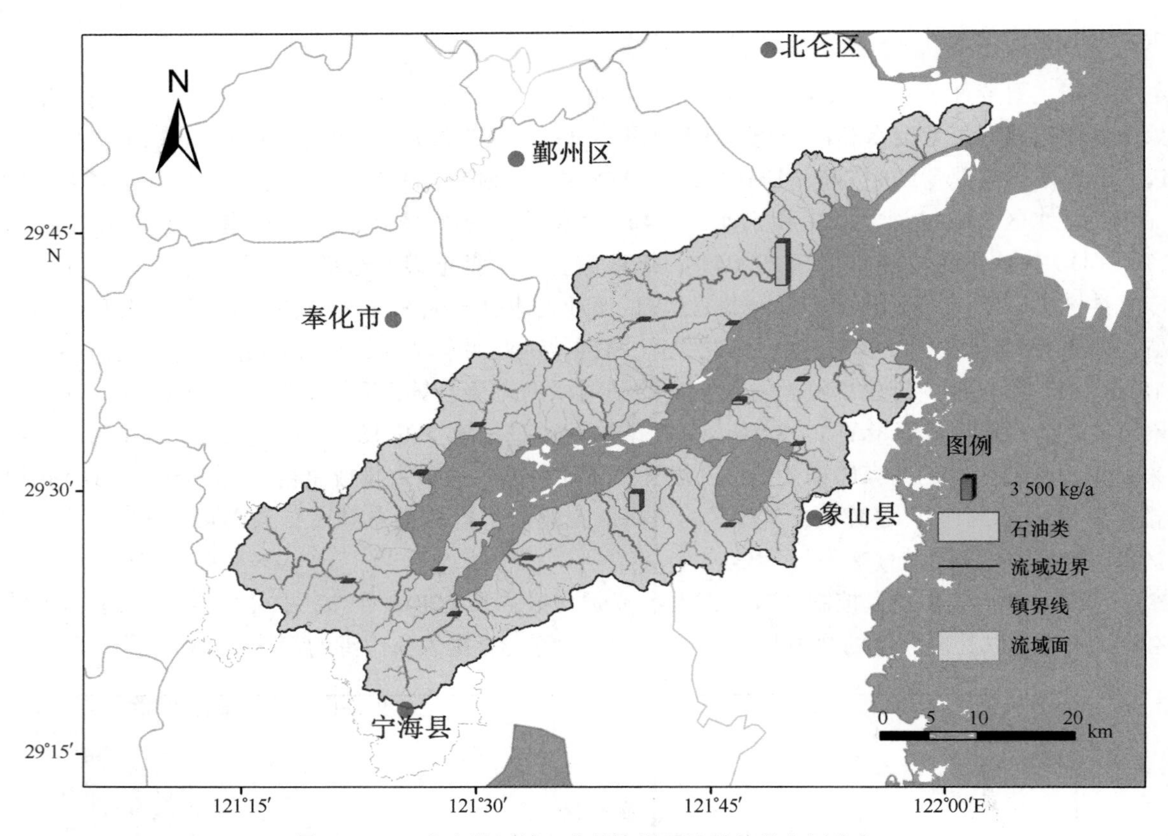

图 3.1-12　象山港区域工业污染源石油排放量空间分布

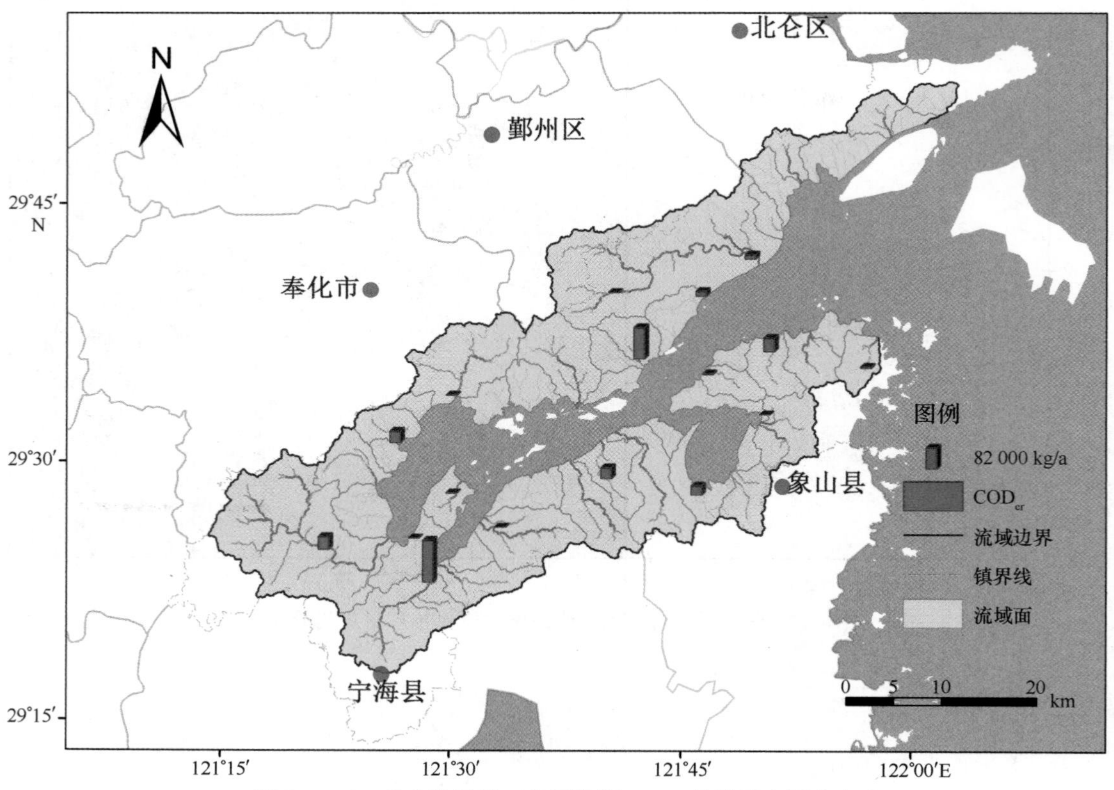

图 3.1-13　象山港区域工业污染源 COD_{Cr} 排放量空间分布

表 3.1-3　2012 年象山港主要工业污染源污染物排放量及入海量

海区	汇水区	行政区	企业名称	工业废水排放量/(t·a^{-1})	污染物排放量/(kg·a^{-1})			污染物入海量/(kg·a^{-1})		
					COD_{Cr}	氨氮	石油类	COD_{Cr}	氨氮	石油类
Ⅰ	1	春晓镇	—	—	—	—	—	—	—	—
	2	瞻岐镇	宁波宝迪汽车部件有限公司	120 000	9 600	—	6 900	9 600	—	6 900
			宁波金鹏高强度紧固件有限公司	465	50	—	30	50	—	30
			宁波太平货柜有限公司	38 000	6 800	770	—	6 800	770	—
	3	咸祥镇	宁波威达制衣有限公司	—	—	—	—	—	—	—
			宁波市鄞州滨海食品厂	2 100	1 020	—	—	1 020	—	—
			宁波松江蓄电池有限公司	4 500	200	—	—	200	—	—
			宁波市鄞州飞瑞针织染整有限公司	46 910	3 300	220	—	2 640	176	—
			宁波新紫云堂水产食品有限公司	65 000	5 500	—	—	5 500	—	—
			宁波虬龙水产有限公司	77 600	6 850	680	—	5 480	544	—
			宁波市东方船舶修造有限公司	105 600	4 800	360	—	4 800	360	—
			宁波市鄞州新鑫钢带制品厂	10 000	1 100	—	—	1 100	—	—
	4	塘溪镇、横溪镇东南部7个村	宁波市鄞州创新建筑机械有限公司	—	—	—	—	—	—	—
			宁波伟伟带钢有限公司	29 000	1 500	—	—	1 200	—	—
			宁波 I1 有限公司	855 000	51 258.4	7 805		51 258.4	7 805	0
			象山飞达酒业有限公司	2 652	740	30	—	740	30	—
	20	涂茨镇北部 11 个村	浙江新乐造船有限公司	36 520	5 478	0	—	5 478	0	—
Ⅱ	5	松岙镇	浙江造船有限公司	292 400	28 947.6	2 340	—	28 947.6	2 340	—
			宁波松科磁材有限公司	15 480	1 220	—	—	1 220	—	—
			宁波市松欣食品有限公司	361 200	35 758.8	2 889.6		35 758.8	2 889.6	0
			宁波汇丰食品有限公司	556 420	55 086	4 451	—	55 086	4 451	—
			宁波象山港水泥有限公司	—	—	—	—	—	—	—
			宁波日星铸业有限公司	3 060	3 930	—	568	3 930	—	568

续表

海区	汇水区	行政区	企业名称	工业废水排放量/(t·a^{-1})	污染物排放量/(kg·a^{-1})			污染物入海量/(kg·a^{-1})		
					COD_{Cr}	氨氮	石油类	COD_{Cr}	氨氮	石油类
Ⅲ	16	墙头镇、西周镇蚶岙村	象山12印染有限公司	900 000	88 500	8 748.9	—	88 500	8 748.9	—
			象山县墙头大发砖瓦厂	—	—	—	—	0	0	0
			象山制阀有限公司	45 900	358	—	—	358	0	0
			宁波I3有限公司	347 529	34 700	4 700	—	34 700	4 700	0
	17	大徐镇大部分（除3个村外）、黄避岙乡南部6个村	宁波华龙塑料实业有限公司	331	210	—	—	210	—	—
Ⅳ	6	裘村镇	—	—	—	—	—	—	—	—
	15	西周镇大部分（除蚶岙村外）	宁波三象不锈钢管制造有限公司	950	47	—	—	47	—	—
			宁波威霖住宅设施有限公司	7 600	397	—	—	397	—	—
			宁波华众塑料制品有限公司	160 784	241.2	—	60	241.2	—	60
			象山科达化工有限公司	37 890	1 770	—	—	1 770	—	—
			宁波乐惠食品设备制造有限公司	3 000	170	—	—	170	—	—
			宁波诗兰姆汽车零部件有限公司	16 000	18 220	—	—	18 220	—	—
			浙江大唐乌沙山发电有限责任公司	—	—	—	—	—	—	—
			宁波华翔汽车饰件有限公司	50 096	20 040	—	2 730	20 040	0	2 730
			象山海螺水泥有限责任公司	—	—	—	—	—	—	—
			壹美集团有限公司	2 829	120.8	—	—	120.8	—	—
Ⅴ	7	莼湖镇东部3个村	—	—	—	—	—	—	—	—
Ⅵ	8	莼湖镇中部（除东部3个村和西部17个村外）	奉化市海洋渔业冷冻厂	13 138	1 300	92	—	1 300	92	—
	9	西店镇、莼湖镇西部17个村	宁波市雪银铝业有限公司	8 500	1 275	—	—	1 275	—	—
			宁波锋亚电器有限公司	1 500	225	—	—	225	—	—
			宁海县西店空调配件厂	11 990	2 940	—	200	2 940	—	200
			宁海县日春金属化建有限公司	85 000	12 750	—	—	12 750	—	—
			宁海县鸿达铝氧化厂	50 000	7 500	—	—	7 500	—	—
			宁海县西店金赛金属材料厂	21 000	3 150	—	—	3 150	—	—

续表

海区	汇水区	行政区	企业名称	工业废水排放量/$(t \cdot a^{-1})$	污染物排放量/$(kg \cdot a^{-1})$			污染物入海量/$(kg \cdot a^{-1})$		
					COD_{Cr}	氨氮	石油类	COD_{Cr}	氨氮	石油类
Ⅵ	9	西店镇、莼湖镇西部 17 个村	宁海县西店云龙金属彩色氧化厂	18 000	2 700	—	—	2 700	—	—
			宁海县金艺氧化厂	24 000	3 600	—	—	3 600	—	—
			宁海县烨光文具装饰厂	24 000	3 600	—	—	3 600	—	—
			浙江爱妻电器有限公司	7 860	1 180	—	—	1 180	—	—
			宁海县西店灵峰氧化厂	24 000	3 600	—	—	3 600	—	—
			东方日升新能源股份有限公司	162 000	1 620	—	—	1 620	—	—
	10	深甽镇大部分（除西部 3 个村外）、梅林街道大部分（除东南部 7 个村外）	宁海县源达制冷配件厂	450	70	—	8	70	—	8
			宁波三省纸业有限公司	182 000	33 600	2 300	—	33 600	2 300	0
			宁波金海雅宝化工有限公司	31 677	3 160	20	40	3 160	20	40
			宁海县兴涛铝业有限公司	15 000	1 875	—	—	1 875	—	—
			宁波市东龙五金有限公司	15 000	2 250	—	—	2 250	—	—
			宁海县深甽制冷配件厂	800	120	—	12	120	—	12
			宁海县梅乐铝业有限公司	—	—	—	—	—	—	—
			宁波永信钢管有限公司	21 000	3 740	—	—	3 740	—	—
			宁海建新橡塑有限公司	34 756	3 470	—	—	3 470	—	—
			宁波永泰金属制品有限公司	18 000	2 500	—	—	2 500	—	—
			宁波天鹏铝钢有限公司	—	—	—	—	—	—	—
	11	桥头胡街道北部 2 个村、强蛟镇加爵科村	宁波强蛟海螺水泥有限公司	—	—	—	—	—	—	—
			宁波南天金属有限公司	—	—	—	—	—	—	—
Ⅶ	12	强蛟镇（除 2 个村外）	宁波七超板业有限公司	2 500	1 050	—	—	1 050	—	—
			浙江金龙机械索具有限公司	—	—	—	—	—	—	—
	13	桃源街道大部分（除瓦窑头村外）、梅林街道东南部 7 个村、桥头胡街道大部分（除北部 2 个村外）	宁波旭东表面处理有限公司	65 000	13 000	—	—	13 000	—	—

续表

海区	汇水区	行政区	企业名称	工业废水排放量/$(t \cdot a^{-1})$	污染物排放量/$(kg \cdot a^{-1})$			污染物入海量/$(kg \cdot a^{-1})$		
					COD_{Cr}	氨氮	石油类	COD_{Cr}	氨氮	石油类
Ⅶ	13	桃源街道大部分（除瓦窑头村外）、梅林街道东南部7个村、桥头胡街道大部分(除北部2个村外)	宁海县城关翔鹰土特产加工厂	42 000	21 600	—	—	21 600	—	—
			宁海嘉成电镀厂	42 050	2 870	—	—	2 296	—	—
			宁海县西店金属装饰品厂	24 725	1 690	—	—	1 352	—	—
			宁海县光美电镀厂	21 925	1 500	—	—	1 200	—	—
			宁海县樟树电镀厂	28 636	1 960	—	—	1 568	—	—
			宁波好孩子儿童用品有限公司	36 800	913	—	7	730. 4	—	4. 2
			宁波九隆五金有限公司	85 000	2 110	—	17	1 688	—	10. 2
			宁海县金塑电镀厂	22 286	1 520	—	—	1 216	—	0
			宁波如意股份有限公司	9 400	233	—	10	186. 4	—	6
			宁海县城关跃龙电镀厂	33 415	2 280	—	—	1 824	—	0
			宁波派灵实业有限公司	36 500	900	—	7	720	—	4. 2
			宁海县城关东方电器厂	32 103	2 190	—	—	1 752	—	—
			宁波金时家居用品有限公司	15 000	372	—	—	297. 6	—	—
			宁波恒生管件有限公司	3 600	90	—	10	72	—	6
			宁波盛绵针织制衣有限公司	924 500	88 200	8 300	—	70 560	4 980	—
			爱文易成文具有限公司	65 000	1 610	—	13	1 288	0	7. 8
			重庆啤酒集团宁波大梁山有限公司	342 395	24 820	430	—	19 856	258	—
			圣豹电源有限公司	2 000	50	—	—	40	—	—
			伟成金属制品有限公司	1 000	25	—	1	20	—	0. 6
			宁海县宁兴纸业有限公司	276 000	8 900	2 500	—	7 120	1 500	—
			宁波捷光表面涂装有限公司	75 000	1 860	—	15	1 488	—	9
			宁波松鹰汽车部件有限公司	8 700	220	—	2	176	—	1. 2
			宁海县云静五金有限公司	25 381	1 730	—	—	1 384	—	—
			宁波双龙清洁用品有限公司	62 000	1 540	—	—	1 232	—	—
			宁海县新世纪工具厂	23 179	1 580	—	—	1 264	—	—
			宁海县城关北门电镀厂	96 841	6 610	—	—	5 288	—	—
			宁海县占家电镀厂	19 949	1 360	—	—	1 088	—	—
			宁海县西店第一电镀厂	32 471	2 220	—	—	1 776	—	—
			宁海县深甽镇五金电镀厂	40 800	2 790	—	—	2 232	—	—
	14	大佳何镇	宁波杰友升电气有限公司	6 800	330		20	330	0	20

注：工业污染源数据来源于宁波市环保局2012年统计数据。

表 3.1-4 2012 年象山港工业污染源调查汇总

海区	行政区	工业废水排放量/($t \cdot a^{-1}$)	污染物排放量/($kg \cdot a^{-1}$)			污染物入海量/($kg \cdot a^{-1}$)		
			COD_{Cr}	氨氮	石油类	COD_{Cr}	氨氮	石油类
Ⅰ	春晓镇、瞻岐镇、咸祥镇、塘溪镇、横溪镇东南部7个村、贤庠镇、黄避岙乡北部3个村、涂茨镇北部11个村	1 393 347	98 196.4	9 865	6 930	95 866.4	9 685	6 930
Ⅱ	松岙镇、黄避岙乡中部7个村	1 228 560	124 942.4	9 680.6	568	124 942.4	9 680.6	568
Ⅲ	墙头镇、西周镇蚶岙村、大徐镇大部分（除3个村外）、黄避岙乡南部6个村	1 293 760	123 768	13 448.9	0	123 558	13 448.9	0
Ⅳ	裘村镇、西周镇大部分（除蚶岙村）	279 149	41 006	0	2 790	41 006	0	2 790
Ⅴ	莼湖镇东部3个村、西周镇大部分（除蚶岙村外）	—	—	—	—	0	0	0
Ⅵ	莼湖镇中部（除东部3个村和西部17个村外）、西店镇、莼湖镇西部17个村、深甽镇大部分（除西部3个村外）、梅林街道大部分（除东南部7个村外）、桥头胡街道北部2个村、强蛟镇加爵科村	769 671	96 225	2 412	260	96 225	2 412	260
Ⅶ	强蛟镇（除2个村外）、桃源街道大部分（除瓦窑头村外）、梅林街道东南部7个村、桥头胡街道大部分（除北部2个村外）、大佳何镇	2 502 956	198 123	11 230	102	164 644.4	6 738	69.2
总计		7 467 443	682 260.8	46 636.5	10 650	646 242.2	28 515.6	10 617.2

根据各乡镇的工业废水排放量和COD_{Cr}、氨氮、石油类等污染物排放量，按各县（市、区）所辖乡镇统计，各县（市、区）陆源工业污染物入海量如表 3.1-5 和图 3.1-14 所示。统计结果显示，COD_{Cr}排放量较大的是宁海县，其次为象山县，分别占排放总量的 40.25%和 34.93%；氨氮排放量较大的是象山县，占氨氮排放总量的 50.72%；石油类排放量较大的是鄞州区，占石油类排放总量的 65.27%。

表 3.1-5　2012 年象山港沿岸各县市区工业污染物入海量汇总

行政区	工业污染物入海量/($kg \cdot a^{-1}$)		
	COD_{Cr}	氨氮	石油类
北仑	0	0	0
鄞州	38 390	1 850	6 930
奉化	122 312.4	9 772.6	0
宁海	260 619.4	9 058	329.2
象山	226 180.4	21 283.9	3 358

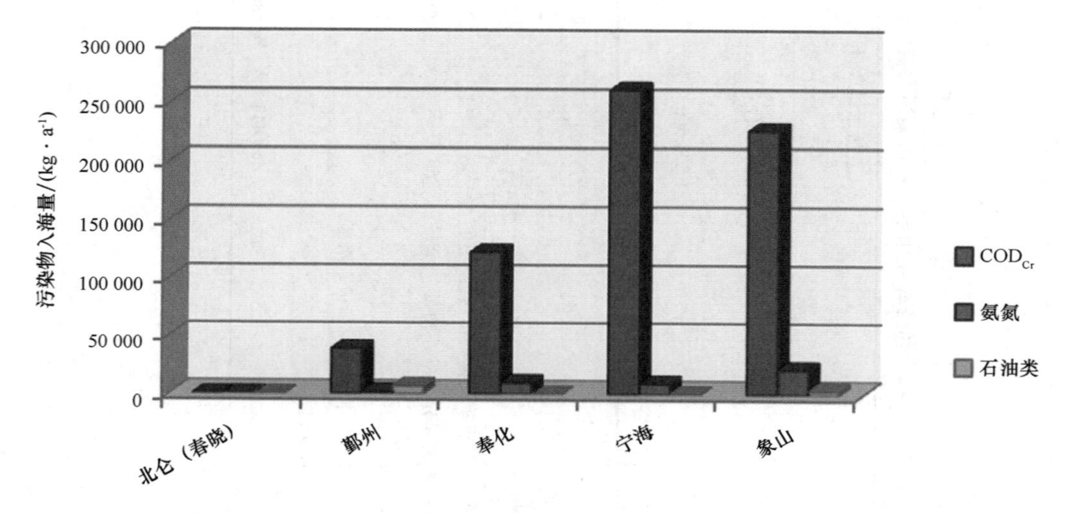

图 3.1-14　2012 年象山港沿岸各县（市、区）工业污染物入海量

3.1.2.3　生活污染源

生活污染包括生活污水和人粪尿污染。近年来，随着工业废水处理率和达标排放率的不断提高以及人们生活水平的改善，生活污染在陆源污染中所占的比例越来越大，在不少地区已超过工业废水，成为对环境质量的主要威胁。

生活污染的产生量有两种计算方法。一是排污系数法，即由试验研究得到的人均排污系数乘以人口得到；二是综合污水法，即根据调查得到人均综合用水量，再乘以人口和多年平均生活污水水质得到。本研究采用第一种方法，生活排污系数主要参考水利部太湖流域管理局在“太湖流域河网水质研究”中和张大弟在上海郊区的相关研究中的结果（表 3.1-6）。

表 3.1-6　人粪尿和生活污水污染物排放系数

污染源	COD_{Cr}/ [kg·(a·人)$^{-1}$]	BOD_5/ [kg·(a·人)$^{-1}$]	总氮/ [kg·(a·人)$^{-1}$]	总磷/ [kg·(a·人)$^{-1}$]
农村生活污水	5.84	3.39	0.584	0.146
城镇生活污水	7.30	4.24	0.730	0.183
人粪尿	13.52	7.84	2.816	0.483

生活污水入海量的计算应考虑到其产生量的处理率和净化率，对目前尚无生活污水处理厂的地区，处理率主要指化粪池的处理率；净化率是指污染物在入海前发生的复杂的物理、化学和生物的自然净化作用。象山港区域不同乡镇人口分布，如图 3.1-15 和表 3.1-7 所示。可知，象山港周边陆域以农村居民为主，农业人口占总人口的 90%以上，参照文献中参数的确定和研究的经验，考虑到象山港周边陆域以农村居民为主，城镇居民所占比例小，人粪尿以 10%进入水环境计算。生活污水的化粪池处理率和自然净化率分别以 25%和 30%计，生活污染源的排放量分布如图 3.1-16 至图 3.3-19 所示。

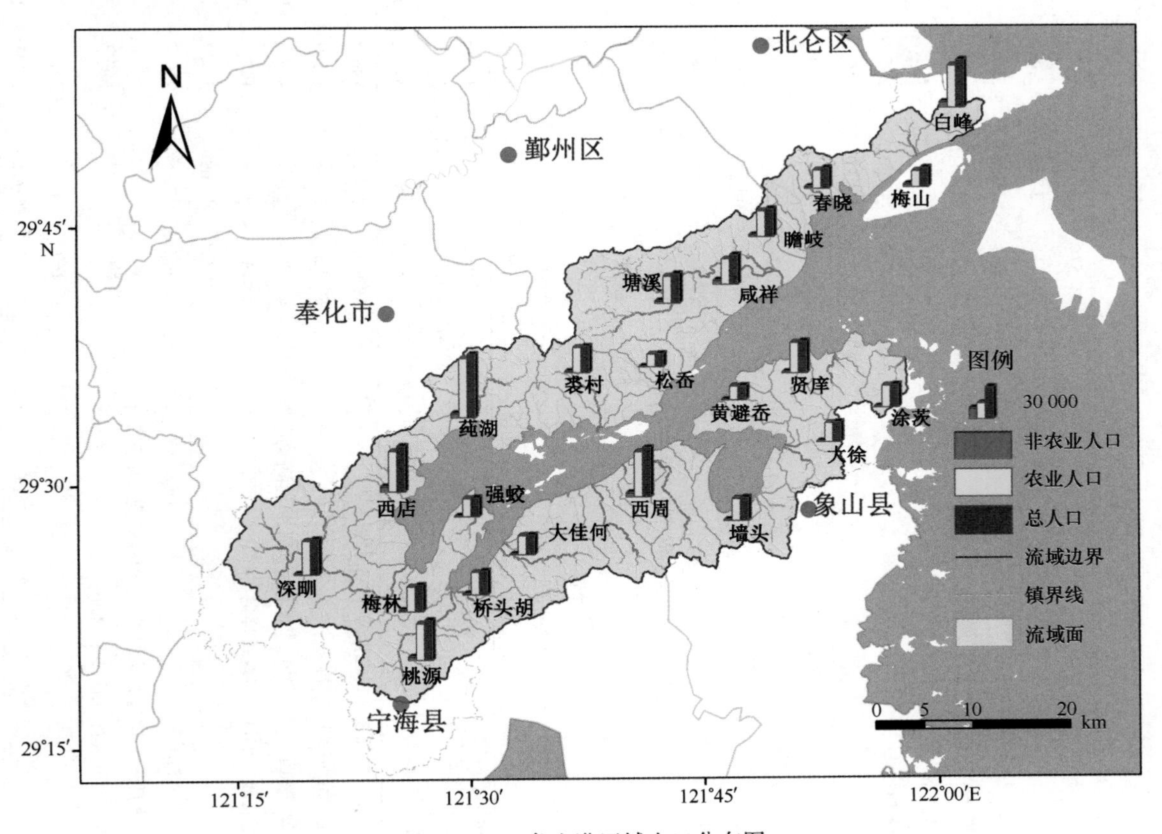

图 3.1-15　象山港区域人口分布图

表 3.1-7　2012 年象山港区域生活污染源主要污染物排放量及入海量

海区	汇水区	行政区	总人口/人	非农业人口/人	污染物排放量/(t·a^{-1})				污染物入海量/(t·a^{-1})			
					COD_{Cr}	BOD_5	TN	TP	COD_{Cr}	BOD_5	TN	TP
Ⅰ	1	春晓镇	20 574	3 159	423.5	233.7	70.4	13.1	93.32	54.16	12.34	2.63
	2	瞻岐镇	26 311	2 119	538.8	297.3	89.8	16.6	117.87	68.4	15.64	3.33
	3	咸祥镇	28 062	3 895	577.0	318.4	96.0	17.8	126.96	73.68	16.8	3.58
	4	塘溪镇、横溪镇东南部 7 个村	34 337	3 555	704.3	388.6	117.3	21.7	154.42	89.62	20.47	4.36
	19	贤庠镇、黄避岙乡北部 3 个村	32 891	1 601	672.0	370.7	112.1	20.7	146.54	85.04	19.47	4.14
	20	涂茨镇北部 11 个村	10 470	473	213.9	118.0	35.7	6.6	46.62	27.05	6.19	1.32
		Ⅰ 汇总	152 645	14 802	3 050.4	1 680.9	513.3	94.6	644.25	373.87	86.77	18.32
Ⅱ	5	松岙镇	12 932	646	264.2	145.8	44.1	8.2	57.63	33.44	7.66	1.63
	18	黄避岙乡中部 7 个村	8 112	246	165.5	91.3	27.6	5.1	36.03	20.91	4.79	1.02
		Ⅱ 汇总	21 044	892	429.8	237.1	71.7	13.3	93.66	54.35	12.45	2.65
Ⅲ	16	墙头镇、西周镇蚶岙村	22 926	1 109	468.4	258.4	78.1	14.5	102.14	59.27	13.57	2.89
	17	大徐镇大部分（除 3 个村外）、黄避岙乡南部 6 个村	18 867	753	385.2	212.5	64.3	11.9	83.93	48.71	11.16	2.37
		Ⅲ 汇总	41 793	1 861	853.6	470.9	142.4	26.4	186.06	107.98	24.72	5.26
Ⅳ	6	裘村镇	25 762	1 355	526.5	290.5	87.8	16.3	114.86	66.65	15.26	3.25
	15	西周镇大部分（除蚶岙村外）	44 504	3 056	910.6	502.4	151.8	28.1	198.96	115.46	26.41	5.62
		Ⅳ 汇总	70 266	4 411	1 437.1	792.8	239.5	44.4	313.82	182.11	41.67	8.87
Ⅴ	7	莼湖镇东部 3 个村	6 709	471	137.3	75.7	22.9	4.2	30	17.41	3.98	0.85
	21	强蛟镇胜龙村	4 852	202	99.1	54.7	16.5	3.1	21.59	12.53	2.87	0.61
		Ⅴ 汇总	11 561	673	236.4	130.4	39.4	7.3	51.6	29.94	6.85	1.46
Ⅵ	8	莼湖镇中部（除东部 3 个村和西部 17 个村外）	38 925	2 730	796.5	439.4	132.7	24.6	174.06	101.01	23.1	4.92
	9	西店镇、莼湖镇西部 17 个村	59 426	6 445	1 219.3	672.8	203.0	37.6	267.48	155.23	35.45	7.55
	10	深甽镇大部分（除西部 3 个村外）、梅林街道大部分（除东南部 7 个村外）	47 087	2 644	962.6	531.0	160.5	29.7	210.06	121.9	27.9	5.93
	11	桥头胡街道北部 2 个村、强蛟镇加爵科村	4 945	280	101.1	55.8	16.9	3.1	22.06	12.8	2.93	0.62
		Ⅵ 汇总	150 383	12 099	3 079.5	1 699.1	513.1	95.0	673.67	390.94	89.38	19.03
Ⅶ	12	强蛟镇（除 2 个村外）	11 307	471	230.9	127.4	38.5	7.1	50.32	29.2	6.69	1.42
	13	桃源街道大部分（除瓦窑头村外）、梅林街道东南部 7 个村、桥头胡街道大部分（除北部 2 个村外）	58 801	5 545	1 205.3	665.0	200.7	37.2	264.03	153.23	35.01	7.45
	14	大佳何镇	19 169	700	391.3	215.9	65.3	12.1	85.23	49.46	11.33	2.41
		Ⅶ 汇总	89 277	6 716	1 827.5	1 008.3	304.5	56.4	399.57	231.88	53.03	11.29
		总计	536 969	41 455	10 914.2	6 019.5	1 823.8	337.3	2 362.63	1 371.08	314.88	66.86

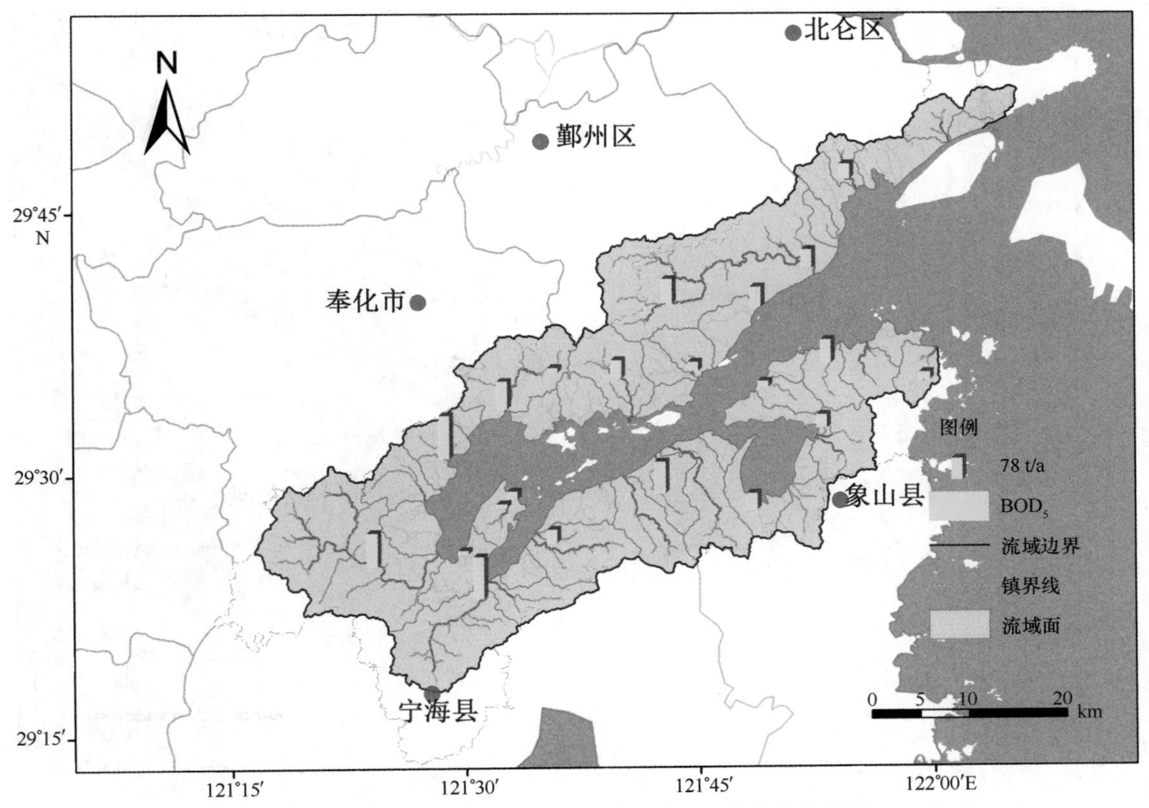

图 3.1-16 象山港区域生活污染源 BOD_5 排放量分布图

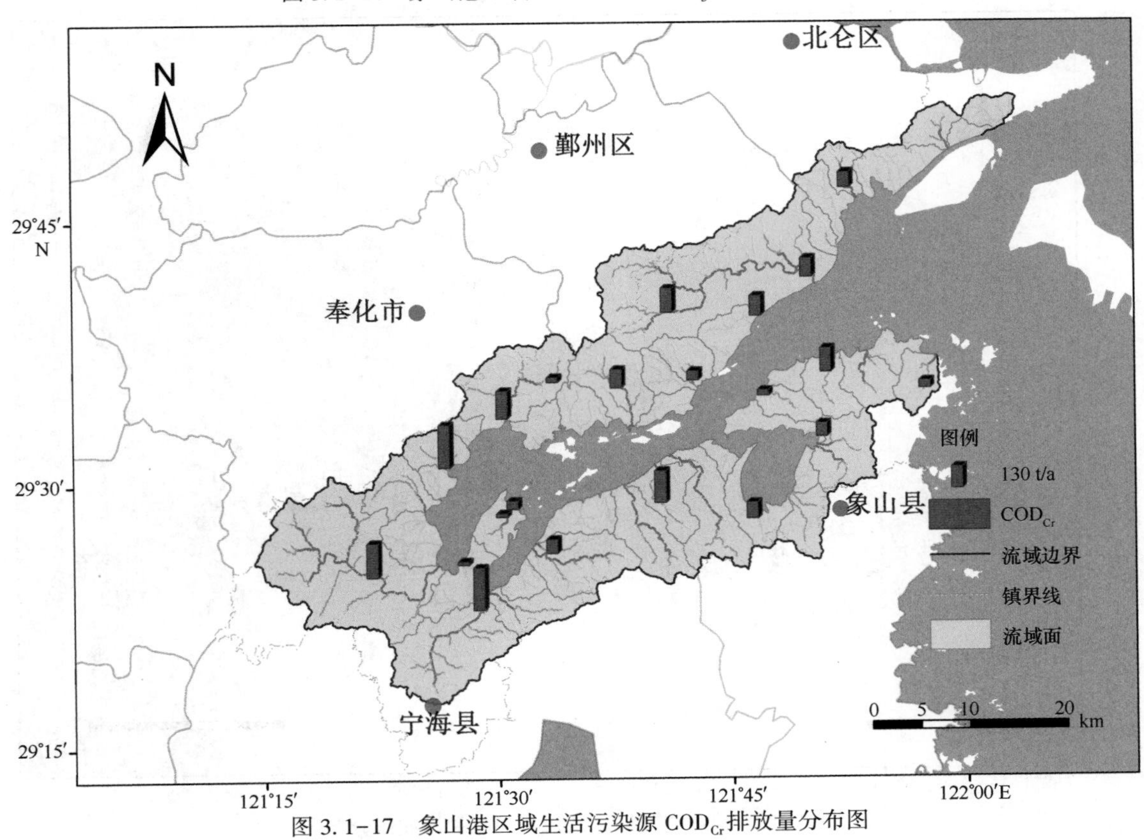

图 3.1-17 象山港区域生活污染源 COD_{Cr} 排放量分布图

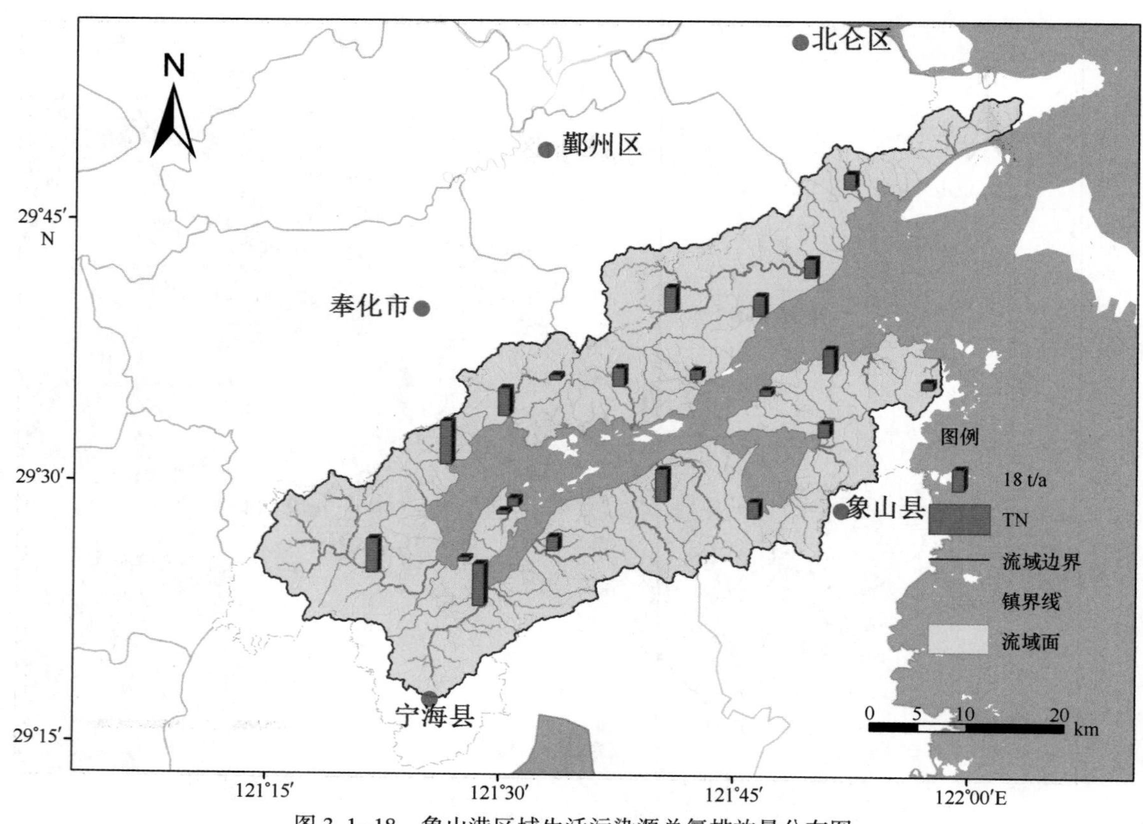

图 3.1-18　象山港区域生活污染源总氮排放量分布图

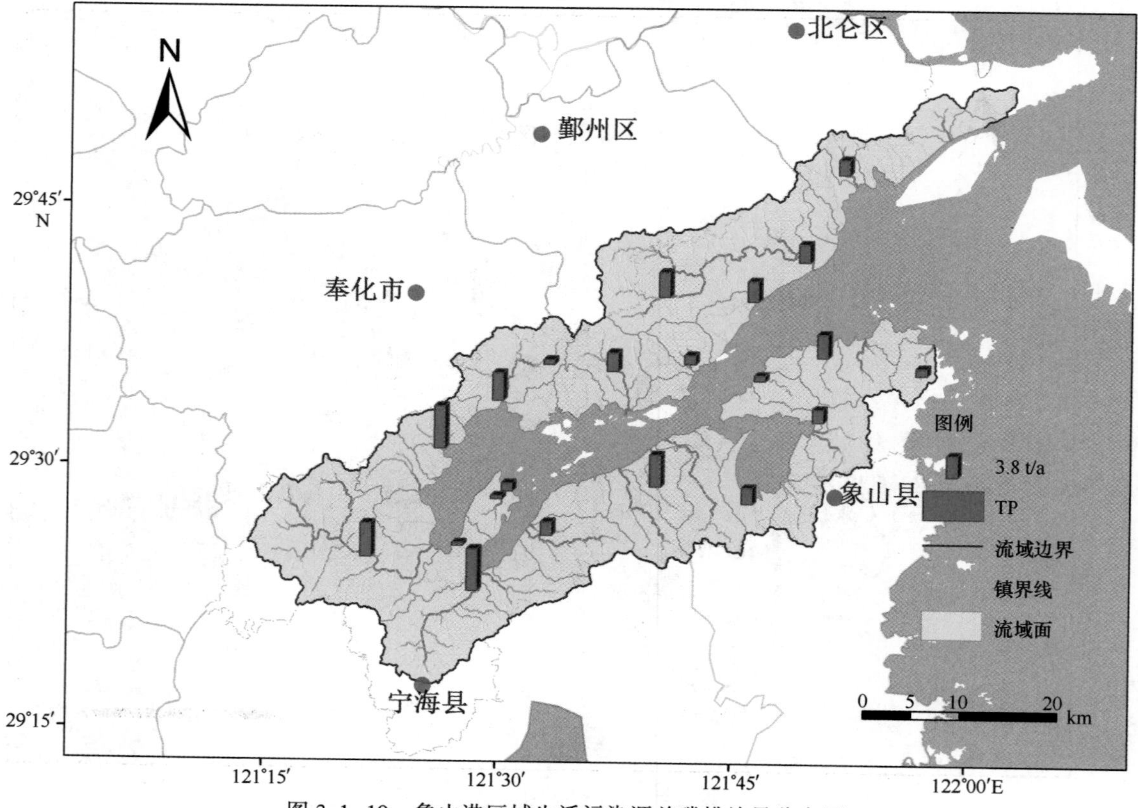

图 3.1-19　象山港区域生活污染源总磷排放量分布图

根据各乡镇2012年的生活污染源排放的COD、BOD、总氮、总磷等污染物排放量，按各县（市、区）所辖乡镇统计，各县（市、区）生活污染物入海量如表3.1-8和图3.1-20所示。统计结果显示，COD、BOD、TN、TP的排放量最大的均为宁海县，分别占各污染因子排放总量的40%左右。

表3.1-8 象山港沿岸各县市区生活污染物入海量汇总

县（市、区）	生活源污染物入海量/($t\cdot a^{-1}$)			
	COD_{Cr}	BOD_5	TN	TP
北仑（春晓）	93.32	54.16	12.34	2.63
鄞州	154.42	89.62	20.47	4.36
奉化	376.55	218.51	50	10.65
宁海	920.77	534.35	122.18	25.99
象山	614.22	356.44	81.59	17.36

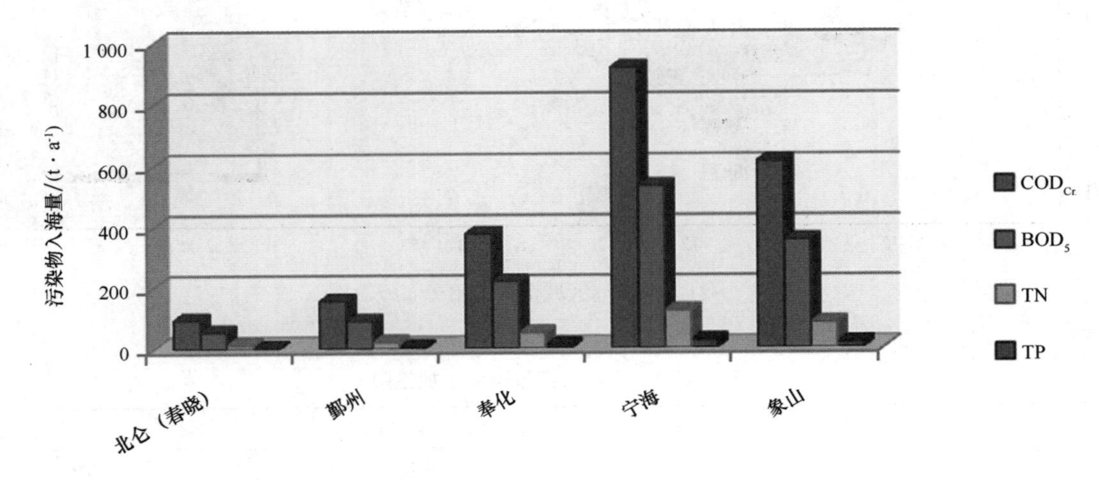

图3.1-20 象山港沿岸各县（市、区）生活污染物入海量

3.1.2.4 畜禽养殖污染源

畜禽以农户散养为主，集中养殖场仍有一定数量存在。如图3.1-21所示，2012年象山港周边汇水区饲养的畜禽以家禽（鸡鸭等）数量最多，共计381.99×10^4只；生猪数量次之，共计30.12×10^4头；兔、羊、牛的全年饲养量依次为0.18×10^4只、2.12×10^4只、0.49×10^4头。位于象山港港底的Ⅵ海区养殖量最多（牛、羊、猪、家禽、兔的养殖数量分别占总量的61.53%、39.78%、39.45%、46.30%、0%），位于口门的Ⅰ海区养殖量次之（牛、羊、猪、家禽、兔的养殖数量分别占总量的7.01%、19.45%、18.14%、15.99%、27.69%）。

畜禽养殖废水及主要污染物的排放量按排污系数法计算。根据综合文献，确定畜禽污染物排放系数如表3.1-9和表3.1-10所示。将排放系数乘以调查得到的各海区的畜禽数，即可计算得出畜禽污染物产生总量。畜禽养殖污染物的入海量估算中，各污染物的流失率和降解率分别取30%和50%，象山港区域畜禽养殖污染源主要污染物排放量及入海量计算结果见表3.1-11、表3.1-12和图3.1-22至图3.1-25。

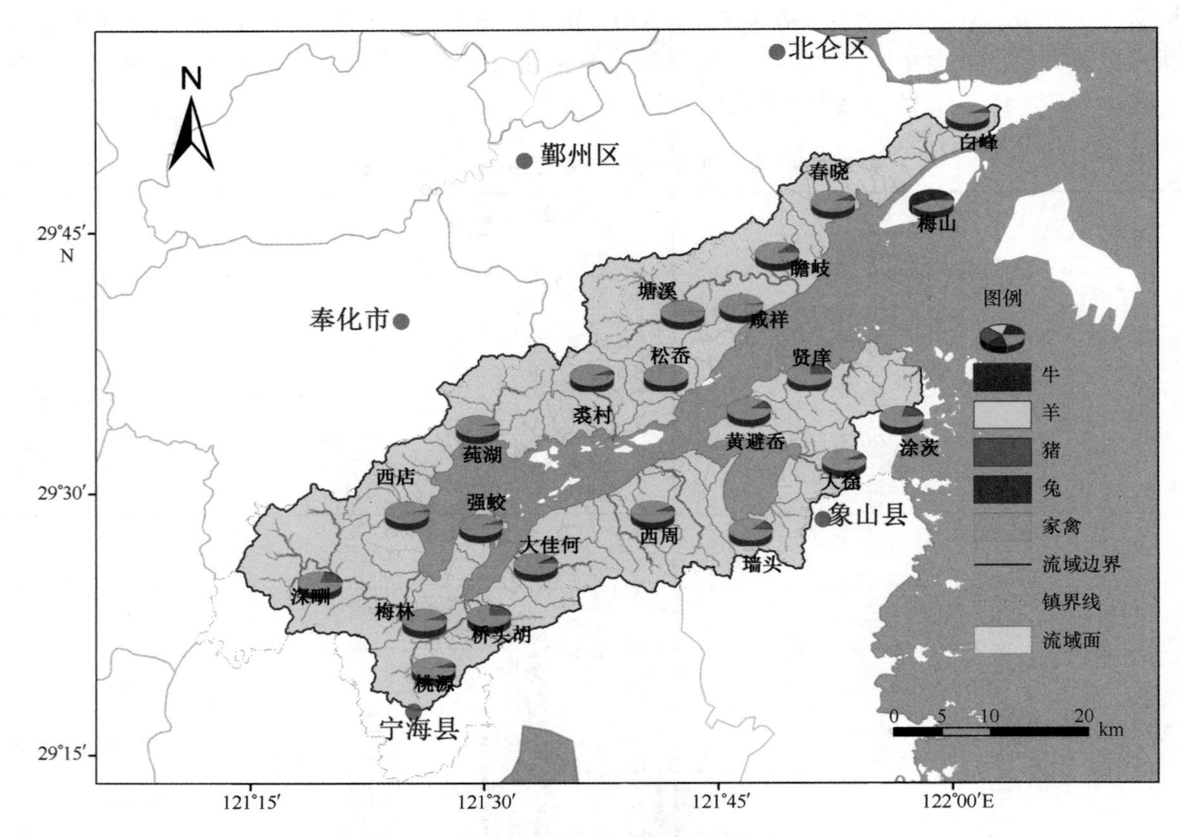

图 3. 1-21　象山港区域畜禽养殖分布概况图

表 3. 1-9　不同禽类污染物排放系数

禽类	进入水体污染物量/(g·只$^{-1}$)		
	COD_{Cr}	TN	TP
肉鸡	1. 5	0. 27	0. 06
蛋鸡	402	101	39
肉鸭	43	11	6
蛋鸭	671	169	95

表 3. 1-10　各畜禽污染物排放系数

禽类	进入水体污染量/[kg·(a·头)$^{-1}$]			
	COD_{Cr}	BOD_5	TN	TP
牛	76. 91	193. 67	29. 08	7. 23
羊	4. 4	2. 7	4. 23	1. 43
猪	3. 78	25. 98	0. 94	0. 16
家禽	0. 233	0. 559	0. 138	0. 026
兔	—	—	1. 07	—

注：①表中排放系数除 BOD_5 外，均为进入水体量；BOD_5 考虑 60%进入水体。②部分县区家禽调查资料中，有鸡鸭及蛋禽肉禽的分类统计。这里为了简化计算，按照鸡和鸭各占 80%和 20%，蛋禽和肉禽各占 50%来计算得到各污染物排放系数。

表 3.1-11 象山港区域畜禽养殖主要污染物排放量及入海量

海区	汇水区	行政区	牛/头	羊/只	猪/头	家禽/只	兔/只	污染物排放量/（t·a⁻¹）				污染物入海量/（t·a⁻¹）			
								COD_{Cr}	BOD_5	TN	TP	COD_{Cr}	BOD_5	TN	TP
Ⅰ	1	春晓镇	11	898	2 714	52 040	680	23.3	62.5	14.6	3.2	8.1	21.9	5.1	1.1
	2	瞻岐镇	243	623	29 962	167 260	243	172.0	552.4	61.2	11.8	60.2	193.3	21.4	4.1
	3	咸祥镇	104	380	20 975	78 190	104	106.0	365.9	35.2	6.7	37.1	128.1	12.3	2.3
	4	塘溪镇、横溪镇东南部7个村	265	863	2 821	179 928	250	74.1	136.5	39.1	8.3	25.9	47.8	13.7	2.9
	19	贤庠镇、黄避岙乡北部3个村	53	494	16 555	57 016	0	80.2	284.1	27.1	5.2	28.1	99.4	9.5	1.8
	20	涂茨镇北部11个村	13	656	5 142	20 286	0	25.2	89.5	10.8	2.4	8.8	31.3	3.8	0.8
		Ⅰ汇总	689	3 914	78 170	554 720	1 277	480.8	1 491.0	188.0	37.5	168.3	521.8	65.8	13.1
Ⅱ	5	松岙镇	12	614	2 220	115 522	0	36.3	75.7	21.0	4.3	12.7	26.5	7.3	1.5
	18	黄避岙乡中部7个村	6	696	3 285	31 654	0	20.3	63.6	10.6	2.4	7.1	22.3	3.7	0.8
		Ⅱ汇总	18	1 310	5 505	147 176	0	56.6	139.4	31.5	6.7	19.8	48.8	11.0	2.3
Ⅲ	16	墙头镇、西周镇蚶岙村	69	812	8 260	67 001	8	52.4	160.6	22.5	4.7	18.4	56.2	7.9	1.7
	17	大徐镇大部分（除3个村外）、黄避岙乡南部6个村	178	1 038	2 575	36 588	0	32.7	74.8	17.0	4.1	11.5	26.2	6.0	1.4
		Ⅲ汇总	247	1 851	10 835	103 589	8	85.2	235.3	39.5	8.9	29.8	82.4	13.8	3.1
Ⅳ	6	裘村镇	70	2 617	49 042	523 068	300	312.9	952.3	131.7	25.7	109.5	333.3	46.1	9.0
	15	西周镇大部分（除蚶岙村外）	270	1 500	5 579	87 560	192	63.4	150.1	31.7	7.3	22.2	52.5	11.1	2.5
		Ⅳ汇总	340	4 117	54 621	610 628	492	376.4	1 102.4	163.4	33.0	131.7	385.8	57.2	11.5
Ⅴ	7	莼湖镇东部3个村	301	977	9 926	153 395	0	97.7	242.7	43.4	9.1	34.2	85.0	15.2	3.2
	21	强蛟镇胜龙村	2	54	1 482	16 062	0	9.5	28.8	3.9	0.7	3.3	10.1	1.4	0.3
		Ⅴ汇总	303	1 031	11 408	169 457	0	107.2	271.5	47.3	9.9	37.5	95.0	16.5	3.5
Ⅵ	8	莼湖镇中部（除东部3个村和西部17个村外）	1 749	5 666	57 588	889 937	0	567.2	1 408.6	251.8	53.1	198.5	493.0	88.1	18.6
	9	西店镇、莼湖镇西部17个村	814	2 501	40 863	609 968	0	362.8	940.2	156.8	31.9	127.0	329.1	54.9	11.2
	10	深甽镇大部分（除西部3个村外）、梅林街道大部分（除东南部7个村外）	406	221	18 138	260 222	0	162.2	417.5	65.7	12.9	56.8	146.1	23.0	4.5
	11	桥头胡街道北部2个村、强蛟镇加爵科村	15	32	2 220	8 407	0	11.6	39.2	3.8	0.7	4.0	13.7	1.3	0.3
		Ⅵ汇总	2 984	8 420	118 810	1 768 535	0	1 103.8	2 805.6	478.1	98.6	386.3	981.9	167.3	34.5
Ⅶ	12	强蛟镇（除2个村外）	5	126	3 453	37 430	0	22.2	67.2	9.1	1.7	7.8	23.5	3.2	0.6
	13	桃源街道大部分（除瓦窑头村外）、梅林街道东南部7个村、桥头胡街道大部分（除北部2个村外）	170	283	11 820	41 390	0	68.1	218.3	23.0	4.6	23.9	76.4	8.0	1.6
	14	大佳何镇	94	114	6 558	386 950	0	122.6	243.1	62.8	12.0	42.9	85.1	22.0	4.2
		Ⅶ汇总	269	523	21 831	465 770	0	212.9	528.6	94.8	18.3	74.5	185.0	33.2	6.4
		总计	4 850	21 166	301 179	3 819 875	1 777	2 422.8	6 573.8	1 042.7	212.8	848.0	2 300.8	365.0	74.5

注：畜禽养殖种类及数据来源于2012年各区县（市）统计年鉴，村一级按实际行政面积比例换算。

表 3.1-12　象山港区域畜禽养殖污染汇总

海区	行政区	污染物排放量/（t·a^{-1}）				污染物入海量/（t·a^{-1}）			
		COD_{Cr}	BOD_5	TN	TP	COD_{Cr}	BOD_5	TN	TP
Ⅰ	春晓镇、瞻岐镇、咸祥镇、塘溪镇、横溪镇东南部7个村、贤庠镇、黄避岙乡北部3个村、涂茨镇北部11个村	480.8	1 491	188	37.5	168.3	521.8	65.8	13.1
Ⅱ	松岙镇、黄避岙乡中部7个村	56.6	139.4	31.5	6.7	19.8	48.8	11	2.3
Ⅲ	墙头镇、西周镇蚶岙村、大徐镇大部分（除3个村外）、黄避岙乡南部6个村	85.2	235.3	39.5	8.9	29.8	82.4	13.8	3.1
Ⅳ	裘村镇、西周镇大部分（除蚶岙村）	376.4	1 102.4	163.4	33	131.7	385.8	57.2	11.5
Ⅴ	莼湖镇东部3个村、西周镇大部分（除蚶岙村外）	107.2	271.5	47.3	9.9	37.5	95	16.5	3.5
Ⅵ	莼湖镇中部（除东部3个村和西部17个村外）、西店镇、莼湖镇西部17个村、深甽镇大部分（除西部3个村外）、梅林街道大部分（除东南部7个村外）、桥头胡街道北部2个村、强蛟镇加爵科村	1 103.8	2 805.6	478.1	98.6	386.3	981.9	167.3	34.5
Ⅶ	强蛟镇（除2个村外）、桃源街道大部分（除瓦窑头村外）、梅林街道东南部7个村、桥头胡街道大部分（除北部2个村外）、大佳何镇	212.9	528.6	94.8	18.3	74.5	185	33.2	6.4
总计		2 422.8	6 573.8	1 042.7	212.8	848	2 300.8	365	74.5

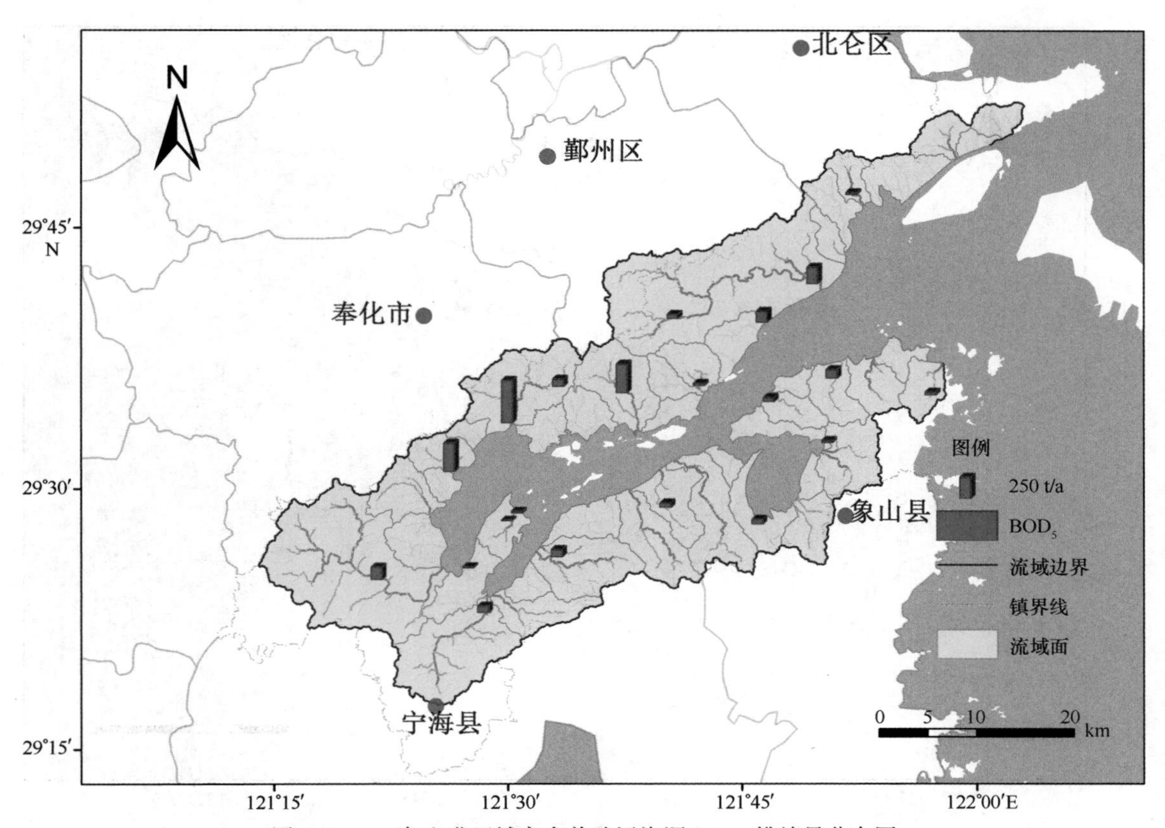

图 3.1-22　象山港区域畜禽养殖污染源 BOD_5 排放量分布图

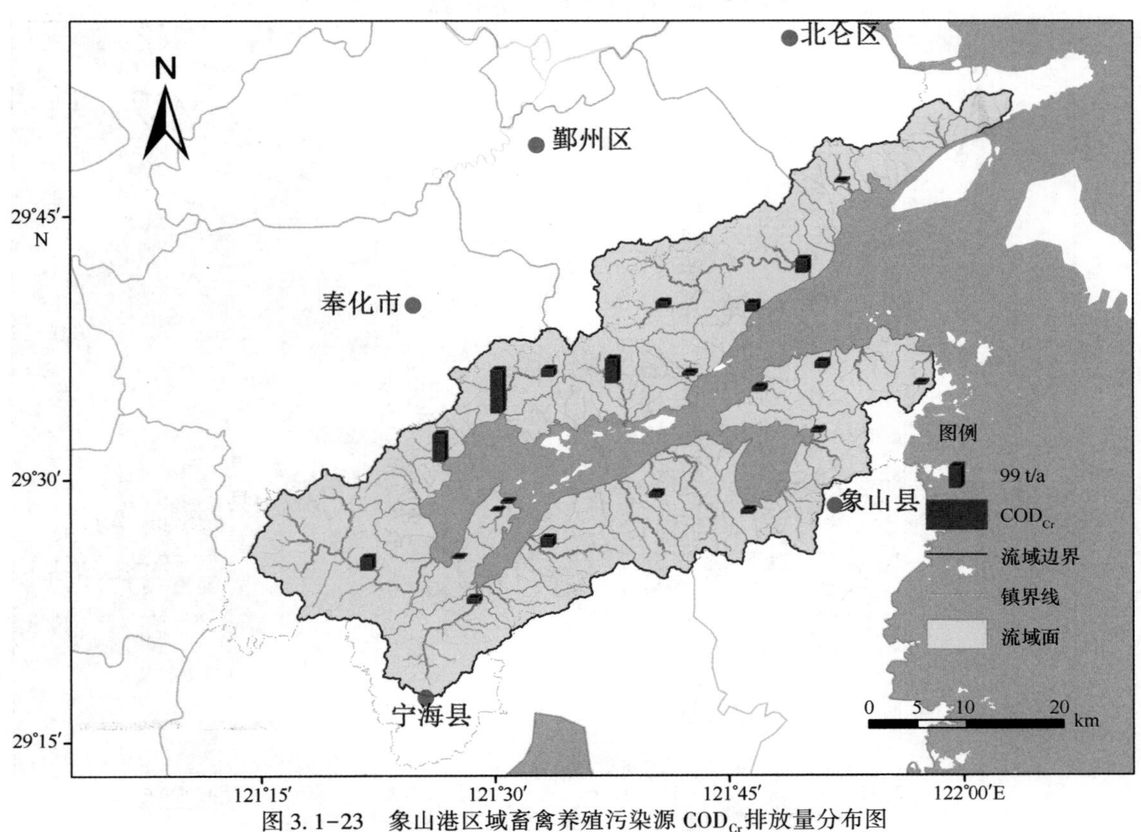

图 3.1-23　象山港区域畜禽养殖污染源 COD_{Cr} 排放量分布图

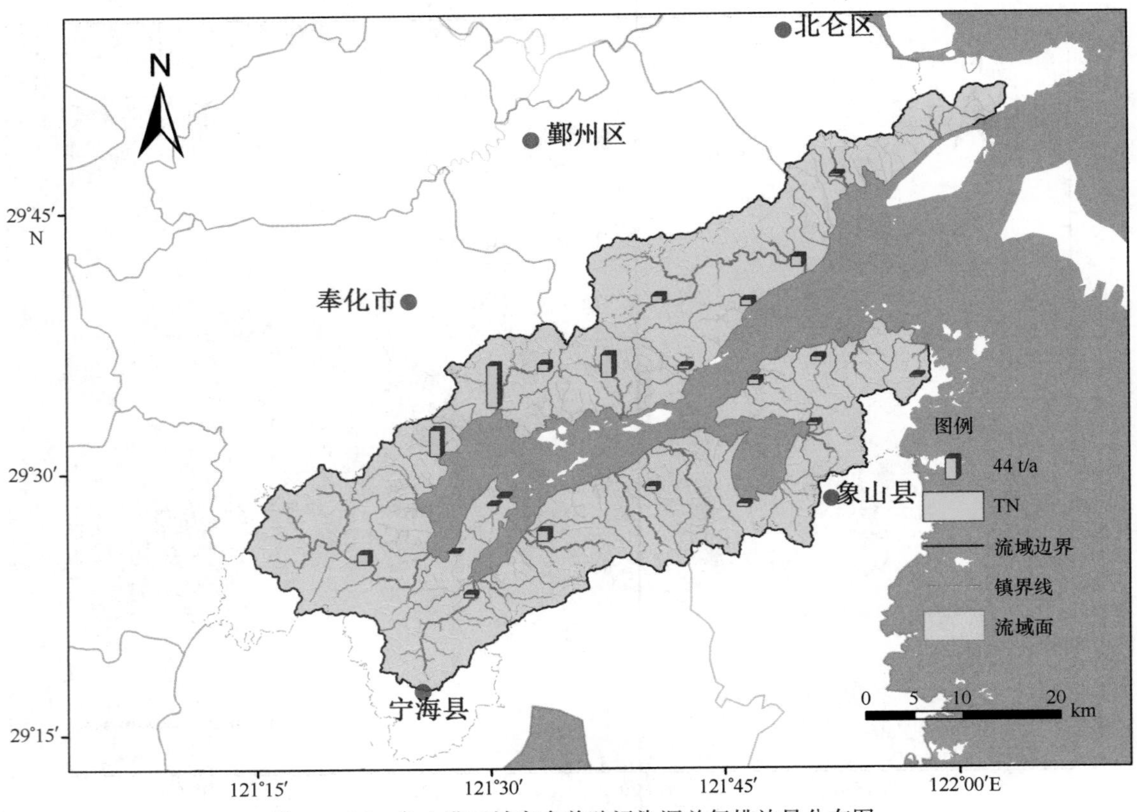

图 3.1-24　象山港区域畜禽养殖污染源总氮排放量分布图

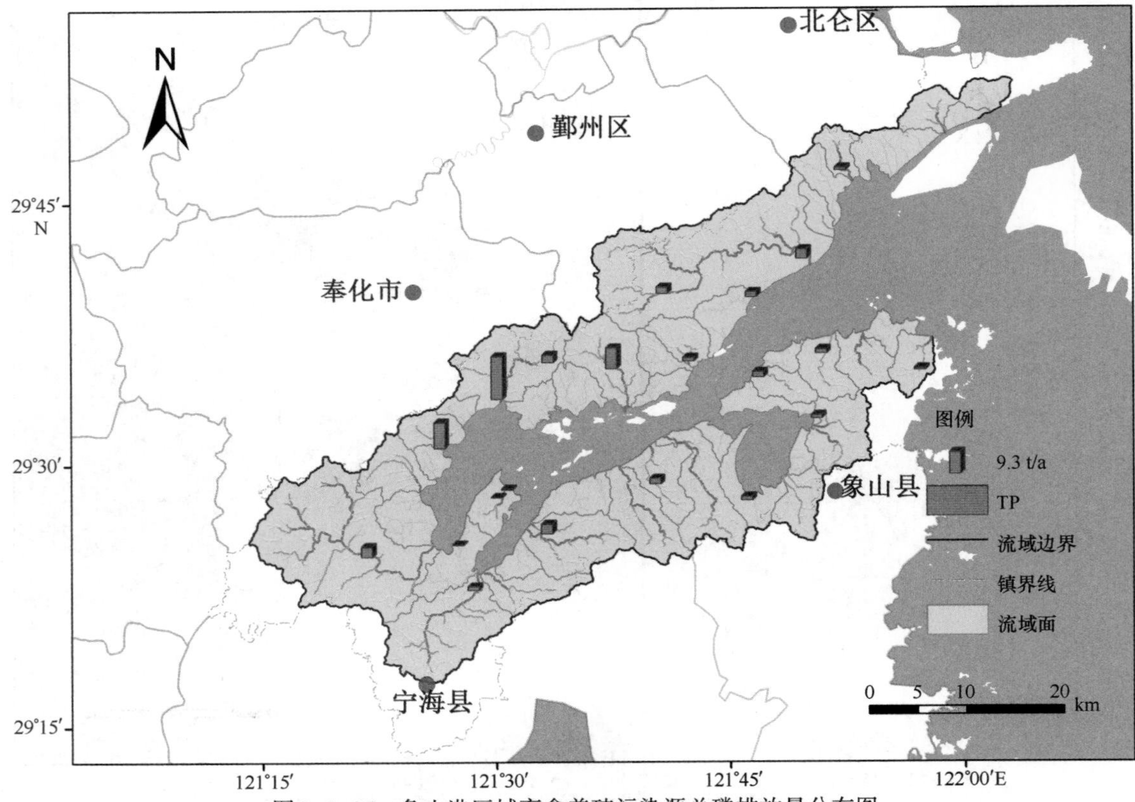

图 3.1-25　象山港区域畜禽养殖污染源总磷排放量分布图

根据各乡镇的畜禽养殖污染中 COD、BOD、总氮、总磷等污染物排放量，按各县（市、区）所辖乡镇统计，各县（市、区）畜禽养殖污染物入海量见表 3.1-13 和图 3.1-26。统计结果显示，COD、BOD、总氮、总磷的排放量最大的均为奉化市，分别约占各污染因子排放总量的 40%。

表 3.1-13　象山港沿岸各县（市、区）畜禽养殖污染物入海量汇总

地区	畜禽养殖污染物入海量/$(t \cdot a^{-1})$			
	COD_{Cr}	BOD_5	TN	TP
北仑（春晓）	8.1	21.9	5.1	1.1
鄞州	123.2	369.2	47.4	9.3
奉化	354.9	937.8	156.7	32.3
宁海	265.7	684	113.8	22.7
象山	108.8	314.4	49.3	10.5

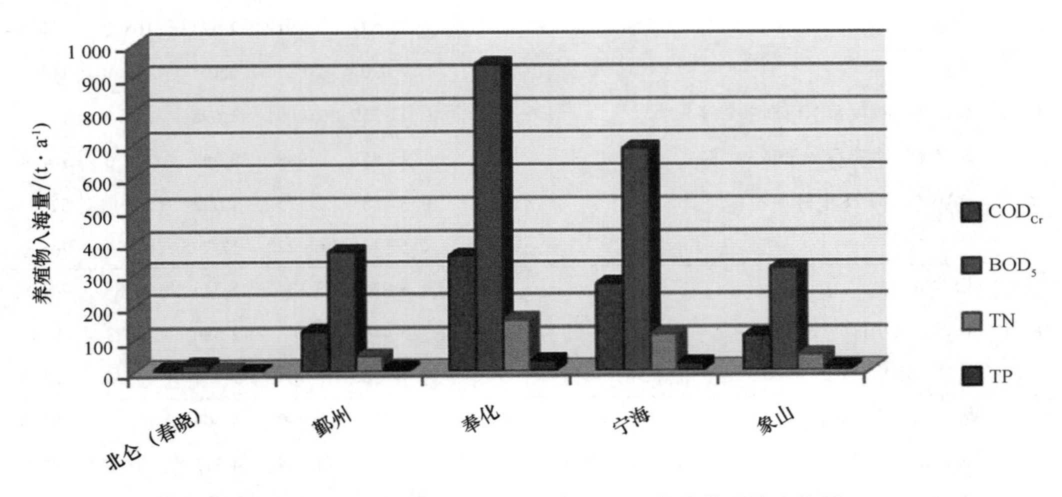

图 3.1-26　象山港沿岸各县（市、区）畜禽养殖物入海量

3.1.2.5　农业面源污染

氮肥和磷肥为农用化肥的主要品种，农用化肥流失使得大量 N、P 进入水体，成为水体 N、P 的重要污染源。2012 年象山港各汇水区共有水田 15.07×10^4 亩、旱地 11.47×10^4 亩、园地 8.97×10^4 亩（表 3.1-14）。港口（Ⅰ海区）、港中（Ⅱ、Ⅲ、Ⅳ、Ⅴ海区）和港底（Ⅵ、Ⅶ海区）水田、旱地、园地面积之和分别为 14.15×10^4 亩、11.09×10^4 亩和 10.27×10^4 亩。按农业面源排放强度系数法计算水库流域范围内农业面源的污染物排放量，土地利用类型的污染物排放系数取值见表 3.1-14。参考相关文献（张大弟，1997），取入河系数为 0.3，计算农业面源主要污染物的入河量，主要污染物排放量及入河量估算结果见表 3.1-15 和图 3.1-27 至图 3.1-29。

表 3.1-14 不同土地利用类型的农业面源主要污染物排放系数

土地类型	污染物排放系数/[kg·(亩·a)$^{-1}$]			
	COD_{Cr}	氨氮	总氮	总磷
水田	7.25	0.207	1.032	0.079
旱地	9.96	0.148	1.419	0.146
园地	6.06	0.100	0.862	0.086
保护地	11.1	0.148	1.581	0.011

注：数据来源于2008年全国污染源普查宁波地区所采用的不同土地利用农业面源主要污染排放强度系数。

表 3.1-15 象山港区域农业面源主要污染物入海量

海区	汇水区	行政区	水田/亩	旱地/亩	园地/亩	污染物入海排放量/(t·a^{-1})		
						COD	TN	TP
Ⅰ	1	春晓镇	5 713	10 045	3 084	136.2	87.6	9.9
	2	瞻岐镇	11 671	18 912	2 523	168.9	180.8	18.0
	3	咸祥镇	7 026	20 111	650	116.0	113.0	11.8
	4	塘溪镇、横溪镇东南部7个村	11 359	10 991	1 698	211.8	170.2	17.6
	19	贤庠镇、黄避岙乡北部3个村	17 858	3 988	8 288	128.3	144.4	13.2
	20	涂茨镇北部11个村	3 858	2 175	1 532	54.9	52.0	5.0
		Ⅰ 汇总	57 485	66 222	17 775	816.1	748.0	75.5
Ⅱ	5	松岙镇	8 924	3 134	5 345	91.8	76.1	7.5
	18	黄避岙乡中部7个村	5 442	810	2 586	43.7	49.4	4.5
		Ⅱ 汇总	14 366	3 944	7 931	135.5	125.5	12.0
Ⅲ	16	墙头镇、西周镇蚶岙村	6 771	2 980	5 308	166.7	102.4	11.2
	17	大徐镇大部分（除3个村外）、黄避岙乡南部6个村	8 667	3 534	4 311	101.8	103.8	9.8
		Ⅲ 汇总	15 438	6 514	9 619	268.4	206.2	21.0
Ⅳ	6	裘村镇	9 945	2 627	6 072	160.9	134.8	13.3
	15	西周镇大部分（除蚶岙村外）	16 787	5 243	7 693	261.0	224.7	22.0
		Ⅳ 汇总	26 732	7 870	13 765	421.9	359.5	35.3
Ⅴ	7	莼湖镇东部3个村	964	981	1 197	29.3	27.7	2.6
	21	强蛟镇胜龙村	570	461	594	12.0	26.7	2.3
		Ⅴ 汇总	1 534	1 443	1 791	41.2	54.4	5.0
Ⅵ	8	莼湖镇中部（除东部3个村和西部17个村外）	5 593	5 694	6 945	168.7	159.7	15.2
	9	西店镇、莼湖镇西部17个村	8 023	6 537	8 930	246.0	171.6	18.1
	10	深甽镇大部分（除西部3个村外）、梅林街道大部分（除东南部7个村外）	11 559	6 886	10 613	376.0	158.0	20.0
	11	桥头胡街道北部2个村、强蛟镇加爵科村	798	880	723	20.6	19.0	1.9
		Ⅵ 汇总	25 973	19 996	27 211	811.2	508.3	55.2

续表

海区	汇水区	行政区	水田/亩	旱地/亩	园地/亩	污染物入海排放量/(t·a^{-1})		
						COD	TN	TP
Ⅶ	12	强蛟镇（除2个村外）	1 329	1 075	1 384	27.9	62.2	5.4
	13	桃源街道大部分（除瓦窑头村外）、梅林街道东南部7个村、桥头胡街道大部分（除北部2个村外）	5 787	5 975	8 439	204.8	168.1	17.5
	14	大佳何镇	2 091	1 670	1 799	135.9	105.4	11.1
		Ⅶ 汇总	9 207	8 720	11 623	368.6	335.7	34.0
总计			150 735	114 709	89 715	2 863.0	2 337.6	238.0

注：资料主要来源于2012年各县（市、区）统计年鉴。

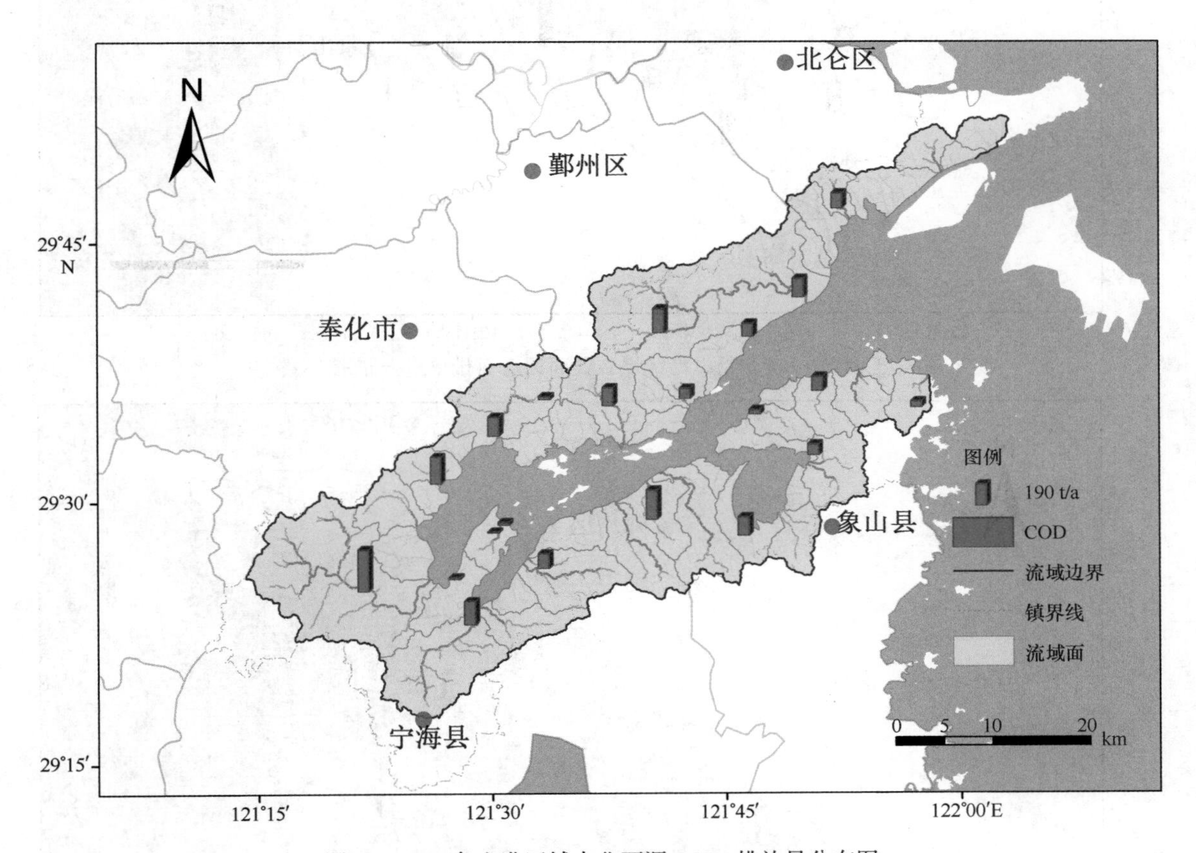

图 3.1-27 象山港区域农业面源 COD_{Cr} 排放量分布图

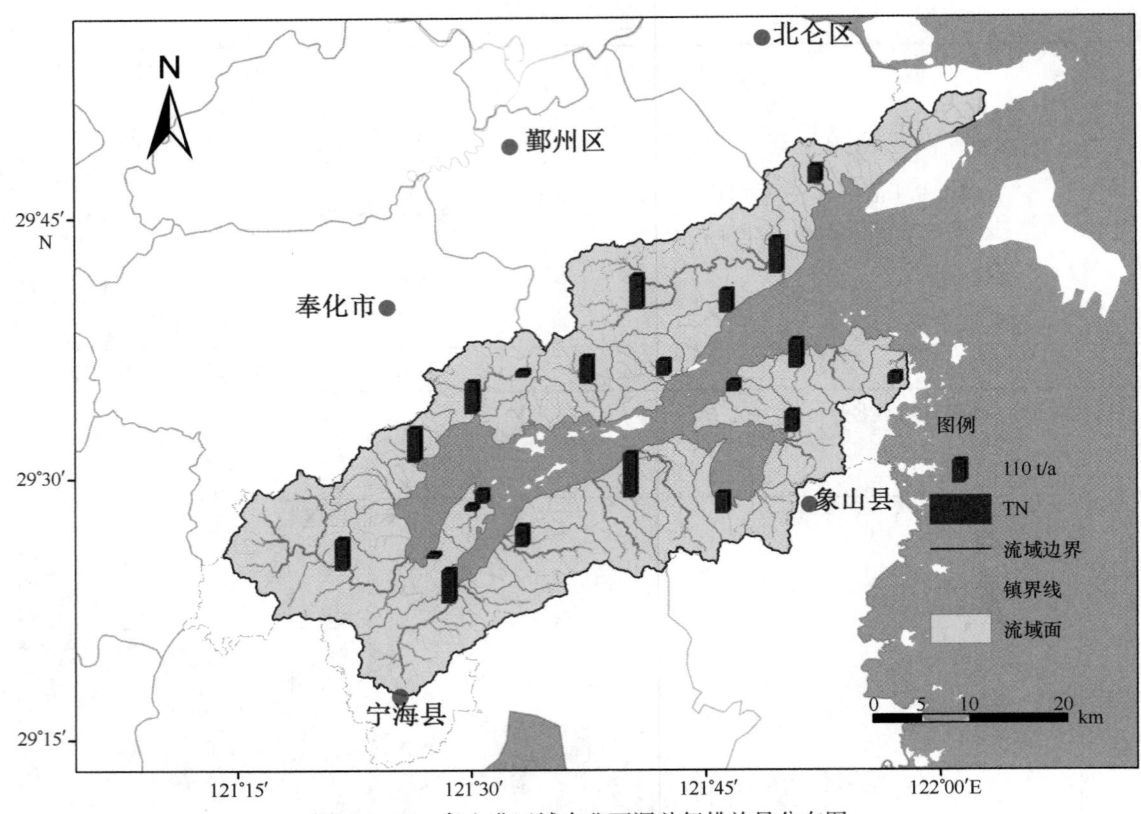

图 3.1-28 象山港区域农业面源总氮排放量分布图

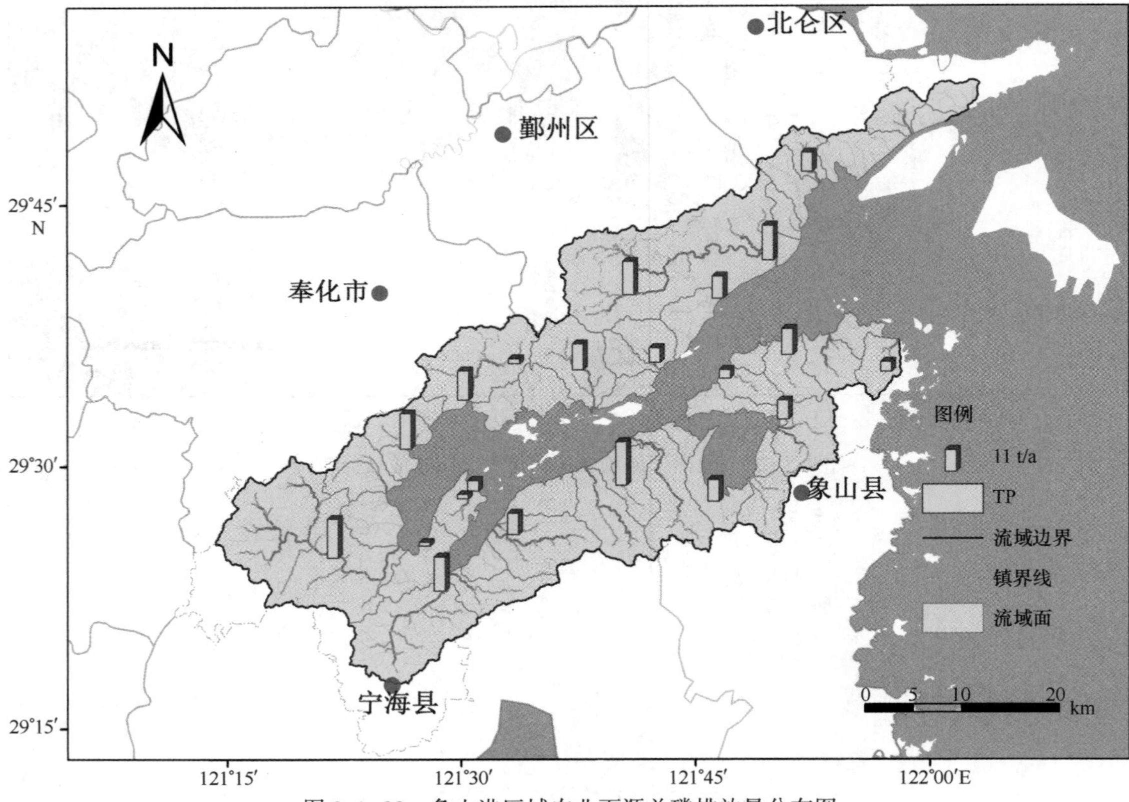

图 3.1-29 象山港区域农业面源总磷排放量分布图

根据各乡镇 2012 年的农业面源污染中 COD、总氮、总磷等污染物排放量，按各县（市、区）所辖乡镇统计，各县（市、区）农业面源污染物入海量如表 3. 1−16 和图 3. 1−30 所示。统计结果显示，COD、总氮、总磷的排放量最大的均为象山县，分别约占各污染因子排放总量的 40%。

表 3. 1−16　象山港沿岸各县（市、区）农业面源污染物入海量汇总

行政区	农业面源污染物入海量/（$t \cdot a^{-1}$）		
	COD	TN	TP
北仑（春晓）	136. 2	87. 6	9. 9
鄞州	496. 7	464	47. 4
奉化	450. 7	398. 3	38. 6
宁海	12	26. 7	2. 3
象山	756. 4	676. 7	65. 7

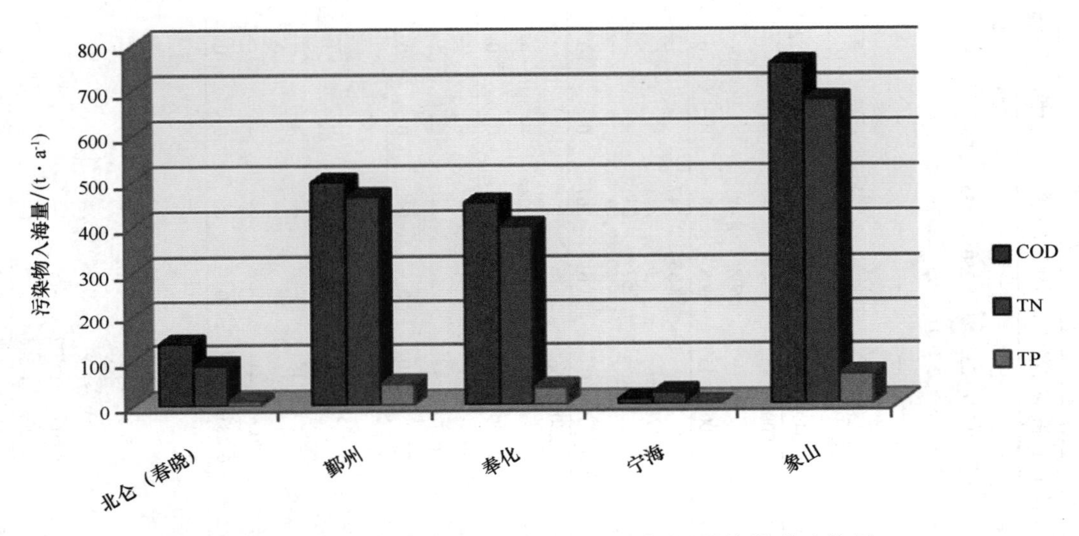

图 3. 1−30　象山港沿岸各县（市、区）农业面源污染物入海量

3. 1. 2. 6　海水养殖污染源

象山港自然条件良好，海水养殖业发达。养殖残饵、养殖生物排泄物、生物体残骸等的排放、沉积可加重水体营养度，引起水体富营养化，恶化底质，导致海域环境质量下降，并进一步引起养殖海域生态系统的紊乱、失衡等。象山港海水养殖有池塘养殖、工厂化养殖、网箱养殖、筏式养殖和滩涂养殖等形式，主要养殖种类为鱼类、虾类、蟹类。池塘养殖，鱼类养殖面积为 350 亩，虾类养殖面积为 45 102 亩，蟹类养殖面积为 37 615 亩，其他 6 875 亩；工厂化养殖，鱼类养殖面积为 50 亩，虾类养殖面积为 270 亩。养殖企业主要集中在宁海西店镇、奉化裘村镇、鄞州瞻岐镇；网箱养殖，鱼类养殖面积为 13 018 亩，其他为 340 亩；筏式养殖，牡蛎养殖面积为 13 431 亩，其他为 9 734 亩；滩涂养殖，主要养殖牡蛎、螺、蚶、蛤、蛏及其他。养殖面积为 66 931 亩。其中，Ⅵ海区占养殖总面积的 37. 48%，其次为Ⅶ海区，占养殖总面积的 22. 69%。

象山港区域海水养殖情况如表 3. 1−17 至表 3. 1−21 所示，主要污染物排放量及入海量估算结果如表 3. 1−22 和图 3. 1−31 至图 3. 1−33 所示。

表 3.1-17　2012 年象山港周边海水养殖（池塘养殖）统计

海区	汇水区	行政区	鱼类（鲈鱼、河鲀、鲷鱼、大黄鱼）		南美白对虾		日本对虾、斑节对虾		中国对虾		蟹类（梭子蟹）		蟹类（青蟹）		其他	
			面积/亩	产量/t	面积/亩	产量/t	面积/亩	产量/t	面积/亩	产量/t	面积/亩	产量/t	面积/亩	产量/t	面积/亩	产量/t
Ⅰ	1	春晓镇	—	—	—	—	—	—	3 645	129	3 645	148	—	—	1 350	435
	2	瞻岐镇	—	—	619	232	1 250	135	—	—	2 265	92	—	—	—	—
	3	咸祥镇	—	—	5 601	2 100	195	25	—	—	2 640	128	15	1	—	—
	4	塘溪镇、横溪镇东南部 7 个村	—	—	—	—	—	—	—	—	—	—	—	—	—	—
	19	贤庠镇、黄避岙乡北部 3 个村	—	—	329	210	325	191	—	—	3 525	389	—	—	—	—
	20	涂茨镇北部 11 个村	—	—	—	—	173	12	—	—	1 603	370	537	94	—	—
		Ⅰ 汇总	0	0	6 549	2 542	1 943	363	3 645	129	13 678	1 127	552	95	1 350	435
Ⅱ	5	松岙镇	200	58	1 000	450	—	—	—	—	1 000	22	1 000	25	—	—
	18	黄避岙乡中部 7 个村	—	—	—	—	608	49	—	—	2 310	130	—	—	—	—
		Ⅱ 汇总	200	58	1 000	450	608	48.64	0	0	3 310.4	151.5	1 000	25	0	0
Ⅲ	16	墙头镇、西周镇蚶岙村	—	—	—	—	3 354	247	—	—	716	97	438	99	—	—
	17	大徐镇大部分（除 3 个村外）、黄避岙乡南部 6 个村	—	—	—	—	257	21	—	—	977	55	—	—	—	—
		Ⅲ 汇总	0	0	0	0	3 611	267	0	0	1 693	152	438	99	0	0
Ⅳ	6	裘村镇	150	7	2 250	560					1 100	20	300	8	3 935	657
	15	西周镇大部分（除蚶岙村外）	—	—	—	—	8 966	221	—	—	6 734	635	2 232	212	—	—
		Ⅳ 汇总	150	7	2 250	560	8 966	221	0	0	7 834	655	2 532	220	3 935	657
Ⅴ	7	莼湖镇东部 3 个村	—	—	80	5	—	—	—	—	302	41	36	5	178	139
	21	强蛟镇胜龙村	—	—	20	5	—	—	—	—	—	—	42	4	—	—
		Ⅴ 汇总	0	0	99	10	0	0	0	0	302	41	78	9	178	139
Ⅵ	8	莼湖镇中部（除东部 3 个村和西部 17 个村外）	—	—	461	30	—	—	—	—	1 755	240	208	29	1 033	807
	9	西店镇、莼湖镇西部 17 个村	—	—	5 385	443	—	—	—	—	643	88	888	93	378	296
	10	深甽镇大部分（除西部 3 个村外）、梅林街道大部分（除东南部 7 个村外）	—	—	56	14	—	—	—	—	—	—	—	—	—	—
	11	桥头胡街道北部 2 个村、强蛟镇加爵科村	—	—	320	41	—	—	—	—	—	—	105	7	—	—
		Ⅵ 汇总	0	0	6 223	528	0	0	0	0	2 398	329	1 202	129	1 412	1 103
Ⅶ	12	强蛟镇（除 2 个村外）	—	—	46	12	—	—	—	—	—	—	98	10	—	—
	13	桃源街道大部分（除瓦窑头村外）、梅林街道东南部 7 个村、桥头胡街道大部分（除北部 2 个村外）	—	—	1 562	199	—	—	—	—	—	—	474	32	—	—
	14	大佳何镇	—	—	8 600	1 177	—	—	—	—	—	—	2 026	135	—	—
		Ⅶ 汇总	0	0	10 208	1 388	0	0	0	0	0	0	2 598	176	0	0
		总计	350	65	26 329	5 479	15 128	900	3 645	129	29 215	2 455	8 400	754	6 875	2 334

注：资料来源于象山港周边各县（市、区）海洋与渔业局提供的统计数据，其中象山县除贤庠镇为 2011 年数据外，其他均为 2013 年数据；宁海、奉化、北仑、鄞州均为 2012 年统计数据；“—”表示无相关统计资料。由于黄避岙乡、莼湖镇、强蛟镇、桥头胡街道分别跨 2~3 个汇水区，因此根据实际养殖情况将其在各汇水区内分配。

表 3. 1-18　2012 年象山港周边海水养殖（工厂化养殖）统计

海区	汇水区	行政区	虾类（南美白对虾）			鱼类		
			面积/亩	产量/t	产值/万元	面积/亩	产量/t	产值/万元
Ⅰ	1	春晓镇	—	—	—	—	—	—
	2	瞻歧镇	240	583	2 450	—	—	—
	3	咸祥镇	—	—	—	—	—	—
	4	塘溪镇、横溪镇东南部 7 个村	—	—	—	—	—	—
	19	贤庠镇、黄避岙乡北部 3 个村	—	—	—	—	—	—
	20	涂茨镇北部 11 个村	—	—	—	—	—	—
		Ⅰ 汇总	240	583	2 450	0	0	0
Ⅱ	5	松岙镇	—	—	—	—	—	—
	18	黄避岙乡中部 7 个村	—	—	—	—	—	—
		Ⅱ 汇总	0	0	0	0	0	0
Ⅲ	16	墙头镇、西周镇蚶岙村	—	—	—	—	—	—
	17	大徐镇大部分（除 3 个村外）、黄避岙乡南部 6 个村	—	—	—	—	—	—
		Ⅲ 汇总	0	0	0	0	0	0
Ⅳ	6	裘村镇	30	22. 5	106	—	—	—
	15	西周镇大部分（除蚶岙村外）	—	—	—	—	—	—
		Ⅳ 汇总	30	22. 5	106	0	0	0
Ⅴ	7	莼湖镇东部 3 个村	—	—	—	—	—	—
	21	强蛟镇胜龙村	—	—	—	—	—	—
		Ⅴ 汇总	0	0	0	0	0	0
Ⅵ	8	莼湖镇中部（除东部 3 个村和西部 17 个村外）	—	—	—	—	—	—
	9	西店镇、莼湖镇西部 17 个村	—	—	—	50	200	2 000
	10	深甽镇大部分（除西部 3 个村外）、梅林街道大部分（除东南部 7 个村外）	—	—	—	—	—	—
	11	桥头胡街道北部 2 个村、强蛟镇加爵科村	—	—	—	—	—	—
		Ⅵ 汇总	0	0	0	50	200	2 000
Ⅶ	12	强蛟镇（除 2 个村外）	—	—	—	—	—	—
	13	桃源街道大部分（除瓦窑头村外）、梅林街道东南部 7 个村、桥头胡街道大部分（除北部 2 个村外）	—	—	—	—	—	—
	14	大佳何镇	—	—	—	—	—	—
		Ⅶ 汇总	0	0	0	0	0	0
总计			270	605. 5	2 556	50	200	2 000

注：资料来源于象山港周边各县（市、区）海洋与渔业局提供的统计数据。

表 3.1-19　2012 年象山港周边海水养殖（网箱养殖）统计

海区	汇水区	行政区	鱼类（河鲀）			鱼类（鲈鱼、美国红鱼、鲷鱼、大黄鱼）			其他		
			面积/亩	产量/t	产值/万元	面积/亩	产量/t	产值/万元	面积/亩	产量/t	产值/万元
Ⅰ	1	春晓镇	—	—	—	180	76	228	—	—	—
	2	瞻歧镇	—	—	—	—	—	—	—	—	—
	3	咸祥镇	—	—	—	—	—	—	—	—	—
	4	塘溪镇、横溪镇东南部 7 个村	—	—	—	—	—	—	—	—	—
	19	贤庠镇、黄避岙乡北部 3 个村	—	—	—	648	230	837	—	—	—
	20	涂茨镇北部 11 个村	—	—	—	—	—	—	—	—	—
		Ⅰ 汇总	0	0	0	828	306	1 065	0	0	0
Ⅱ	5	松岙镇	—	—	—	100	13	160	—	—	—
	18	黄避岙乡中部 7 个村	—	—	—	2 918	1 034	3 770	—	—	—
		Ⅱ 汇总	0	0	0	3 018	1 047	3 930	0	0	0
Ⅲ	16	墙头镇、西周镇蚶岙村	—	—	—	2 711	4 862	2 508	—	—	—
	17	大徐镇大部分（除 3 个村外）、黄避岙乡南部 6 个村	—	—	—	1 234	437	1 593	—	—	—
		Ⅲ 汇总	0	0	0	3 945	5 299	4 102	0	0	0
Ⅳ	6	裘村镇	—	—	—	1 520	420	1 200	—	—	—
	15	西周镇大部分（除蚶岙村外）	—	—	—	289	50	207	—	—	—
		Ⅳ 汇总	0	0	0	1 809	470	1 407	0	0	0
Ⅴ	7	莼湖镇东部 3 个村	—	—	—	218	84	257	29	11	23
	21	强蛟镇胜龙村	31	6	212	191	139	403	—	—	—
		Ⅴ 汇总	31	6	212	410	223	660	29	11	23
Ⅵ	8	莼湖镇中部（除东部 3 个村和西部 17 个村外）	—	—	—	1 267	486	1 490	170	66	133
	9	西店镇，莼湖镇西部 17 个村	—	—	—	1 142	566	1 818	62	24	49
	10	深甽镇大部分（除西部 3 个村外）、梅林街道大部分（除东南部 7 个村外）	—	—	—	—	—	—	—	—	—
	11	桥头胡街道北部 2 个村、强蛟镇加爵科村	7	1	48	44	32	92	7	1	48
		Ⅵ 汇总	7	1	48	2 453	1 084	3 400	239	92	230
Ⅶ	12	强蛟镇（除 2 个村外）	72	14	495	445	323	940	72	14	495
	13	桃源街道大部分（除瓦窑头村外）、梅林街道东南部 7 个村、桥头胡街道大部分（除北部 2 个村外）	—	—	—	—	—	—	—	—	—
	14	大佳何镇	—	—	—	—	—	—	—	—	—
		Ⅶ 汇总	72	14	495	445	323	940	72	14	495
总计			110	21	756	12 908	8 751	15 503	340	117	748

注：资料来源于象山港周边各县（市、区）海洋与渔业局提供的统计数据，其中象山县为 2013 年数据；北仑春晓镇为 2011 年统计数据；宁海、奉化、鄞州均为 2012 年统计数据；“—”表示无相关统计资料。由于黄避岙乡、莼湖镇、强蛟镇、桥头胡街道分别跨 2~3 个汇水区，因此根据实际养殖情况将其在各汇水区内分配。

表 3.1-20 2012 年象山港周边海水养殖（筏式养殖）统计

海区	汇水区	行政区	牡蛎			其他		
			面积/亩	产量/t	产值/万元	面积/亩	产量/t	产值/万元
Ⅰ	1	春晓镇	—	—	—	—	—	—
	2	瞻岐镇	—	—	—	956	118	1 236
	3	咸祥镇	—	—	—	490	61	592
	4	塘溪镇、横溪镇东南部 7 个村	—	—	—	—	—	—
	19	贤庠镇、黄避岙乡北部 3 个村	30	54	41	878	387	757
	20	涂茨镇北部 11 个村	—	—	—	740	276	888
		Ⅰ 汇总	30	54	41	3 064	842	3 473
Ⅱ	5	松岙镇	—	—	—	2 000	5 000	1 800
	18	黄避岙乡中部 7 个村	134	243	182	1 702	842	933
		Ⅱ 汇总	134	243	182	3 702	5 842	2 733
Ⅲ	16	墙头镇、西周镇蚶岙村	8 011	5 225	1 678	511	371	542
	17	大徐镇大部分（除 3 个村外）、黄避岙乡南部 6 个村	57	103	77	720	356	394
		Ⅲ 汇总	8 068	5 328	1 755	1 231	727	936
Ⅳ	6	裘村镇	239	4.5	0.9	912	358	392
	15	西周镇大部分（除蚶岙村外）	289	625	654	289	289	308
		Ⅳ 汇总	528	630	655	1 201	647	700
Ⅴ	7	莼湖镇东部 3 个村	—	—	—	60	39	16
	21	强蛟镇胜龙村	241	260	65	—	—	—
		Ⅴ 汇总	241	260	65	60	39	16
Ⅵ	8	莼湖镇中部（除东部 3 个村和西部 17 个村外）	—	—	—	348	227	91
	9	西店镇、莼湖镇西部 17 个村	3 813	3 243	8 432	128	83	33
	10	深甽镇大部分（除西部 3 个村外）、梅林街道大部分（除东南部 7 个村外）	—	—	—	—	—	—
	11	桥头胡街道北部 2 个村、强蛟镇加爵科村	55	59	15	—	—	—
		Ⅵ 汇总	3 868	3 302	8 447	476	311	124
Ⅶ	12	强蛟镇（除 2 个村外）	563	605	151	—	—	—
	13	桃源街道大部分（除瓦窑头村外）、梅林街道东南部 7 个村、桥头胡街道大部分（除北部 2 个村外）	—	—	—	—	—	—
	14	大佳何镇	—	—	—	—	—	—
		Ⅶ 汇总	563	605	151	0	0	0
		总计	13 431	10 422	11 295	9 734	8 408	7 982

注：资料来源于象山港周边各县（市、区）海洋与渔业局提供的统计数据，其中象山县为 2013 年数据；北仑、宁海、奉化、鄞州均为 2012 年统计数据；“—”表示无相关统计资料。由于黄避岙乡、莼湖镇、强蛟镇、桥头胡街道分别跨 2~3 个汇水区，因此根据实际养殖情况将其在各汇水区内分配。

表 3.1-21　2012 年象山港周边海水养殖（滩涂养殖）统计

海区	汇水区	行政区	牡蛎、螺、蚶、蛤、蛏、其他		
			面积/亩	产量/t	产值/万元
Ⅰ	1	春晓镇	—	—	—
	2	瞻歧镇	—	—	—
	3	咸祥镇	1 020	175	560
	4	塘溪镇、横溪镇东南部 7 个村	—	—	—
	19	贤庠镇、黄避岙乡北部 3 个村	2 748	617	948
	20	涂茨镇北部 11 个村	1 371	616	493
		Ⅰ 汇总	5 139	1 409	2 001
Ⅱ	5	松岙镇	2 450	52	150
	18	黄避岙乡中部 7 个村	2 693	1 204	2 736
		Ⅱ 汇总	5 143	1 255	2 886
Ⅲ	16	墙头镇、西周镇蚶岙村	10 714	1 807	5 080
	17	大徐镇大部分（除 3 个村外）、黄避岙乡南部 6 个村	1 139	509	1 157
		Ⅲ 汇总	11 853	2 316	6 236
Ⅳ	6	裘村镇	240	4	8
	15	西周镇大部分（除蚶岙村外）	2 886	1 443	2 020
		Ⅳ 汇总	3 126	1 447	2 028
Ⅴ	7	莼湖镇东部 3 个村	11	19	21
	21	强蛟镇胜龙村	1 383	359	319
		Ⅴ 汇总	1 394	377	340
Ⅵ	8	莼湖镇中部（除东部 3 个村和西部 17 个村外）	65	108	119
	9	西店镇、莼湖镇西部 17 个村	22 566	12 027	10 233
	10	深甽镇大部分（除西部 3 个村外）、梅林街道大部分（除东南部 7 个村外）	500	271	234
	11	桥头胡街道北部 2 个村、强蛟镇加爵科村	1 956	844	1 286
		Ⅵ 汇总	25 087	13 249	11 872
Ⅶ	12	强蛟镇（除 2 个村外）	3 222	836	744
	13	桃源街道大部分（除瓦窑头村外）、梅林街道东南部 7 个村、桥头胡街道大部分（除北部 2 个村外）	8 116	3 770	6 003
	14	大佳何镇	3 852	4 761	7 016
		Ⅶ 汇总	15 190	9 367	13 763
总计			66 931	29 420	39 125

注：资料来源于象山港周边各县（市、区）海洋与渔业局提供的统计数据，其中象山县为 2013 年数据；北仑、宁海、奉化、鄞州均为 2012 年统计数据；“—”表示无相关统计资料。由于黄避岙乡、莼湖镇、强蛟镇、桥头胡街道分别跨 2~3 个汇水区，因此根据实际养殖情况将其在各汇水区内分配。

表 3.1-22 象山港区域海水养殖污染主要污染物的入海量

海区	汇水区	行政区	主要污染物入海量/(t·a⁻¹)		
			COD	TN	TP
Ⅰ	1	春晓镇	23.32	13.65	1.54
	2	瞻岐镇	70.33	5.38	1.17
	3	咸祥镇	80.06	4.82	0.89
	4	塘溪镇、横溪镇东南部7个村	0	0	0
	19	贤庠镇、黄避岙乡北部3个村	53.67	18.33	3.32
	20	涂茨镇北部11个村	23.07	1.2	0.41
		Ⅰ 汇总	250.46	43.37	7.33
Ⅱ	5	松岙镇	66.73	3.02	0.4
	18	黄避岙乡中部7个村	98.92	74.86	12.63
		Ⅱ 汇总	165.65	77.88	13.03
Ⅲ	16	墙头镇、西周镇蚶岙村	418.06	351.22	58.9
	17	大徐镇大部分（除3个村外）、黄避岙乡南部6个村	41.81	31.64	5.34
		Ⅲ 汇总	459.87	382.86	64.23
Ⅳ	6	裘村镇	67.7	43.18	5.97
	15	西周镇大部分（除蚶岙村外）	56.15	6.23	1.38
		Ⅳ 汇总	123.85	49.41	7.35
Ⅴ	7	莼湖镇东部3个村	11.8	9.51	1.31
	21	强蛟镇胜龙村	14.97	10.56	1.72
		Ⅴ 汇总	26.77	20.07	3.03
Ⅵ	8	莼湖镇中部（除东部3个村和西部17个村外）	68.49	55.16	7.58
	9	西店镇，莼湖镇西部17个村	176.75	51.58	7.73
	10	深甽镇大部分（除西部3个村外），梅林街道大部分（除东南部7个村外）	23.32	0.03	0
	11	桥头胡街道北部2个村，强蛟镇加爵科村	70.33	2.62	0.42
		Ⅵ 汇总	257.28	109.4	15.73
Ⅶ	12	强蛟镇（除2个村外）	0	25.74	4.16
	13	桃源街道大部分（除瓦窑头村外）、梅林街道东南部7个村、桥头胡街道大部分（除北部2个村外）	53.67	0.51	0.07
	14	大佳何镇	23.07	2.88	0.43
		Ⅶ 汇总	140.39	29.13	4.66
		总计	1 424.28	712.12	115.37

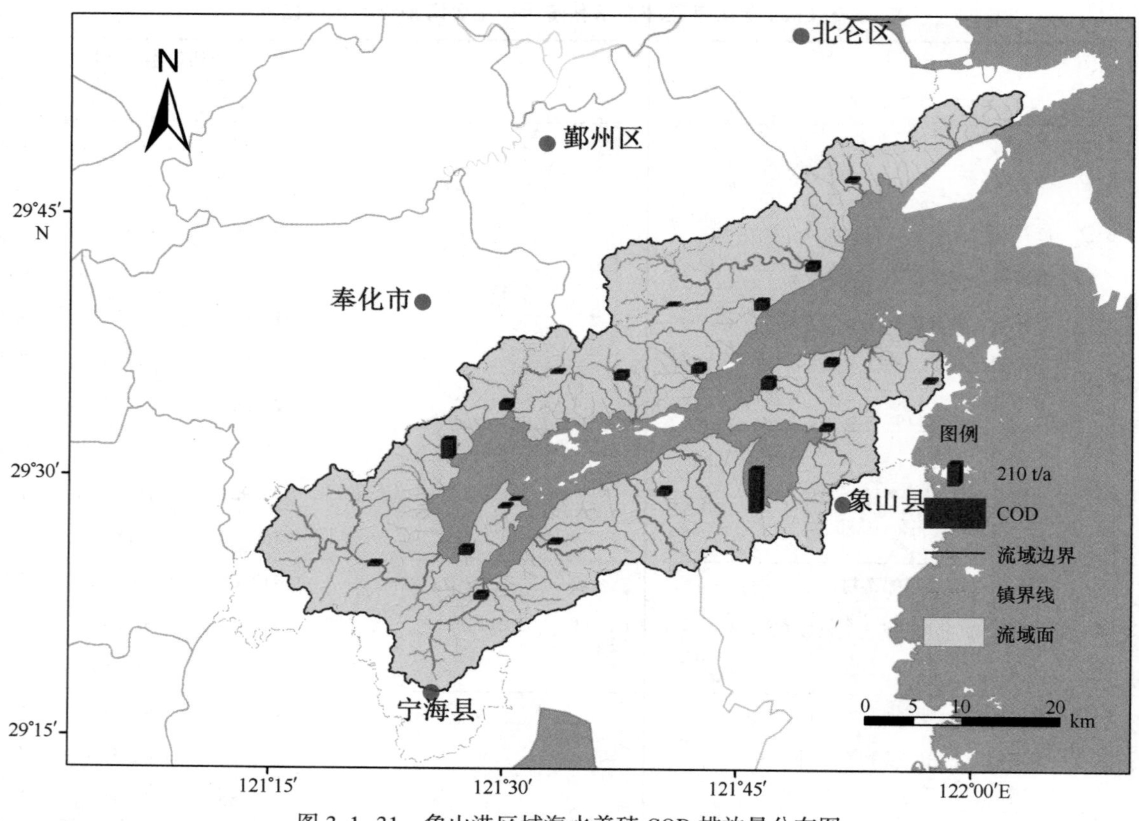

图 3.1-31 象山港区域海水养殖 COD 排放量分布图

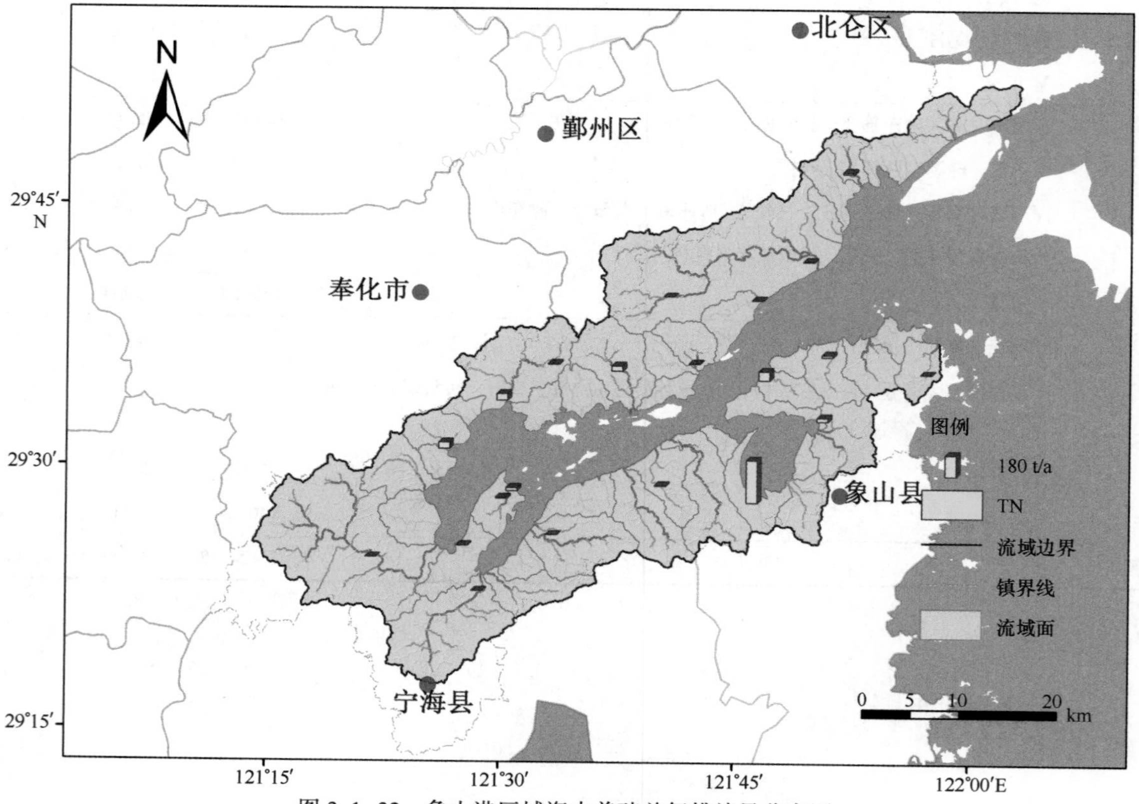

图 3.1-32 象山港区域海水养殖总氮排放量分布图

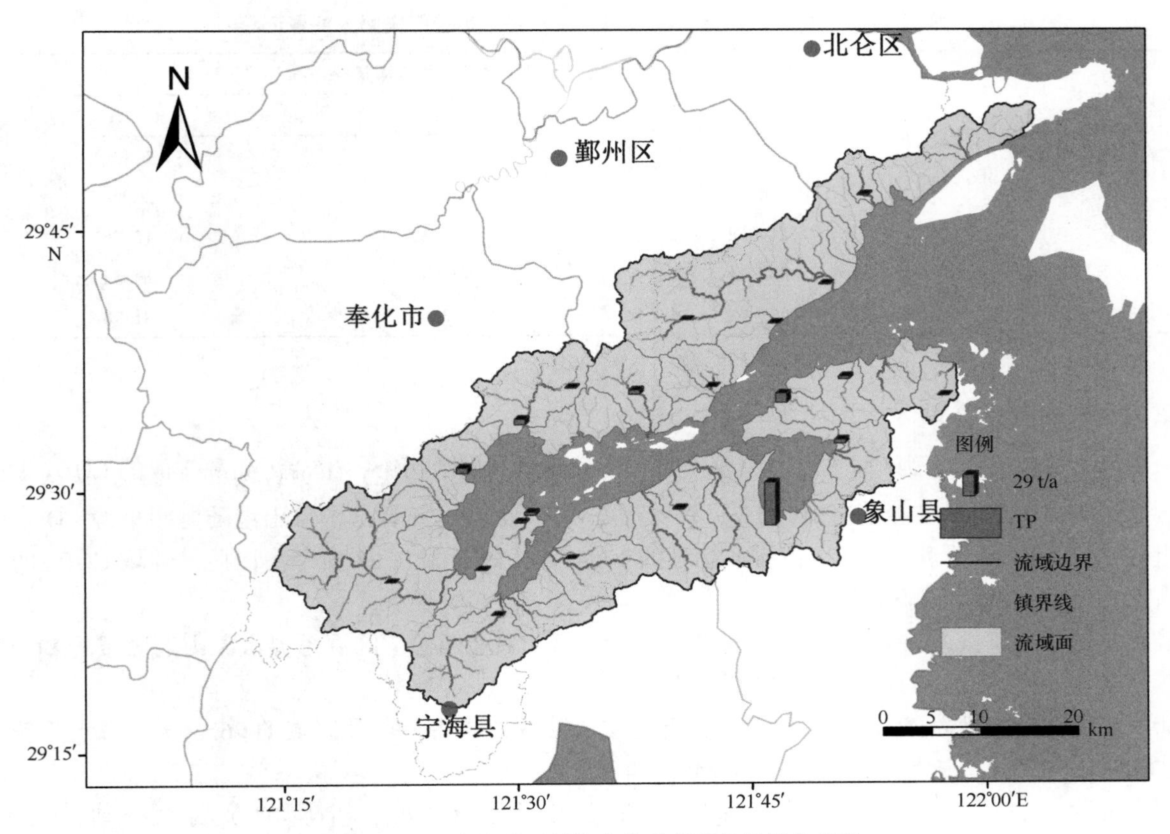

图 3.1-33 象山港区域海水养殖总磷排放量分布图

根据各乡镇2012年的海水养殖污染中COD、总氮、总磷等污染物排放量，按各县（市、区）所辖乡镇统计，各县（市、区）农业面源污染物入海量见图3.1-34和表3.1-23。统计结果显示，COD、总氮、总磷的排放量最大的均为象山县，其中COD、总氮、总磷的排放量占排放总量的47.96%；总氮的排放量占排放总量的67.89%；总磷的排放量占排放总量的71.06%。

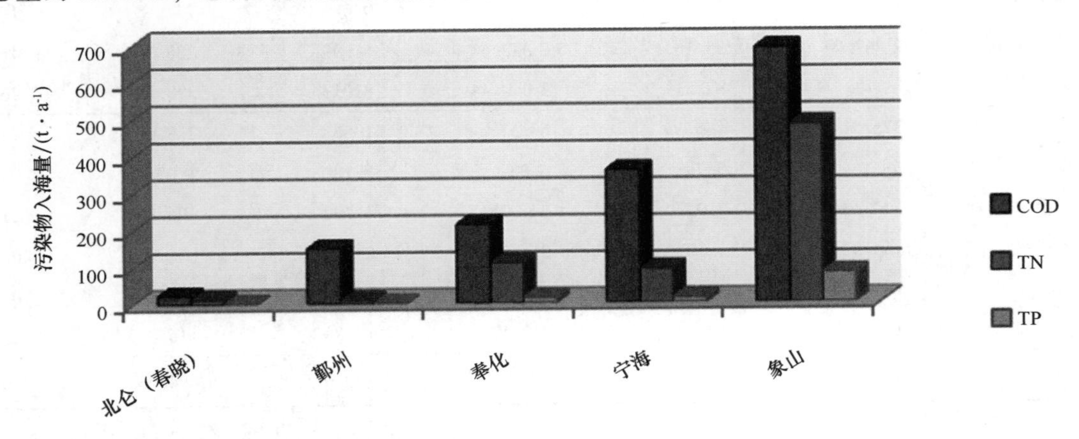

图 3.1-34 象山港沿岸各县（市、区）海水养殖污染物入海量

表 3.1-23　象山港沿岸各县（市、区）海水养殖污染物入海量汇总

县（市、区）	海水养殖主要污染物入海量/($t \cdot a^{-1}$)		
	COD	TN	TP
北仑（春晓）	23.32	13.65	1.54
鄞州	150.39	10.20	2.06
奉化	214.72	110.87	15.26
宁海	362.11	93.92	14.53
象山	691.68	483.48	81.98

3.1.2.7　*污染源估算结果*

象山港 COD_{Cr}的陆源污染源主要为农业面源、畜禽养殖和生活污染，生活污染源排放的 COD_{Cr}占总象山港区域的 29.01%，畜禽养殖占 10.41%，农业面源占 35.16%，三者占了象山港陆源污染源 COD_{Cr}的排放总量的 82.51%；海水养殖 COD_{Cr}占排放总量的 17.49%，如表 3.1-24 所示。因此，陆域 COD_{Cr}的排放量所占比重远大于海域面源排放量。

陆源总氮的排放量为 3 059.44 t，污染源主要为生活和农业面源，陆源总氮占象山港区域的 81.12%；海水养殖总氮的排放量为 712.12 t，占象山港区域的 18.88%。

陆源总磷的排放量为 378.86 t，以农业面源为主，陆源总磷占象山港区域的 76.66%；海水养殖总磷的排放量为 115.37 t，占象山港区域的 23.34%。

海水养殖中的网箱养殖方式污染最大，三种污染因子（COD_{Cr}、TN、TP）源强分别占 7.92%、17.02%和 21.65%。

表 3.1-24　象山港周边主要污染物统计表

养殖类型		COD_{Cr}/($t \cdot a^{-1}$)	百分比/（%）	总氮/($t \cdot a^{-1}$)	百分比/（%）	总磷/($t \cdot a^{-1}$)	百分比/（%）
陆源	工业	646.24	7.94	41.96	1.11	0	0.00
	生活	2 362.63	29.01	314.88	8.35	66.86	13.53
	禽畜	848	10.41	365	9.68	74	14.97
	农业面源	2 863.04	35.16	2 337.6	61.99	238	48.16
	陆源合计	6 719.91	82.51	3 059.44	81.13	378.86	76.66
海水养殖	池塘	375.59	4.61	63.51	1.68	7.3	1.48
	工厂化	63.16	0.78	6.83	0.18	1.09	0.22
	网箱	644.63	7.92	641.78	17.02	106.98	21.65
	筏式	154.52	1.90	0	0.00	0	0.00
	滩涂	186.38	2.29	0	0.00	0	0.00
	海水养殖合计	1 424.28	17.49	712.12	18.88	115.37	23.34
总计		8 144.19	100.00	3 771.56	100.01	494.23	100.00

根据各乡镇 2012 年的入海污染物中 COD、BOD、总氮、总磷、氨氮、石油类等污染物排放量，按各县（市、区）所辖乡镇统计，各县（市、区）污染物入海量如表 3.1-25 所示。统计结果显示，COD、总氮、总磷排放量最大的均为象山县，其中 COD 排放量占排放总量的 34.43%；总氮的排放量占排放总量的 42.69%；总磷的排放量占排放总量的 42.18%。BOD 排放量最大的为宁海县，其排放量占 BOD 排放总量的 34.03%。

表 3.1-25 象山港沿岸各县市区海水养殖污染物入海量汇总

县（市、区）	污染物入海量/（t·a^{-1}）					
	COD_{Cr}	TN	TP	BOD_5	氨氮	石油类
北仑（春晓）	260.94	118.69	15.17	76.06	0	0
鄞州	963.10	542.07	63.12	458.82	1.85	6.93
奉化	1 519.18	715.87	96.81	1 156.31	9.77	0.00
宁海	1 821.20	356.60	65.52	1 218.35	9.06	0.33
象山	2 397.28	1 291.07	175.54	670.84	21.28	3.36
总计	6 961.70	3 024.30	416.16	3 580.38	41.96	10.62

3.2 陆源入海口污染现状调查

3.2.1 河流

2013 年 11 月，象山港各入海河流水体中主要污染物的监测结果见表 3.2-1。

表 3.2-1 河流主要污染物入海初始浓度监测结果

所在区域	河流名称	pH 值	盐度	SS /(mg·L^{-1})	COD_{Cr} /(mg·L^{-1})	COD_{Mn} /(mg·L^{-1})	氨-氮 /(mg·L^{-1})	总磷 /(mg·L^{-1})	总氮 /(mg·L^{-1})
象山县	R1	7.67	2.50	57.5	40.00	13.46	—	0.640 1	6.848
	R2	7.91	3.83	46.0	20.80	2.46	—	0.158 5	2.549
	R3	8.50	2.11	68.5	37.10	17.42	—	0.341 9	2.569
	R4	8.38	28.86	23.5	9.59	1.82	—	0.111 3	1.322
	R5	8.00	1.80	33.0	25.80	2.06	—	0.129 8	1.187
	最小值	7.67	1.80	23.5	9.59	1.82	—	0.111 3	1.187
	最大值	8.50	28.86	68.5	40.00	17.42	—	0.640 1	6.848
	平均值	8.09	7.82	45.7	26.66	7.44	—	0.276 3	2.895
宁海县	R6	7.33	9.14	57.5	—	1.58	—	0.177 0	1.715
	R7	7.82	8.93	52.0	59.20	12.28	—	0.976 7	9.559
	R8	7.97	32.34	64.0	45.40	2.18	—	0.219 0	2.035
	最小值	7.33	8.93	52.0	45.40	1.58	—	0.177 0	1.715
	最大值	7.97	32.34	64.0	59.20	12.28	—	0.976 7	9.559
	平均值	7.71	16.80	57.8	52.30	5.35	—	0.457 6	4.436
奉化市	R9	7.46	0.68	57.0	13.30	12.67	—	0.168 6	0.477
	R10	7.77	4.63	59.0	8.34	3.96	0.513	0.257 8	4.148
	R11	4.42	3.65	68.5	—	3.37	0.552	0.464 8	2.596
	R12	7.55	1.23	37.0	29.20	5.54	0.048	0.636 7	3.884
	最小值	4.42	0.68	37.0	8.34	3.37	0.048	0.168 6	0.477
	最大值	7.77	4.63	68.5	29.20	12.67	0.552	0.636 7	4.148
	平均值	6.80	2.55	55.4	16.95	6.39	0.371	0.382 0	2.776

注：表格中“—”表示未监测。

3.2.1.1 象山县

pH 值范围为 7.67~8.50，符合 I 类《地表水环境质量标准》（pH 值的标准限值为 6~9）。

盐度范围为 1.80~28.86，除 R4 外，其余河流盐度较小。

SS 浓度范围为 23.5~68.5 mg/L，各条河流之间差异不大。

COD_{Cr}浓度范围为 9.59~40.00 mg/L，其中 R4 符合一类《地表水环境质量标准》（COD_{Cr}的标准限值为 15 mg/L），R2、R5 符合四类《地表水环境质量标准》（COD_{Cr}的标准限值为 30 mg/L），R3、R1 符合五类《地表水环境质量标准》（COD_{Cr}的标准限值为 40 mg/L）。

COD_{Mn}浓度范围为 1.82~17.42 mg/L。R3 的 COD_{Mn}浓度最大，为 17.42 mg/L，R4 的 COD_{Mn}浓度最小，为 1.82 mg/L。

总磷浓度范围为 0.111 3~0.640 1 mg/L。其中 R2、R4、R5 符合三类《地表水环境质量标准》（总磷的标准限值为 0.2 mg/L），R3 符合五类《地表水环境质量标准》（总磷的标准限值为 0.4 mg/L），R1 为劣五类。

总氮浓度范围为 1.187~6.848 mg/L。其中 R4、R5 符合四类《地表水环境质量标准》（总氮的标准限值为 1.5 mg/L），其余均为劣五类。

3.2.1.2 宁海县

pH 值范围为 7.33~7.97，符合一类《地表水环境质量标准》（pH 值的标准限值为 6~9）。

盐度范围为 8.93~32.34，R8 河盐度较大。

SS 浓度范围为 52.0~64.0 mg/L，各条河流之间差异不大。

COD_{Cr}浓度范围为 45.40~59.20 mg/L。均为劣五类（R6 未检测）。

COD_{Mn}浓度范围为 1.58~12.28 mg/L。R7 的 COD_{Mn}浓度最大，为 12.28 mg/L，R6 的 COD_{Mn}浓度最小，为 1.58 mg/L。

总磷浓度范围为 0.177 0~0.976 7 mg/L。其中 R6 符合三类《地表水环境质量标准》（总磷的标准限值为 0.2 mg/L），R8 符合四类《地表水环境质量标准》（总磷的标准限值为 0.3 mg/L），R7 为劣五类。

总氮浓度范围为 1.715~9.559 mg/L。其中 R6 符合五类《地表水环境质量标准》（总氮的标准限值为 2.0 mg/L），其余为劣五类。

3.2.1.3 奉化市

pH 值范围为 4.42~7.77，除 R11 外，其余均符合一类《地表水环境质量标准》（pH 值的标准限值为 6~9）。

盐度范围为 0.68~4.63，盐度变化较小。

SS 浓度范围为 37.0~68.5 mg/L，各条河流之间差异不大。

COD_{Cr}浓度范围为 8.34~29.20 mg/L。其中 R9、R10 符合一类《地表水环境质量标准》（COD_{Cr}的标准限值为 15 mg/L），R12 符合四类《地表水环境质量标准》（COD_{Cr}的标准限值为 30 mg/L）。

COD_{Mn}浓度范围为 3.37~12.67 mg/L。R9 的 COD_{Mn}浓度最大，为 12.67 mg/L，R11 的 COD_{Mn}浓度最小，为 3.37 mg/L。

氨-氮浓度范围为 0.048~0.552 mg/L。其中 R12 符合二类《地表水环境质量标准》（氨-氮的标准限值为 0.5 mg/L），R10、R11 符合三类《地表水环境质量标准》（氨-氮的标准限值为 1.0 mg/L）。

总磷浓度范围为 0.168 6~0.636 7 mg/L。其中 R9 符合三类《地表水环境质量标准》（总磷的标准限值为 0.2 mg/L），R10 符合四类《地表水环境质量标准》（总磷的标准限值为 0.3 mg/L），其余为劣五类。

总氮浓度范围为 0.477~4.148 mg/L。其中 R9 符合二类《地表水环境质量标准》（总氮的标准限值为 0.5 mg/L），其余为劣五类。

3.2.2 水闸

2013 年 11 月，象山港各入海水闸内侧水体中主要污染物的监测结果如表 3.2-2 所示。

表 3.2-2 各水闸内侧水体中污染物浓度

所在区域	监测站位	pH 值	盐度	悬浮物 /(mg·L^{-1})	COD_{Cr} /(mg·L^{-1})	COD_{Mn} /(mg·L^{-1})	氨-氮 /(mg·L^{-1})	总磷 /(mg·L^{-1})	总氮 /(mg·L^{-1})	石油类 /(mg·L^{-1})	苯胺 /(mg·L^{-1})	铜 /(mg·L^{-1})	锌 /(mg·L^{-1})	铬 /(mg·L^{-1})	汞 /(mg·L^{-1})	镉 /(mg·L^{-1})	铅 /(mg·L^{-1})	砷 /(mg·L^{-1})	硫化物 /(mg·L^{-1})	挥发酚 /(mg·L^{-1})
鄞州区	Z1	7.94	1.26	23.00	18.70	14.26	0.120	0.333 5	2.194	0.017	ND	2.88	10.38	0.51	0.02	0.08	1.03	1.20	1.70	ND
	Z2	8.09	32.09	165.50	—	1.11	0.261	0.089 4	0.580	0.004	0.22	4.87	124.62	3.78	0.02	0.13	0.26	1.00	0.80	ND
	Z3	7.98	2.45	37.67	30.53	3.19	0.061	0.152 9	1.709	0.007	ND	6.65	30.72	5.14	0.02	0.08	0.42	0.60	2.43	ND
	最小值	7.94	1.26	23.00	18.70	1.11	0.061	0.089 4	0.580	0.004	ND	2.88	10.38	0.51	0.02	0.08	0.26	0.60	0.80	ND
	最大值	8.09	32.09	165.50	30.53	14.26	0.261	0.333 5	2.194	0.017	0.22	6.65	124.62	5.14	0.02	0.13	1.03	1.20	2.43	ND
	平均值	8.00	11.93	75.39	24.62	6.19	0.147	0.191 9	1.494	0.009	0.07	4.80	55.24	3.14	0.02	0.10	0.57	0.93	1.64	ND
象山县	Z4	7.83	4.74	53.50	37.90	3.56	0.049	0.153 4	1.927	0.054	ND	6.37	ND	0.33	0.02	ND	0.26	0.80	2.30	ND
	Z5	7.13	1.47	86.00	91.90	15.84	0.280	1.667 5	6.370	0.020	0.04	2.78	62.01	0.15	0.01	ND	0.21	1.10	6.30	ND
	最小值	7.13	1.47	53.50	37.90	3.56	0.049	0.153 4	1.927	0.020	ND	2.78	ND	0.15	0.01	ND	0.21	0.80	2.30	ND
	最大值	7.83	4.74	86.00	91.90	15.84	0.280	1.667 5	6.370	0.054	0.04	6.37	62.01	0.33	0.02	ND	0.26	1.10	6.30	ND
	平均值	7.48	3.11	69.75	64.90	9.70	0.165	0.910 5	4.149	0.037	0.02	4.58	31.01	0.24	0.02	ND	0.24	0.95	4.30	ND
宁海县	Z6	7.19	0.73	181.00	—	4.67	0.471	1.566 6	4.395	0.020	0.10	3.02	46.62	0.42	0.03	ND	12.45	1.20	3.90	ND
奉化市	Z7	7.17	0.91	61.50	54.20	18.22	0.400	1.061 6	9.523	0.004	0.04	3.26	10.72	0.30	0.01	0.02	0.59	1.30	5.70	ND
	Z8	7.62	0.64	33.00	—	1.94	1.100	0.267 9	1.287	0.010	ND	2.21	76.79	0.85	0.02	0.06	0.24	1.30	ND	ND
	Z9	9.24	1.41	58.50	137.00	11.09	0.085	0.175 3	0.627	0.004	0.15	6.28	ND	0.52	0.02	0.05	1.02	1.10	2.30	ND
	Z10	9.25	1.25	106.50	221.00	0.95	0.046	0.198 8	0.988	0.009	ND	2.21	28.73	0.15	0.02	0.22	0.36	1.10	2.20	ND
	Z11	9.20	2.07	113.50	25.40	1.39	0.292	0.316 7	3.168	0.007	ND	1.47	ND	0.22	0.01	0.05	0.62	1.20	2.60	ND
	Z12	8.20	9.46	135.00	—	0.44	0.045	0.525 6	2.804	0.006	ND	2.07	27.55	0.28	0.02	0.93	0.22	1.10	2.40	ND
	Z13	7.93	29.43	90.00	—	1.23	0.063	0.163 5	1.125	0.007	ND	4.80	81.25	2.27	0.02	1.88	5.66	1.00	2.60	ND
	最小值	7.17	0.64	33.00	25.40	0.44	0.045	0.163 5	0.627	0.004	ND	1.47	ND	0.15	0.01	0.02	0.22	1.00	2.20	ND
	最大值	9.25	29.43	135.00	221.00	18.22	1.100	1.061 6	9.523	0.010	0.15	6.28	81.25	2.27	0.02	1.88	5.66	1.30	5.70	ND
	平均值	8.37	6.45	85.43	109.40	5.04	0.290	0.387 1	2.789	0.007	0.03	3.19	32.15	0.66	0.02	0.46	1.24	1.16	2.54	ND

注：表格中“—”表示未监测。

3.2.2.1 鄞州区

pH 值范围为 7.94~8.09，符合一类《地表水环境质量标准》（GB 3838—2002）。

盐度范围为 1.26~32.09，Z2 盐度较大。

悬浮物含量范围为 23.00~165.50 mg/L。

COD_{Cr}含量为 18.70~30.53 mg/L。Z1 符合三类《地表水环境质量标准》，Z3 符合五类（Z2 未检测）。

COD_{Mn}含量为 1.11~14.26 mg/L。Z2 符合一类《地表水环境质量标准》，Z3 符合二类，Z1 符合五类。

氨-氮含量为 0.061~0.261 mg/L。Z1、Z3 符合一类《地表水环境质量标准》，Z2 符合二类。

总磷含量范围为 0.089 4~0.333 5 mg/L。Z2 符合二类《地表水环境质量标准》，Z3 符合三类，Z1 符合五类。

总氮含量范围为 0.580~2.194 mg/L。Z2 符合三类《地表水环境质量标准》，Z3 符合五类，Z1 为劣五类。

硫化物、石油类、挥发酚、苯胺、重金属（Cu、Cr、Hg、Cd、Pb、As）10 项指标均符合一类《地表水环境质量标准》。

锌浓度 Z2 含量较高，为 124.62 μg/L，符合二类《地表水环境质量标准》，Z1、Z3 均符合一类《地表水环境质量标准》。

3.2.2.2 象山县

pH 值范围为 7.13~7.83，符合一类《地表水环境质量标准》（GB 3838—2002）。

盐度范围为 1.47~4.47。

悬浮物含量范围为 53.50~86.00 mg/L。

COD_{Cr}含量为 37.90~91.90 mg/L。Z4 符合五类《地表水环境质量标准》，Z5 为劣五类。

COD_{Mn}含量为 3.56~15.84 mg/L。Z4 符合二类《地表水环境质量标准》，Z5 为劣五类。

氨-氮含量为 0.049~0.280 mg/L。Z4 符合一类《地表水环境质量标准》，Z5 符合二类。

总磷含量范围为 0.153 4~1.667 5 mg/L。Z4 符合三类《地表水环境质量标准》，Z5 为劣五类。

总氮含量范围为 1.927~6.370 mg/L。Z4 为劣五类《地表水环境质量标准》，Z5 为劣五类。

石油类含量为 0.020~0.054 mg/L。Z5 符合《地表水环境质量标准》（GB 3838—2002）一类，Z4 符合四类。

硫化物、挥发酚、苯胺、重金属（Cu、Cr、Hg、Cd、Pb、As）9 项指标均符合一类《地表水环境质量标准》。

Zn 浓度 Z5 含量较高，为 62.01 μg/L，符合二类《地表水环境质量标准》，Z4 为未检出，符合一类《地表水环境质量标准》。

3.2.2.3 宁海县

悬浮物含量为 181.00 mg/L；COD_{Cr}未检测；pH 值、硫化物、石油类、挥发酚、苯胺、重金属（Cu、Cr、Hg、Cd、Zn、As）11 项指标均符合一类《地表水环境质量标准》；氨-氮含量为 0.471 mg/L，符合二类；COD_{Mn}含量为 4.67 mg/L，铅含量为 12.45 μg/L，符合三类《地表水环境质量标准》；总磷含量为 1.566 6 mg/L，总氮含量为 4.395 mg/L，为劣五类。

3.2.2.4 奉化市

pH 值范围为 7.17~9.25，Z9、Z10、Z11 3 处水闸 pH 值均大于 9，其余水闸符合一类《地表水环境质量标准》（GB 3838—2002）。

盐度范围为 0.64~29.43，除 Z13 盐度较大外，其余水闸盐度均较小。

悬浮物含量范围为 33.00~135.00 mg/L。

COD_{Cr}含量为 25.40~221.00 mg/L。Z11 符合四类《地表水环境质量标准》，Z7、Z9、Z10 为劣五类（其余水闸未检测）。

COD_{Mn}含量为 0.44~18.22 mg/L。除 Z9 符合四类，Z7 为劣五类，其余水闸均符合一类《地表水环境质量标准》。

氨-氮含量为 0.045~1.100 mg/L。除 Z8 符合四类，Z7、Z11 符合二类，其余水闸均符合一类《地表水环境质量标准》。

总磷含量范围为 0.163 5~1.061 6 mg/L。Z9、Z10、Z13 符合三类《地表水环境质量标准》，Z8 符合四类，Z11 符合五类，其余为劣五类。

总氮含量范围为 0.627~9.523 mg/L。Z9、Z10 符合三类《地表水环境质量标准》，Z8、Z13 符合四类，其余为劣五类。

硫化物、石油类、挥发酚、苯胺、重金属（Cu、Cr、Hg、Pb、As）9 项指标均符合一类《地表水环境质量标准》。

Cd 浓度除 Z13 含量较高，为 1.88 μg/L，符合二类《地表水环境质量标准》外，其余均符合一类《地表水环境质量标准》。

Zn 浓度除 Z8、Z13 含量较高，符合二类《地表水环境质量标准》外，其余均符合一类《地表水环境质量标准》。

3.2.3　工业企业直排口

2013 年 11 月，象山港 3 个印染企业入海直排口污水中的主要污染物监测结果见表 3.2-3。

表 3.2-3　工业企业直排口主要污染物入海初始浓度监测结果

监测站位	盐度 /(mg·L^{-1})	悬浮物 /(mg·L^{-1})	COD_{Cr} /(mg·L^{-1})	COD_{Mn} /(mg·L^{-1})	氨-氮 /(mg·L^{-1})	石油类 /(mg·L^{-1})	总磷 /(mg·L^{-1})	总氮 /(mg·L^{-1})	苯胺 /(mg·L^{-1})
I1	3.71	90.5	82.90	3.56	0.239	0.104	0.488 4	10.198	0.652
I2	4.31	96.5	107.00	23.76	0.080	0.283	0.134 9	6.510	2.590
I3	12.10	89.5	230.00	40.39	0.040	0.025	0.633 4	10.873	0.808
监测站位	铜 /(μg·L^{-1})	锌 /(μg·L^{-1})	铬 /(μg·L^{-1})	汞 /(μg·L^{-1})	镉 /(μg·L^{-1})	铅 /(μg·L^{-1})	砷 /(μg·L^{-1})	挥发酚 /(μg·L^{-1})	硫化物 /(μg·L^{-1})
I1	4.38	31.95	1.75	0.015	ND	0.19	0.6	ND	0.9
I2	4.37	16.58	0.16	ND	ND	0.11	0.6	ND	2.9
I3	8.69	20.49	1.05	ND	ND	0.42	0.6	ND	17.1

COD_{Cr}浓度范围为 82.90~230.00 mg/L，3 个印染工业直排口均超出《纺织染整工业水污染物排放标准》（COD_{Cr}直接排放限值 80 mg/L）。

悬浮物浓度范围为 89.5~96.5 mg/L，3 个印染工业直排口均超出《纺织染整工业水污染物排放标准》（悬浮物直接排放限值 50 mg/L）。

氨-氮浓度范围为 0.040~0.239 mg/L，3 个印染工业直排口均符合《纺织染整工业水污染物排放标准》（氨-氮直接排放限值 15 mg/L）。

总磷浓度范围为 0.134 9~0.633 4 mg/L。3 个印染工业直排口中，除 I3 超出《纺织染整工业水污染物排放标准》（总磷直接排放限值 0. 5 mg/L），I1 和 I2 均符合排放标准。

总氮浓度范围为 6. 510～10. 873 mg/L，3 个印染工业直排口均符合《纺织染整工业水污染物排放标准》（总氮直接排放限值 25 mg/L）。

苯胺浓度范围为 0. 652～2. 590 mg/L，3 个印染工业直排口均超出《纺织染整工业水污染物排放标准》（苯胺直接排放限值为不得检出）。

硫化物浓度范围为 0. 9～17. 1 μg/L，3 个印染工业直排口均符合《纺织染整工业水污染物排放标准》（硫化物直接排放限值 0. 5 mg/L）。

Cr 浓度范围为 0. 16～1. 75 μg/L，3 个印染工业直排口均超出《纺织染整工业水污染物排放标准》（Cr 直接排放限值为不得检出）。

3. 2. 4 污染现状分析

12 条入海河流中，除悬浮物外其他各污染物入海初始浓度变化比较大。R7 和 R8 的 COD_{Cr}浓度为劣五类；营养盐（氨氮、总磷、总氮）中，R1、R7、R9、R12 的总磷浓度为劣五类；总氮浓度除了 R4、R5、R9、R6 外，其余 8 条河流均为劣五类。

13 个入海水闸水体中的 COD_{Cr}、营养盐类（氨氮、总磷、总氮）含量较高，Z5、Z7、Z9、Z10 4 个水闸的 COD_{Cr}浓度为劣五类；营养盐（总磷、总氮）中，Z5、Z6、Z7、Z12 4 个水闸的总磷浓度为劣五类；Z1、Z5、Z6、Z11、Z7、Z12 6 个水闸的总磷浓度为劣五类；石油类、挥发酚、硫化物、苯胺、重金属（Cu、Zn、Cr、Cd、Pb、Hg、As）含量较低，基本符合一类、二类标准。

3 个工业企业直排口中，个别直排口总磷排放超出直排标准；COD_{Cr}、悬浮物、苯胺、铬含量较高，均超出纺织染整工业水污染物排放标准；氨-氮、总氮、硫化物含量较低，均符合排放标准。

3. 3 污染物入海通量

3. 3. 1 计算方法

污染物入海通量估算采用如下公式计算：

污染物入海通量＝污染物入海浓度×年径流量

其中，河流、水闸的径流量由水利部门提供，工业直排口的污水流量由环保部门提供（表 3. 3-1）。

3. 3. 2 计算结果

3. 3. 2. 1 河流污染物入海通量

象山县 COD_{Cr}入海通量为 3 934. 6 t/a，总磷入海通量为 39. 6 t/a，总氮入海通量为 366. 2 t/a，COD_{Cr}和总磷贡献最大的均为 R3，COD_{Cr}为 2 106. 0 t/a，总磷为 19. 4 t/a，总氮贡献较大的为 R1 和 R3，分别为 146. 9 t/a 和 145. 9 t/a。

宁海县 COD_{Cr}入海通量为 4 574. 3 t/a，总磷入海通量为 63. 6 t/a，总氮入海通量为 619. 0 t/a，COD_{Cr}、总磷和总氮贡献最大的均为 R7，COD_{Cr}为 3 500. 5 t/a，总磷为 57. 8 t/a，总氮为 565. 2 t/a。

奉化市 COD_{Cr}入海通量为 405. 8 t/a，总磷入海通量为 19. 5 t/a，总氮入海通量为 209. 7 t/a，COD_{Cr}、总磷和总氮贡献最大的均为 R10，COD_{Cr}为 315. 6 t/a，总磷为 9. 8 t/a，总氮为 157. 0 t/a。

3个行政区域，污染物入海通量贡献最大的为宁海县，而宁海县中，以R7污染最为严重（表3.3-2）。

表3.3-1 主要河流年径流量

所在区域	河流名称	流量/($m^3 \cdot a^{-1}$)	河宽/m	水深/m	流速/($cm \cdot s^{-1}$)
象山县	R1	21 444 480	15~25	1.7	2
	R2	8 703 936	5~18	1.2	2
	R3	56 764 800	50	1.8	2
	R4	17 029 440	30	0.9	2
	R5	24 282 720	20~50	1.1	2
宁海县	R6	3 311 280	50	0.7	0.3
	R7	59 130 000	50	0.5	7~8
	R8	23 652 000	3	0.5	50
奉化市	R9	3 460 288	5.5	0.8~1.1	2.1
	R10	37 843 200	40	1.5	2
	R11	17 376 336	18~20	1.45	2
	R12	1 513 728	4	0.6	2

表3.3-2 主要河流污染物入海通量

所在区域	河流名称	污染物/($t \cdot a^{-1}$)		
		COD_{Cr}	TP	TN
象山县	R1	857.8	13.7	146.9
	R2	181.0	1.4	22.2
	R3	2 106.0	19.4	145.8
	R4	163.3	1.9	22.5
	R5	626.5	3.2	28.8
	合计	3 934.6	39.6	366.2
宁海县	R6	—	0.6	5.7
	R7	3 500.5	57.8	565.2
	R8	1 073.8	5.2	48.1
	合计	4 574.3	63.6	619.0
奉化市	R9	46.0	0.6	1.7
	R10	315.6	9.8	157.0
	R11	—	8.1	45.1
	R12	44.2	1.0	5.9
	合计	405.8	19.5	209.7

注：表格中“—”表示未监测。

3.3.2.2 水闸污染物入海通量

根据现场踏勘和资料收集，象山港沿岸各水闸如表3.3-3所示。Z1、Z2、Z4、Z5、Z6、Z7、Z8均为实测流量。Z3、Z9、Z10、Z11、Z12、Z13为设计流量，实际流量按1/2。另根据现场调访，水闸年放水量按120 d，按5 h/d算。象山港主要水闸污染物入海通量如表3.3-4所示。

表 3.3-3 主要水闸流量

所在区域	水闸名称	设计过闸流量/($m^3 \cdot s^{-1}$)	实测过闸流量/($m^3 \cdot s^{-1}$)
鄞州区	Z1	—	105.9
	Z2	—	707.7
	Z3	640.0	—
象山县	Z4	—	—
	Z5	—	27.6
宁海县	Z6	—	27.6
奉化市	Z7	—	86.8
	Z8	—	91.9
	Z9	144.9	—
	Z10	269.8	—
	Z11	662.3	—
	Z12	429.5	—
	Z13	488.0	—

注：表格中“—”表示无数据。

表 3.3-4 主要水闸污染物入海通量

所在区域	水闸名称	污染物/($t \cdot a^{-1}$)		
		COD_{Cr}	总磷	总氮
鄞州区	Z1	4.28	0.76	0.50
	Z2	—	1.37	0.89
	Z3	21.10	0.11	1.18
	合计	25.38	2.24	2.57
象山县	Z4	3.36	0.14	0.17
	Z5	5.47	0.99	0.38
	合计	8.83	1.13	0.55
宁海县	Z6	—	0.93	0.26
	合计	0.00	0.93	0.26
奉化市	Z7	10.16	1.99	1.78
	Z8	—	0.53	0.26
	Z9	21.44	0.03	0.10
	Z10	64.40	0.06	0.29
	Z11	18.17	0.23	2.27
	Z12	—	0.24	1.30
	Z13	—	0.09	0.59
	合计	114.17	3.17	6.59

注：表格中“—”表示无数据。

鄞州区 COD_{Cr} 入海通量为 25.38 t/a，总磷入海通量为 2.24 t/a，总氮入海通量为 2.57 t/a。其中 COD_{Cr}、总氮贡献最大均为 Z3，分别为 21.10 t/a 和 1.18 t/a，总磷贡献最大为 Z2，为 1.37 t/a。

象山县 COD_{Cr} 入海通量为 8.83 t/a，总磷入海通量为 0.99 t/a，总氮入海通量为 0.38 t/a。其中 COD_{Cr}、总磷、总氮贡献最大均为 Z5，分别为 5.47 t/a、0.99 t/a 和 0.38 t/a。

宁海县总磷入海通量为 0.93 t/a，总氮入海通量为 0.26 t/a。

奉化市 COD_{Cr} 入海通量为 114.17 t/a，总磷入海通量为 3.17 t/a，总氮入海通量为 6.59 t/a。其中 COD_{Cr} 贡献最大为 Z10，为 64.40 t/a，总磷贡献最大为 Z7，为 1.99 t/a，总氮贡献最大为 Z11，为 2.27 t/a。

3.3.2.3 工业直排口污染物入海通量

根据枯水期象山港周边海域 3 个工业直排口污染物入海初始浓度的监测结果（表 3.3-5），可计算得到主要污染物入海通量（表 3.3-6）。

表 3.3-5 主要直排口流量

所在区域	直排口名称	流量/($m^3 \cdot a^{-1}$)	备注
象山县	I1	945 198	纺织染整工业
	I2	873 845	纺织染整工业
	I3	380 329	纺织染整工业

表 3.3-6 主要直排口污染物入海通量

所在区域	直排口名称	污染物/($t \cdot a^{-1}$)		
		COD_{Cr}	TP	TN
象山县	I1	78.36	0.46	9.64
	I2	93.50	0.12	5.69
	I3	87.48	0.24	4.14
	合计	259.33	0.82	19.46

COD_{Cr} 入海通量为 259.33 t/a。3 个工业直排口的贡献基本相当。I2 和 I3 个直排口的 COD_{Cr} 入海通量占直排口 COD_{Cr} 入海通量的 70%。

总磷入海通量为 0.82 t/a。其中 I1 贡献最大，为 0.46 t/a。I1 和 I3 的总磷入海通量占直排口总磷入海通量的 85%。

总氮入海通量为 19.46 t/a。其中 I1 贡献最大，为 9.64 t/a。I1 和 I2 个直排口的总氮入海通量占直排口总氮入海通量的 79%。

3.3.2.4 污染物入海通量

据枯水期象山港周边海域 12 条河流、13 个水闸、3 个直排口污染物入海初始浓度的监测结果，可计算得到主要污染物入海通量（表 3.3-7）。

表 3.3-7 各县（市、区）总污染物入海通量

所在区域	污染物/($t \cdot a^{-1}$)		
	COD_{Cr}	总磷	总氮
鄞州区	25.38	2.24	2.57
象山县	4 202.76	41.55	386.21
宁海县	4 574.30	64.53	619.26
奉化市	519.97	22.67	216.29

根据计算，鄞州区 COD_{Cr} 入海通量为 25.38 t/a，总磷为 2.24 t/a，总氮为 2.57 t/a，其来源均来为水闸。

象山县 COD_{Cr} 入海通量为 4 202.76 t/a，其来源主要来自河流，贡献率为 93.6%，其次为直排口，贡献率为 6.2%，最后为水闸，贡献率为 0.2%。总磷为 41.55 t/a，其来源主要来自河流，贡献率为 95.3%，其次为水闸，贡献率为 2.7%，最后为直排口，贡献率为 2%。总氮为 368.21 t/a，其来源主要来自河流，贡献率为 94.8%，其次为直排口，贡献率为 5.0%，最后为水闸，贡献率为 0.2%。

宁海县 COD_{Cr} 入海通量为 4 574.30 t/a，其来源主要来自河流，贡献率为 100%。总磷为 64.53 t/a，其来源主要来自河流，贡献率为 98.6%，其次为水闸，贡献率为 1.4%。总氮为 619.26 t/a，其来源主要来自河流，贡献率为 99.9%，其次为水闸，贡献率为 0.1%。

奉化市 COD_{Cr} 入海通量为 519.97 t/a，其来源主要来自河流，贡献率为 78.0%，其次为水闸，贡献率为 22.0%。总磷为 22.67 t/a，其来源主要来自河流，贡献率为 86.0%，其次为水闸，贡献率为 14.0%。总氮为 216.29 t/a，其来源主要来自河流，贡献率为 97.0%，其次为水闸，贡献率为 3.0%。

3.4 小结

①象山港 COD_{Cr} 的陆源污染源主要来源于农业面源污染，其贡献率约为 35%，海水养殖 COD_{Cr} 占排放总量的约 17%；陆源总氮的污染源主要为生活和农业面源，陆源总氮污染占象山港区域总氮排放总量的 81.12%；海水养殖总氮污染占象山港区域总氮排放总量的 18.88%。陆源总磷污染以农业面源为主，陆源总磷污染占象山港区域总磷排放总量的 76.66%；海水养殖总磷污染象山港区域总磷排放总量的 23.34%。因此，陆域污染所占比重远大于海域面源污染。

②在象山港周边 5 个县（市、区）中 COD_{Cr}、总氮、总磷排放量最大的均为象山县，其中 COD_{Cr} 排放量占排放总量的 34.43%；总氮的排放量占排放总量的 42.69%；总磷的排放量占排放总量的 42.18%。BOD 排放量最大的为宁海县，其排放量占 BOD 排放总量的 34.03%。

③在监测的 12 条入海河流中，除了 R4、R9、R10 的 COD_{Cr} 符合一类，R7、R8 的 COD_{Cr} 浓度为劣五类；COD_{Mn} 浓度范围变化幅度也较大，为 1.58~17.42 mg/L；各河流中营养盐（总磷、总氮）含量较高，R1、R7、R9、R12 的总磷浓度为劣五类；总氮浓度除了 R4、R5、R9、R6 外，其余 8 条河流均为劣五类。

在监测的 13 个入海水闸中，Z5、Z7、Z9、Z10 4 个水闸的 COD_{Cr} 浓度为劣五类；营养盐类（总磷、总氮）含量较高，Z5、Z6、Z7、Z12 4 个水闸的总磷浓度为劣五类；Z1、Z5、Z6、Z7、Z11、Z12 6 个水闸的总氮浓度为劣五类；重金属（Cu、Zn、Cr、Cd、Pb、Hg、As）含量较低，基本符合一类、二类。

在监测的 3 个工业企业入海直排口中，I3 直排口总磷排放超出直排标准；COD_{Cr}、悬浮物、苯胺、铬含量较高，3 个工业直排口均超出纺织染整工业水污染物排放标准；氨-氮、总氮、硫化物含量较低，均符合排放标准。

④根据对 28 个入海口的监测结果计算，宁海县的污染物入海通量所占比例最大，其 COD_{Cr} 入海通量为 4 574.30 t/a，占象山港总量的 49.1%，总磷为 64.53 t/a，占象山港总量的 49.3%，总氮为 619.26 t/a，占象山港总量的 50.6%，其次为象山县，最低为鄞州区。

第 4 章　象山港生态环境特征

象山港生态环境调查研究始于 20 世纪 80 年代（钟惠英，1988），90 年代末开始进行环境容量及总量控制研究（黄秀清，2008）。随着象山港港区开发力度的不断加大，点源排污、面源水土流失和大气输送等因素造成部分污染物质的含量增加较快。陆源排污已影响了象山港局部海域海水正常的自净能力，给海洋资源造成不良的影响和损害。本章对 2011 年丰水期和枯水期 2 个航次的调查资料进行海洋环境现状分析，主要为象山港海洋环境容量和总量控制研究提供基础资料。

4.1　水质现状

丰水期和枯水期两个航次调查的水质环境要素为 pH 值、盐度、溶解氧、悬浮物、亚硝酸盐-氮、硝酸盐-氮、氨-氮、活性磷酸盐、活性硅酸盐、化学需氧量、总有机碳、总氮、总磷、石油类、重金属（Cu、Pb、Zn、Cr、Cd、Hg 和 As），具体调查结果见表 4.1-1。

表 4.1-1　象山港海域枯、丰水期水质要素调查结果统计

项目	枯水期				丰水期			
	高平潮		低平潮		高平潮		低平潮	
	测值范围	平均值	测值范围	平均值	测值范围	平均值	测值范围	平均值
pH 值	7.95~8.10	8.03	7.94~8.10	8.03	7.91~8.10	8.01	7.93~8.10	8.00
盐度	23.88~26.84	25.29	23.53~26.21	24.97	23.10~28.53	26.25	22.71~27.50	25.74
溶解氧/$(mg \cdot L^{-1})$	8.37~8.92	8.62	8.27~9.04	8.63	6.48~8.77	6.98	6.32~8.53	6.89
悬浮物/$(mg \cdot L^{-1})$	132.0~700.0	215.5	110.0~251.0	172.1	19.5~378.5	84.3	26.0~330.0	88.6
无机氮/$(mg \cdot L^{-1})$	0.788~1.242	0.964	0.842~1.129	0.943	0.468~0.949	0.689	0.623~0.959	0.747
总氮/$(mg \cdot L^{-1})$	0.874~1.874	1.234	0.904~1.759	1.207	0.871~1.972	1.165	0.763~2.341	1.131
磷酸盐/$(mg \cdot L^{-1})$	0.028 2~0.077 0	0.047 1	0.028 2~0.071 5	0.045 1	0.007 5~0.071 8	0.036 2	0.010 1~0.071 5	0.047 3
总磷/$(mg \cdot L^{-1})$	0.035 4~1.125 1	0.084 8	0.066 7~0.144 6	0.099 3	0.052 9~0.200 5	0.138 3	0.079 8~0.200 8	0.146 0
硅酸盐/$(mg \cdot L^{-1})$	0.961~2.080	1.377	1.082~1.668	1.368	1.119~2.110	1.446	1.021~1.708	1.415
化学耗氧量/$(mg \cdot L^{-1})$	0.52~0.93	0.73	0.55~0.96	0.70	0.73~1.61	1.02	0.80~1.38	1.00
石油类/$(mg \cdot L^{-1})$	0.008~0.019	0.014	0.011~0.023	0.015	0.006~0.041	0.019	0.006~0.035	0.017
总有机碳/$(mg \cdot L^{-1})$	1.21~6.15	1.89	1.55~5.90	2.13	1.37~9.07	2.14	1.50~3.41	1.98
Hg/$(\mu g \cdot L^{-1})$	0.008~0.040	0.017	0.009~0.027	0.018	0.008~0.030	0.017	0.009~0.032	0.019
As/$(\mu g \cdot L^{-1})$	1.1~3.5	2.3	1.2~3.4	2.3	1.0~3.3	2.1	1.0~3.3	1.9
Cd/$(\mu g \cdot L^{-1})$	0.04~0.17	0.09	0.04~0.18	0.10	0.06~0.20	0.12	0.08~0.20	0.12
Cr/$(\mu g \cdot L^{-1})$	0.04~0.20	0.11	0.04~0.20	0.11	0.07~0.26	0.14	0.05~0.24	0.12
Cu/$(\mu g \cdot L^{-1})$	2.0~4.6	2.8	1.9~3.5	2.6	2.2~4.7	3.2	1.9~5.0	3.2
Pb/$(\mu g \cdot L^{-1})$	0.25~1.86	0.96	0.41~1.77	0.91	0.34~1.87	0.78	0.42~1.63	0.79
Zn/$(\mu g \cdot L^{-1})$	17.7~28.9	23.9	18.1~29.1	23.7	19.2~27.4	23.97	19.0~27.8	23.0

4.1.1 水质要素含量水平及变化特征

（1）pH 值

pH 值在枯水期、丰水期其测值范围分别为 7.94～8.10 和 7.91～8.10，平均值分别为 8.03 和 8.01，枯水期高于丰水期，高平潮略高于低平潮。

（2）盐度

象山港海域盐度枯水期和丰水期测值范围分别为 23.53～26.84 和 22.71～28.53，平均值分别为 25.13 和 26.00，丰水期大于枯水期；高平潮大于低平潮。

（3）溶解氧

溶解氧枯水期和丰水期测值范围分别为 8.27～9.04 mg/L 和 6.32～8.77 mg/L，平均值分别为 8.63 mg/L 和 6.94 mg/L，枯水期明显高于丰水期，高平潮与低平潮相差不大。

（4）悬浮物

象山港海域悬浮物枯水期和丰水期测值范围分别为 110.0～700.0 mg/L 和 19.5～378.5 mg/L，平均值分别为 193.5 mg/L 和 83.6 mg/L，枯水期明显高于丰水期。

（5）无机氮

无机氮枯水期和丰水期测值范围分别为 0.788～1.242 mg/L 和 0.468～0.959 mg/L，平均值分别为 0.954 mg/L 和 0.718 mg/L，枯水期明显高于丰水期。

（6）总氮

总氮枯水期和丰水期测值范围分别为 0.874～1.874 mg/L 和 0.763～2.341 mg/L，平均值分别为 1.221 mg/L 和 1.148 mg/L，枯水期明显高于丰水期，高平潮高于低平潮。

（7）活性磷酸盐

活性磷酸盐枯水期和丰水期测值范围分别为 0.028 2～0.077 0 mg/L 和 0.007 5～0.071 8 mg/L，平均值分别为 0.046 1 mg/L 和 0.041 8 mg/L，枯水期略高于丰水期。

（8）总磷

总磷枯水期和丰水期测值范围分别为 0.035 4～0.144 6 mg/L 和 0.052 9～0.200 8 mg/L，平均值分别为 0.092 1 mg/L 和 0.142 1 mg/L，丰水期明显高于枯水期，高平潮略低于低平潮。

（9）硅酸盐

象山港海域硅酸盐枯水期和丰水期测值范围分别为 0.096 1～2.080 mg/L 和 1.021～2.110 mg/L，平均值分别为 1.373 mg/L 和 1.431 mg/L，丰水期明显高于枯水期。

（10）化学耗氧量

象山港海域化学耗氧量枯水期和丰水期测值范围分别为 0.52～0.96 mg/L 和 0.73～1.61 mg/L，平均值分别为 0.72 mg/L 和 1.01 mg/L，丰水期高于枯水期。

（11）石油类

象山港海域石油类枯水期和丰水期测值范围分别为 0.006～0.041 mg/L 和 0.008～0.023 mg/L，平均值分别为 0.015 mg/L 和 0.018 mg/L，丰水期与枯水期差异不大。

（12）总有机碳

象山港海域总有机碳枯水期和丰水期测值范围分别为 1.21～6.15 mg/L 和 1.37～9.07 mg/L，平均值分别为 2.01 mg/L 和 2.06 mg/L，丰水期与枯水期差异不大。

（13）Hg

象山港海域 Hg 枯水期和丰水期测值范围分别为 0.008～0.040 μg/L 和 0.008～0.032 μg/L，平均值分别为 0.018 μg/L 和 0.018 μg/L，丰水期与枯水期差异不大。

（14）As

象山港海域 As 枯水期和丰水期测值范围分别为 1.1~3.5 μg/L 和 1.0~3.3 μg/L，平均值分别为 2.3 μg/L 和 2.0 μg/L、丰水期与枯水期差异不大。

（15）Cd

象山港海域 Cd 枯水期和丰水期测值范围分别为 0.04~0.18 μg/L 和 0.06~0.20 μg/L，平均值分别为 0.12 μg/L 和 0.09 μg/L，枯水期略高于丰水期。

（16）Cr

象山港海域 Cr 枯水期和丰水期测值范围分别为 0.04~0.20g/L 和 0.05~0.26 μg/L，平均值分别为 0.11 μg/L 和 0.13 μg/L，丰水期与枯水期差异不大。

（17）Cu

象山港海域 Cu 枯水期和丰水期测值范围分别为 1.9~4.6 g/L 和 1.9~5.0 μg/L，平均值分别为 2.7 μg/L 和 3.2 μg/L，丰水期与枯水期差异不大。

（18）Pb

象山港海域 Pb 枯水期和丰水期测值范围分别为 0.25~1.86 g/L 和 0.34~1.87 μg/L，平均值分别为 0.94 μg/L 和 0.79 μg/L，枯水期略高于丰水期。

（19）Zn

象山港海域 Zn 枯水期和丰水期测值范围分别为 17.7~29.1 g/L 和 19.0~27.8 μg/L，平均值分别为 23.8 μg/L 和 23.4 μg/L，丰水期与枯水期差异不大。

4.1.2　水质要素平面分布特征

（1）pH 值

枯水期高平潮时 pH 值平面分布表现为港中部最大，港底部次之，港口最小，高值区出现于港中部的缸爿山附近海域；低平潮时则由港底部至港中部的缸爿山附近海域 pH 值较高，缸爿山以东海域 pH 值逐渐降低，至港口又有所升高，西泽附近海域出现一个低值区。

丰水期高平潮时 pH 值港底和港中部较大，在国华电厂和乌沙山电厂附近海域出现 pH 值高值区，港口 pH 值相对较小；低平潮时则为港中部的缸爿山以及西沪港附近海域 pH 值最大，港口部次之，国华电厂以及乌沙山电厂附近海域 pH 值最小（图 4.1-1）。

（2）盐度

枯水期高平潮和低平潮盐度分布皆呈现出由港底部至港口部逐渐增加的趋势，3 个内港铁港、黄墩港和西沪港以及 2 个电厂附近海域皆出现盐度低值区。

丰水期盐度分布平面分布也呈现自港底部至港口部逐渐增加的趋势，其中高平潮时低值区出现于国华电厂附近海域，枯水期低值区则出现于港底部的铁港附近海域（图 4.1-2）。

（3）溶解氧

枯水期高平潮溶解氧分布特征为港底部浓度最高，其次是港口部，港中部最低，其中西泽、缸爿山和西沪港附近海域皆出现溶解氧的低值区；低平潮时港底、港中和港口部溶解氧浓度差别不大，但靠近象山港南岸的海域，尤其是黄墩港和西沪港附近海域溶解氧浓度较低。

丰水期高平潮港底部溶解氧浓度总体要高于港中部和港口部，低平潮时象山港溶解氧浓度相差不大，港底部略偏低，低值区出现于铁港（图 4.1-3）。

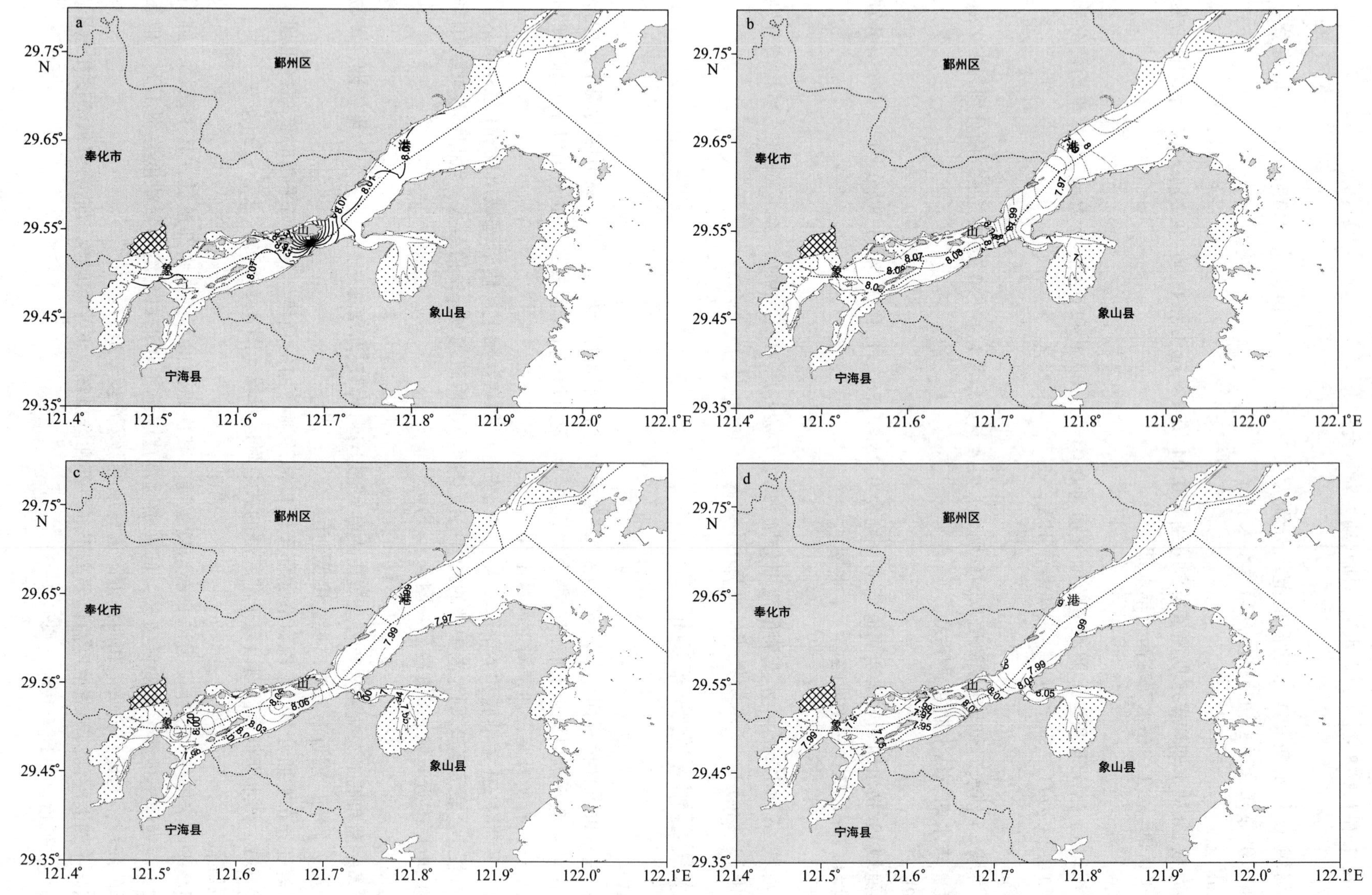

图 4.1-1 pH 值平面分布

a. 枯水期高平潮；b. 枯水期低平潮；c. 丰水期高平潮；d. 丰水期低平潮

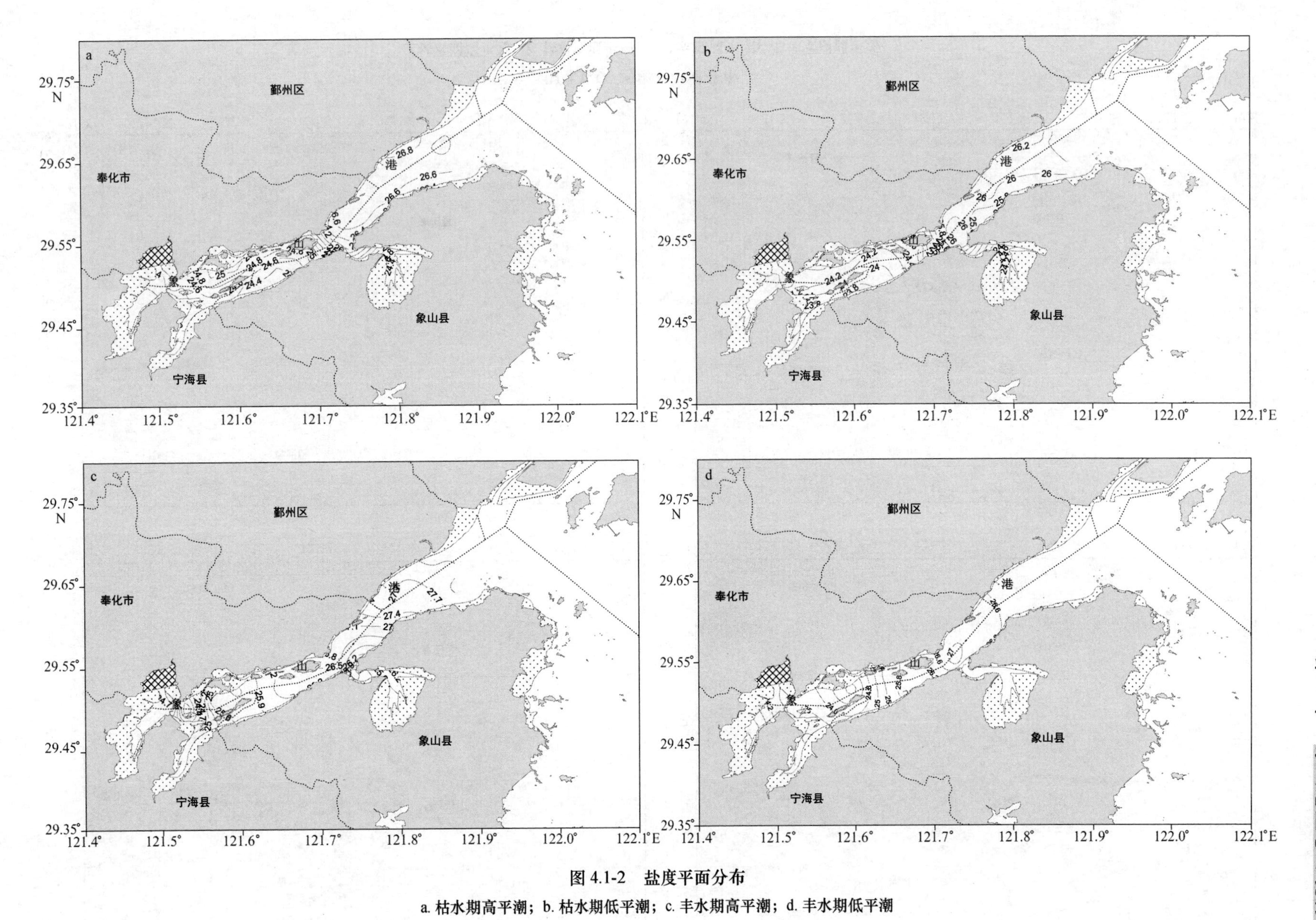

图 4.1-2　盐度平面分布

a. 枯水期高平潮；b. 枯水期低平潮；c. 丰水期高平潮；d. 丰水期低平潮

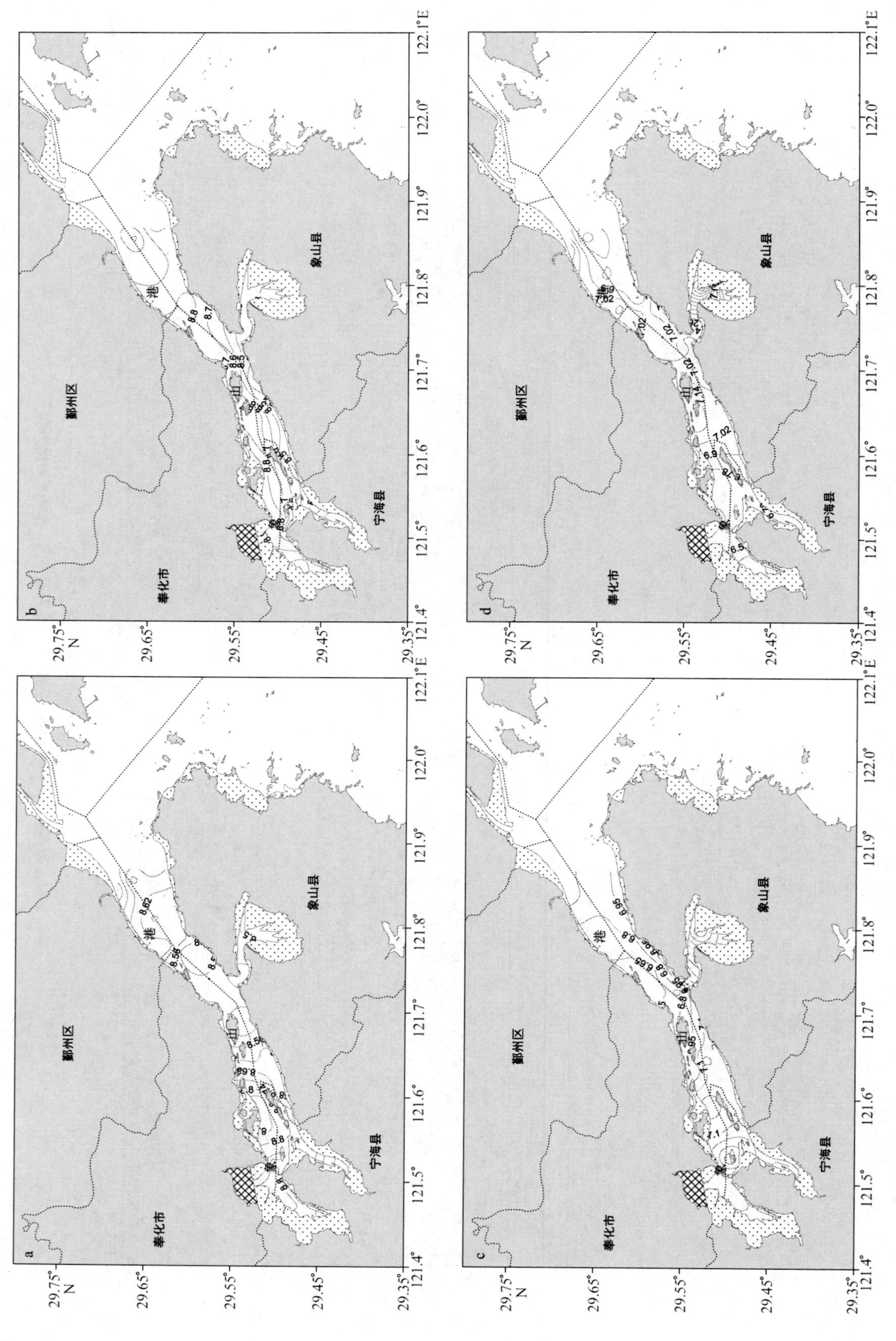

图 4.1-3　溶解氧平面分布

a. 枯水期高平潮；b. 枯水期低平潮；c. 丰水期高平潮；d. 丰水期低平潮

（4）无机氮

枯水期无机氮在铁港、黄墩港和西沪港 3 个内港以及港中部缸爿山附近海域浓度较高，低值区皆出现于港中部的乌沙山电厂附近海域。

丰水期高平潮时无机氮分布特征基本为港底部和港中部浓度略高于港口部，高值区出现于港底黄墩港附近海域；低平潮时港底部无机氮浓度高于港中部和港口部，高值区亦出现于港底部，而在港口部和西沪港出现 2 个低值区（图 4. 1–4）。

（5）总氮

枯水期高平潮和低平潮总氮浓度变化皆呈现由港底至港口逐渐减少的趋势，高值区皆出现于港底部。

丰水期高平潮总氮浓度为港底部较大，港中部和港口部相对较小，低平潮时则表现为港底部和港中部浓度较大，港口部相对较小（图 4. 1–5）。

（6）磷酸盐

枯水期磷酸盐浓度总体呈现由港底部至港口部逐渐减少的趋势，其中港底部铁港和港中部缸爿山附近海域出现磷酸盐高值区。

丰水期高平潮磷酸盐浓度变化呈现由港底至港口逐渐减少的趋势，高值区出现于港底部的铁港和黄墩港；低平潮时磷酸盐浓度自港底至港口逐渐减少，高值区出现于港底部，而自缸爿山以东至港口附近海域磷酸盐浓度较低（图 4. 1–6）。

（7）总磷

枯水期高平潮总磷浓度由港底部至港口部逐渐减少，其中港底部铁港和黄墩港出现总磷高值区；低平潮时由港底部至港中部的缸爿山附近海域浓度较高，自缸爿山以东海域至西泽附近海域总磷浓度呈下降趋势，港口部浓度又有所增加，高值区出现于港底的黄墩港，低值区则出现于港中部的西沪港。

丰水期高平潮总磷浓度由港底部至港中部的缸爿山附近海域浓度较高，自缸爿山以东至西泽总磷浓度相对较低，西泽附近总磷浓度又有所增加；低平潮时总磷浓度由港底部至港口部逐渐减少（图 4. 1–7）。

（8）硅酸盐

枯水期硅酸盐浓度由港底部至港口部逐渐减少，高值区出现于港底部的铁港附近海域。

丰水期高平潮时港底部硅酸盐浓度略高于港中部和港口部，港中部的西沪港呈现硅酸盐浓度低值区；低平潮时硅酸盐浓度由港底部至港口部逐渐增加，高值区位于港底部的铁港（图 4. 1–8）。

（9）化学耗氧量

枯水期高平潮 COD 浓度分布呈港中略高于港底和港口的趋势，港底与港口区域浓度相当，但整个 COD 浓度分布各区域差异不大；枯水期低平潮 COD 浓度分布各区域差异不大，在港口区西侧浓度略低于整个区域。

丰水期高低平潮 COD 浓度分布均呈现由港底逐渐向港口降低的趋势，但高平潮时降低幅度较大，而低平潮时降低幅度较小（图 4. 1–9）。

（10）石油类

枯水期高低平潮石油类浓度分布均呈现港底和港中相邻区域逐渐向港底和港口区域降低的趋势，但整体上各区域浓度分布差异不大。

丰水期高低平潮石油类浓度在整个象山港海域分布较为均匀，各区域浓度分布差异不大（图 4. 1–10）。

（11）总有机碳

枯水期高低平潮总有机碳浓度分布均呈现港口区大于其他区域的特征，尤其是低平潮，港口区与港

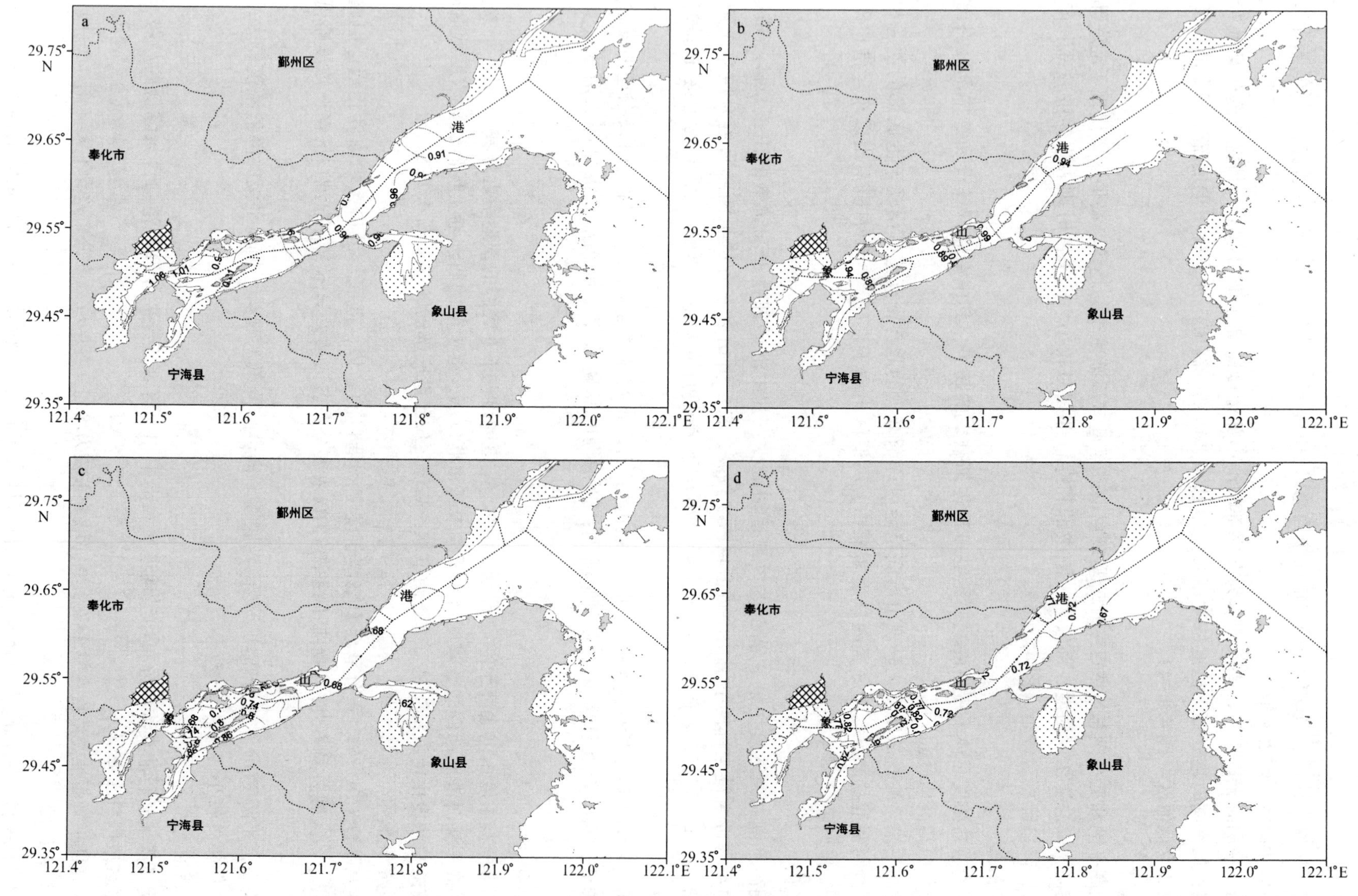

图 4.1-4 无机氮平面分布

a. 枯水期高平潮；b. 枯水期低平潮；c. 丰水期高平潮；d. 丰水期低平潮

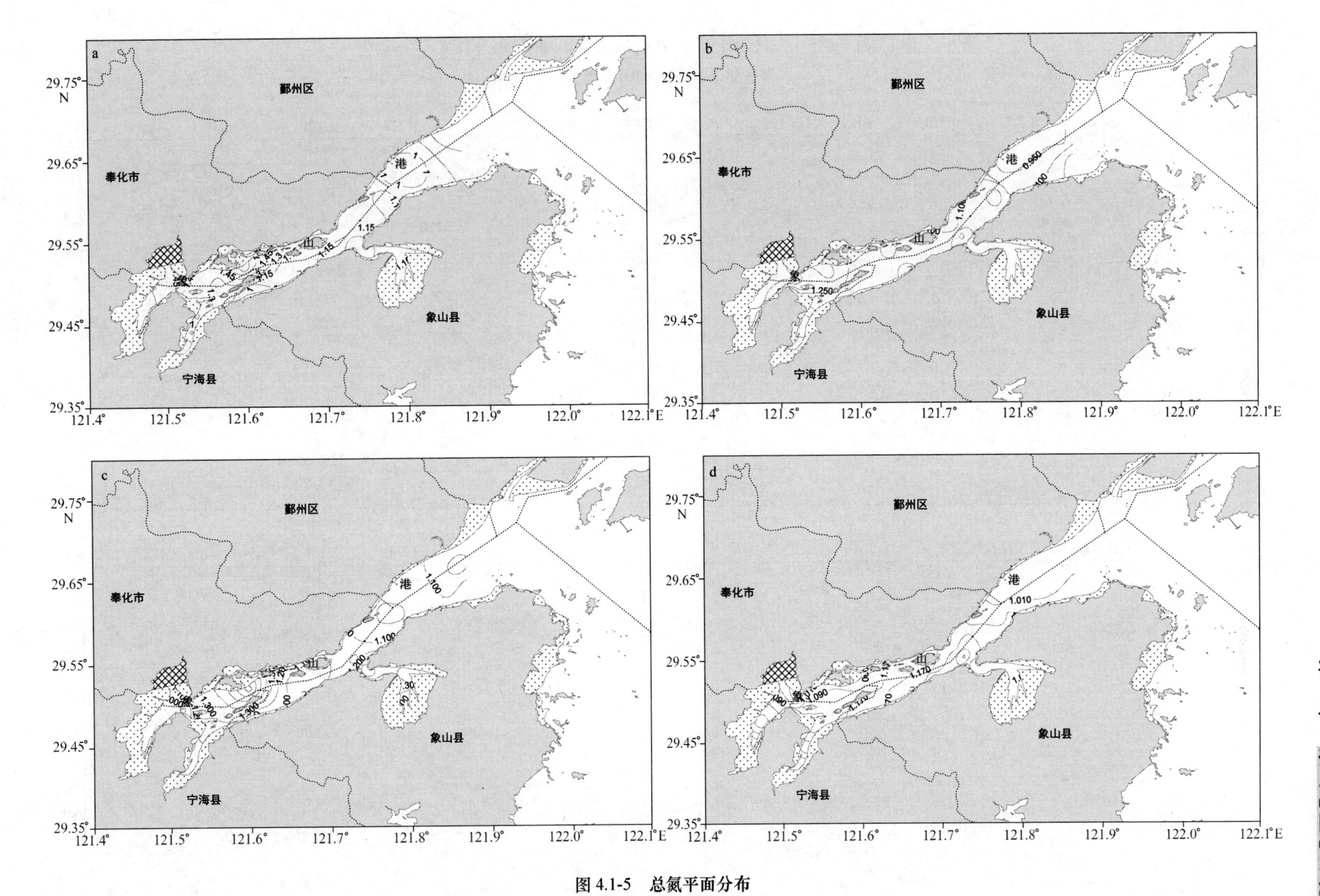

图 4.1-5　总氮平面分布

a. 枯水期高平潮；b. 枯水期低平潮；c. 丰水期高平潮；d. 丰水期低平潮

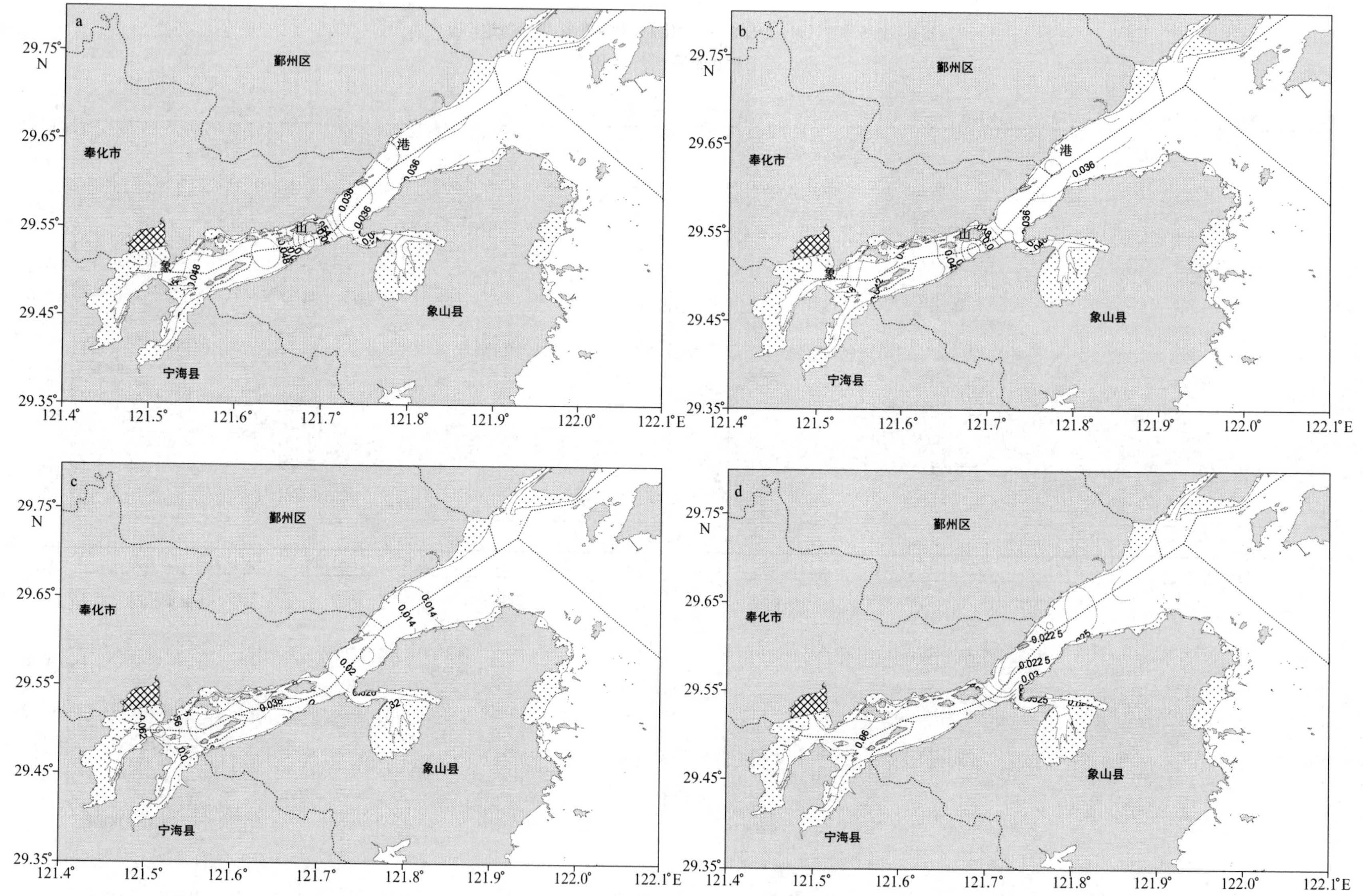

图 4.1-6 磷酸盐平面分布

a. 枯水期高平潮；b. 枯水期低平潮；c. 丰水期高平潮；d. 丰水期低平潮

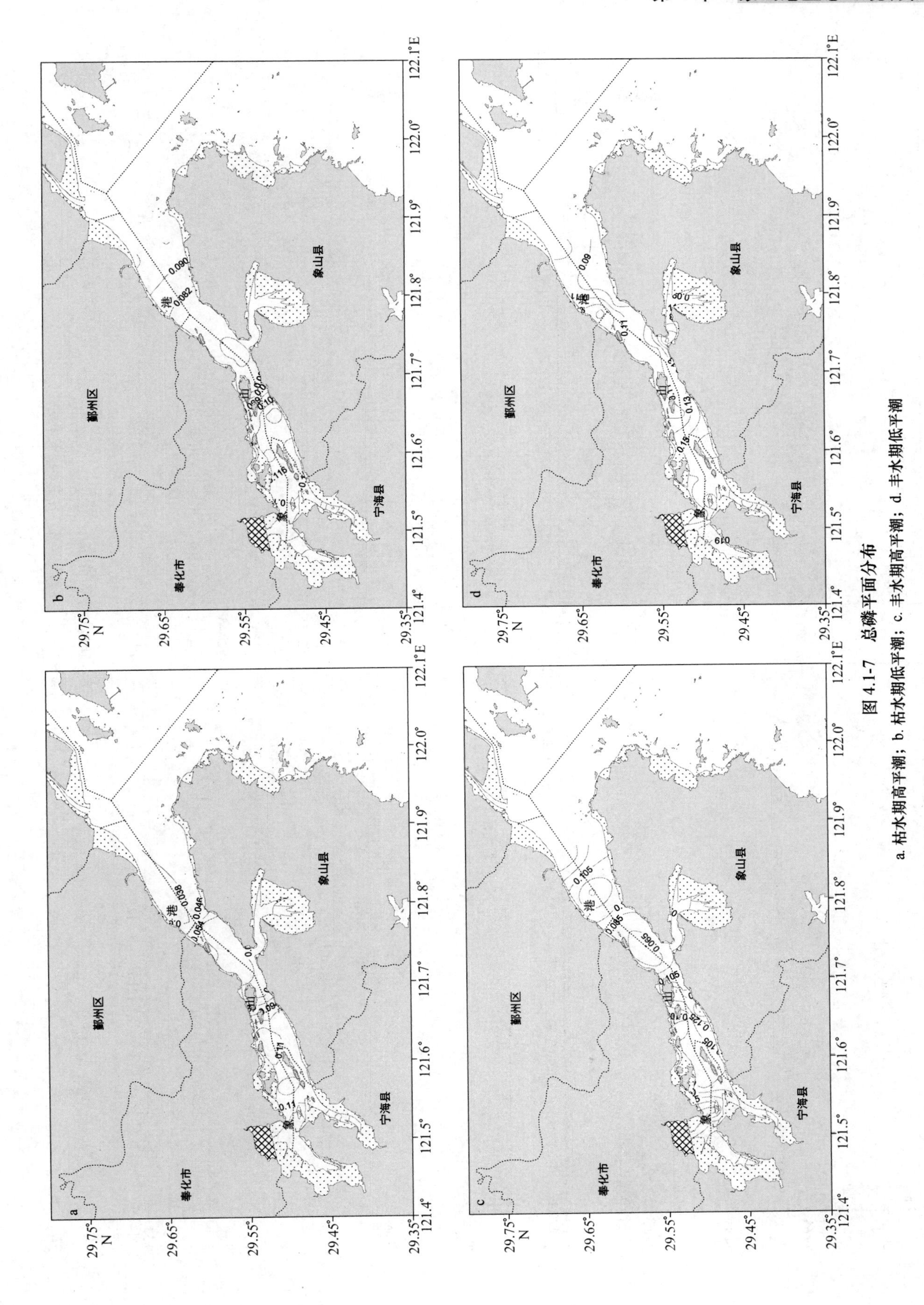

图 4.1-7　总磷平面分布

a. 枯水期高平潮；b. 枯水期低平潮；c. 丰水期高平潮；d. 丰水期低平潮

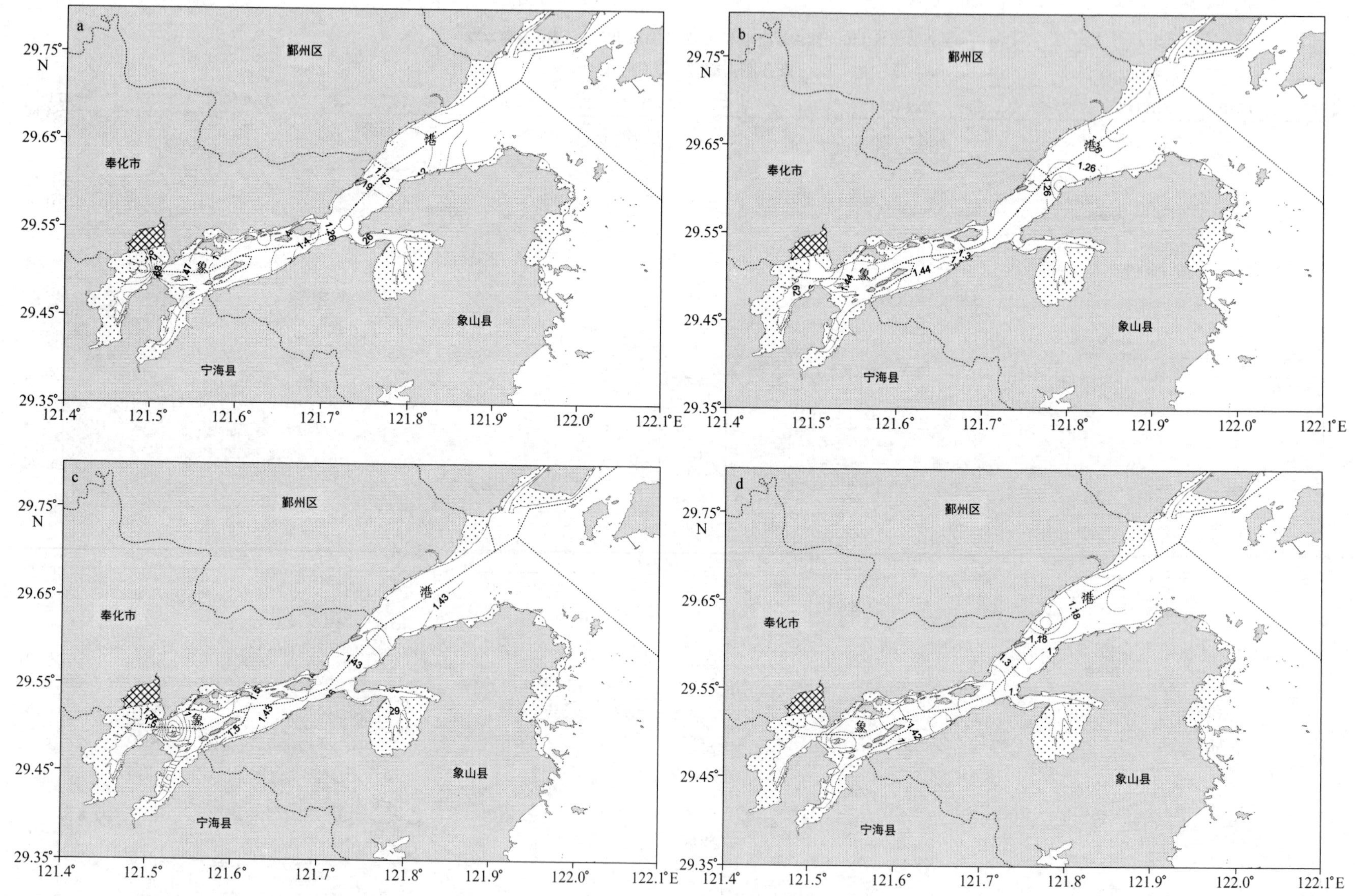

图 4.1-8 硅酸盐平面分布

a. 枯水期高平潮；b. 枯水期低平潮；c. 丰水期高平潮；d. 丰水期低平潮

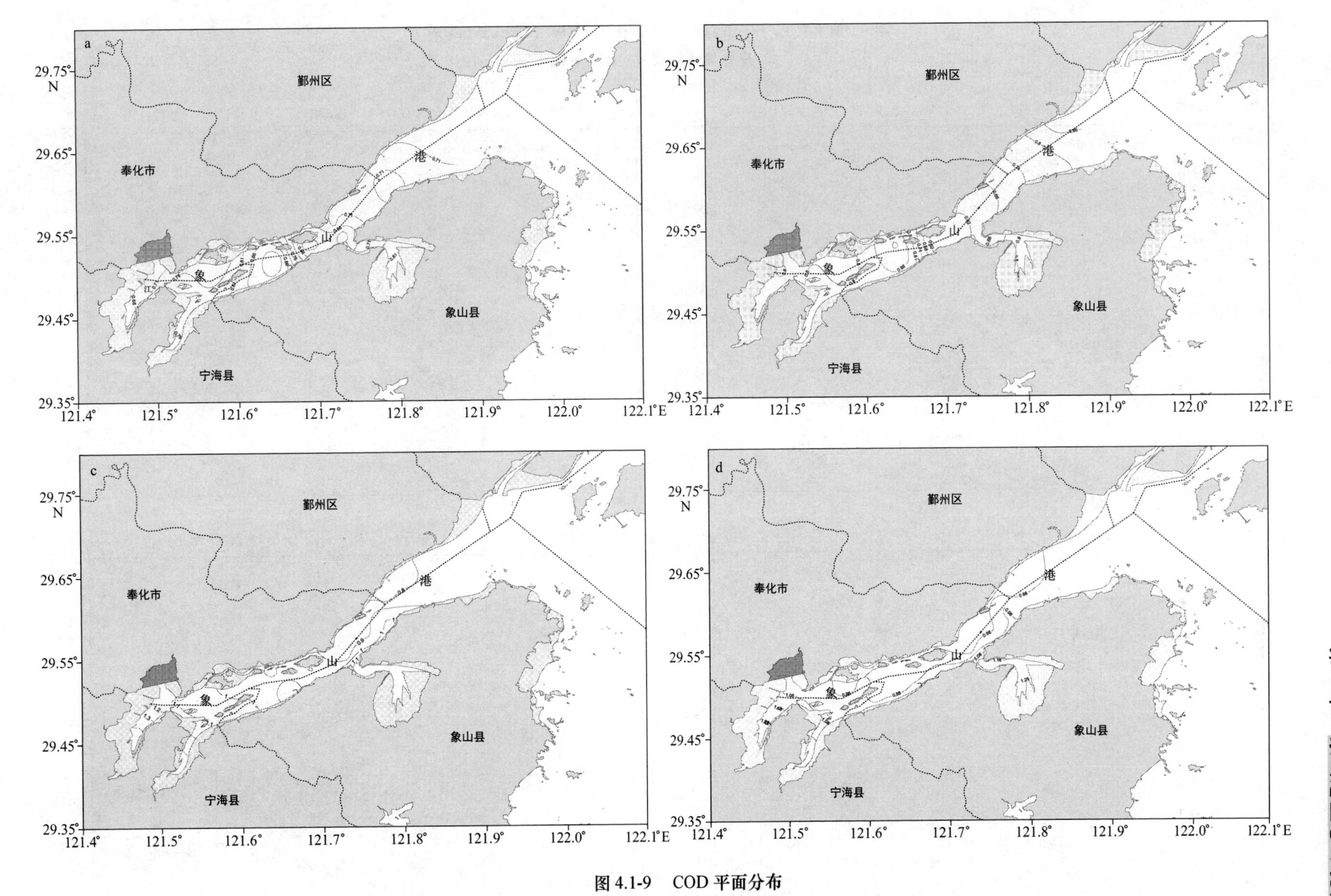

图 4.1-9　COD 平面分布

a. 枯水期高平潮；b. 枯水期低平潮；c. 丰水期高平潮；d. 丰水期低平潮

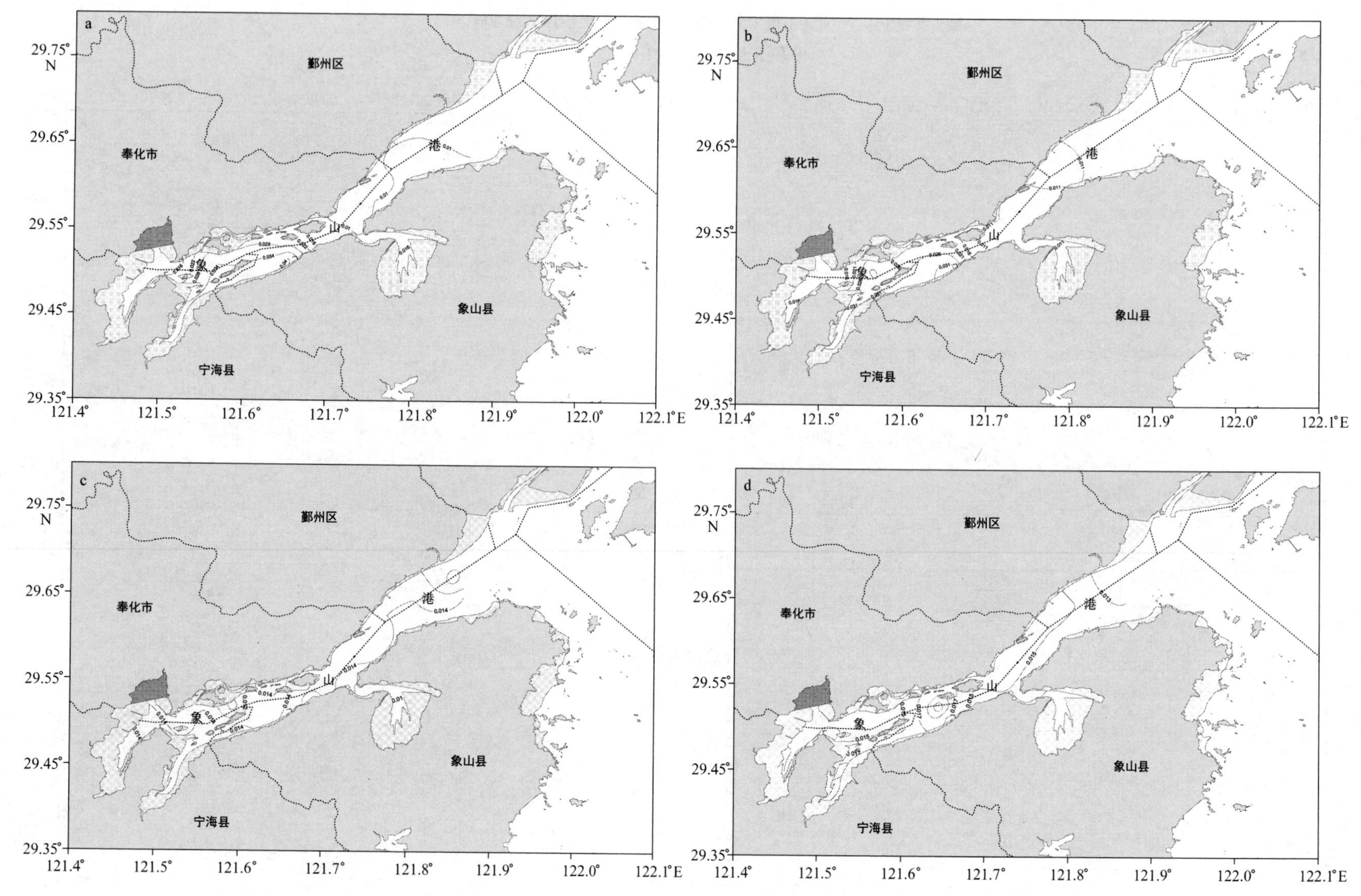

图 4.1-10　石油类平面分布

a. 枯水期高平潮；b. 枯水期低平潮；c. 丰水期高平潮；d. 丰水期低平潮

中和港底区域差异较大。

丰水期高低平潮总有机碳浓度分布基本呈现由港底逐渐向港口降低的趋势，低平潮各区域的浓度差异要大于高平潮（图4.1-11）。

（12）Hg

枯水期高低平潮Hg浓度分布呈现由港中逐渐向港底和港口降低的趋势，但整体上各区域之间浓度分布差异不大。

丰水期高低平潮Hg浓度分布基本呈现由港底向港口逐渐升高的趋势，但整体上各区域之间浓度分布差异不大（图4.1-12）。

（13）As

枯水期高平潮As浓度分布由港底铁江区域向东至港中区域逐渐降低，后由港中区域东面至港口区域西面逐渐升高，到港口东面又逐渐降低，整体上各区域浓度分布差异不大；低平潮As浓度港底、港中、港口西面相当，在港口东面区域浓度较小。

丰水期高平潮As浓度在港底东面和港中西面较低，其他区域浓度分布差异不大；低平潮则在港口西面浓度较低，其他区域浓度分布差异不大。整体上看As浓度各区域差异不大（图4.1-13）。

（14）Cd

枯水期高低平潮Cd浓度分布呈现港中和港口相邻区域略高，其他区域略低的趋势，但整体上各区域浓度分布差异不大。

丰水期高低平潮Cd浓度分布呈现港底和港中相邻区域略高，其他区域略低的趋势，但整体上各区域浓度分布差异不大（图4.1-14）。

（15）Cr

枯水期高平潮Cr浓度分布呈现港底和港中相当且略高于港口区域的趋势；低平潮铬浓度分布呈现港底和港中相邻区域较低，其他区域略高且分布差异不大的趋势。

丰水期高平潮Cr浓度分布呈现港底最低，港口其次和港中最高的趋势，其中港中西面区域浓度为最高。低平潮Cr浓度分布则在港口西面和港中西面达到最大，而其他区域则浓度分布相对较低，整体上各区域之间浓度分布差异不大（图4.1-15）。

（16）Cu

象山港枯水期、丰水期、高低平潮Cu浓度分布较为均匀，各区域差异不大（图4.1-16）。

（17）Pb

枯水期高平潮Pb浓度分布呈现港底和港中相邻区域、港口西面区域较高向周边逐渐降低的趋势，整体上各区域浓度分布差异不大。低平潮Pb浓度分布呈现由港底逐渐向东升高的趋势，在港中和港口相邻区域及西沪港区域达到最大，向东又逐渐降低的趋势，各区域浓度分布差异相对高平潮时较大。

丰水期高平潮Pb浓度分布呈现港底较高，其他区域较低的趋势，且港中和港口区域浓度分布差异不大；低平潮Pb浓度分布呈现港中区域和港口西面区域较低，向周边逐渐升高的趋势（图4.1-17）。

（18）Zn

象山港枯水期、丰水期、高低平潮Zn浓度分布较为均匀，各区域差异不大（图4.1-18）。

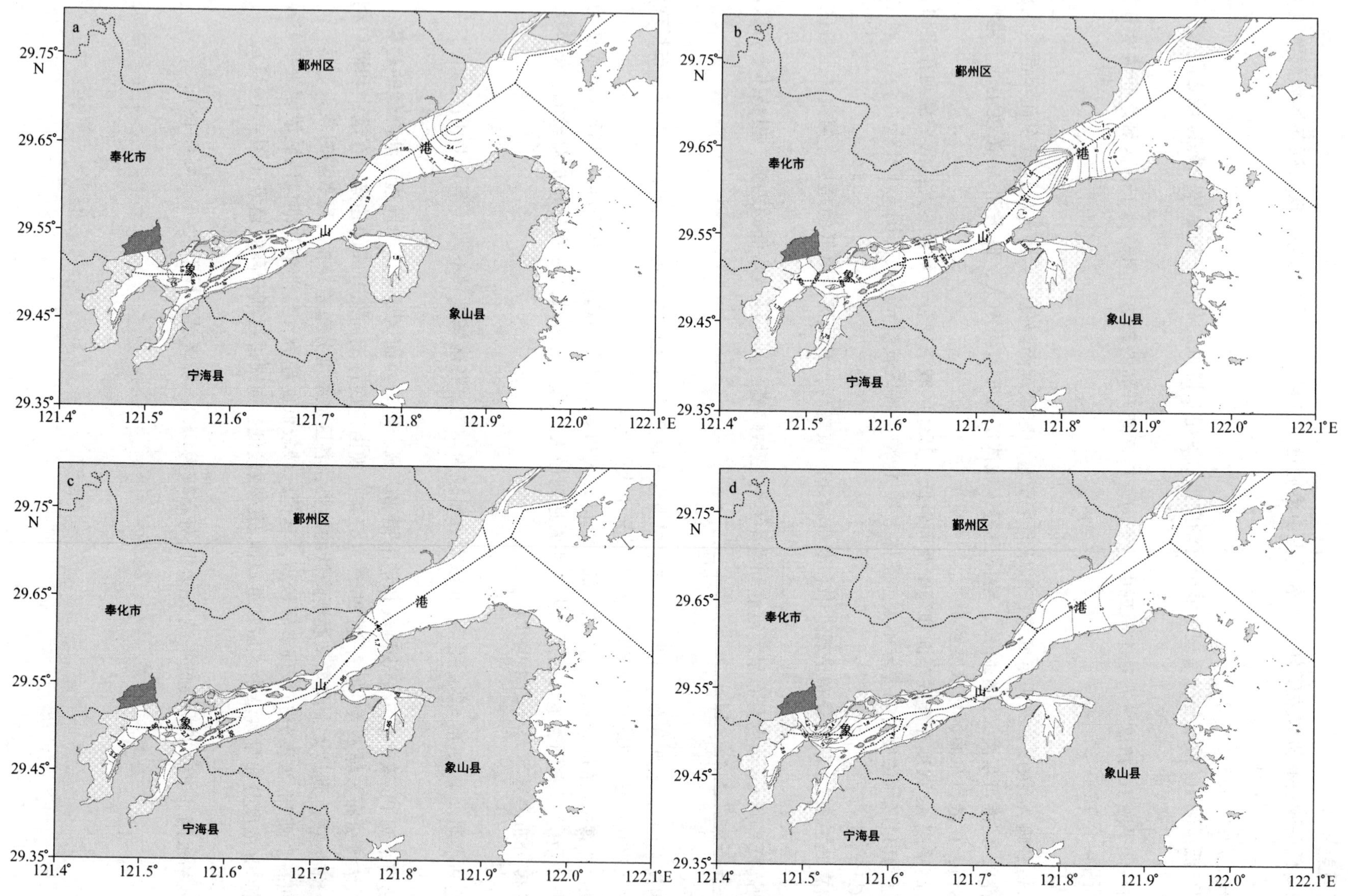

图 4.1-11　总有机碳平面分布

a. 枯水期高平潮；b. 枯水期低平潮；c. 丰水期高平潮；d. 丰水期低平潮

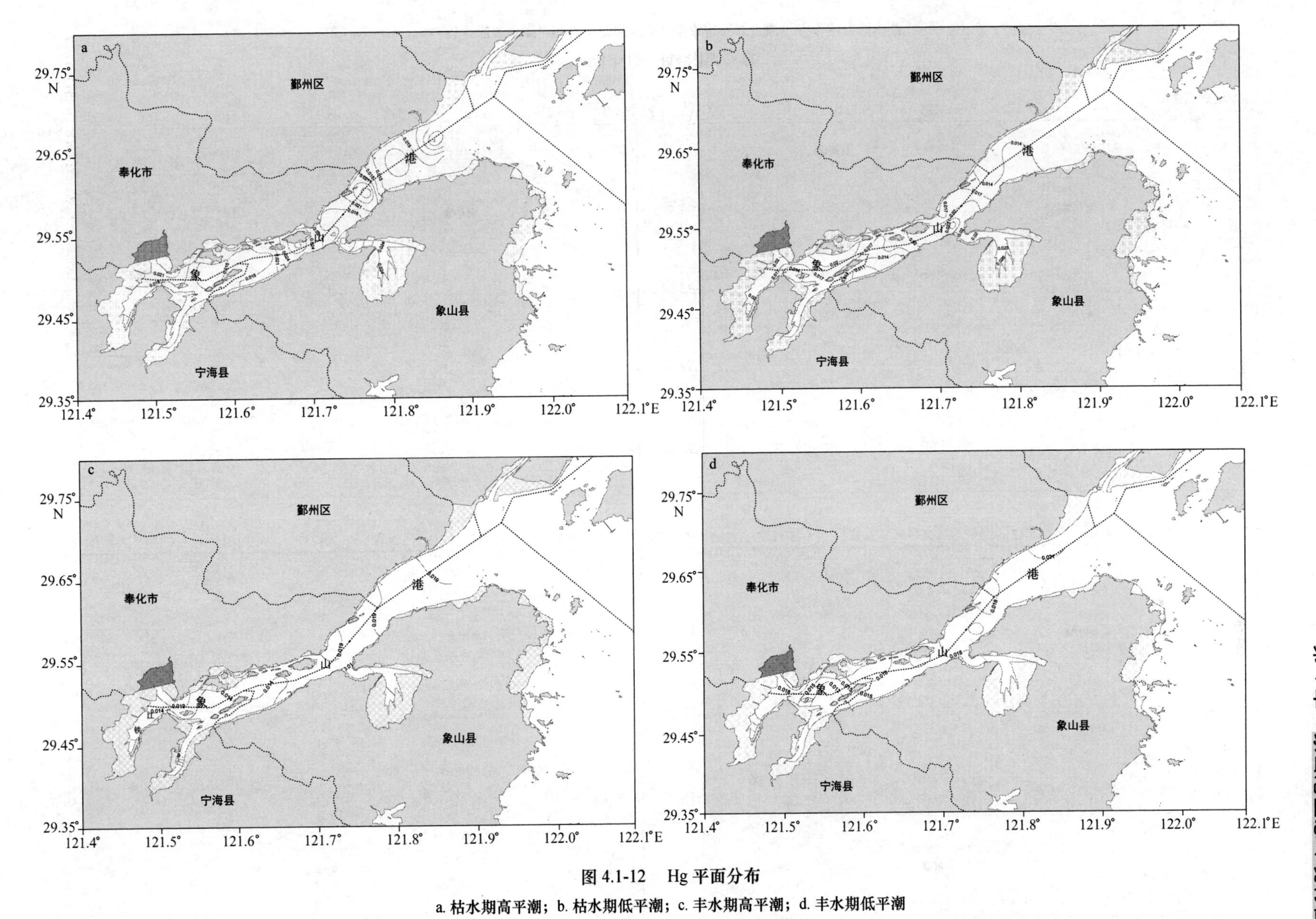

图 4.1-12 Hg 平面分布

a. 枯水期高平潮；b. 枯水期低平潮；c. 丰水期高平潮；d. 丰水期低平潮

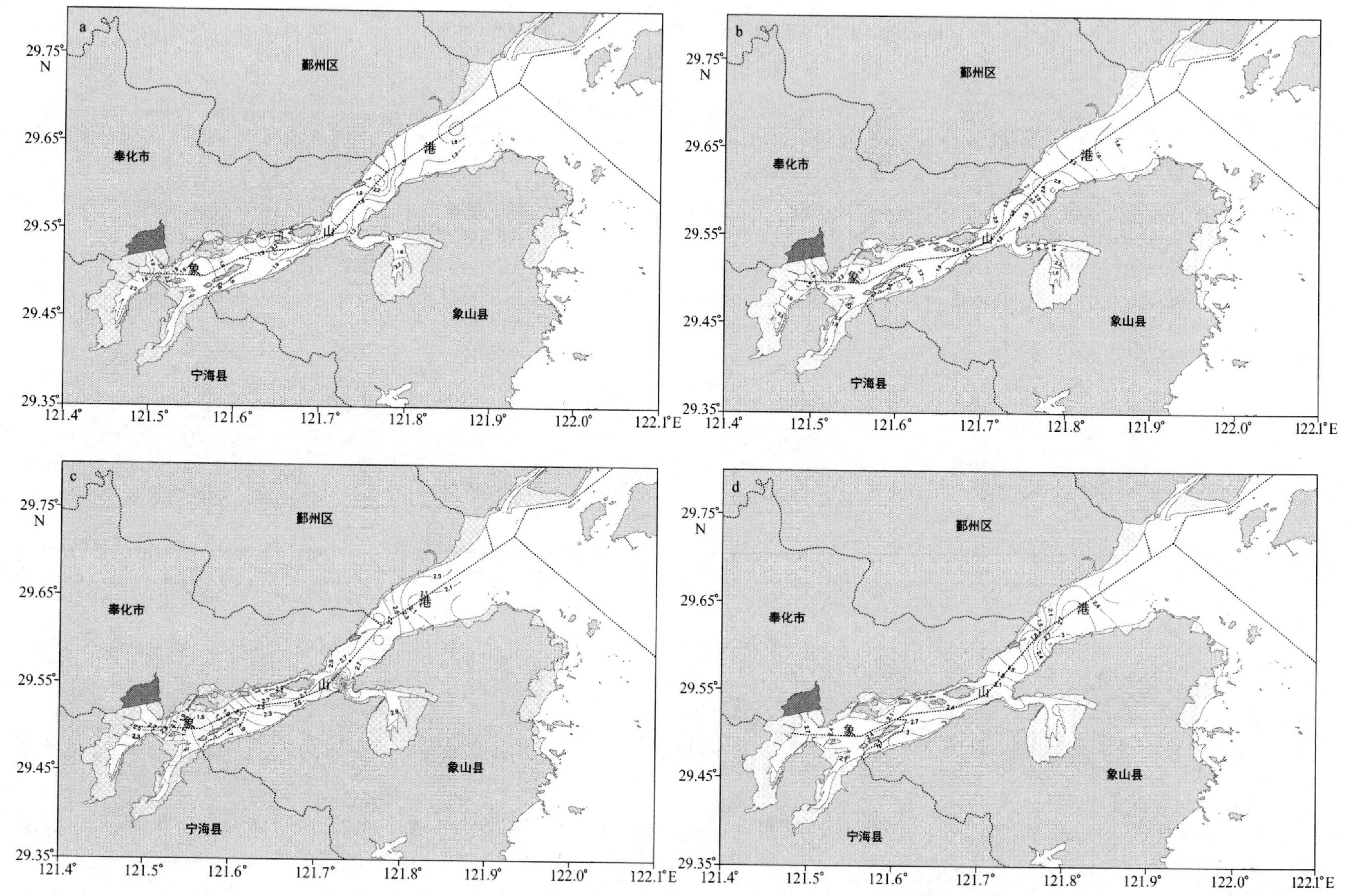

图 4.1-13　As 平面分布

a. 枯水期高平潮；b. 枯水期低平潮；c. 丰水期高平潮；d. 丰水期低平潮

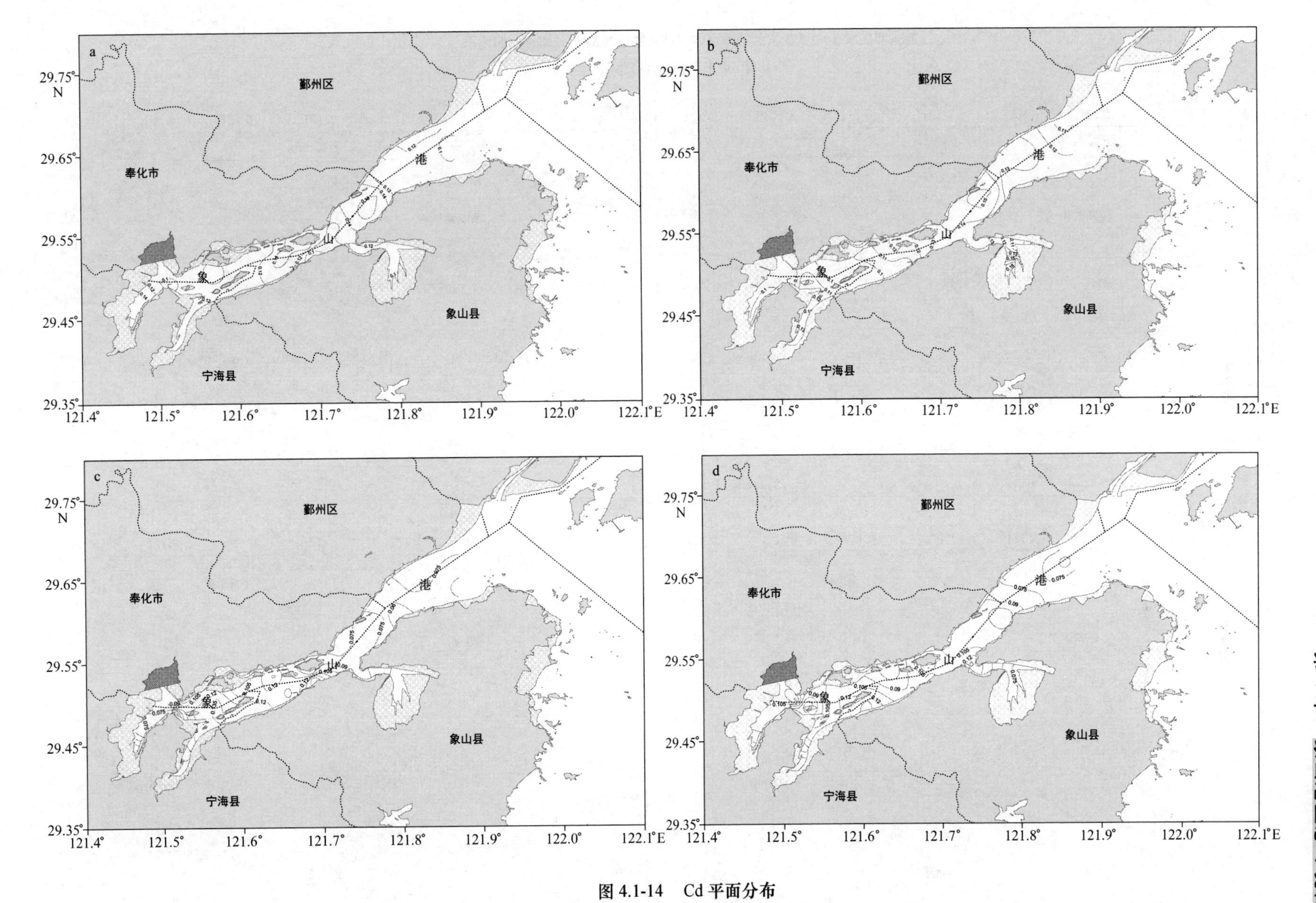

图 4.1-14　Cd 平面分布

a. 枯水期高平潮；b. 枯水期低平潮；c. 丰水期高平潮；d. 丰水期低平潮

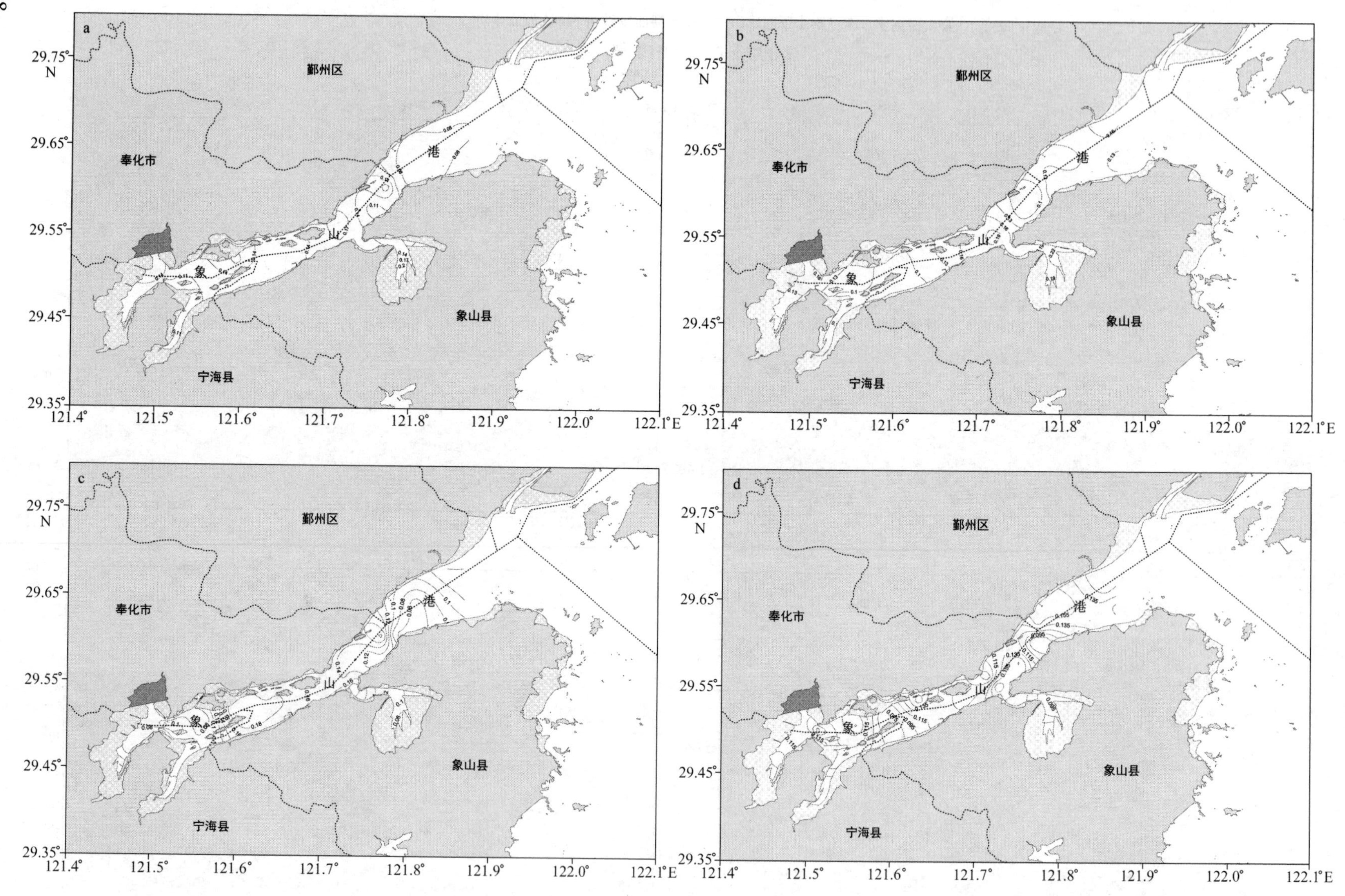

图 4.1-15　Cr 平面分布

a. 枯水期高平潮；b. 枯水期低平潮；c. 丰水期高平潮；d. 丰水期低平潮

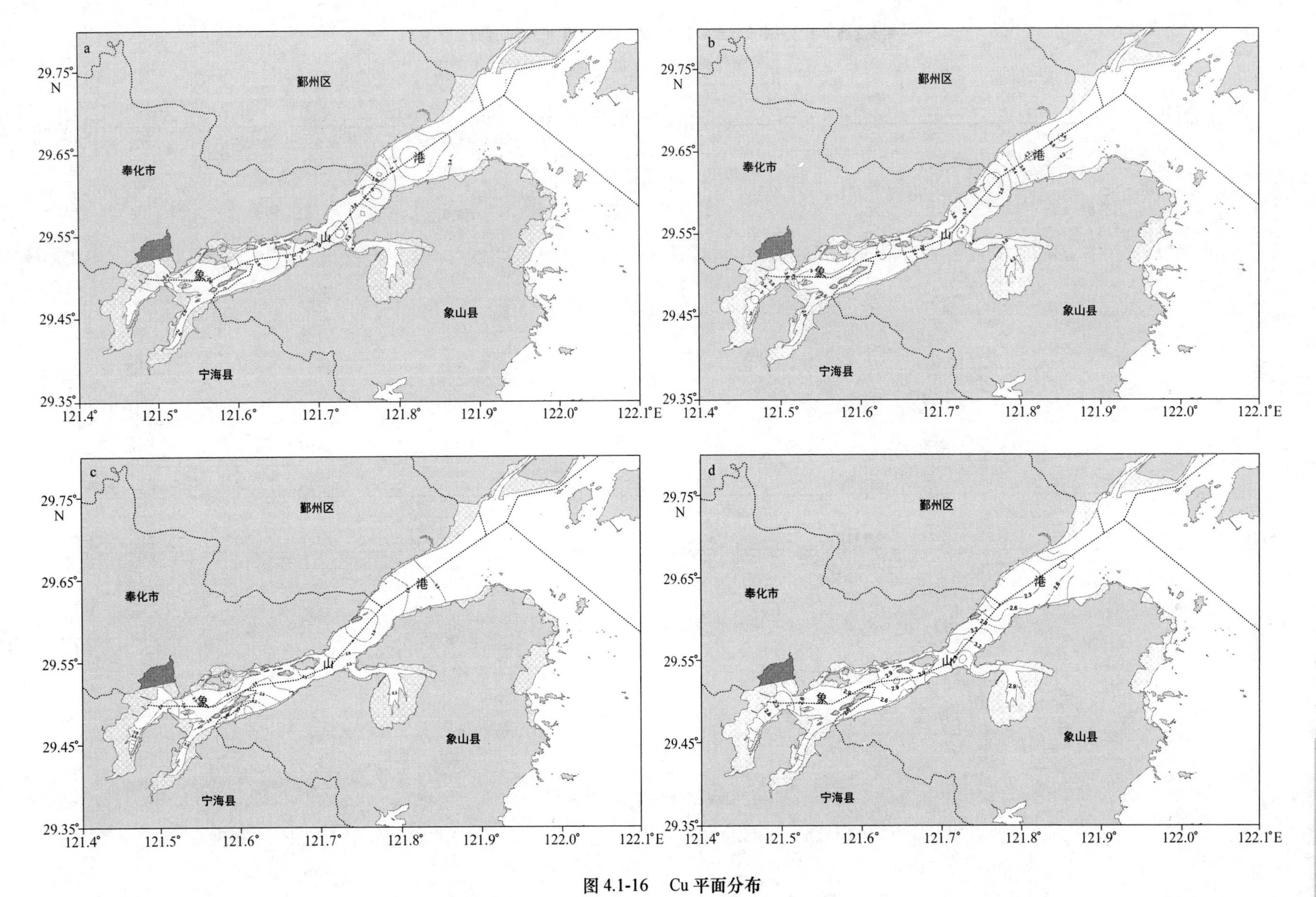

图 4.1-16　Cu 平面分布

a. 枯水期高平潮；b. 枯水期低平潮；c. 丰水期高平潮；d. 丰水期低平潮

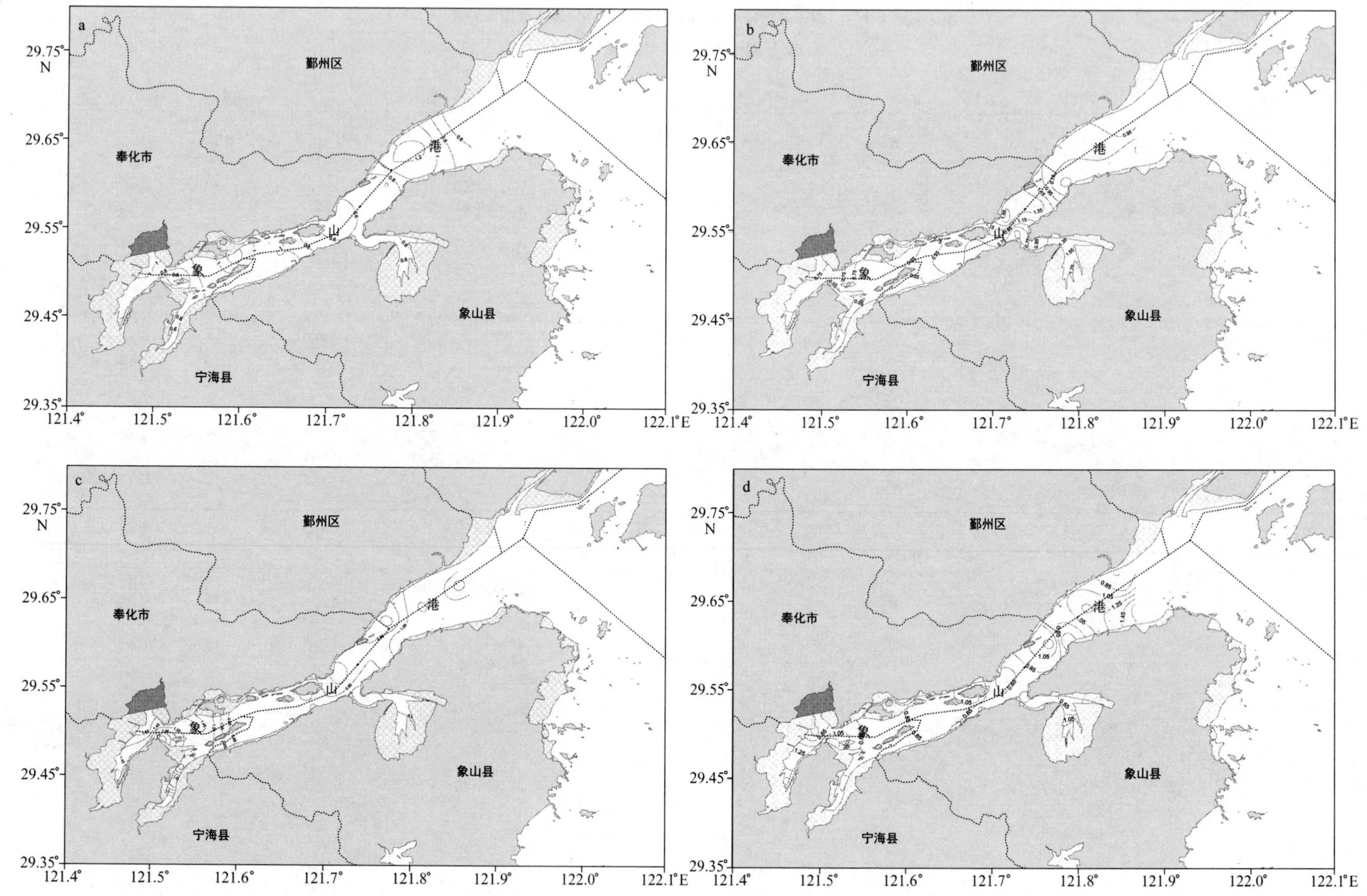

图 4.1-17　Pb 平面分布

a. 枯水期高平潮；b. 枯水期低平潮；c. 丰水期高平潮；d. 丰水期低平潮

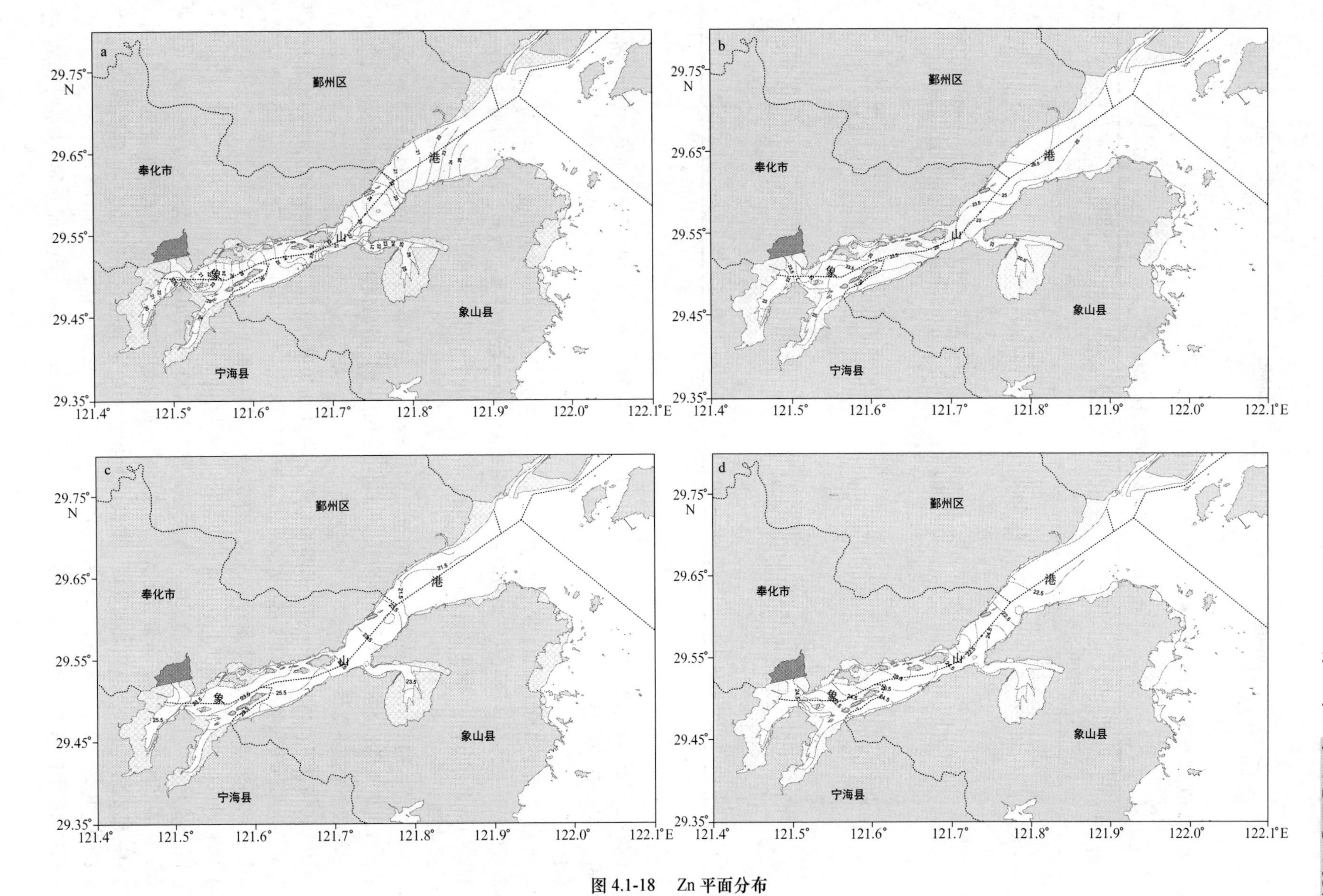

图 4.1-18　Zn 平面分布

a. 枯水期高平潮；b. 枯水期低平潮；c. 丰水期高平潮；d. 丰水期低平潮

4.2 沉积物质量现状

2011 年象山港沉积物质量调查结果统计如表 4.2-1 所示。

表 4.2-1 沉积物质量调查结果统计

项目	丰水期		枯水期	
	范围	均值	范围	均值
Eh/（mV）	-11~213	100	75~311	170
硫化物/（$\times10^{-6}$）	0.5~233.9	29.4	3.7~208.0	37.3
总有机碳/（$\times10^{-2}$）	0.29~0.70	0.51	0.28~0.74	0.54
石油类/（$\times10^{-6}$）	27.8~430.8	101.9	25.0~380.0	69.1
DDT/（$\times10^{-9}$）	1.613~6.435	4.080	0.071~1.249	0.247
PCB/（$\times10^{-9}$）	0.997~7.294	3.557	0.436~2.550	1.019
Cu/（$\times10^{-6}$）	19.9~53.0	38.1	14.7~45.5	30.0
Pb/（$\times10^{-6}$）	11.8~35.0	20.3	19.3~43.5	31.8
Zn/（$\times10^{-6}$）	81.2~130.2	109.4	64.1~114.7	90.7
Cd/（$\times10^{-6}$）	0.07~0.22	0.13	0.10~0.21	0.13
Cr/（$\times10^{-6}$）	25.8~69.0	52.4	32.4~55.0	43.4
Hg/（$\times10^{-6}$）	0.032~0.051	0.040	0.037~0.052	0.043
As/（$\times10^{-6}$）	3.39~5.44	4.62	3.59~5.71	4.70

（1）Eh

象山港海域沉积物丰水期 Eh 测值范围为-11~213 mV，均值为 100 mV。从平面分布看，整体呈港底、港中底部高，港口低的趋势。在西沪港口门及口门外有一低值区，最低值为-11 mV，等值线由口门外向北岸舌状递增。

枯水期 Eh 测值范围为 75~311 mV，均值 170 mV。从平面分布看，呈港底、港中底部高，港口、港中中顶部低的特征，且在乌沙山电厂附近存在较为明显的高值与低值分界；以西，测值均高于 177 mV；以东，测值均低于 144 mV（图 4.2-1）。

（2）硫化物

象山港海域丰水期沉积物中硫化物的测值范围为 0.5×10^{-6}~233.9×10^{-6}，均值为 29.4×10^{-6}。从平面分布上看，在港底及港口底部出现 2 个高值区，分别位于国华电厂及西泽附近海域，最高值均超过 200×10^{-6}，其他测区含量基本都低于 40×10^{-6}，相对较低。

枯水期硫化物测值范围为 3.7×10^{-6}~208.0×10^{-6}，均值为 30.9×10^{-6}。从平面分布上看也出现 2 个高值区，分别位于港区中底部和港口中部，最高值在 200×10^{-6}附近。

象山港海域沉积物中硫化物含量符合一类海洋沉积物质量标准（图 4.2-2）。

（3）总有机碳

象山港海域丰水期沉积物中总有机碳的测值范围为 0.29×10^{-2}~0.70×10^{-2}，均值为 0.51×10^{-2}。从平面分布看，整体总有机碳含量分布差异不大。港底底部，黄墩港口门外以西，总有机碳含量低于 0.50×10^{-2}；高值区位于白石山岛与悬山之间海域，最高值为 0.70×10^{-2}；从港区中部到港口，等值线稀疏，总有积碳分布较为均匀，介于 0.45×10^{-2}~0.58×10^{-2}之间。

枯水期总有机碳的测值范围为 0.28×10^{-2}~0.74×10^{-2}，均值为 0.54×10^{-2}。其平面分布与丰水期相似。

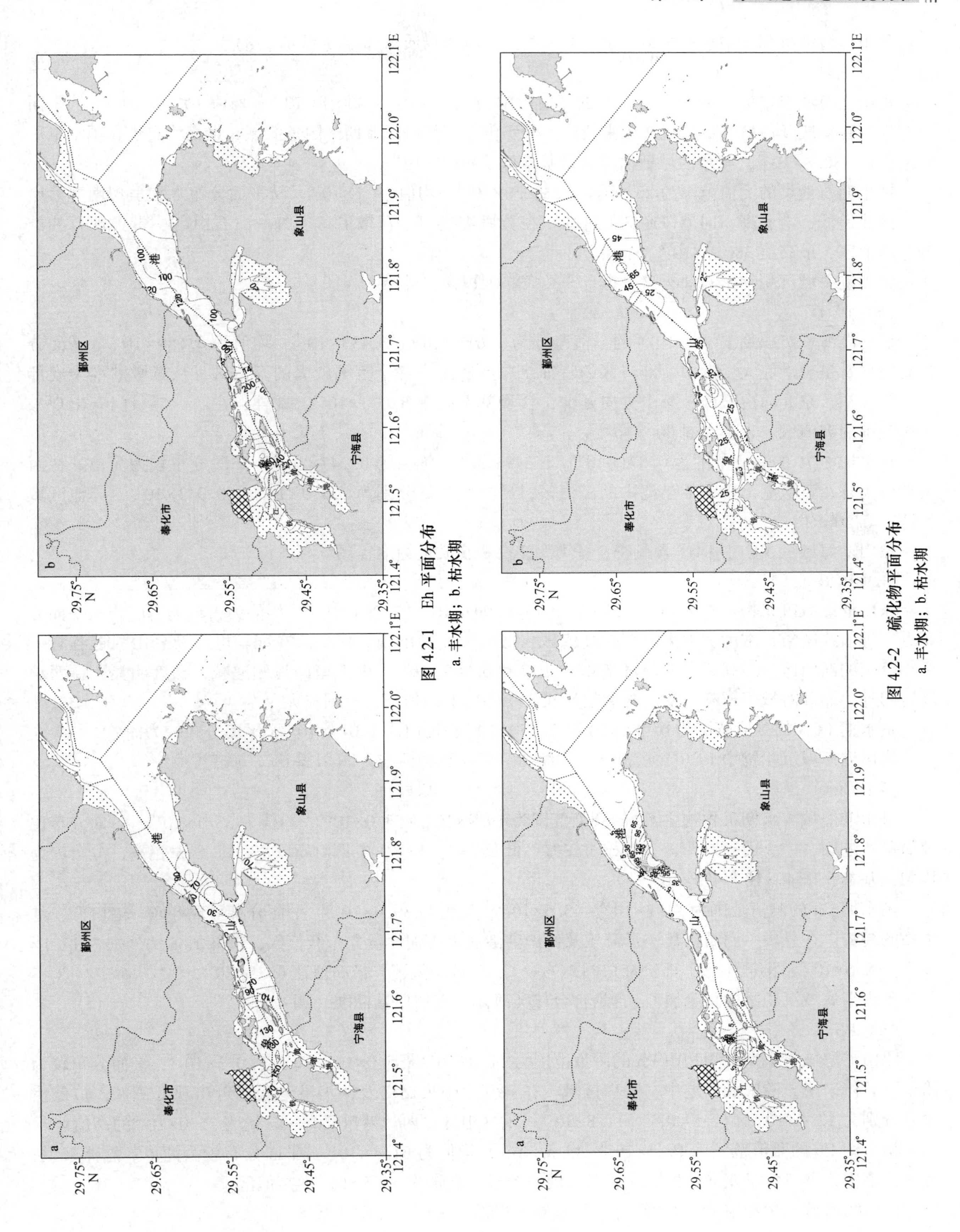

图 4.2-1　Eh 平面分布

a. 丰水期；b. 枯水期

图 4.2-2　硫化物平面分布

a. 丰水期；b. 枯水期

象山港海域沉积物中总有机碳含量符合一类海洋沉积物质量标准（图 4.2-3）。

（4）石油类

象山港海域丰水期沉积物中石油类的测值范围为 $27.8\times10^{-6}\sim430.8\times10^{-6}$，均值 101.9×10^{-6}。从平面分布看，在港底及港口底部出现 2 个高值区，分别位于国华电厂及西泽附近海域，最高值出现在国华电厂附近，达 430.8×10^{-6}，其余区域石油类含量基本低于 60.0×10^{-6}。

枯水期石油类的测值范围为 $25.0\times10^{-6}\sim380.0\times10^{-6}$，均值 69.1×10^{-6}。从平面分布上看呈现南部沿岸高、向北递低，港底高、向港口递减的现象。在黄墩港港口—黄墩港口门外—白石山岛一带出现石油类分布高值区，最高值 380.0×10^{-6}。

象山港海域沉积物中石油类含量符合一类海洋沉积物质量标准（图 4.2-4）。

（5）DDT

象山港海域沉积物丰水期 DDT 的测值范围为 $1.613\times10^{-9}\sim6.435\times10^{-9}$，均值为 4.080×10^{-9}。平面分布总的来看呈现港底大于港中、港口区的特征。在港底出现一个范围较大的高值区，从黄墩港港中底部向口门往东、东北向白石山、悬山方向延伸，含量基本高于 5.000×10^{-9}。此外，在西沪港口门外出现一个小范围的高值区，含量在 5.000×10^{-9} 左右。

枯水期 DDT 的测值范围为 $0.071\times10^{-9}\sim1.249\times10^{-9}$，均值为 0.247×10^{-9}。平面分布较为简单。在西沪港口门外及黄墩港出现 2 个小范围的高值区，最高值含量分别为 1.249×10^{-9} 和 0.943×10^{-9}，其他区域均低于 0.400×10^{-9}。

象山港海域沉积物中 DDT 含量符合一类海洋沉积物质量标准（图 4.2-5）。

（6）PCB

象山港海域沉积物丰水期 PCB 的测值范围为 $0.997\times10^{-9}\sim7.294\times10^{-9}$，均值为 3.557×10^{-9}。从平面分布看，等值线密集，浓度梯度大，存在高值区、低值区交替出现的格局。在国华电厂及悬山附近各有一个小范围的高值区，最高值分别超过 7.000×10^{-9} 和 6.000×10^{-9}，由近岸向海侧递减，梯度明显。在西沪港口门外，北部海域中部有一浓度含量超过 6.500×10^{-9} 的高值区，范围较大。

枯水期 PCB 的测值范围为 $0.436\times10^{-9}\sim2.550\times10^{-9}$，均值为 1.019×10^{-9}，平面分布较为简单。

象山港海域沉积物中 PCB 含量符合一类海洋沉积物质量标准（图 4.2-6）。

（7）Cu

象山港海域丰水期沉积物中 Cu 的测值范围为 $19.9\times10^{-6}\sim53.0\times10^{-6}$，均值为 38.1×10^{-6}，平面分布比较简单。港底，中央山岛以西，含量相对较低，低于 38.1×10^{-6}；中央山岛以东，Cu 含量稍高，分布较为均匀，基本介于 $40\times10^{-6}\sim50\times10^{-6}$。

枯水期 Cu 的测值范围为 $14.7\times10^{-6}\sim45.5\times10^{-6}$，均值为 30.0×10^{-6}。平面分布呈现港底、港口低，港中高的局势。在悬山—白石山岛一带海域及西沪港港底出现铜含量分布低值区，最低值含量分别为 17.1×10^{-6}、18.6×10^{-6}；港区中部，西沪港口门外为一 Cu 含量高值区，最高值达 45.5×10^{-6}。

象山港海域沉积物中重金属 Cu 含量符合二类海洋沉积物质量标准（图 4.2-7）。

（8）Pb

象山港海域丰水期沉积物中 Pb 的测值范围为 $11.8\times10^{-6}\sim35.0\times10^{-6}$，均值 20.3×10^{-6}，平面分布较为简单。总体来说，港底低于港中、港口区域。在铁江、中央山岛及西沪港港底附近出现低值区，最低值含量分别为 12.4×10^{-6}、12.5×10^{-6}、11.8×10^{-6}；港区中部，西沪港口门有一含量为 35.0×10^{-6} 的高值区。

枯水期 Pb 的测值范围为 $19.3\times10^{-6}\sim43.5\times10^{-6}$，均值为 31.8×10^{-6}，平面分布较为简单。总体来说，港底、港中、港口含量差异不大，在铁江出现一个最高含量为 43.5×10^{-6} 的高值区。

象山港海域沉积物中 Pb 含量符合一类海洋沉积物质量标准（图 4.2-8）。

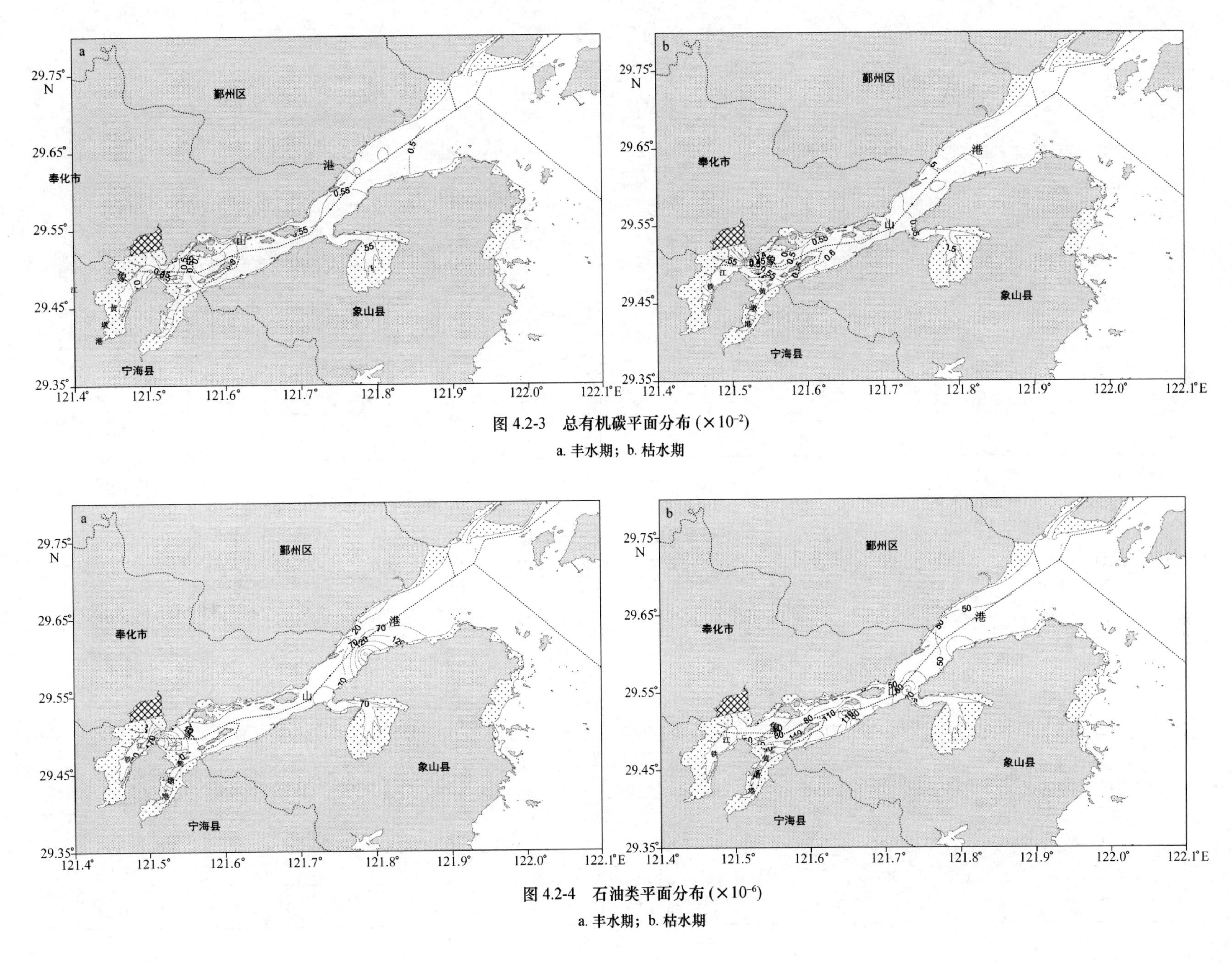

图 4.2-3　总有机碳平面分布（$\times 10^{-2}$）

a. 丰水期；b. 枯水期

图 4.2-4　石油类平面分布（$\times 10^{-6}$）

a. 丰水期；b. 枯水期

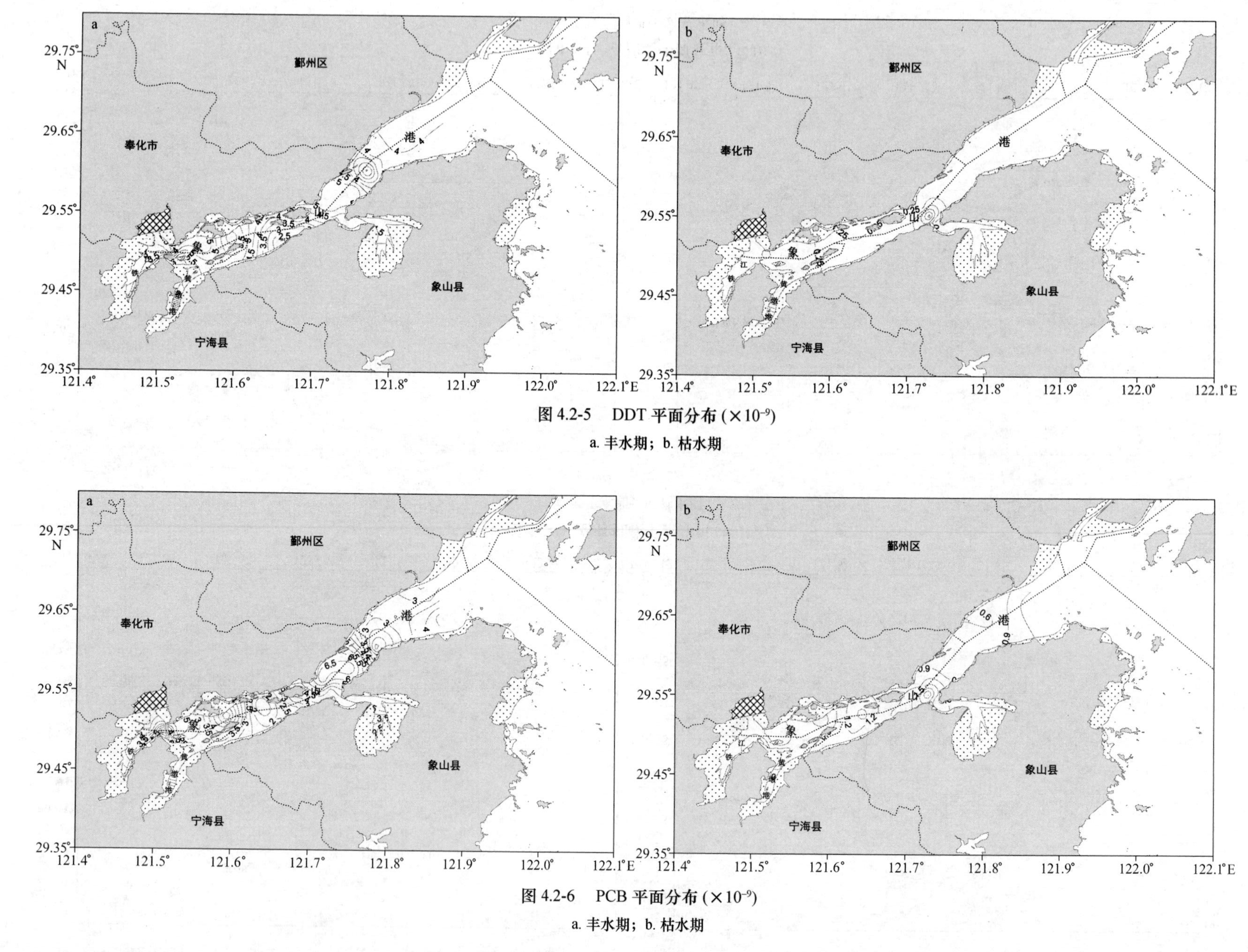

图 4.2-5 DDT 平面分布 ($\times10^{-9}$)

a. 丰水期；b. 枯水期

图 4.2-6 PCB 平面分布 ($\times10^{-9}$)

a. 丰水期；b. 枯水期

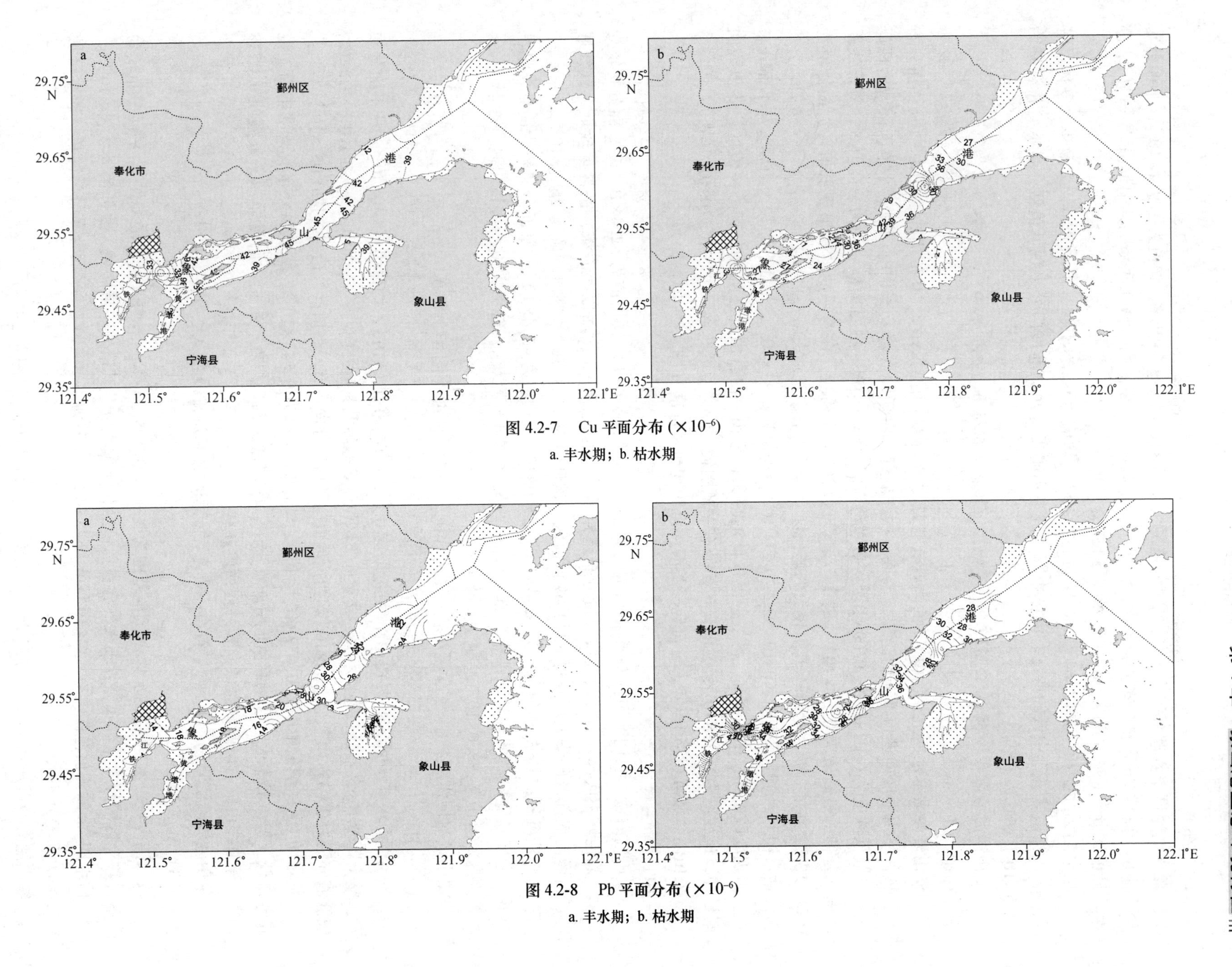

图 4.2-7　Cu 平面分布（×10^{-6}）

a. 丰水期；b. 枯水期

图 4.2-8　Pb 平面分布（×10^{-6}）

a. 丰水期；b. 枯水期

(9) Zn

象山港海域丰水期沉积物中 Zn 的测值范围为 $81.2\times10^{-6}\sim130.2\times10^{-6}$，均值为 109.4×10^{-6}，平面分布较为简单。整体 Zn 含量分布差异不大，港区中部相对略大。在港底，铁江底部及其中部沿北、口门北侧有一低值区分布，含量为 $81.2\times10^{-6}\sim94.1\times10^{-6}$。

枯水期 Zn 的测值范围为 $64.1\times10^{-6}\sim114.7\times10^{-6}$，均值为 90.7×10^{-6}，平面分布较为简单。整体呈港底高，港口次之，港中低的特征。港区中部，缸爿山附近、西沪港口门处出现低值区，最低含量分别为 64.5×10^{-6}、64.1×10^{-6}。

象山港海域沉积物中 Zn 含量符合一类海洋沉积物质量标准（图 4.2-9）。

(10) Cd

象山港海域丰水期沉积物中 Cd 的测值范围为 $0.07\times10^{-6}\sim0.22\times10^{-6}$，均值为 0.13×10^{-6}。从平面分布看，整体呈由港底向港口递减的趋势。港底，铁江底部、黄墩港底部及国华电厂附近小范围区域出现低值区，最低浓度为 $0.07\times10^{-6}\sim0.09\times10^{-6}$；黄墩港口门—中央山岛—白石山岛一带为一高值区，等值线舌状向北延伸，最高值为 0.22×10^{-6}。港中、港口区域等值线稀疏，在西沪港港底出现低值区，最低值为 0.08×10^{-6}，在港口口门处有一范围较大的低值区，含量均低于 0.10×10^{-6}。

枯水期 Cd 的测值范围为 $0.10\times10^{-6}\sim0.21\times10^{-6}$，均值为 0.13×10^{-6}，平面分布较为简单。从平面分布看，出现港区中部、中底部高，港底、港口低的现象。悬山—白石山岛之间分布有一高值区，等值线向南延伸，最高值为 0.21×10^{-6}；在港口口门处有一范围较大的低值区，含量也均低于 0.10×10^{-6}。

象山港海域沉积物中 Cd 含量符合一类海洋沉积物质量标准（图 4.2-10）。

(11) Cr

象山港海域丰水期沉积物 Cr 的测值范围为 $25.8\times10^{-6}\sim69.0\times10^{-6}$，均值为 52.4×10^{-6}。平面分布较为简单。除港底中底部外，其余区域含量分布差异不大。港底，中央山岛以西海域，铬含量较低，铁江底部、黄墩港底部及国华电厂附近区域出现低值区，最低值为 29.8×10^{-6}、38.1×10^{-6}、25.8×10^{-6}。

枯水期沉积物 Cr 的测值范围为 $32.4\times10^{-6}\sim55.0\times10^{-6}$，均值为 43.4×10^{-6}。平面分布较为简单，呈港中低、港底及港口高的局势。港中底部、港底口部，中央山岛以东、缸爿山以西海域出现一个低值区，含量为 $32.4\times10^{-6}\sim38.0\times10^{-6}$。

象山港海域沉积物中 Cr 含量符合一类海洋沉积物质量标准（图 4.2-11）。

(12) Hg

象山港海域丰水期沉积物 Hg 的测值范围为 $0.032\times10^{-6}\sim0.051\times10^{-6}$，均值为 0.040×10^{-6}。从平面分布看，整个区域 Hg 含量分布差异不大。含量低值区位于黄墩港及其口外向北、乌沙山电厂—缸爿山一带海域，最低值分别为 0.033×10^{-6}、0.032×10^{-6}；西沪港口门及口门外向东有一高值区，最高含量 0.051×10^{-6}。

枯水期 Hg 的测值范围为 $0.037\times10^{-6}\sim0.052\times10^{-6}$，均值为 0.043×10^{-6}。从平面分布看，港中高、港底港口低，但差异不大。含量高值区分布在港中，西沪港及其口门外、缸爿山附近海域，最高值 0.052×10^{-6}，等值线由缸爿山南侧海域向东、西两侧递减。

象山港海域沉积物中 Hg 含量符合一类海洋沉积物质量标准（图 4.2-12）。

(13) As

象山港海域丰水期沉积物 As 的测值范围为 $3.39\times10^{-6}\sim5.44\times10^{-6}$，均值为 4.62×10^{-6}，平面分布较为简单。整个区域砷含量分布差异不大。含量低值区位于黄墩港及其口外一带海域，最低值为 3.39×10^{-6}。

枯水期 As 的测值范围为 $0.037\times10^{-6}\sim0.052\times10^{-6}$，均值为 4.70×10^{-6}。平面分布较为简单。整个区域 As 含量分布差异不大。

象山港海域沉积物中 As 含量符合一类海洋沉积物质量标准（图 4.2-13）。

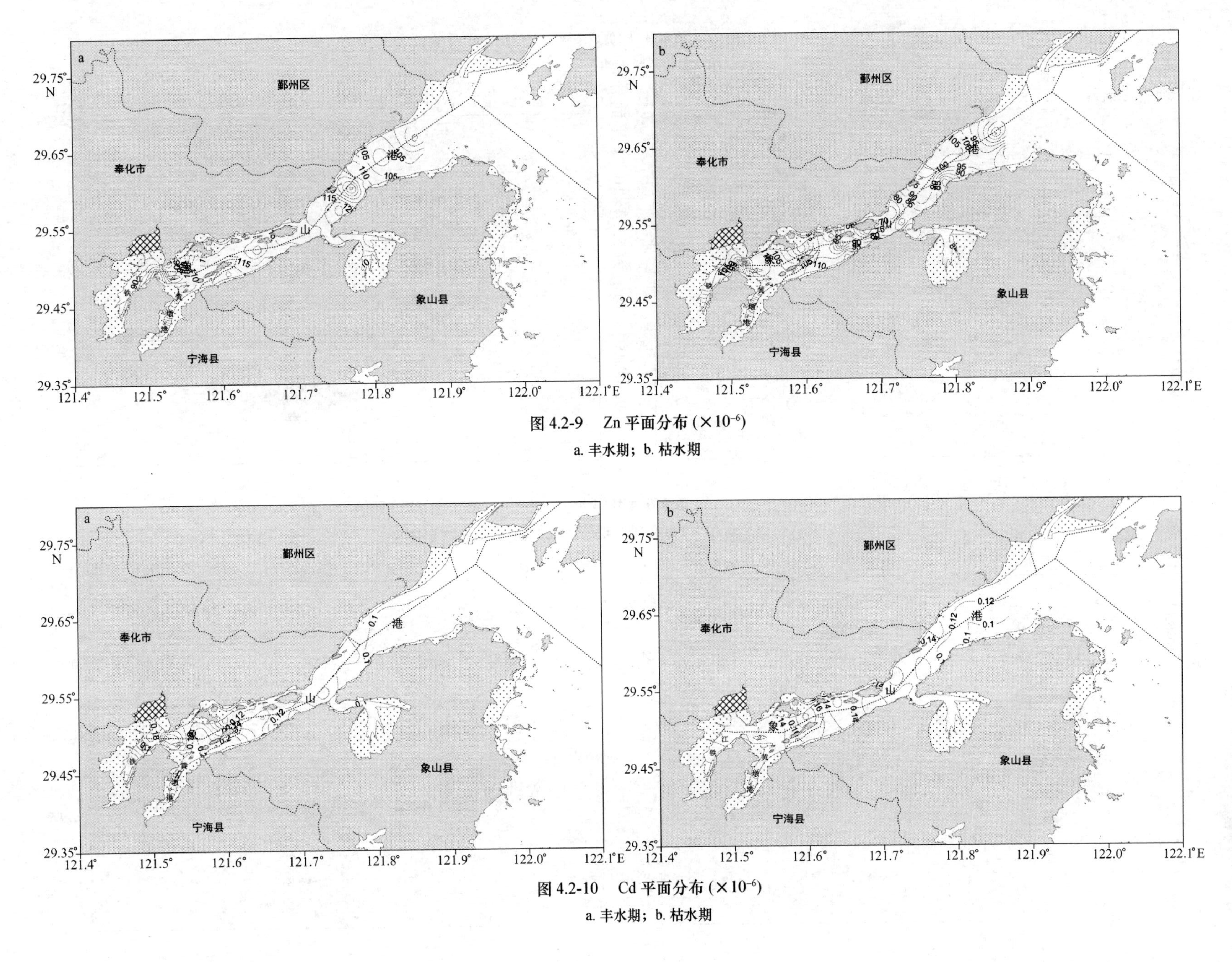

图 4.2-9　Zn 平面分布（×10^{-6}）

a. 丰水期；b. 枯水期

图 4.2-10　Cd 平面分布（×10^{-6}）

a. 丰水期；b. 枯水期

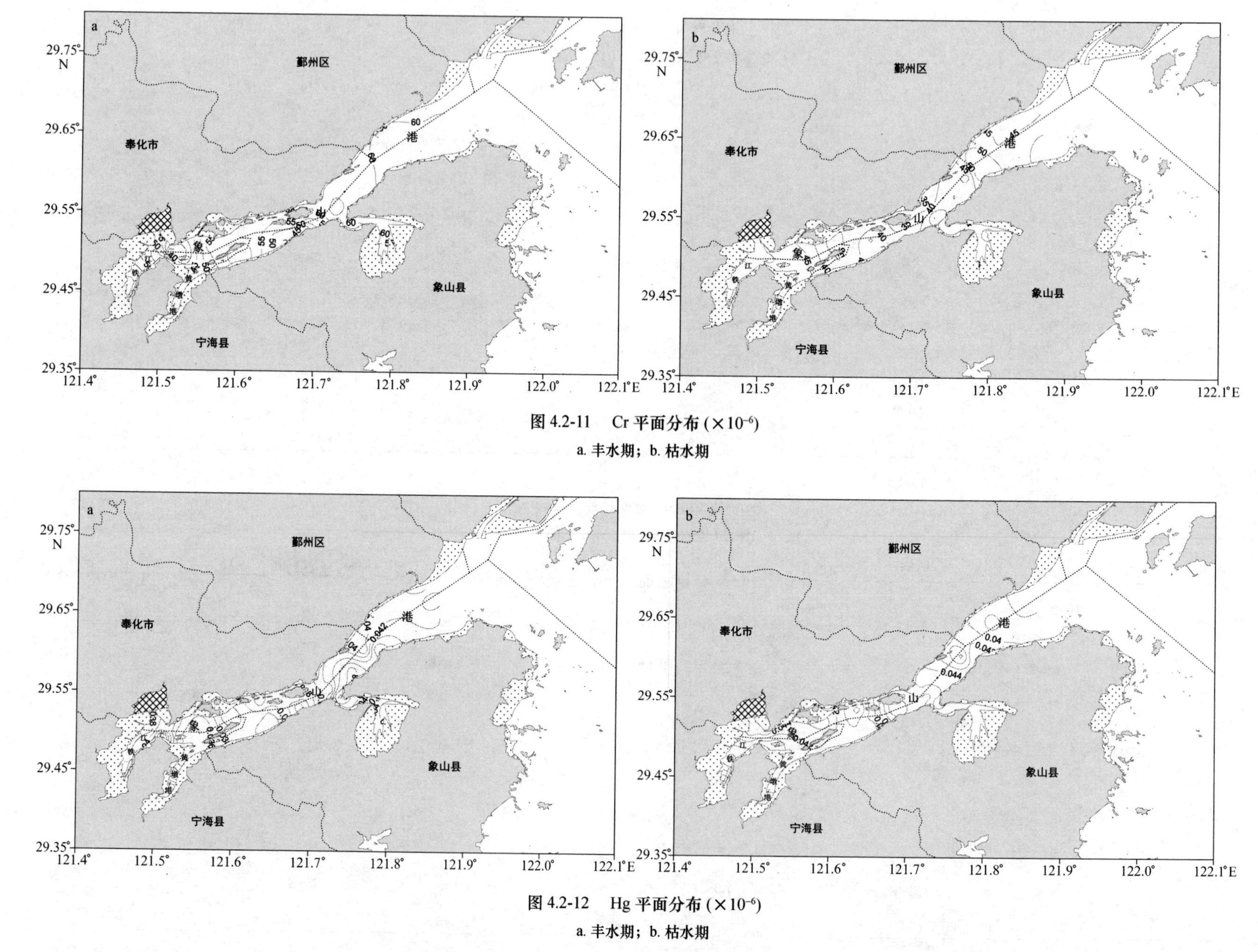

图 4.2-11　Cr 平面分布 ($\times 10^{-6}$)

a. 丰水期；b. 枯水期

图 4.2-12　Hg 平面分布 ($\times 10^{-6}$)

a. 丰水期；b. 枯水期

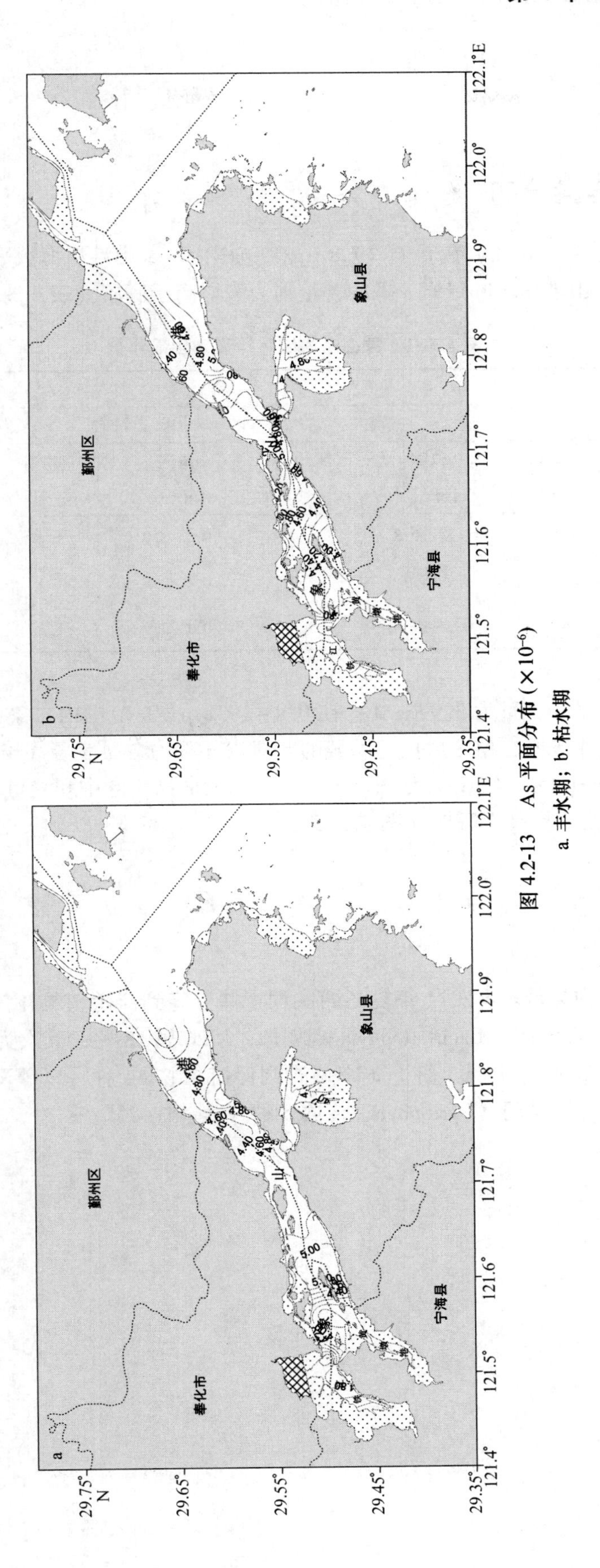

图 4.2-13　As 平面分布（$\times 10^{-6}$）

a. 丰水期；b. 枯水期

4.3 生态现状

4.3.1 叶绿素 a 含量分布

叶绿素 a 平均含量为 2.8 μg/L，在 0.1~19.8 μg/L 范围内。象山港口海域平均含量远低于其他海域，从垂直分布来看，整个象山港海域叶绿素 a 平均含量均为表层高于底层（表 4.3-1）。

表 4.3-1　象山港海域叶绿素 a 含量分布

调查层次	夏季				冬季			
	落潮时		涨潮时		落潮时		涨潮时	
	范围 /(μg·L⁻¹)	平均值 /(μg·L⁻¹)	范围 /(μg·L⁻¹)	平均值 /(μg·L⁻¹)	范围 /(μg·L⁻¹)	平均值 /(μg·L⁻¹)	范围 /(μg·L⁻¹)	平均值 /(μg·L⁻¹)
表	1.4~12.5	5.2	1.8~19.8	4.4	0.1~3.9	1.4	0.7~5.4	2.3
底	0.4~5.6	3.0	0.7~8.3	2.9	0.1~2.8	1.1	0.1~4.2	1.6
全层	0.4~12.5	4.1	0.7~19.8	3.7	0.1~3.9	1.3	0.1~5.4	2.0

夏季象山港叶绿素 a 平均含量为 3.9 μg/L，在 0.4~19.8 μg/L 范围内，象山港口附近海域叶绿素 a 平均含量最低。从垂直分布来看，整个象山港海域的叶绿素 a 平均含量表层高于底层（图 4.3-1）。冬季平均含量为 1.6 μg/L，在 0.1~5.4 μg/L 范围，平均含量以港底高于港中和港口。从垂直分布来看，整个象山港海域的叶绿素 a，为表层高于底层（图 4.3-2）。

4.3.2 浮游植物

4.3.2.1　种类组成

象山港海域浮游植物种类繁多，2011 年夏冬两次调查共鉴定到浮游植物 4 门 38 属 88 种。其中夏季调查到浮游植物 61 种，以硅藻门（Bacillariophyta）为主，为 26 属 48 种；其次为甲藻门（Pyrrophyta）10 属 12 种；蓝藻门（Chrysophyta）1 属 1 种。冬季调查到浮游植物 64 种，以硅藻门（Bacillariophyta）为主，为 25 属 57 种；其次为甲藻门（Pyrrophyta）3 属 5 种（表 4.3-2）。

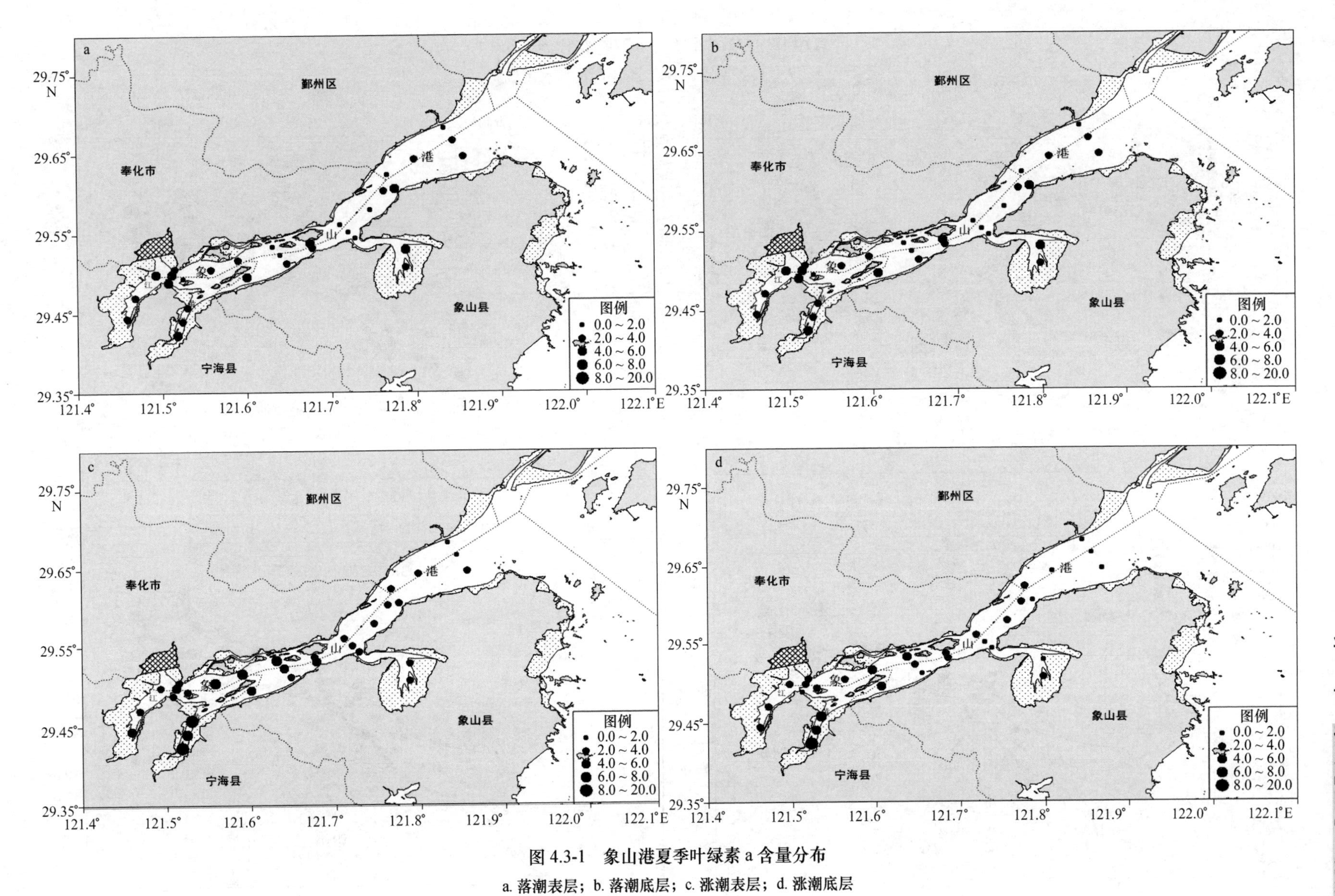

图 4.3-1　象山港夏季叶绿素 a 含量分布

a. 落潮表层；b. 落潮底层；c. 涨潮表层；d. 涨潮底层

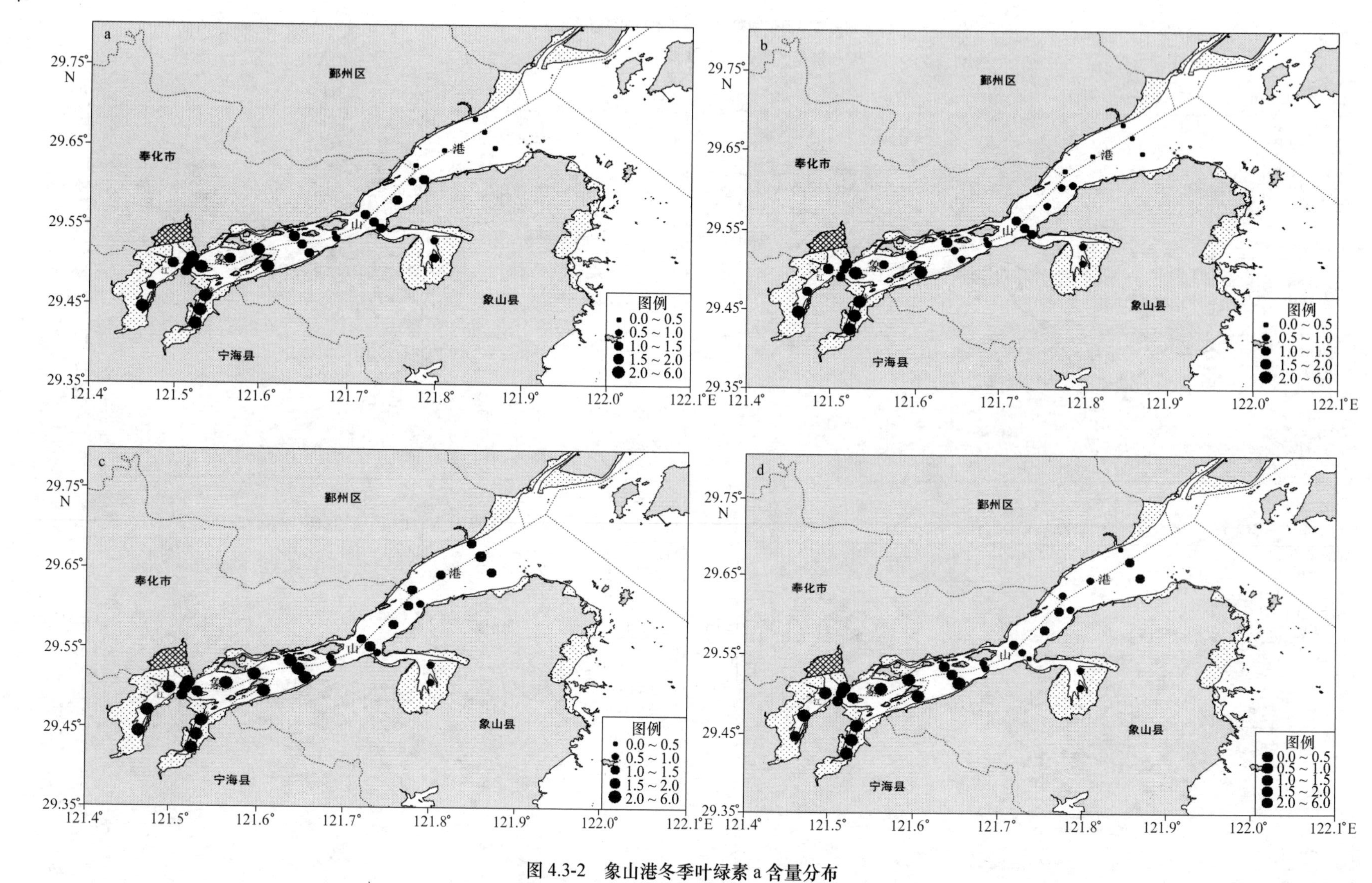

图 4.3-2　象山港冬季叶绿素 a 含量分布

a. 落潮表层；b. 落潮底层；c. 涨潮表层；d. 涨潮底层

表 4.3-2 象山港海域浮游植物名录

中文名称	拉丁名称	2011 年 8 月	2011 年 12 月
硅藻门	**Bacillriophyta**		
具槽直链藻	*Melosira sulcata*	+	+
狭形颗粒直链藻	*Melosira granulata* var. *angustissima*		+
太阳漂流藻	*Planktoiella sol*	+	+
苏氏圆筛藻	*Coscinodiscus thorii*		+
小型弓束圆筛藻	*Coscinodiscus curvatulus* var. *minor*		+
辐射圆筛藻	*Coscinodiscus radiatus*		
弓束圆筛藻	*Coscinodiscus curvatulus* var. *curvatulus*	+	+
虹彩圆筛藻	*Coscinodiscus oculus-iridis*	+	+
偏心圆筛藻	*Coscinodiscus excentricus*	+	+
强氏圆筛藻	*Coscinodiscus janischii*	+	
琼氏圆筛藻	*Coscinodiscus jonesianus*	+	+
蛇目圆筛藻	*Coscinodiscus argus*	+	+
线形圆筛藻	*Coscinodiscus lineatus*	+	+
星脐圆筛藻	*Coscinodiscus asteromphalus*	+	
有翼圆筛藻	*Coscinodiscus bipartitus*	+	+
圆筛藻	*Conscinodiscus* sp.	+	+
整齐圆筛藻	*Coscinodiscus concinnus*	+	
中心圆筛藻	*Coscinodiscus centralis*	+	+
爱氏辐环藻	*Actinocyclus ehrenbergii*	+	+
哈氏半盘藻	*Hemidiscus hardmannianus*		+
波状辐裥藻	*Actinoptychus undulatus*	+	
中肋骨条藻	*Skeletonema costatum*	+	+
地中海指管藻	*Dactyliosolen mediterraneus*		+
小细柱藻	*Leptocylindrus minimus*		+
丹麦细柱藻	*Leptocylindrus danicus*	+	+
豪猪棘冠藻	*Corethron hystrix*	+	
笔尖形根管藻	*Rhizosolenia styliformis* var. *styliformis*		+
粗根管藻	*Rhizosolenia robusta*		+
渐尖根管藻	*Rhizosolenia acuminata*		+
距端根管藻	*Rhizosolenia calcar-avis*		+
细长翼根管藻	*Rhizosolenia alata f. gracillima*		+
透明辐杆藻	*Bacteriastrum hyalinum* var. *hyalinum*		+
角毛藻	*Chaetoceros* sp.	+	+
扁面角毛藻	*Chaetoceros compressus*	+	
聚生角毛藻	*Chaetoceros socialis*	+	+
卡氏角毛藻	*Chaetoceros castracanei*	+	+
罗氏角毛藻	*Chaetoceros lauderi*	+	+
洛氏角毛藻	*Chaetoceros lorenzianus Grunow*	+	+

续表

中文名称	拉丁名称	2011-08	2011-12
偏面角毛藻	*Chaetoceros compressus*	+	
冕孢角毛藻	*Chaetoceros subsecundus*	+	+
柔弱角毛藻	*Chaetoceros debilis*	+	
绕孢角毛藻	*Chaetoceros cinctus*	+	+
细弱角毛藻	*Chaetoceros subtilis*	+	+
异常角毛藻	*Chaetoceros abnormis*	+	+
旋链角毛藻	*Chaetoceros curvisetus*	+	+
密联角毛藻	*Chaetoceros densus*		+
钝头盒形藻	*Biddulphia obtusa*		+
高盒形藻	*Biddulphia regia*	+	+
活动盒形藻	*Biddulphia mobiliensis*	+	+
中华盒形藻	*Biddulphia sinensis*	+	+
紧密角管藻	*Cerataulina compacta*	+	+
中沙角管藻	*Cerataulina zhongshaensis*		+
蜂窝三角藻	*Triceratium favus*	+	
布氏双尾藻	*Ditylum brightwelli*	+	+
太阳双尾藻	*Ditylum sol*		+
扭鞘藻	*Streptothece thamesis*		+
钝脆杆藻	*Fragilaria capucina*		+
波状斑条藻	*Grammatophora undulata*		+
短契形藻	*Licmophora abbreviata*	+	+
菱形海线藻	*Thalassionema nitzschioides*		+
佛氏海毛藻	*Thalassiothrix frauenfeldii*		+
波罗的海布纹藻	*Gyrosigma balticum*		+
美丽曲舟藻	*Pleurosigma formosum*	+	+
相似曲舟藻	*Pleurosigma aestuarii*	+	+
菱形藻	*Nitzschia* sp1	+	+
菱形藻属	*Nitzschia* sp2	+	+
长菱形藻	*Nitzschia longissima*	+	+
尖刺菱形藻	*Nitzschia pungens*	+	+
洛氏菱形藻	*Nitzschia lorenziana*	+	+
奇异菱形藻	*Nitzschia paradoxa*	+	+
新月菱形藻	*Nitzschia closterium*	+	+
甲藻门	**Dinophyceae**		
东海原甲藻	*Prorocentrum donghaiense*	+	

续表

中文名称	拉丁名称	2011-08	2011-12
具尾鳍藻	*Dinophysis caudata*	+	
鸟尾藻	*Ornithocercus* sp.	+	
夜光藻	*Noctiluca scintillans*	+	
叉状角藻	*Ceratium furca*	+	+
三角角藻	*Ceratium tripos*	+	+
梭角藻	*Ceratium fusus*	+	+
塔玛亚历山大藻	*Alexandrium tamarense*	+	
多纹膝沟藻	*Gonyaulax polygramma*	+	
具刺膝沟藻	*Gonyaulax spinifera*	+	
斯氏扁甲藻	*Pyrophacus steinii*		+
扁形原多甲藻	*Protoperidinium depressum*		+
锥状施克里普藻	*Scrippsiella trochoidea*	+	
蓝细菌门	**Cyanobacteria**		
铁氏束毛藻	*Trichodesmium thiebautii*	+	
绿藻门	**Chlorophyta**		
格孔单突盘星藻	*Pediastrum clathratum*		+

4.3.2.2 数量平面分布

（1）浮游植物网样

2011 年夏季，调查区浮游植物细胞数量（网采）平均值为 16.9×10^4 cells/m^3，在 0.5×10^4 ~ 103.8×10^4 cells/m^3 范围内。从总的趋势分布来看铁港和黄墩港浮游植物密度较高，象山港中密度较低，象山港口附近海域处于中等水平（图 4.3-3）。

2011 年冬季，调查区浮游植物细胞数量（网采）平均值为 4.8×10^4 cells/m^3，在 0.5×10^4 ~ 22.2×10^4 cells/m^3。黄墩港至西沪港一带海域浮游植物密度较高，象山港港口密度相对较低；全港浮游植物密度整体分布港底高于港口；港口高于港中（图 4.3-4）。

总体来看，浮游植物网样密度夏季明显高于冬季，但全港密度分布一致，均为港底高于港口，港口高于港中。

（2）浮游植物水样

2011 年夏季，落潮时调查区表层浮游植物细胞数量（水样）平均值为 12.3×10^2 cells/dm^3，最高值位于港中，最低值位于港底区域；底层浮游植物细胞数量（水样）平均值为 9.7×10^4 cells/dm^3，最高值位于港底。涨潮时表层浮游植物细胞数量（水样）平均值为 19.9×10^2 cells/dm^3，最高值位于铁港底部，最低值出现在中部；底层浮游植物细胞数量（水样）平均值为 15.2×10^2 cells/dm^3，最高值位于港口，最低值出现在港中（图 4.3-5）。

2011 年冬季，落潮时调查区表层浮游植物细胞数量（水样）平均值为 8.7×10^2 cells/dm^3；底层浮游植物细胞数量（水样）平均值为 5.7×10^2 cells/dm^3；涨潮时调查区表层浮游植物细胞数量（水样）平均值为 8.8×10^2 cells/dm^3；底层浮游植物细胞数量（水样）平均值为 5.5×10^2 cells/dm^3。（图 4.3-6）

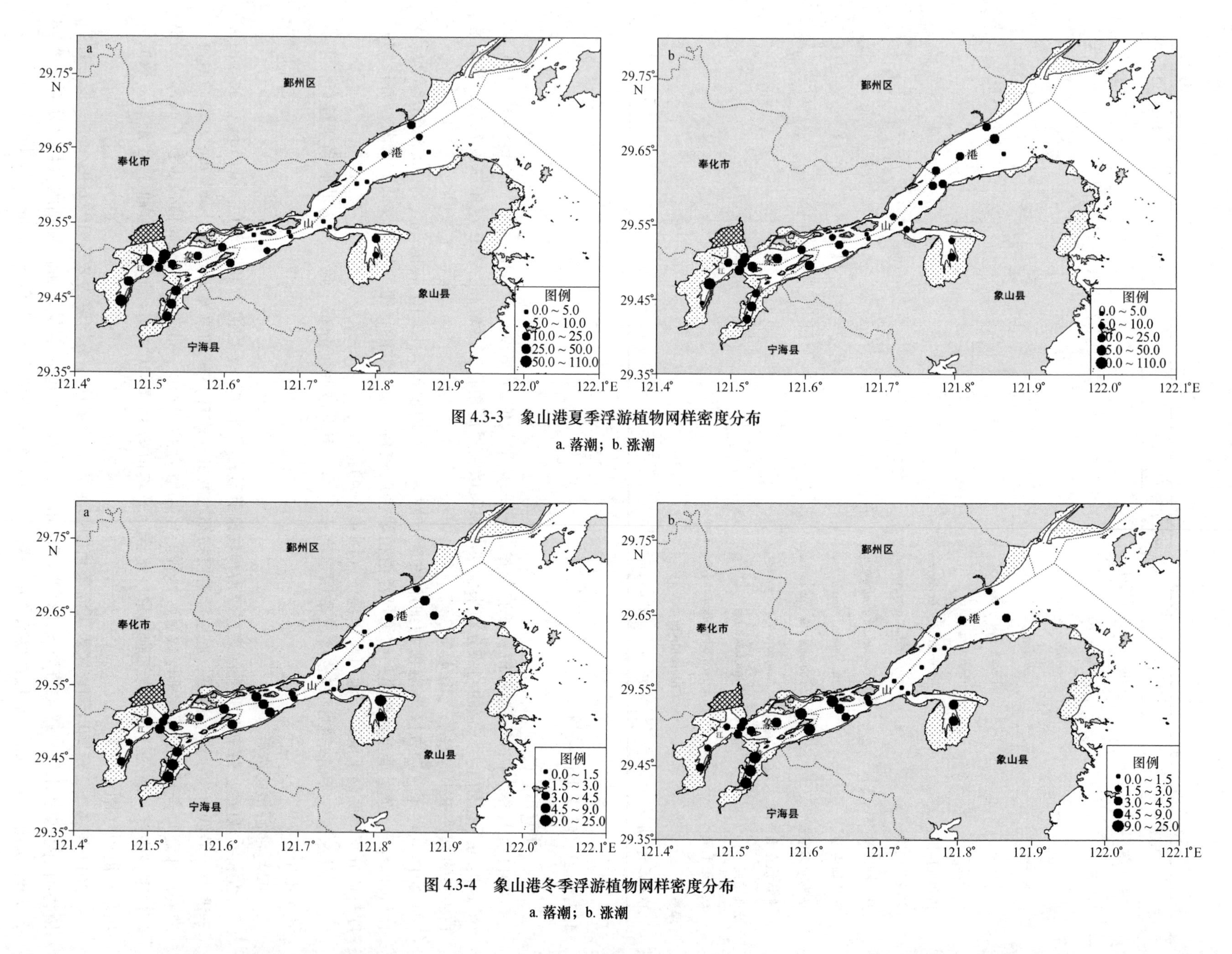

图 4.3-3　象山港夏季浮游植物网样密度分布

a. 落潮；b. 涨潮

图 4.3-4　象山港冬季浮游植物网样密度分布

a. 落潮；b. 涨潮

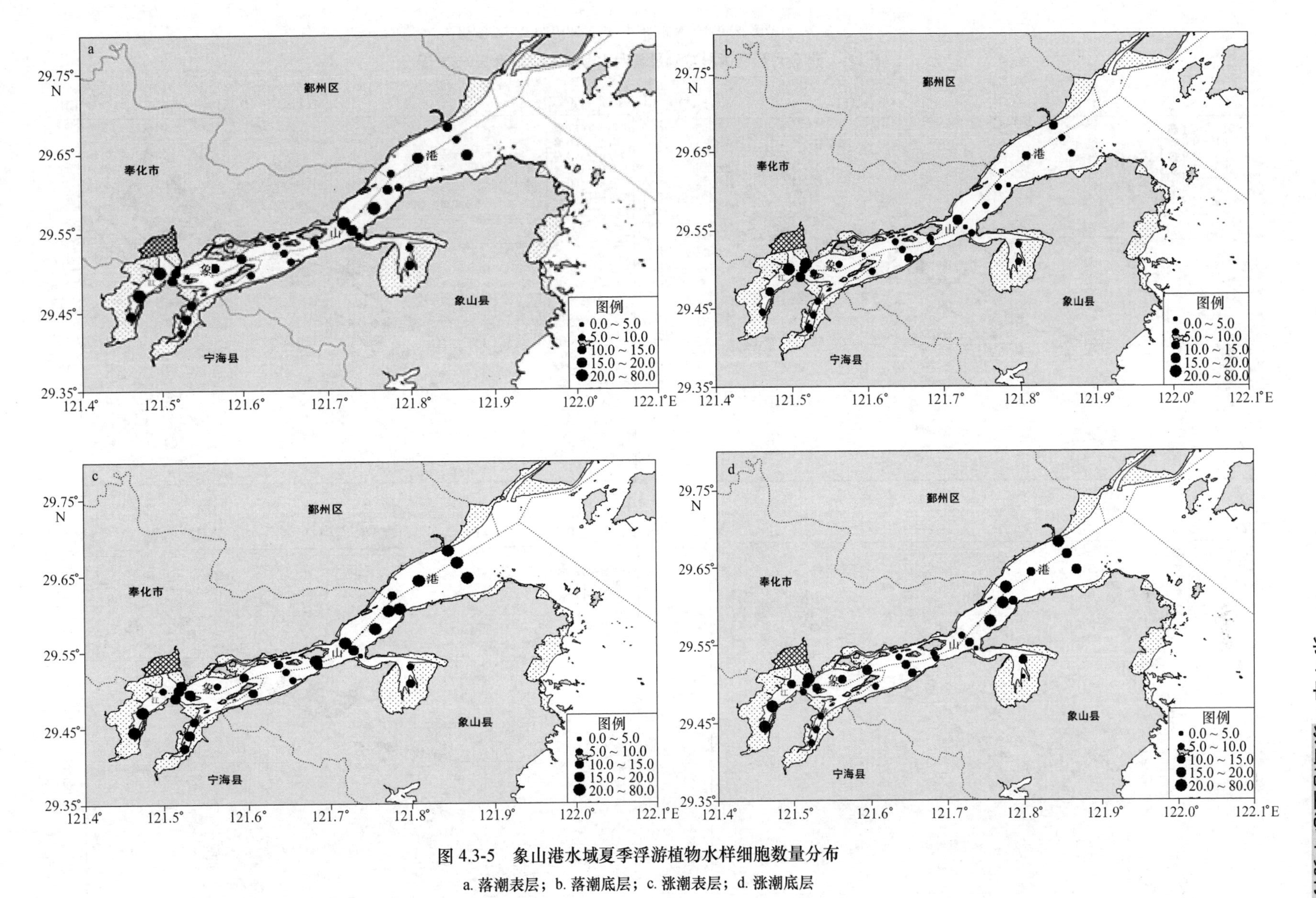

图 4.3-5　象山港水域夏季浮游植物水样细胞数量分布

a. 落潮表层；b. 落潮底层；c. 涨潮表层；d. 涨潮底层

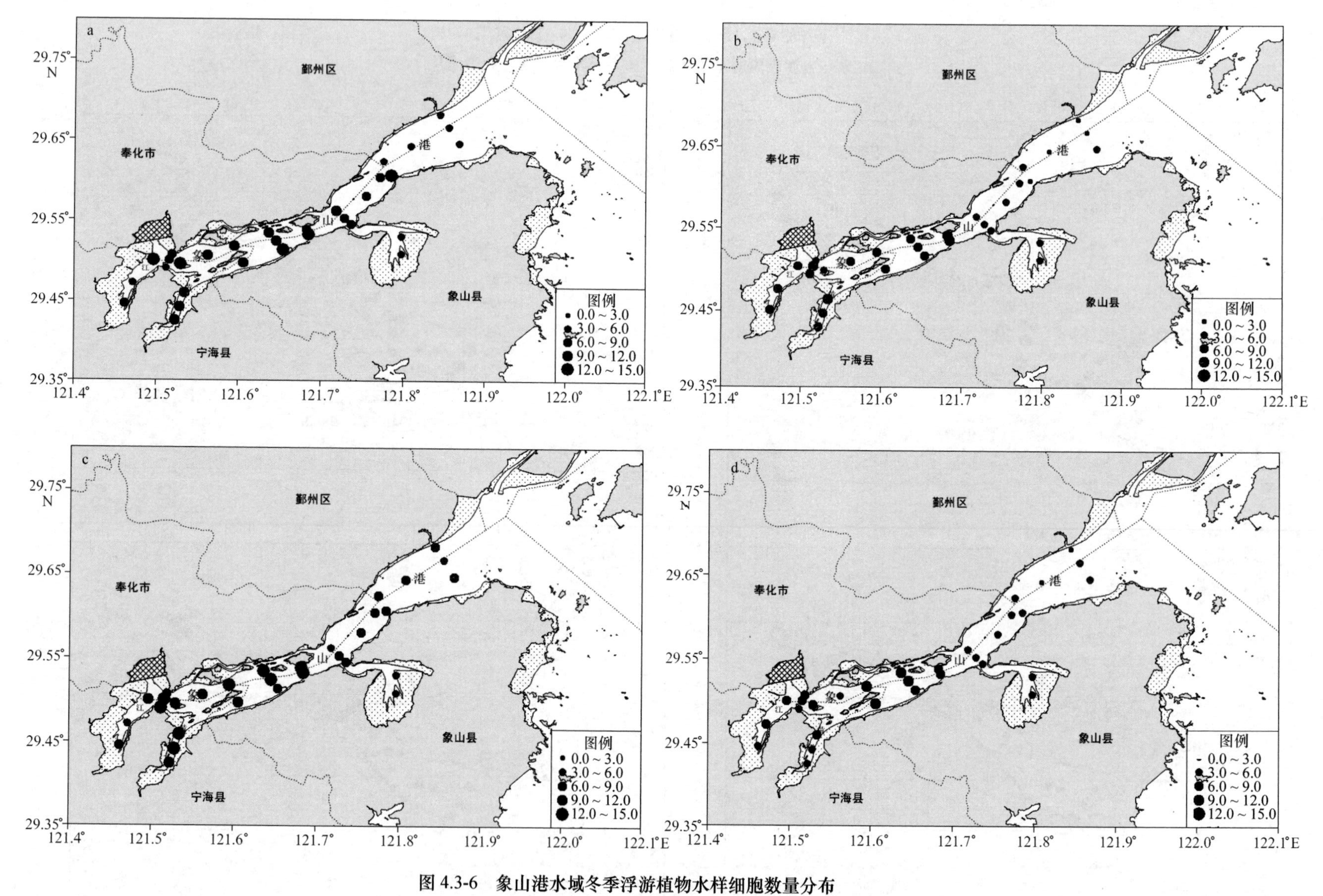

图 4.3-6 象山港水域冬季浮游植物水样细胞数量分布

a. 落潮表层；b. 落潮底层；c. 涨潮表层；d. 涨潮底层

4.3.2.3　优势种

象山港海域夏季浮游植物第一优势种为绕孢角毛藻，落潮时优势度为 0.18，涨潮时优势度为 0.16。第二优势种为冕孢角毛藻，落潮时优势度为 0.15，涨潮时优势度为 0.18（表 4.3-3）。

表 4.3-3　象山港夏季优势种优势性分析

潮汐	优势种		密度范围 /(×10^4 cells·m^{-3})	平均值 /(×10^4 cells·m^{-3})	优势度（Y）
落潮时	第一优势种	绕孢角毛藻	0.04~44.31	3.27	0.18
	第二优势种	冕孢角毛藻	0.15~20.68	5.16	0.15
	第三优势种	丹麦细柱藻	0.40~28.15	12.53	0.11
涨潮时	第一优势种	冕孢角毛藻	0.18~16.64	6.67	0.18
	第二优势种	绕孢角毛藻	0.11~16.80	5.45	0.16
	第三优势种	卡氏角毛藻	0.04~21.71	4.38	0.13

象山港海域冬季落潮时浮游植物第一优势种为琼氏圆筛藻，优势度为 0.16；第二优势种为中肋骨条藻，优势度为 0.08。涨潮时第一优势种为琼氏圆筛藻，优势度为 0.30；第二优势种为高盒形藻，优势度为 0.25（表 4.3-4）。

表 4.3-4　象山港冬季优势种优势性分析

潮汐	优势种		密度范围 /(×10^4 cells·m^{-3})	平均值 /(×10^4 cells·m^{-3})	优势度（Y）
落潮时	第一优势种	琼氏圆筛藻	0.09~2.15	0.71	0.16
	第二优势种	中肋骨条藻	0.12~4.07	1.05	0.08
	第三优势种	虹彩圆筛藻	0.04~4.00	0.60	0.07
涨潮时	第一优势种	琼氏圆筛藻	0.12~18.0	1.56	0.30
	第二优势种	高盒形藻	0.03~4.25	1.25	0.25
	第三优势种	虹彩圆筛藻	0.04~2.07	0.42	0.05

4.3.2.4　多样性分析

夏季，多样性指数（H'）为 0.95~2.99；均匀度（J）为 0.30~0.89；种类丰度（d）为 0.33~0.99（表 4.3-6）。冬季，多样性指数（H'）为 1.18~3.54；均匀度（J）为 0.29~0.94；种类丰度（d）为 0.43~1.24（表 4.3-6）。冬季高于夏季（表 4.3-5 和表 4.3-6）。

表 4.3-5　象山港夏季浮游植物生态指标统计

站位	落潮时			涨潮时		
	多样性指数（H'）	均匀度（J）	种类丰度（d）	多样性指数（H'）	均匀度（J）	种类丰度（d）
QS1	1.57	0.38	0.91	1.50	0.42	0.66
QS2	1.26	0.32	0.83	1.25	0.40	0.49
QS3	2.71	0.78	0.71	2.52	0.70	0.71

续表

站位	落潮时			涨潮时		
	多样性指数（H'）	均匀度（J）	种类丰度（d）	多样性指数（H'）	均匀度（J）	种类丰度（d）
QS4	1.47	0.38	0.81	2.12	0.61	0.63
QS5	1.11	0.30	0.70	2.40	0.86	0.48
QS6	1.70	0.45	0.78	1.92	0.64	0.52
QS7	1.87	0.54	0.59	2.94	0.88	0.69
QS8	2.32	0.73	0.53	2.53	0.80	0.56
QS9	0.95	0.30	0.50	2.62	0.83	0.59
QS10	1.85	0.56	0.61	2.61	0.71	0.81
QS11	2.99	0.75	0.92	2.22	0.67	0.61
QS12	2.82	0.89	0.48	2.58	0.74	0.58
QS13	2.86	0.77	0.68	2.45	0.82	0.42
QS14	2.90	0.78	0.78	2.61	0.75	0.68
QS15	2.76	0.87	0.60	2.41	0.70	0.69
QS16	2.61	0.79	0.56	2.53	0.73	0.67
QS17	2.88	0.70	0.96	2.64	0.88	0.48
QS18	2.58	0.74	0.63	2.31	0.77	0.44
QS19	1.73	0.52	0.51	1.75	0.53	0.52
QS20	2.20	0.58	0.72	1.87	0.59	0.46
QS21	1.43	0.51	0.33	2.24	0.59	0.73
QS22	2.20	0.61	0.64	2.55	0.65	0.77
QS23	1.89	0.60	0.44	2.29	0.60	0.72
QS24	1.79	0.60	0.39	2.19	0.63	0.55
QS25	2.37	0.62	0.71	2.71	0.69	0.79
QS26	2.28	0.62	0.66	2.09	0.57	0.60
QS27	2.29	0.54	0.99	1.98	0.57	0.59
QS28	2.29	0.66	0.55	1.46	0.41	0.61
QS29	2.06	0.54	0.74	2.21	0.58	0.69
QS30	2.39	0.61	0.74	1.62	0.49	0.50
QS31	1.84	0.58	0.55	2.40	0.69	0.53

表 4.3-6　象山港冬季浮游植物生态指标统计

站位	落潮时			涨潮时		
	多样性指数（H'）	均匀度（J）	种类丰度（d）	多样性指数（H'）	均匀度（J）	种类丰度（d）
QS1	2.75	0.80	0.69	2.39	0.72	0.63
QS2	3.11	0.84	0.87	1.18	0.37	0.51
QS3	2.34	0.60	0.93	1.93	0.52	0.80
QS4	2.44	0.64	0.86	1.82	0.49	0.79
QS5	2.87	0.83	0.74	2.52	0.76	0.66
QS6	2.79	0.81	0.75	2.71	0.81	0.69

续表

站位	落潮时			涨潮时		
	多样性指数（H'）	均匀度（J）	种类丰度（d）	多样性指数（H'）	均匀度（J）	种类丰度（d）
QS7	2.75	0.83	0.68	2.71	0.78	0.78
QS8	2.90	0.84	0.77	2.87	0.83	0.81
QS9	3.00	0.84	0.86	2.60	0.75	0.74
QS10	3.00	0.90	0.71	2.80	0.84	0.72
QS11	3.01	0.84	0.85	2.84	0.85	0.70
QS12	2.82	0.94	0.43	2.92	0.92	0.48
QS13	2.98	0.86	0.62	3.02	0.91	0.55
QS14	3.34	0.79	1.24	3.23	0.81	1.06
QS15	3.26	0.78	1.18	3.34	0.82	1.12
QS16	2.89	0.68	1.09	3.03	0.73	1.04
QS17	3.54	0.82	1.22	3.43	0.81	1.16
QS18	2.97	0.70	1.19	3.45	0.84	1.03
QS19	1.23	0.29	1.07	2.94	0.71	1.09
QS20	3.04	0.70	1.15	3.38	0.78	1.17
QS21	3.29	0.76	1.22	3.21	0.77	1.10
QS22	2.75	0.64	1.14	3.13	0.75	1.05
QS23	3.01	0.72	0.99	3.14	0.77	0.92
QS24	2.97	0.80	0.70	3.11	0.80	0.81
QS25	2.30	0.64	0.72	2.27	0.66	0.65
QS26	2.77	0.69	1.00	2.56	0.67	0.88
QS27	2.46	0.66	0.80	2.35	0.66	0.73
QS28	2.13	0.59	0.72	2.32	0.67	0.64
QS29	2.44	0.60	1.09	2.73	0.70	0.94
QS30	2.89	0.83	0.69	2.71	0.82	0.63
QS31	2.85	0.80	0.74	2.59	0.78	0.59

象山港海域多样性指数（H'）夏冬两季分布比较一致，但冬季多样性指数总体高于夏季（表4.3-7）。全港分布呈现出港中较高，港底一般，西沪港口至主港港口较低的趋势（图4.3-7、图4.3-8）。

表4.3-7　象山港浮游植物生态指标分区统计

季节	潮汐	多样性指数（H'）		均匀度（J）		丰度（d）	
		范围	平均值	范围	平均值	范围	平均值
夏季	落	0.95~2.99	2.13	0.30~0.89	0.60	0.33~0.99	0.66
	涨	1.25~2.94	2.24	0.40~0.88	0.66	0.42~0.81	0.61
冬季	落	1.23~3.54	2.80	0.29~0.94	0.74	0.43~1.24	0.89
	涨	1.18~3.45	2.75	0.37~0.92	0.74	0.48~1.17	0.82

象山港海域浮游植物均匀度（J）夏季不高，除养殖区和港中狭窄水道较高外，其他海域都较低（图4.3-9、图4.3-10）。

丰度（d）冬季明显高于夏季，但落潮和涨潮丰度变化不大。夏季分布不均匀，整体水平较低；冬季分布较均匀，其中铁港和西沪港及主港港口海域相对较低（图4.3-11、图4.3-12）。

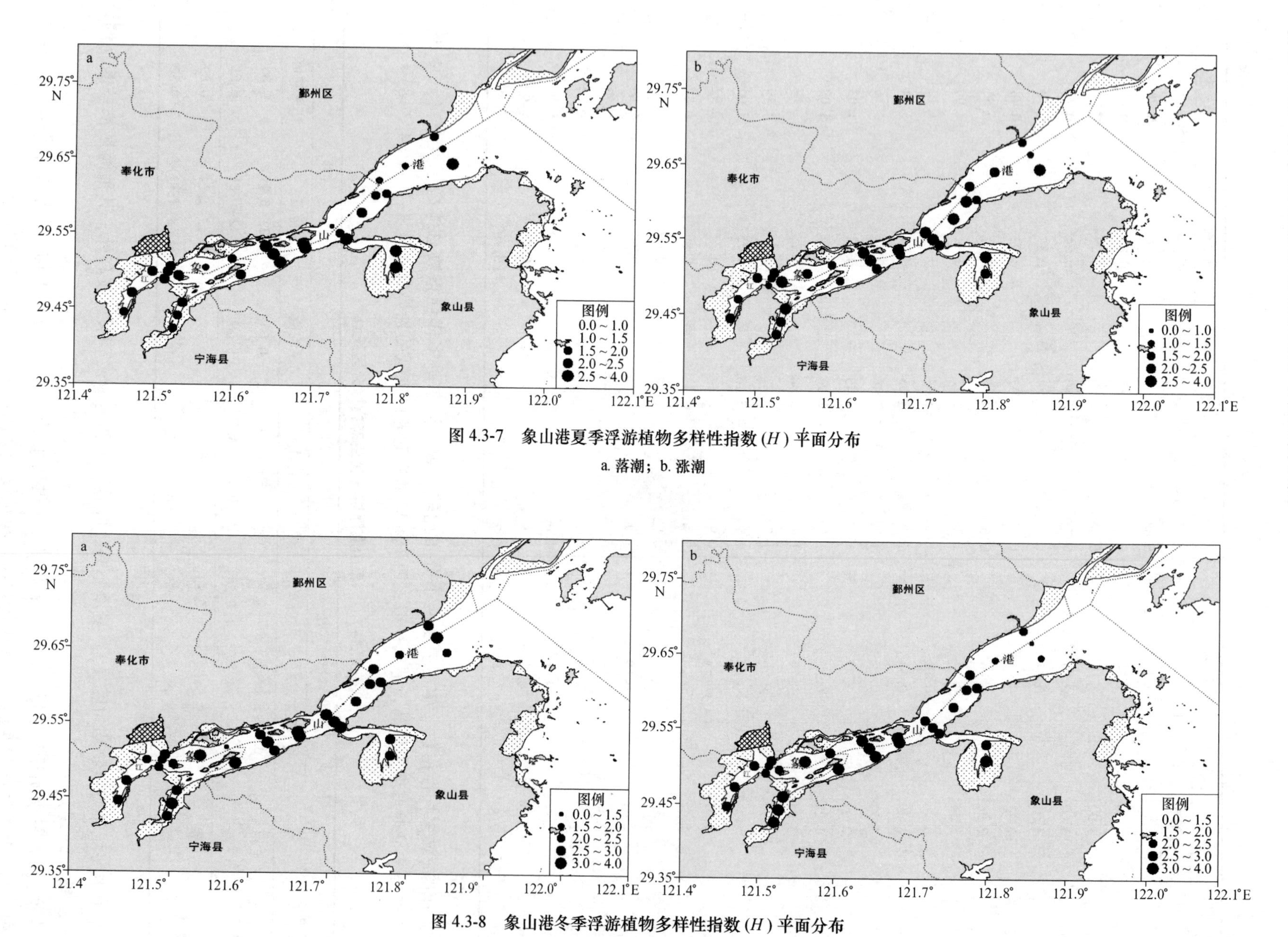

图 4.3-7 象山港夏季浮游植物多样性指数（*H*）平面分布

a. 落潮；b. 涨潮

图 4.3-8 象山港冬季浮游植物多样性指数（*H*）平面分布

a. 落潮；b. 涨潮

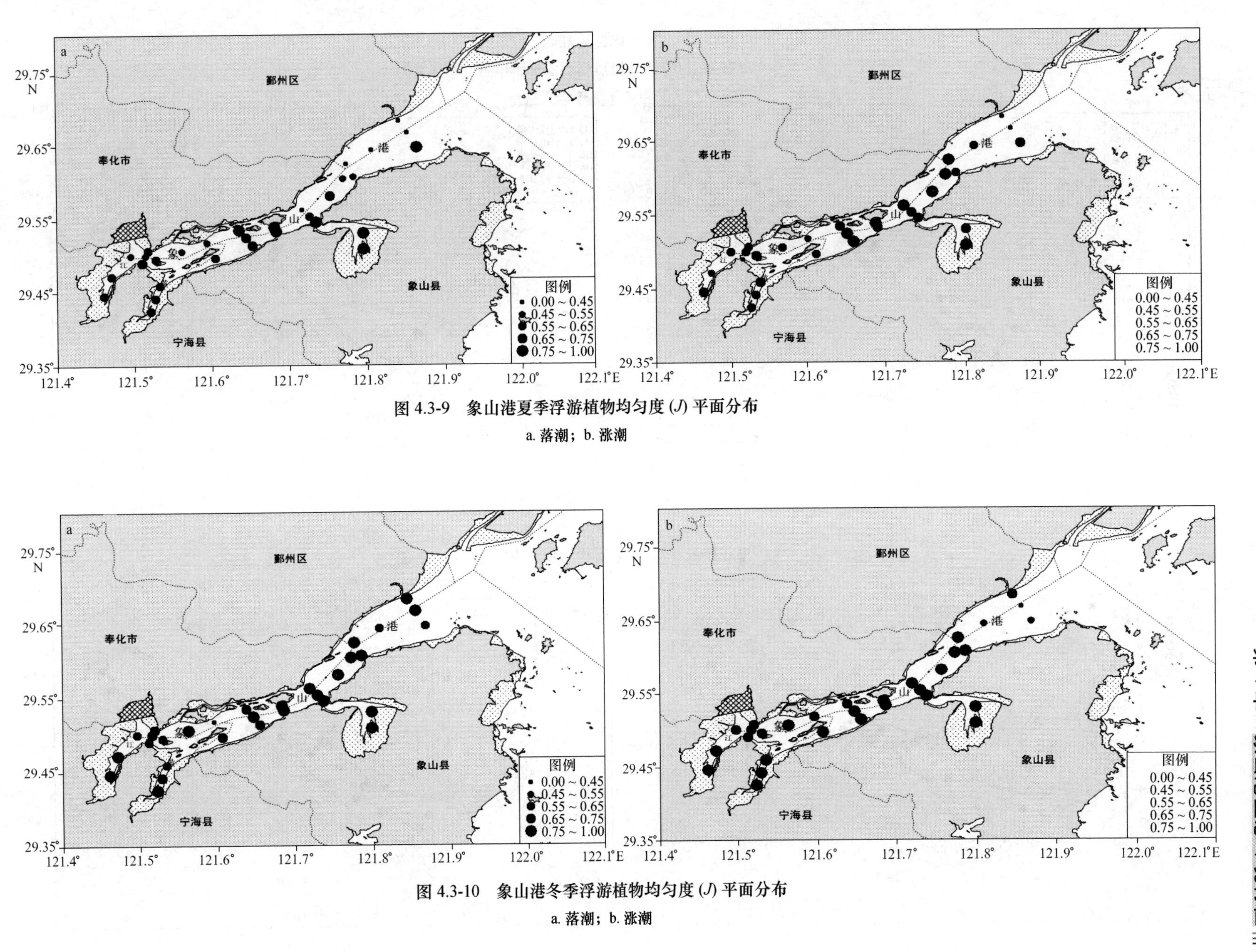

图 4.3-9　象山港夏季浮游植物均匀度 (J) 平面分布

a. 落潮；b. 涨潮

图 4.3-10　象山港冬季浮游植物均匀度 (J) 平面分布

a. 落潮；b. 涨潮

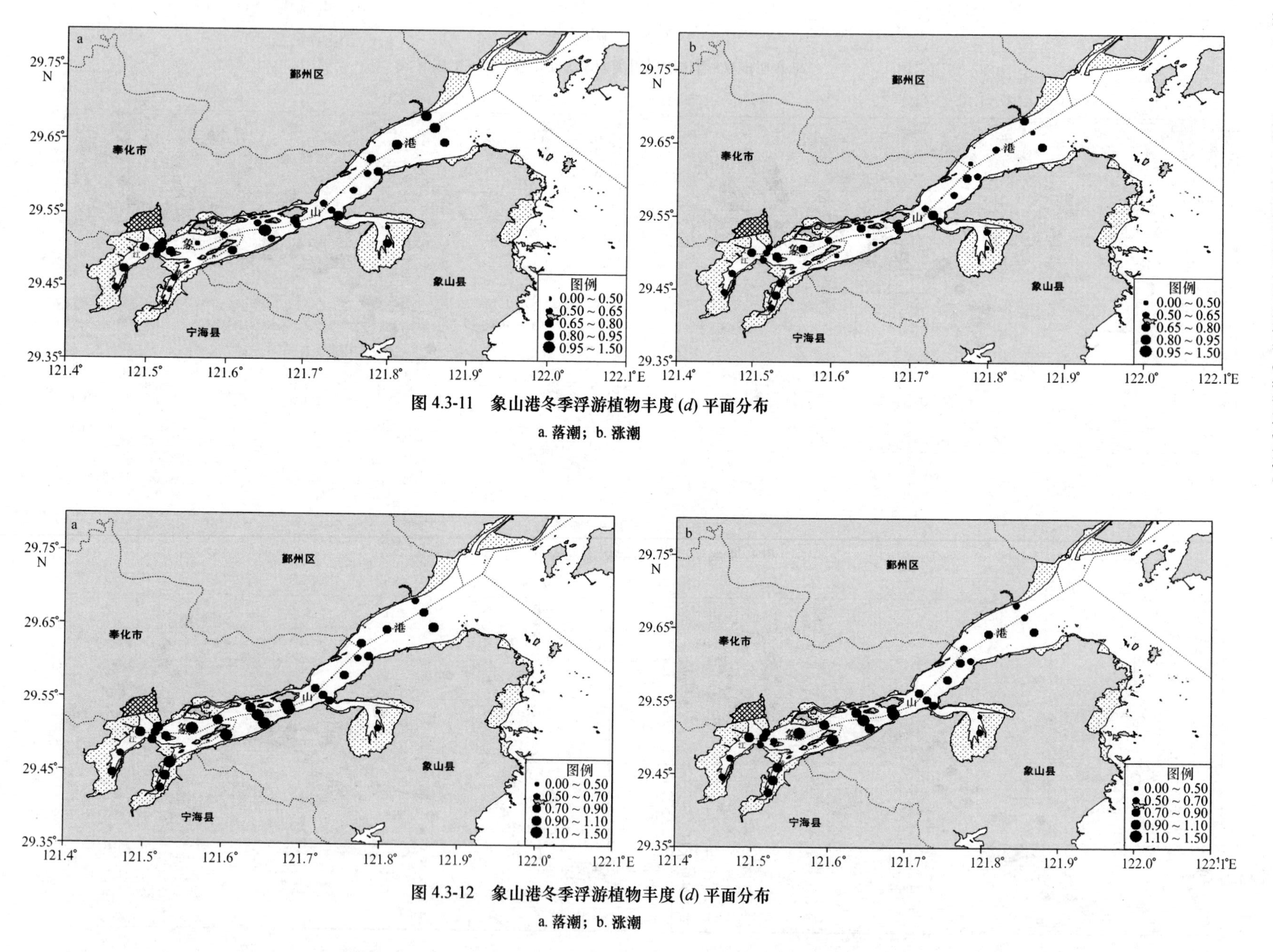

图 4.3-11　象山港冬季浮游植物丰度 (*d*) 平面分布

a. 落潮；b. 涨潮

图 4.3-12　象山港冬季浮游植物丰度 (*d*) 平面分布

a. 落潮；b. 涨潮

4.3.3　浮游动物

4.3.3.1　种类组成

象山港海域 2011 年共鉴定出浮游动物 66 种（10 种幼体）（表 4.3-8）。2011 年 7 月鉴定出浮游动物 60 种（10 种幼体），其中节肢动物门 38 种，占种类数的 63.3%；浮游幼体（包括鱼卵、仔鱼）10 种，占种类数的 16.7%（图 4.3-13）。2011 年 12 月调查鉴定出浮游动物 35 种（4 种幼体），其中节肢动物门 23 种，占种类数的 65.7%；腔肠动物门 5 种，占种类数的 14.3%；浮游幼体（包括鱼卵、仔鱼）4 种，占种类数的 11.4%（图 4.3-14）。

表 4.3-8　浮游动物名录

门类、种类	拉丁文	7 月	12 月
腔肠动物门	**Coelenterata**		
水螅水母亚纲	**Hydrozoa**		
短柄灯塔水母	*Turritopsis lata*	+	
小介穗水母	*Hydractinia minima*	+	
黑球真唇水母	*Eucheilota menoni*	+	
日本长管水母	*Sarsia nipponia*		+
双手外肋水母	*Ectopleura minerva*	+	+
四叶小舌水母	*Liriops tetraphylla*	+	
管水母亚纲	**Siphonophorae**		
双生水母	*Diphyes chamissonis*	+	
大西洋五角水母	*Muggiaea atlantica*	+	+
栉水母门	**Ctenophora**		
球形侧腕水母	*Pleurobrachia globosa*	+	+
瓜水母	*Beroe cucumis*		+
卵形瓜水母	*Beroe ovata*	+	
环节动物门			
多毛纲	**Polychaeta**		
瘤蚕	*Travsiopsis* sp.	+	
节肢动物门	**Acthropoda**		
甲壳纲	**Crustacea**		
介型亚纲	**Ostracoda**		
针刺真浮萤	*Euconchoecia aculeata*	+	
桡足亚纲	**Copepoda**		
太平洋纺锤水蚤	*Acartia pacifica*	+	+
克氏纺锤水蚤	*Acartia clausi*	+	
欧氏后哲水蚤	*Metacalanus aurivilli*	+	
中华哲水蚤	*Calanus sinicus*	+	+
微刺哲水蚤	*Canthocalanus pauper*		+
瘦尾胸刺水蚤	*Centropages tenuiremis Thompson et Scott*	+	

续表

门类、种类	拉丁文	7月	12月
背针胸刺水蚤	*Centropages dorsispinatus*	+	+
中华胸刺水蚤	*Centropages entropages*	+	
墨氏胸刺水蚤	*Centropages mcmurrichi* (*furcatus*)		+
亚强次真哲水蚤	*Subeucalanus subcrassus*		+
精致真刺水蚤	*Euchaeta concinna*	+	+
平滑真刺水蚤	*Euchaeta plana*	+	
针刺拟哲水蚤	*Paracalanus derjugini*	+	+
小拟（小刺）哲水蚤	*Paracalanus parvus*	+	
汤氏长足水蚤	*Calanopia thompsoni*	+	+
圆唇角水蚤	*Labidocera rotunda*	+	
真刺唇角水蚤	*Labidocera euchaeta*	+	+
孔雀唇角水蚤	*Labiadocera dubia*	+	
左突唇角水蚤	*Labidocera sinilobata*	+	+
刺尾角水蚤	*Pontella spinicauda*	+	
宽尾角水蚤	*Pontella latifurca*	+	
火腿伪镖水蚤	*Pseudodiaptomus poplesia*	+	+
捷氏歪水蚤	*Tortanus derjugini*	+	+
右突歪水蚤	*Tortanus dextrilobatus*	+	
钳形歪水蚤	*Tortanus forcipatus*	+	+
拟长腹剑水蚤	*Oithona similis*	+	+
近缘大眼剑水蚤	*Corycaeus affinis*	+	
小毛猛水蚤	*Microseteua norvegica*	+	
强额拟哲水蚤	*Parvocalanus crassirostris*	+	+
叶剑水蚤属	*Sapphininidae* sp.	+	
软甲亚纲	**Malacostraca**		
糠虾目	**Mysidacea**		
漂浮井伊小糠虾	*Liella pelagicus*	+	+
短额超刺糠虾	*Hyperacanthomysis brevirostris*	+	+
涟虫目	**Cumacea**		
细长涟虫	*Iphinoe tenera*	+	+
端足目	**Amphipoda**		
钩虾亚目	GAMMARIDEA	+	+
麦秆虾属	*Caprella* sp.	+	
磷虾目	**Euphausiacea**		
中华假磷虾	*Pseudeuphausia sinica*	+	+
十足目	**Decapoda**		
刷状莹虾	*Lucifer penicillifer*	+	
正型莹虾	*Lucifer typus*	+	

续表

门类、种类	拉丁文	7月	12月
日本毛虾	*Acetes japanicus*	+	+
细螯虾	*Leptochela gracilis*	+	+
毛颚动物门	**Chaetongnaths**		
肥胖软箭虫	*Flaccisagitta enflata*	+	+
百陶带箭虫	*Zonosagitta bedoti*	+	+
尾索动物门	**Urochordata**		
有尾纲	**Appendiculata**		
住囊虫属	*Oikopleura* sp.		+
幼虫	**Larva**		
阿利玛幼虫	Alima larva	+	
短尾类蚤状幼虫	Brachyura zoea larva	+	+
磁蟹蚤状幼虫	Zoea larva	+	
大眼幼虫	Megalopa larva	+	
带叉幼虫	Furcilia larva	+	+
海胆长腕幼虫	Echinoplutrus larva	+	
桡足类无节幼虫	Nauplius larva（Copepoda）	+	
幼螺	Gastropod post larva	+	
仔鱼	Fish larvae	+	+
鱼卵	Fish eggs	+	+
	种数	60	35

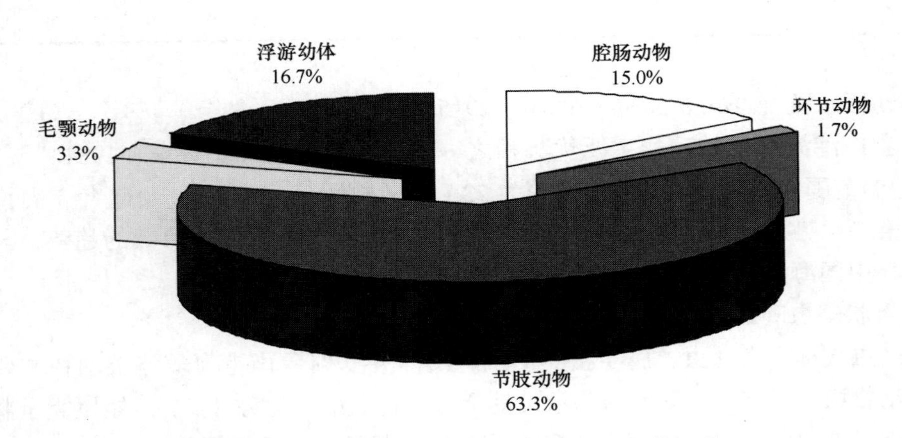

图 4.3-13 浮游动物门类百分比组成（2011 年 7 月）

4.3.3.2 优势种及其分布

2011 年 7 月浮游动物主要优势种为太平洋纺锤水蚤（*Acartia pacifica*）、短尾类蚤状幼虫（*Brachyura zoea larva*）、背针胸刺水蚤（*Centropages dorsispinatus*）、汤氏长足水蚤（*Calanopia thompsoni*）、针刺拟哲水蚤（*Paracalanus derjugini*）和百陶箭虫（*Zonosagitta bedoti*）等。2011 年 12 月主要优势种为背针胸刺水蚤、汤氏长足水蚤、太平洋纺锤水蚤和百陶箭虫等（表 4.3-9）。

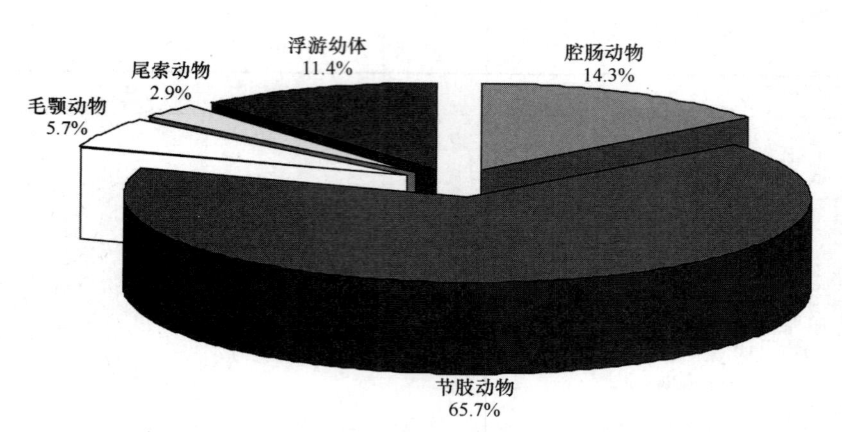

图 4.3-14　浮游动物门类百分比组成（2011 年 12 月）

表 4.3-9　象山港浮游动物优势种（$Y \geq 0.02$）及优势度指数

优势种	2011 年 7 月		2011 年 12 月	
	涨潮	落潮	涨潮	落潮
百陶箭虫	0.043	0.059	0.046	0.033
背针胸刺水蚤	0.060	0.025	0.234	0.265
短尾类蚤状幼虫	0.137	0.283		
太平洋纺锤水蚤	0.241	0.209	0.229	0.195
汤氏长足水蚤	0.052	0.076	0.288	0.196
针刺拟哲水蚤	0.044	0.035		0.023
中华哲水蚤	0.048			
真刺唇角水蚤		0.071	0.023	0.036
住囊虫			0.025	

（1）太平洋纺锤水蚤（*Acartia pacific* Steuer，1915）

2011 年 7 月象山港海域浮游动物主要优势种之一，属近岸低盐（柏怀萍，1984）暖水种（陈清潮，1965），在本区适温范围为 24～29℃，适盐范围为 22～26（柏怀萍，1984）。2011 年 7 月涨潮时为第一优势种；落潮时为第二优势种。2011 年 7 月呈现港底密度高于港中部及港口海域的趋势，与历史调查 7 月在近港底最密集（中国海湾志编纂委员会，1993）的记录一致（图 4.3-15）。

（2）短尾类蚤状幼虫（Zoea larva，Brachyura）

短尾类蚤状幼虫或称水蚤幼虫，属于蟹类幼虫。2011 年 7 月象山港海域浮游动物主要优势种。涨潮时为象山港浮游动物第二优势种，落潮时为象山港浮游动物的第一优势种。7 月短尾类蚤状幼虫整体呈现港底部高于港中部及港口的趋势。12 月其在所有测站中出现频率较低（图 4.3-16）。

（3）背针胸刺水蚤（*Centropages dorsispinatus Thompson & Scott*，1903）

背针胸刺水蚤，暖水种（陈清潮，1965）。2011 年 12 月象山港海域浮游动物优势种之一，其密度分布基本呈现从港口到港底逐步降低的趋势。潮汐变化对背针胸刺水蚤密度分布有一定影响（图 4.3-17）。

（4）汤氏长足水蚤（*Calanopia thompsoni* A . Scott，1909）

汤氏长足水蚤，太平洋热带、温带水域都有分布（陈清潮，1965）。2011 年 12 月涨潮时其为浮游动物第一优势种，其密度水平分布呈现港底高于港口的趋势。2011 年 12 月落潮时为浮游动物的第二优势种，落潮时其密度水平分布呈现港中部高于港底部和港口的趋势（4.3-18）。

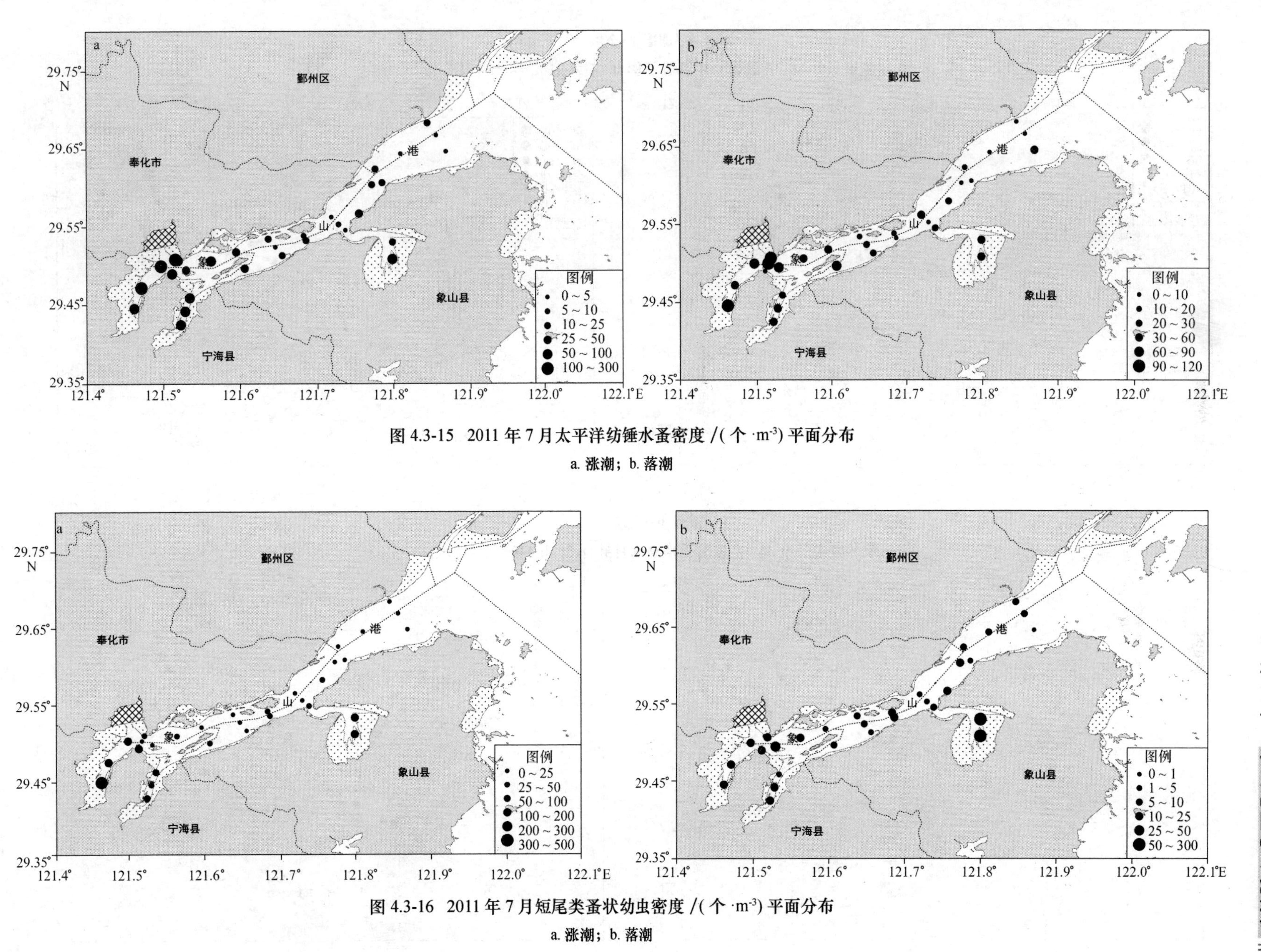

图 4.3-15　2011 年 7 月太平洋纺锤水蚤密度 /(个·m⁻³) 平面分布

a. 涨潮；b. 落潮

图 4.3-16　2011 年 7 月短尾类蚤状幼虫密度 /(个·m⁻³) 平面分布

a. 涨潮；b. 落潮

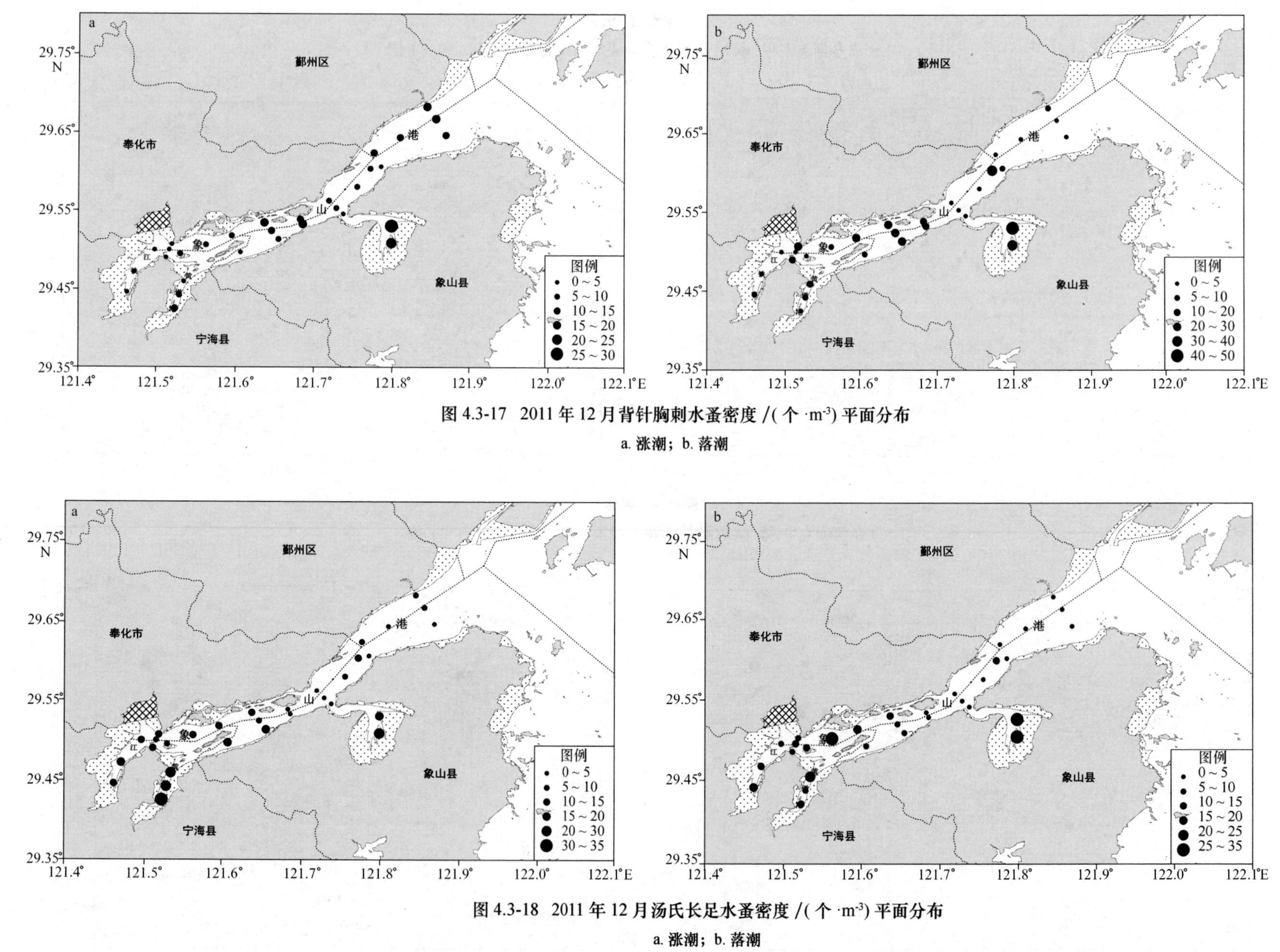

图 4.3-17　2011 年 12 月背针胸刺水蚤密度 /(个·m^{-3}) 平面分布

a. 涨潮；b. 落潮

图 4.3-18　2011 年 12 月汤氏长足水蚤密度 /(个·m^{-3}) 平面分布

a. 涨潮；b. 落潮

4.3.3.3 生态类型

（1）半咸水生态群落

主要代表种为火腿伪镖水蚤（*Pseudodiaptomus poplesia*）。该群落生物量不高，不受潮汐影响，为本土栖息类群。分布在西沪港、黄墩港和铁港的底部海域。

（2）低盐近岸生态群落

代表种为针刺拟哲水蚤、墨氏胸刺水蚤（*Centropages mcmurrichi*）、强额拟哲水蚤（*Parvocalanus crassirostris*）、背针胸刺水蚤和太平洋纺锤水蚤等。该群落是象山港种类数最多、个体数量最大的生态类群，对象山港浮游动物生态系统起主导作用。该群落主要分布在象山港中部海域。

（3）外海暖水生态群落

代表种为精致真刺水蚤（*Euchaeta concinna*）、肥胖箭虫（*Flaccisagitta enflata*）和亚强次真哲水蚤（*Subeucalanus subcrassus*）等。该群落密度较低，但种类较多，对增加象山港浮游动物的生物物种多样性起着重要的作用。该群落由外洋水带入，主要分布在受外洋水影响的象山港湾口到西沪港港口一带。

（4）广布性群落

该类群四季均有出现，平面分布较均匀，种类较少。主要种为拟长腹剑水蚤（*Oithona simills*）等。该类群在整个象山港都有分布。

4.3.3.4 密度和生物量平面分布

（5）浮游动物密度分布

由表4.3-10可见，7月涨落潮差别不大。涨潮时浮游动物密度整体呈现港口最高，港底较高，中间最低的分布（图4.3-19）。

表4.3-10 象山港浮游动物密度分布

潮汐	2011年7月		2011年12月	
	范围/(个·m^{-3})	平均值/(个·m^{-3})	范围/(个·m^{-3})	平均值/(个·m^{-3})
涨潮	69.9~512.5	164.9	16.0~71.7	38.4
落潮	60.2~650.0	164.4	14.3~130.0	42.2

12月浮游动物密度涨落潮差别不大。涨潮时浮游动物密度水平分布整体呈现港底高于港口、港中部的趋势；落潮时浮游动物密度水平分布较均匀，无明显趋势性分布（图4.3-20）。

（6）浮游动物生物量分布

由表4.3-11可见，2011年7月，涨潮时浮游动物生物量港口高于港中和港底；落潮时港中部最高，港口次之，港底部最低（图4.3-21）。

表4.3-11 象山港浮游动物生物量分布

潮汐	2011年7月		2011年12月	
	范围/(mg·m^{-3})	平均值/(mg·m^{-3})	范围/(mg·m^{-3})	平均值/(mg·m^{-3})
涨潮	42.8~582.5	191.6	16.0~71.7	38.4
落潮	77.8~463.5	175.5	24.0~53.3	36.1

2011年12月涨潮时浮游动物生物量整体呈现港底高于港中及港口；落潮时港中部最高，港口与港底相差不大（图4.3-22）。

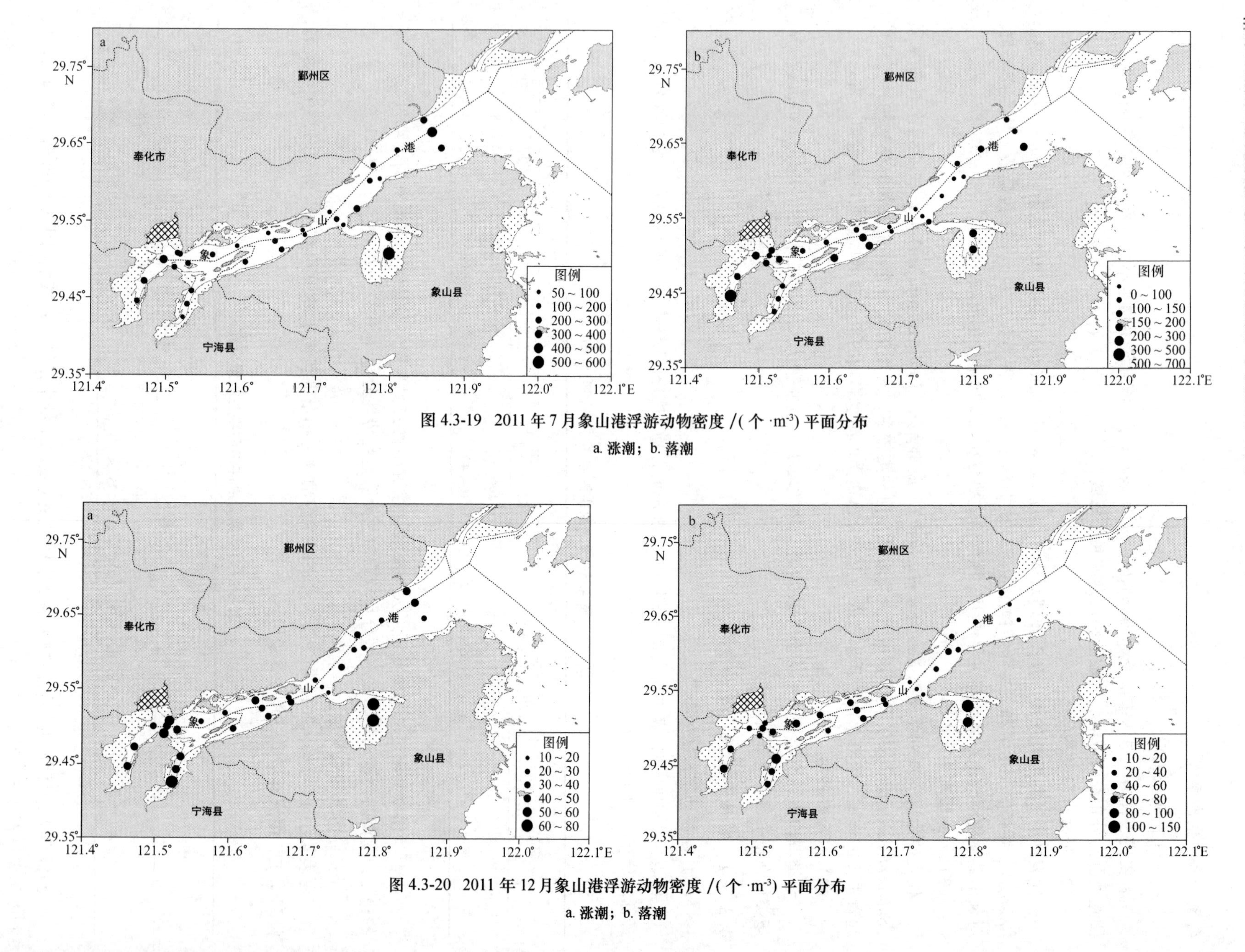

图 4.3-19　2011 年 7 月象山港浮游动物密度 /(个 ·m^{-3}) 平面分布

a. 涨潮；b. 落潮

图 4.3-20　2011 年 12 月象山港浮游动物密度 /(个 ·m^{-3}) 平面分布

a. 涨潮；b. 落潮

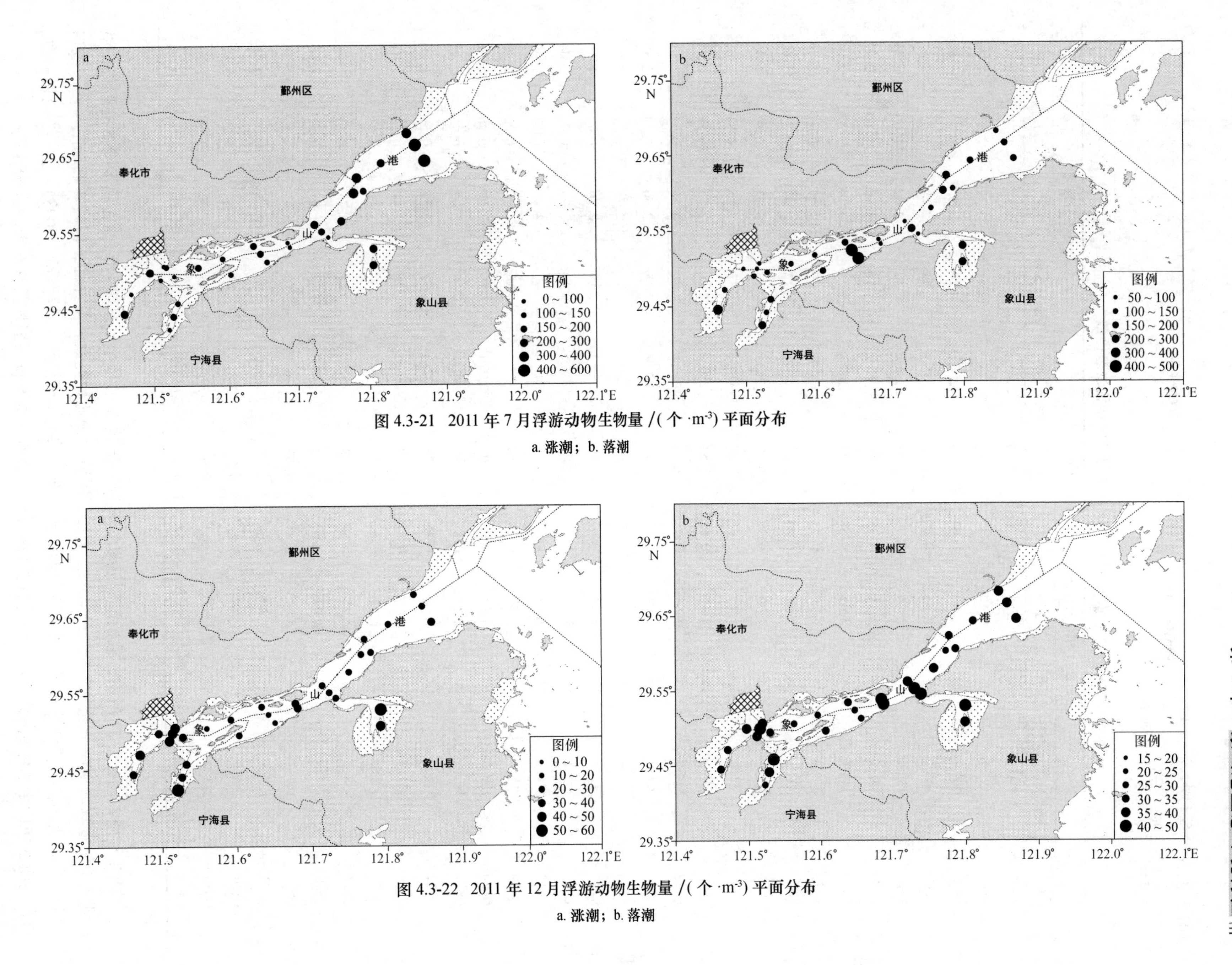

图 4.3-21　2011 年 7 月浮游动物生物量 /(个 $\cdot m^{-3}$) 平面分布

a. 涨潮；b. 落潮

图 4.3-22　2011 年 12 月浮游动物生物量 /(个 $\cdot m^{-3}$) 平面分布

a. 涨潮；b. 落潮

4.3.3.5 多样性分析

多样性分析结果见表4.3-12。

表4.3-12 2011年7月浮游动物生态指数

站位	2011年7月涨潮					2011年7月落潮				
	密度/(个·m^{-2})	S	H'	J	d	密度/(个·m^{-2})	S	H'	J	d
QS1	230.3	25	3.54	0.76	3.06	148.2	14	2.82	0.74	1.80
QS2	423.8	25	2.10	0.45	2.75	123.7	16	3.12	0.78	2.16
QS3	209.1	19	2.70	0.64	2.34	231.0	16	3.03	0.76	1.91
QS4	140.7	15	2.66	0.68	1.96	155.4	12	2.69	0.75	1.51
QS5	152.0	17	2.99	0.73	2.21	134.3	12	2.82	0.79	1.56
QS6	99.4	18	3.11	0.75	2.56	97.9	16	3.44	0.86	2.27
QS7	118.6	18	3.41	0.82	2.47	83.3	14	3.14	0.82	2.04
QS8	219.1	23	3.20	0.71	2.83	93.0	10	2.64	0.79	1.38
QS9	76.3	14	3.11	0.82	2.08	80.0	13	2.67	0.72	1.90
QS10	100.6	11	2.70	0.78	1.50	71.3	13	3.05	0.82	1.95
QS11	72.4	20	2.83	0.65	3.08	113.8	12	2.55	0.71	1.61
QS12	345.0	14	2.40	0.63	1.54	280.0	9	2.55	0.80	0.98
QS13	512.5	13	2.63	0.71	1.33	252.5	10	2.58	0.78	1.13
QS14	69.9	16	3.09	0.77	2.45	67.9	15	2.50	0.64	2.30
QS15	75.4	17	3.16	0.77	2.57	60.2	15	2.76	0.71	2.37
QS16	90.1	15	3.15	0.81	2.16	112.1	14	2.76	0.72	1.91
QS17	116.9	15	2.68	0.68	2.04	208.5	17	2.96	0.72	2.08
QS18	116.8	13	2.83	0.76	1.75	205.3	16	3.09	0.77	1.95
QS19	96.9	13	2.80	0.76	1.82	136.5	18	2.92	0.70	2.40
QS20	163.0	16	3.12	0.78	2.04	231.1	19	2.97	0.70	2.29
QS21	141.0	11	2.11	0.61	1.40	112.1	10	2.42	0.73	1.32
QS22	116.2	13	1.78	0.48	1.75	132.5	10	1.83	0.55	1.28
QS23	131.7	13	2.50	0.67	1.70	114.6	8	2.21	0.74	1.02
QS24	81.3	6	1.74	0.67	0.79	135.7	9	2.38	0.75	1.13
QS25	138.2	10	2.71	0.82	1.27	157.7	13	2.75	0.74	1.64
QS26	134.8	16	2.49	0.62	2.12	173.6	12	1.86	0.52	1.48
QS27	166.7	13	1.64	0.44	1.63	116.1	10	0.95	0.29	1.31
QS28	127.5	11	2.20	0.64	1.43	184.6	8	0.81	0.27	0.93
QS29	316.6	11	1.36	0.39	1.20	241.0	10	1.87	0.56	1.14
QS30	203.0	8	1.59	0.53	0.91	193.2	10	1.80	0.54	1.19
QS31	126.7	9	2.28	0.72	1.15	650.0	9	1.88	0.59	0.86

如图4.3-23、4.3-24所示，象山港浮游动物多样性指数H'整体呈现从港口到港底逐步降低的趋势，港口到西沪港港口海域由于受外海海水的影响，增加了浮游动物的种类数和多样性，但其影响局限于西沪港口一线以东海域，这与“外海水最远可运移至西沪港口外，乌龟山附近”（黄秀清，2008）这一结论相一致。而在港底区域由于水体流动较缓，浮游植物繁盛而使浮游动物密度较高但种类相对单一（表4.3-13）。

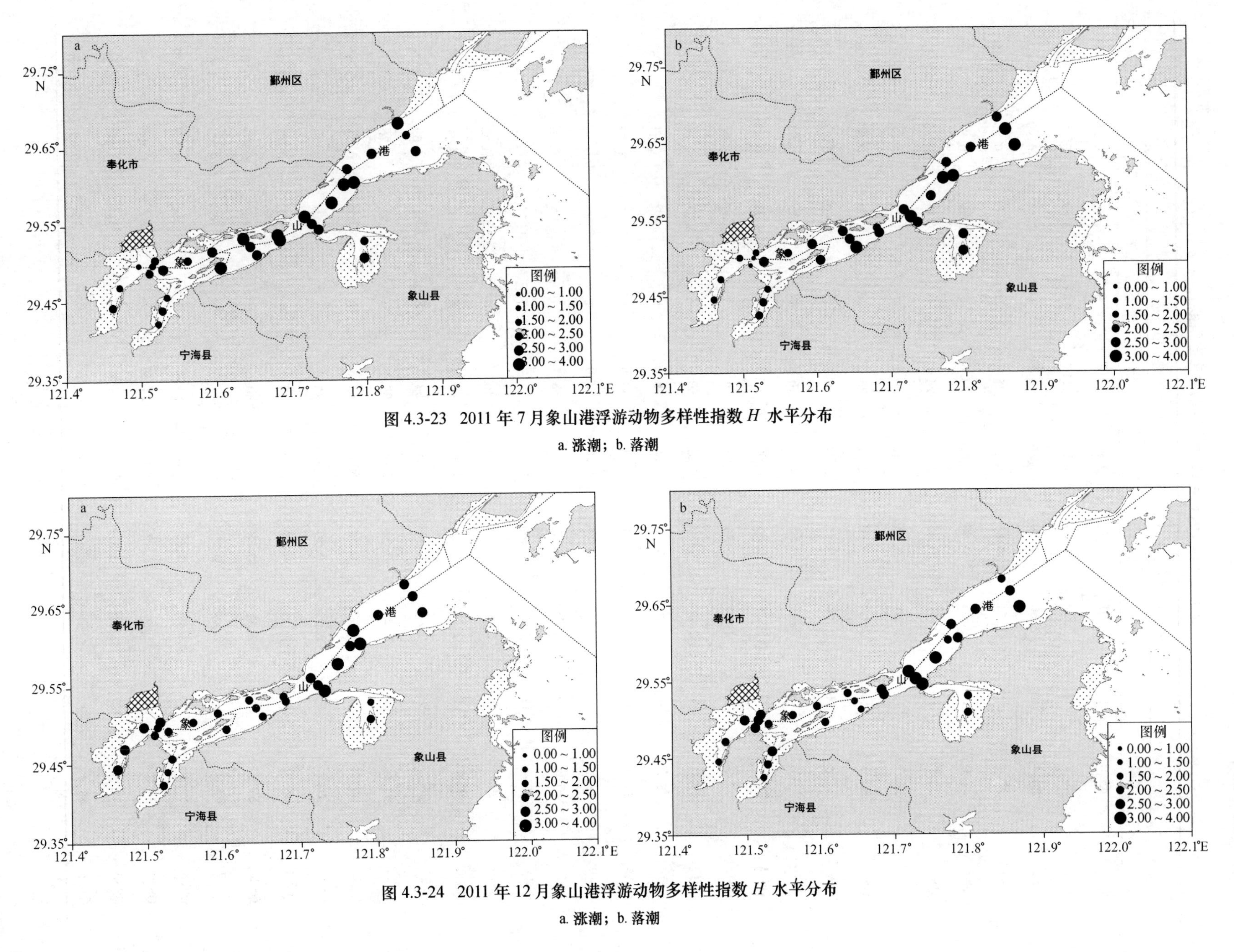

图 4.3-23　2011 年 7 月象山港浮游动物多样性指数 H 水平分布

a. 涨潮；b. 落潮

图 4.3-24　2011 年 12 月象山港浮游动物多样性指数 H 水平分布

a. 涨潮；b. 落潮

表 4.3-13 2011 年 12 月浮游动物生态指数

站位	2011 年 12 月涨潮					2011 年 12 月落潮				
	密度	S	H'	J	d	密度	S	H'	J	d
QS1	45.0	12	2.91	0.81	2.00	28.7	9	2.46	0.78	1.65
QS2	40.9	11	2.79	0.81	1.87	15.3	8	2.69	0.90	1.78
QS3	28.4	10	2.66	0.80	1.86	16.3	11	3.11	0.90	2.48
QS4	27.1	9	2.64	0.83	1.68	25.4	10	2.97	0.89	1.93
QS5	32.0	14	3.06	0.80	2.60	24.8	11	2.99	0.86	2.16
QS6	20.7	13	3.17	0.86	2.75	24.8	9	2.55	0.80	1.73
QS7	24.7	11	2.61	0.75	2.16	59.8	13	2.22	0.60	2.03
QS8	36.4	14	3.03	0.80	2.51	25.2	16	3.50	0.87	3.22
QS9	21.2	11	2.94	0.85	2.27	18.8	15	3.60	0.92	3.31
QS10	17.9	10	2.77	0.83	2.16	16.4	14	3.45	0.91	3.22
QS11	16.0	13	3.20	0.86	3.00	14.3	13	3.04	0.82	3.13
QS12	67.5	5	1.99	0.86	0.66	130.0	7	2.02	0.72	0.85
QS13	68.0	6	2.08	0.80	0.82	80.0	6	2.07	0.80	0.79
QS14	28.2	9	2.20	0.69	1.66	28.0	17	2.89	0.71	3.33
QS15	31.0	9	2.33	0.73	1.61	37.5	15	2.54	0.65	2.68
QS16	42.0	8	2.39	0.80	1.30	52.0	6	2.08	0.80	0.88
QS17	36.8	10	2.48	0.75	1.73	38.4	7	1.96	0.70	1.14
QS18	35.4	11	2.36	0.68	1.94	33.9	7	1.75	0.62	1.18
QS19	29.6	9	2.41	0.76	1.64	46.2	10	2.05	0.62	1.63
QS20	35.8	11	2.25	0.65	1.94	40.0	8	2.14	0.71	1.32
QS21	26.2	9	2.45	0.77	1.70	57.3	8	2.08	0.69	1.20
QS22	41.6	12	2.21	0.62	2.05	34.5	10	2.52	0.76	1.76
QS23	49.2	7	1.97	0.70	1.07	63.6	8	2.12	0.71	1.17
QS24	71.7	6	2.05	0.79	0.81	85.0	6	1.94	0.75	0.78
QS25	46.9	8	2.25	0.75	1.26	47.9	7	2.20	0.78	1.07
QS26	57.3	13	2.51	0.68	2.05	40.0	12	2.51	0.70	2.07
QS27	43.9	9	2.49	0.79	1.47	41.0	10	2.68	0.81	1.68
QS28	50.1	8	2.41	0.80	1.24	54.4	9	2.59	0.82	1.39
QS29	30.2	13	2.86	0.77	2.44	24.6	9	2.67	0.84	1.73
QS30	41.3	10	2.71	0.82	1.68	43.8	8	2.26	0.75	1.28
QS31	46.4	9	2.81	0.89	1.45	60.1	5	1.85	0.80	0.68

4.3.4 底栖生物

4.3.4.1 种类组成

象山港夏季和冬季 2 个航次鉴定到底栖生物共 80 种，其中夏季航次 68 种，冬季航次 30 种。多毛类最多 34 种，软体动物次之 18 种。种类数港底高于港中，港中高于港底，夏季高于冬季，一般以多毛类种类数最高（图 4.3-25、表 4.3-14）。

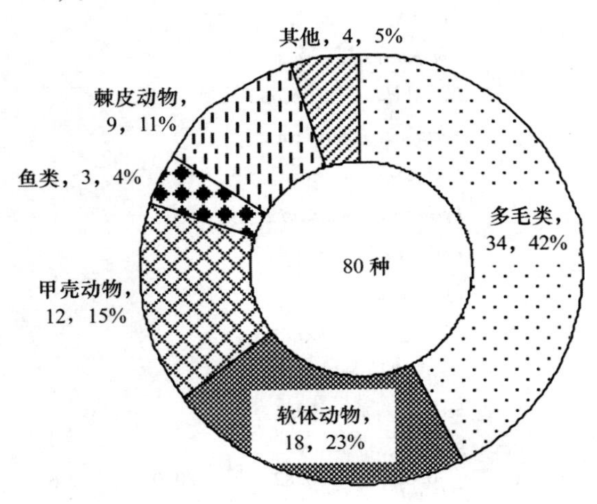

图 4.3-25　底栖生物种类组成

表 4.3-14　底栖生物名录及季节分布

序号	种类		夏季			冬季		
	种名	拉丁文名	港口	港中	港底	港口	港中	港底
	多毛类	**POLYCHAETA**						
1	双鳃内卷齿蚕	*Aglaophamus dibranchis*	+	+				
2	中华内卷齿蚕	*Aglaophamus sinensis*			+	+	+	
3	西方似蛰虫	*Amacana occidibuliformis*			+			
4	似蛰虫	*Amaeana trilobata*			+			
5	巴西沙蠋	*Arenicola brasiliensis*			+			
6	吻蛰虫	*Artacama proboscidea*			+			
7	多毛自裂虫	*Autolytus setoensis*						+
8	小头虫	*Capitella capitata*			+			+
9	刚鳃虫	*Chaetozone setosa*			+			
10	智利巢沙蚕	*Diopatra chilienis*		+	+			
11	持真节虫	*Euclymene annandalei*			+			
12	真节虫属一种	*Euclymene* sp.			+			
13	滑指矶沙蚕	*Eunice indica*			+			
14	长吻沙蚕	*Glycera chirori*					+	+
15	锥唇吻沙蚕	*Glycera onomichiensis*			+			+
16	日本角吻沙蚕	*Goniada japonica*		+				

续表

序号	种类		夏季			冬季		
	种名	拉丁文名	港口	港中	港底	港口	港中	港底
17	色斑角吻沙蚕	*Goniada maculata*			+			
18	长锥虫	*Haploscoloplos clongatus*			+	+		
19	覆瓦哈鳞虫	*Harmothoë imbricata*			+	+	+	+
20	异足索沙蚕	*Lumbrineris heteropoda*	+	+				
21	多鳃齿吻沙蚕	*Nephtys polybranchia*			+			
22	背蚓虫	*Notomastus latericeus*		+		+		+
23	覆瓦背叶虫	*Notophyllum imbricatum*			+			
24	壳砂笔帽虫	*Pectinaria conchilega*			+			
25	游蚕	*Pelagobia longicirrata*			+			
26	双齿围沙蚕	*Perinereis aibuhitensis*		+				
27	多齿围沙蚕	*Perinereis nuntia*		+				
28	矛毛虫	*Phylo felix*			+			+
29	裸裂虫	*Pionosyllis compacta*					+	
30	结节刺缨虫	*Potamilla torelli*			+			
31	膜囊尖锥虫	*Scoloplos marsupialis*			+			
32	红刺尖锥虫	*Scoloplos rubra*			+			
33	不倒翁虫	*Sternaspis scutata*	+	+	+	+	+	+
34	梳鳃虫	*Terebellides stroemii*			+			
	软体动物	**MOLLUSCA**						
1	大沽全海笋	*Barnea davidi*		+				
2	小刀蛏	*Cultellus attenuatus*		+	+			
3	青蛤	*Cyclina sinensin*			+			+
4	日本镜蛤	*Dosinia* (*Phacosoma*) *japonica*		+				
5	凸镜蛤	*Dosirnia* (*Sinodia*) *derupta*	+					
6	彩虹明樱蛤	*Moerella iridescens*			+			
7	秀丽织纹螺	*Nassarius festivus*						+
8	半褶织纹螺	*Nassarius semiplicatus*	+	+				
9	西格织纹螺	*Nassarius siquinjorensis*			+			
10	红带织纹螺	*Nassarius succinctus*						+
11	纵肋织纹螺	*Nassarius varicifeus*	+	+	+	+	+	+
12	豆形胡桃蛤	*Nucula faba*	+	+				
13	短蛸	*Octopus ochellatus*			+			
14	婆罗囊螺	*Retusa boenensis*				+		
15	菲律宾蛤仔	*Ruditapes philippinarum*			+			+
16	毛蚶	*Scapharca subcrnsta*		+	+		+	+
17	假奈拟塔螺	*Turricula nelliae*						+
18	薄云母蛤	*Yoldia similis*	+	+	+			+

续表

序号	种类		夏季			冬季		
	种名	拉丁文名	港口	港中	港底	港口	港中	港底
	节肢动物	**ARTHROPODA**						
1	鲜明鼓虾	*Alpheus distinquendus*			+			
2	日本鼓虾	*Alpheus japonicus*		+				
3	日本蟳	*Charybdis japonica*						+
4	钩虾	*Gammaridea*	+	+				
5	绒毛近方蟹	*Hemigrapsus penicillatus*			+			
6	锯眼泥蟹	*Ilyoplax serrata*					+	
7	尖尾细螯虾	*Leptochela aculeocaudata*			+			
8	细螯虾	*Leptochela gracilis*	+		+			
9	小五角蟹	*Nursia minor*		+				
10	隆线拳蟹	*Philyra carinata*			+			
11	锯缘青蟹	*Scylla serrata*			+			
12	中型三强蟹	*Tritodynamia intermedia*		+	+			
	鱼类	**PISCES**						
1	日本鳗鲡（幼）	*Anguilla japonica*			+			
2	矛尾虾虎鱼	*Chaeturichthys stvqmatias*						+
3	孔虾虎鱼	*Trypauchea vagina*		+				
	棘皮动物	**ECHINODERMATA**						
1	日本倍棘蛇尾	*Amphioplus japonicus*					+	+
2	薄倍棘蛇尾	*Amphioplus praestans*	+	+				
3	滩栖阳遂足	*Amphiura vadicola*		+				
4	盾形组蛇尾	*Histampica umbonata*			+	+	+	+
5	不等盘棘蛇尾	*Ophiocentrus inaequalis*					+	+
6	金氏真蛇尾	*Ophiura kinbergi*	+	+				
7	海参科一种	*Holothuriidae*						+
8	芋参属一种	*Molpadia* sp.			+			
9	棘刺锚参	*Protankyra bidentata*	+	+	+			+
	其他	**OTHERS**						
1	海葵目一种	*Edwardsia* sp.			+		+	
2	纽虫	*Nemertinea* sp.			+			+
3	拟无吻螠属一种	*Para-arhynchite* sp.			+			
4	海笔	*Virgulaia* sp.	+		+			
种类数			14	25	49	8	12	24

4.3.4.2 密度和生物量

夏季底栖生物密度 20~3 440 个/m²，平均 247.7 个/m²。密度和生物量分布基本呈港底高于港中，港中高于港口的趋势，港中部底栖生物密度和生物量低于其邻近海域。

冬季底栖生物密度 10~425 个/m²，平均 66 个/m²。密度分布港底高于港口，港口高于港中，生物量港底高于港中和港口，港中和港口接近（图 4.3-26 至图 4.3-29）。

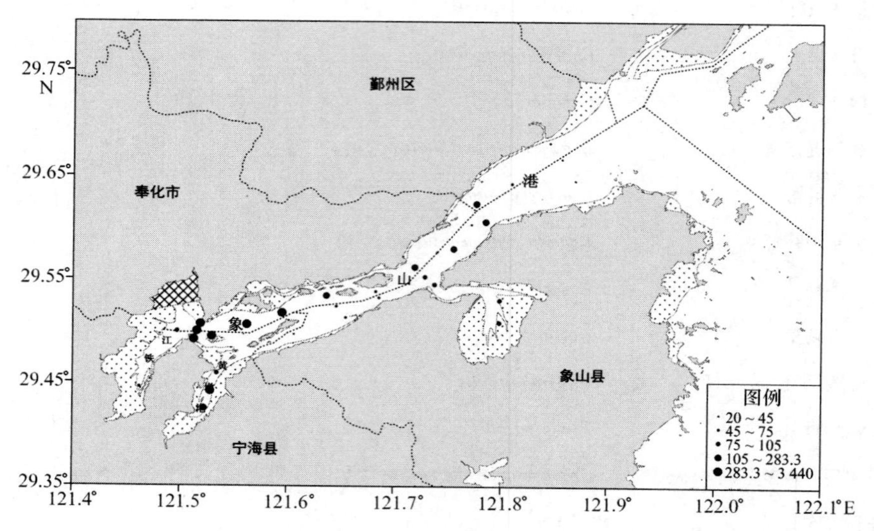

图 4.3-26 夏季底栖生物密度/（个·m⁻²）分布

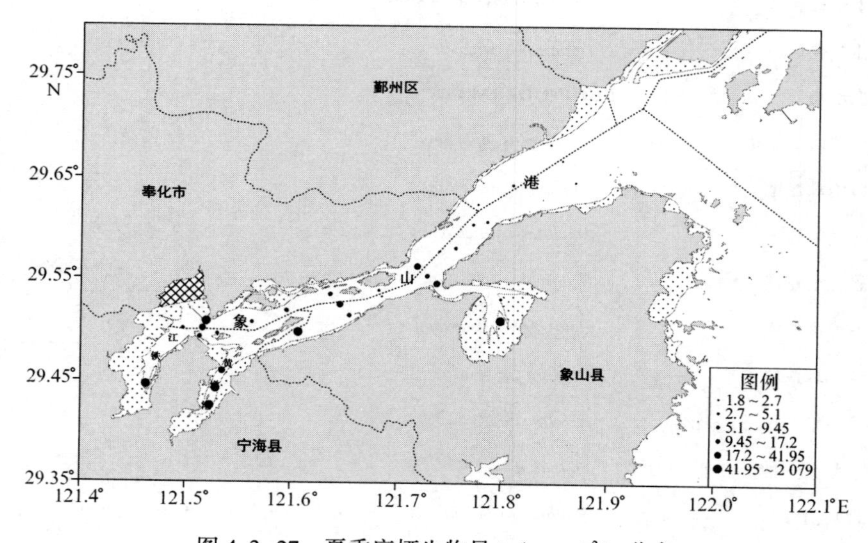

图 4.3-27 夏季底栖生物量/（g·m⁻²）分布

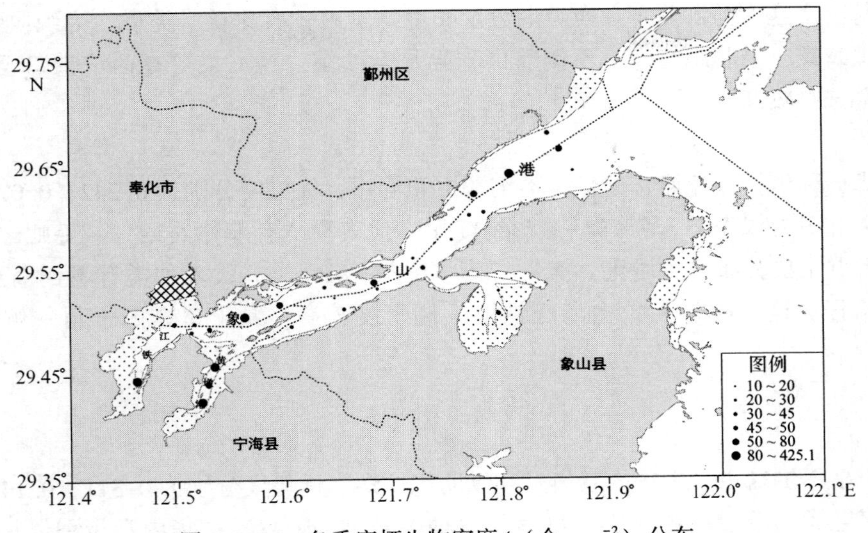

图 4.3-28　冬季底栖生物密度/（个·m^{-2}）分布

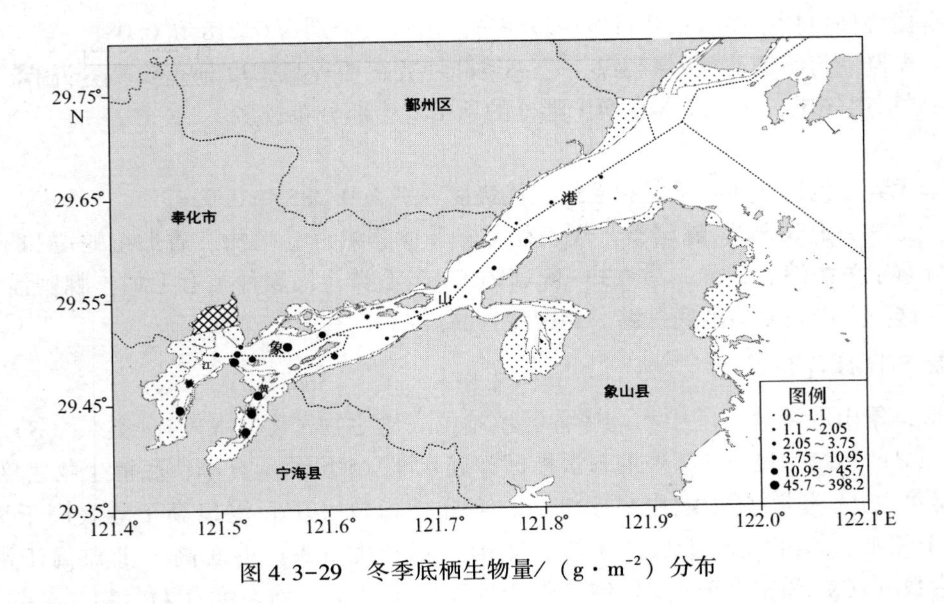

图 4.3-29　冬季底栖生物量/（g·m^{-2}）分布

4.3.4.3　优势种及生态类群

（1）夏季

①港口

港口区夏季优势种包括不倒翁虫、异足索沙蚕和半褶织纹螺，优势度分别为 0.196、0.106 和 0.049。

生态类群：多毛类-织纹螺-蛇尾类。群落代表种类是不倒翁虫、异足索沙蚕、纵肋织纹螺、半褶织纹螺和金氏真蛇尾。

②港中

港中区夏季优势种包括半褶织纹螺、纵肋织纹螺和不倒翁虫，优势度分别为 0.180、0.069 和 0.046。

生态类群：港中区底栖生物类群分2个小类：类群一为蛇尾类-多毛类，代表种类是薄倍棘蛇尾、金氏真蛇尾和不倒翁虫，这一类群分布在西沪港数量和生物量占较大比重。类群二为织纹螺-多毛类。群落代表种类是半褶织纹螺、纵肋织纹螺、不倒翁虫和异足索沙蚕，这一类群在西沪港口至乌沙山电厂前沿海域密度和生物量分布较高。

③港底

港底区夏季优势种包括：菲律宾蛤仔、不倒翁虫和毛蚶，优势度分别为0.242、0.076和0.011。

生态类群：类群一为双壳类-多毛类-盾形组蛇尾，代表种类有菲律宾蛤仔、毛蚶、锥唇吻沙蚕和盾形组蛇尾。这一类群主要分布于黄墩港。类群二为多毛类-双壳类，代表种类有不倒翁虫、覆瓦哈鳞虫、似蛰虫和菲律宾蛤仔。这一类群在象山港底铁港一侧密度较高，狮子口靠狮子角一侧菲律宾蛤仔密度很高。

（2）冬季

①港口

冬季优势种包括不倒翁虫、中华内卷齿蚕和纵肋织纹螺，优势度分别为0.311、0.149和0.074。

生态类群：多毛类-织纹螺-蛇尾类。群落代表种类是不倒翁虫、中华内卷齿蚕、长锥虫、纵肋织纹螺和盾形组蛇尾。

②港中

港中区冬季优势种包括不倒翁虫和日本倍棘蛇尾，优势度分别为0.218和0.081。

生态类群：类群一为不倒翁虫-裸裂虫，这一类群种类在西沪港密度分布较高。类群二为不倒翁虫-日本倍棘蛇尾-盾形组蛇尾，这一类群在西沪港外的象山港中部分布较多。

③港底

港底区冬季优势种包括菲律宾蛤仔和毛蚶，优势度分别为0.285和0.024。

生态类群：类群一为双壳类-蛇尾类，代表种类有菲律宾蛤仔、毛蚶、盾形组蛇尾和不等盘棘蛇尾。这一类群主要分布于黄墩港。类群二为毛蚶-棘刺锚参-多毛类，代表种类有毛蚶、棘刺锚参、不倒翁虫和覆瓦哈鳞虫。这一类群在象山港底铁港一侧密度较高。

4.3.4.4 生物多样性评价

夏季和冬季，象山港港口、港中和港底各区域站位底栖生物密度（N）、种类数（S）、多样性指数（H'）、丰富度（d）和均匀度（J）等生态学指标如表4.3-15所示。夏季，底栖生物密度（N）、种类数（S）和丰富度（d）港底高于港中高于港口，多样性指数（H'）港口高于港底高于港中，均匀度（J）港口与港中相似，港中高于港底。冬季，底栖生物密度（N）港底高于港口高于港中，种类数（S）、多样性指数（H'）和丰富度（d）港口高于港底高于港中，均匀度（J）港口与港中相似，港中高于港底。

表 4.3-15 底栖生物多样性等生态学指标统计

季节		夏季					冬季				
区域	站号	N /(个·m^{-2})	S	H′	d	J	N /(个·m^{-2})	S	H′	d	J
港口	QS1	25	3	1.37	0.43	0.86	45	4	1.97	0.55	0.99
	QS2	30	5	2.25	0.82	0.97	65	4	1.83	0.50	0.92
	QS3	20	3	1.50	0.46	0.95	20	4	2.00	0.69	1.00
	QS4	45	4	1.84	0.55	0.92	90	6	1.95	0.77	0.75
	QS5	145	7	1.77	0.84	0.63	65	5	2.13	0.66	0.92
	QS6	120	4	1.42	0.43	0.71	30	4	1.92	0.61	0.96
	QS7	20	4	2.00	0.69	1.00	30	3	1.46	0.41	0.92
港中	QS08	175	8	2.78	0.94	0.93	20	4	2.00	0.69	1.00
	QS09	55	8	2.40	1.21	0.80	20	3	1.50	0.46	0.95
	QS10	75	5	1.91	0.64	0.82	45	2	0.76	0.18	0.76
	QS11	90	6	2.29	0.77	0.89	15	2	0.92	0.26	0.92
	QS12	75	4	1.69	0.48	0.84	20	2	1.00	0.23	1.00
	QS13	75	6	2.15	0.80	0.83	45	3	1.44	0.36	0.91
	QS14	50	5	2.12	0.71	0.91	65	3	1.46	0.33	0.92
	QS15	50	5	1.96	0.71	0.84	20	2	1.00	0.23	1.00
	QS16	135	8	2.25	0.99	0.75	35	4	1.84	0.58	0.92
	QS17	65	6	2.29	0.83	0.89	10	2	1.00	0.30	1.00
	QS18	45	4	1.75	0.55	0.88	30	1	0.00	0.00	—
港底	QS19	350	9	1.20	0.95	0.38	50	4	1.90	0.53	0.95
	QS20	39.9	6	2.12	0.94	0.82	35	5	2.13	0.78	0.92
	QS21	283.3	10	2.23	1.10	0.67	80	2	0.90	0.16	0.90
	QS22	85	6	2.18	0.78	0.84	290	2	0.29	0.12	0.29
	QS23	480	6	0.91	0.56	0.35	60	4	1.42	0.51	0.71
	QS24	225	6	1.36	0.64	0.52	425	4	0.41	0.34	0.21
	QS25	416.4	14	1.95	1.49	0.51	45	5	2.20	0.73	0.95
	QS26	3 439.9	6	0.15	0.43	0.06	15	3	1.58	0.51	1.00
	QS27	370	13	2.66	1.41	0.72	35	5	2.24	0.78	0.96
	QS28	510	11	1.71	1.11	0.50	35	5	2.24	0.78	0.96
	QS29	80	8	2.73	1.11	0.91	45	3	1.39	0.36	0.88
	QS30	35	5	2.24	0.78	0.96	10	2	1.00	0.30	1.00
	QS31	70	6	1.95	0.82	0.75	250	2	0.24	0.13	0.24

4.3.5 潮间带生物

4.3.5.1 种类组成

冬季和夏季潮间带生物共 110 种（表 4.3-16），其中夏季 89 种，冬季 86 种。其中，软体动物最多，49 种，占 44.5%；节肢动物次之，27 种，占 24.5%；鱼类 8 种，占 7.3%；多毛类 7 种，占 6.4%；大型海藻 6 种，占 5.5%；其他种类 13 种，占 11.8%（图 4.3-30）。

表 4.3-16　潮间带生物名录

序号	种类	拉丁文	T1		T2		T3		T4		T5		T6		T7		T8	
			夏季	冬季	夏季	冬季	夏季	冬季	夏季	冬季	夏季	冬季	夏季	冬季	夏季	冬季	夏季	冬季
	大型海藻																	
1	中间硬毛藻	*Chaetomorpha media*																+
2	浒苔	*Enteromorpha prolifera*						+										
3	肠浒苔	*Enteromrpha intestinalis*												+	+			
4	小石花菜	*Gelidium divaricatum*							+								+	+
5	小杉藻	*Gigartina intermedia*															+	
6	孔石莼	*Ulva pertusa*																+
	多毛类	**POLYCHAETA**																
1	双鳃内卷齿蚕	*Aglaophamus dibranchis*				+												
2	长吻沙蚕	*Glycera chirori*		+		+		+		+		+		+	+	+		
3	异足索沙蚕	*Lumbrineris heteropoda*				+	+								+			
4	日本刺沙蚕	*Neanthes japonica*							+							+		
5	双齿围沙蚕	*Perinereis aibuhitensis*	+					+										
6	多齿围沙蚕	*Perinereis nuntia*	+															+
7	不倒翁虫	*Sternaspis sculsts*	+	+	+	+	+	+	+	+	+	+	+					+
	软体动物	**MOLLUSCA**																
1	红条毛肤石鳖	*Acanthchitoa ubrolineatus*															+	+
2	中国不等蛤	*Anomia chinensis*															+	+
3	堇拟沼螺	*Assiminea violacea*			+	+	+	+			+	+	+		+	+		
4	青蚶	*Barbatia virescens*	+	+					+	+							+	+
5	泥螺	*Bullacta exarata*	+															
6	甲虫螺	*Cantharus cecillei*															+	+
7	嫁虫戚	*Cellana toreuma*																+
8	珠带拟蟹守螺	*Cerithidea cingulata*	+	+	+	+	+	+			+	+	+	+	+	+		
9	小翼拟蟹守螺	*Cerithidea microptera*	+	+	+	+	+				+	+	+	+	+	+		
10	中华拟蟹守螺	*Cerithidea sinensis*					+	+			+		+	+				
11	锈凹螺	*Chlorostoma rusticum*															+	+

续表

序号	种类	拉丁文	T1		T2		T3		T4		T5		T6		T7		T8	
			夏季	冬季	夏季	冬季	夏季	冬季	夏季	冬季	夏季	冬季	夏季	冬季	夏季	冬季	夏季	冬季
12	角杯阿地螺	*Cylichnatys angusta*													+			
13	褐蚶	*Didimacar tenebrica*	+						+								+	
14	中国绿螂	*Glaucomya chinensis*						+					+	+				
15	卵形月华螺	*Haloa ovalis*													+			
16	渤海鸭嘴蛤	*Laternula marilina*			+		+		+		+		+					
17	短滨螺	*Littorina brevicula*	+	+		+			+	+	+	+			+	+	+	+
18	黑口滨螺	*Littorina melanostoma*			+			+			+	+		+			+	+
19	粗糙滨螺	*Littorina scabra*	+	+		+			+	+	+	+		+	+	+	+	+
20	微黄镰玉螺	*Lunatia gilva*		+														
21	朝鲜花冠小月螺	*Lunella coronata coreensis*															+	
22	彩虹明樱蛤	*Moerella iridescens*						+					+	+		+		
23	单齿螺	*Monodonta labio*	+	+					+	+							+	+
24	凸壳肌蛤	*Musculus senhousi*											+					
25	秀丽织纹螺	*Nassarius fedtiva*		+		+					+							
26	半褶织纹螺	*Nassarius semiplicatus*	+	+	+	+	+	+	+	+	+	+	+	+	+	+	+	+
27	红带织纹螺	*Nassarius succinctus*						+										
28	纵肋织纹螺	*Nassarius varicifeus*	+		+	+					+	+	+					
29	渔舟蜒螺	*Nerita albicilla*							+		+						+	
30	齿纹蜒螺	*Nerita yoldi*	+	+		+		+	+	+	+	+					+	+
31	粒结节滨螺	*Nodilittorina exigua*		+					+	+							+	+
32	史氏背尖贝	*Notoacmea schrenckii*	+	+		+			+	+							+	+
33	豆形胡桃蛤	*Nucula kawamurai*											+					
34	石磺	*Onchidium verruculatum*					+								+			

续表

序号	种类	拉丁文	T1		T2		T3		T4		T5		T6		T7		T8	
			夏季	冬季	夏季	冬季	夏季	冬季	夏季	冬季	夏季	冬季	夏季	冬季	夏季	冬季	夏季	冬季
35	僧帽牡蛎	*Ostrea cucullata*	+	+		+			+	+	+	+						+
36	近江牡蛎	*Ostrea rivularis*							+								+	+
37	丽核螺	*Pyrene bella*	+			+			+	+							+	+
38	红螺	*Rapana bezoar*	+						+									
39	脉红螺	*Rapana venosa*		+						+								+
40	婆罗囊螺	*Retusa boenensis*	+	+	+	+			+		+				+		+	
41	条纹隔贻贝	*Septifer virgatus*															+	+
42	缢蛏	*Sinonovacula constricta*												+	+	+		
43	日本菊花螺	*Siphonria japonica*															+	+
44	泥蚶	*Tegillarcr granosa*		+	+								+	+				
45	疣荔枝螺	*Thais clavigera*		+					+								+	+
46	刺荔枝螺	*Thais echinata*	+															
47	斑纹棱蛤	*Trapezium liratum*							+	+								
48	金星铰蝶蛤	*Trigoaothacia uinxingee*				+												
49	黑荞麦蛤	*Vignadula atrata*	+	+		+			+			+					+	
	节肢动物	**ARTHROPODA**																
1	鲜明鼓虾	*Alpheus distinquendus*		+					+	+								
2	日本鼓虾	*Alpheus japonicus*													+			
3	白脊藤壶	*Balbicostus albicostatus*	+	+					+		+	+			+		+	+
4	日本蟳	*Charybdis japonica*		+									+					
5	安氏白虾	*Exopalaemon annandalei*		+										+				
6	脊尾白虾	*Exopalaemon carinicauda*		+												+		
7	中国明对虾	*Fenneropenaeus chinensis*													+			

续表

序号	种类	拉丁文	T1		T2		T3		T4		T5		T6		T7		T8	
			夏季	冬季	夏季	冬季	夏季	冬季	夏季	冬季	夏季	冬季	夏季	冬季	夏季	冬季	夏季	冬季
8	钩虾	Gammaridea															+	
9	伍氏厚蟹	*Helicana wuana*									+			+				
10	肉球近方蟹	*Hemigrapsus sanguineus*															+	+
11	中华近方蟹	*Hemigrapsus sinensis*	+						+	+								+
12	披发异毛蟹	*Heteropilumnus ciliatus*					+							+				
13	宁波泥蟹	*Ilyoplax ningpoensis*	+	+	+	+	+	+				+	+	+	+	+		
14	锯眼泥蟹	*Ilyoplax serrata*											+					
15	淡水泥蟹	*Ilyoplax tansuinsis*		+	+	+	+	+				+	+	+	+	+		
16	海蟑螂	*Ligia exotica*	+	+		+			+	+	+	+			+	+		+
17	特异大权蟹	*Macromedaeus distinguendus*															+	
18	日本大眼蟹	*Macrophthaimus japonicus*		+			+	+			+	+		+	+	+		
19	长足长方蟹	*Metaplax longipes*	+	+	+	+	+	+		+	+	+	+	+	+	+		
20	粗腿厚纹蟹	*Pachygrapsus crassipes*	+	+				+	+	+	+	+		+	+		+	+
21	葛氏长臂虾	*Palaemon gravieri*		+				+										
22	豆形拳蟹	*Philyra pisum*					+											
23	红螯相手蟹	*Sesarma haematocheir*					+	+			+		+					
24	褶痕相手蟹	*Sesarma plicata*	+															
25	日本笠藤壶	*Tetraclita japonica*															+	+
26	鳞笠藤壶	*Tetraclita sqamosa*															+	+
27	弧边招潮	*Uca arcuata*	+	+	+		+		+		+		+	+	+			
	鱼类	**PISCES**																
1	大弹涂鱼	*Boleophthalmus pectinirostris*											+		+			
2	矛尾虾虎鱼	*Chaeturichthys stvqmatias*														+		

续表

序号	种类	拉丁文	T1		T2		T3		T4		T5		T6		T7		T8	
			夏季	冬季	夏季	冬季	夏季	冬季	夏季	冬季	夏季	冬季	夏季	冬季	夏季	冬季	夏季	冬季
3	棱鲅	*Liza carinatus*		+								+				+		
4	斑头肩鳃鳚	*Omobranchus fasciolaticeps*	+	+														
5	弹涂鱼	*Periophthalmus cantonensis*	+	+	+		+	+	+		+		+	+	+	+		
6	斑尾复虾虎鱼	*Synechoqobius ommaturus*													+			
7	舒氏海龙	*Syngnathus schlegeli*	+			+												
8	钟馗虾虎鱼	*Triaeopgon barbatus*		+														
	其它	**OTHERS**																
1	金氏真蛇尾	*Ophiura kinbergi*										+						+
2	海地瓜	*Acaudina molpadioides*				+			+									
3	绿侧花海葵	*Anthopleura midori*															+	+
4	珊瑚虫纲一种	Anthozoa															+	
5	爱氏海葵	*Edwardsia* sp.								+								
6	星虫状海葵	*Eswardsia sipunculoides*														+		
7	纵条肌海葵	*Haliplanella luxiae*	+						+								+	+
8	马粪海胆	*Hemicentrotus pulcherrimus*																+
9	桂山厚丛柳珊瑚	*Hicrsonella guishanensis*															+	
10	纵沟纽虫	*Lineus* sp.				+												
11	纽虫	*Nemertinea* sp.										+						
12	可口革囊星虫	*Phascoiosoma esculenta*	+	+	+	+	+	+	+	+	+	+	+	+	+			+
13	涡虫纲一种	Turbellaria													+			
种类数总计			34	38	16	27	19	22	32	21	26	24	23	23	29	20	36	38

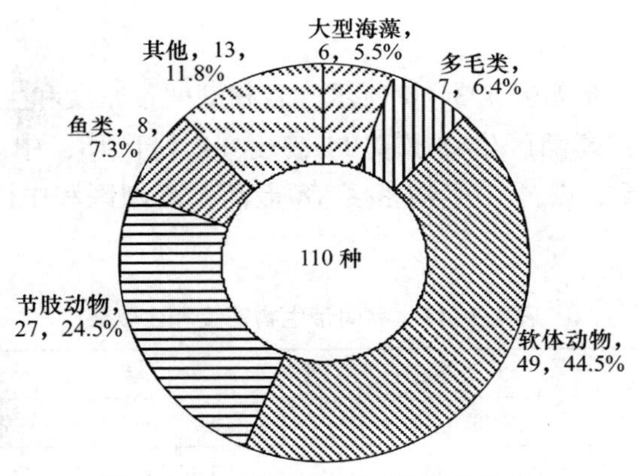

图 4.3-30　象山港潮间带生物组成

（1）岩相

岩相潮间带共 3 条，分别是位于象山港港口的 T1、港中的 T4 和港底的 T8。3 条潮间带夏季和冬季生物共 83 种，其中，软体动物 38 种，节肢动物 21 种，鱼类和多毛类各 5 种，大型海藻 4 种，其他生物 10 种（图 4.3-31）。

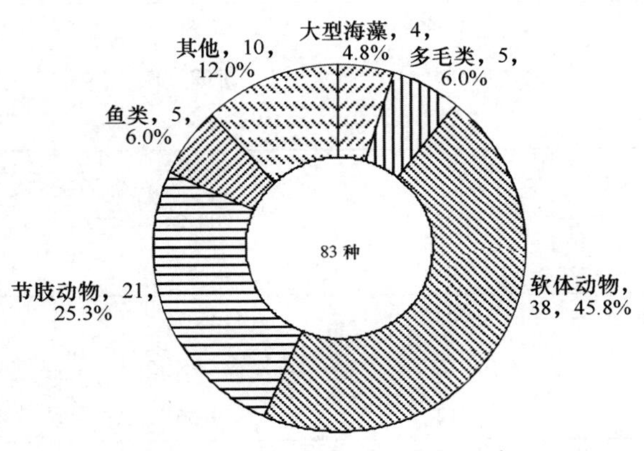

图 4.3-31　岩相潮间带生物组成

（2）泥相

泥相为主的潮间带共 5 条，分别是位于港中部的 T2、T3 和 T5，以及位于港底的 T6 和 T7。5 条潮间带夏季和冬季生物种类共 70 种，其中软体动物最多，29 种，节肢动物次之，19 种（图 4.3-32）。

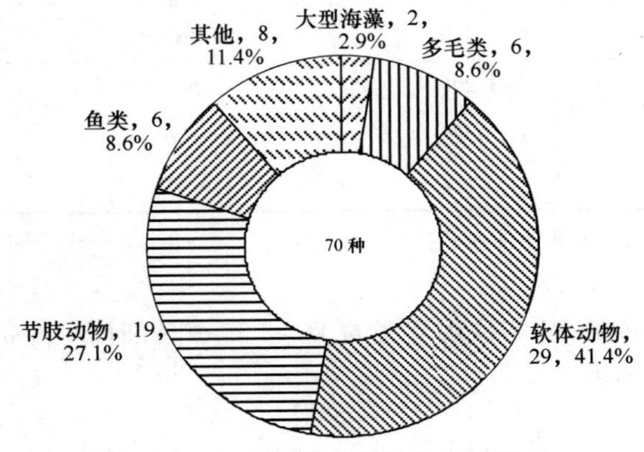

图 4.3-32　泥相潮间带生物种类组成

4.3.5.2 栖息密度和生物量

潮间带生物密度和生物量分布如表 4.3-17 所示，岩相潮间带密度和生物量高于泥相潮间带。

岩相潮间带断面中，夏季，高潮区生物密度 T1 高于 T4 高于 T8，中潮区生物密度 T4 高于 T1 高于 T8，生物量分布趋势和密度一致。冬季，生物密度 T8 最高，高潮区和中潮区生物量 T1 最高，低潮区生物量 T8 最大。

表 4.3-17 潮间带生物密度和生物量

断面	潮区	底质类型	夏季		冬季	
			密度/（个·m^{-2}）	生物量/（g·m^{-2}）	密度/（个·m^{-2}）	生物量/（g·m^{-2}）
T1	高	岩礁	3 624	470.80	594	70.48
	中	砾石、泥滩	1 168	2 046.08	600	872.96
	低	泥滩	448	75.52	104	18.96
T4	高	岩石	2 008	228.80	360	42.32
	中	岩礁、砾石	1 504	3 371.60	280	292.24
	低	泥滩、砾石	768	616.96	128	51.28
T8	高	岩礁	1 344	62.80	1 368	101.44
	中	岩礁	584	1 023.36	960	441.04
	低	岩礁、泥滩	—	—	400	1 394.08
T2	高	泥滩	88	49.68	88	15.92
	中	泥滩	392	208.24	168	14.64
	低	泥滩	80	62.88	80	14.40
T3	高	海草、泥滩	408	125.76	176	111.68
	中	泥滩	1 272	1 295.12	408	184.64
	低	泥滩	112	29.36	56	8.48
T5	高	石堤、砾石	80	30.24	128	38.64
	中	海草、泥滩	224	69.2	200	63.52
	低	泥滩	288	120.4	56	9.60
T6	高	沙泥滩	568	275.28	256	173.12
	中	泥滩	912	232.8	120	75.84
	低	泥滩	200	38.16	40	24.00
T7	高	石堤	296	32.64	32	34.32
	中	泥滩	376	178.16	208	34.72
	低	泥滩	224	119.12	88	18.00

注：“—”表示夏季 T8 低潮区因潮水关系未能成功采样。

泥相潮间带断面中，西沪港的 T3 与象山港底的 T6 和 T7 3 条断面潮间带生物密度和生物量明显高于象山港中部的 T2 和 T5 2 条潮间带。

4.3.5.3 生物群落结构

（1）岩相潮间带

岩相潮间带冬季和夏季生物带组合类型差异不大，各断面间差异较大（表 4.3–18）。3 条断面高潮区均为滨螺带；T1 和 T4 中潮区为牡蛎–蜒螺带，T1 中潮区还有白脊藤壶分布，T4 中潮区有较高密度的青蚶，T8 中潮区是大型海藻场；T1 低潮区是泥滩底质，生物类型为多毛类–蟹守螺类–婆罗囊螺带，T4 低潮区为泥滩、砾石底质，群落类型为青蚶–婆罗囊螺–中华近方蟹，T8 低潮区为岩礁，群落类型为鳞笠藤壶–荔枝螺–大型海藻。

表 4.3–18 岩相潮间带生物组合类型

潮区		高潮区	中潮区	低潮区
断面代号及生物组合带	T1	岩礁、滨螺带	砾石、泥滩 牡蛎–蜒螺–藤壶	泥滩 多毛类–拟蟹守螺–婆罗囊螺
	T4		岩礁、砾石 僧帽牡蛎–蜒螺–青蚶	泥滩、砾石 青蚶–婆罗囊螺–中华近方蟹
	T8		岩礁 大型海藻–贝类–甲壳动物	岩礁 鳞笠藤壶–荔枝螺–大型海藻

（2）泥相潮间带

泥相潮间带高潮区底质类型分石堤、砾石、泥滩和海草等几种类型（表4.3–19），石堤砾石型高潮区为滨螺带，泥滩型高潮区群落类型为堇拟沼螺–拟蟹守螺–泥蟹带，泥相潮间带，T5 断面中潮区为海草场，其他均为泥滩，T5 中潮区生物群落为堇拟沼螺–珠带拟蟹守螺–长足长方蟹带，T2 、T3 中潮区生物群落类型为渤海鸭嘴蛤–小型螺类–泥蟹，T5 中潮区为海草场，群落类型为堇拟沼螺–珠带拟蟹守螺–长足长方蟹带，T6 中潮区为堇拟沼螺–彩虹明樱蛤–珠带拟蟹守螺带，T7 中潮区为肠浒苔–缢蛏–半褶织纹螺带。各断面低潮区均为泥滩，生物种类组合各异，但是，种类仍以小翼拟蟹守螺、长足长方蟹和不倒翁虫为主。

表 4.3–19 夏季象山港泥相潮间带生物组合类型

潮区		高潮区	中潮区	低潮区
断面代号及生物组合带	T2	泥滩 宁波泥蟹–堇拟沼螺	泥滩 渤海鸭嘴蛤–小翼拟蟹守螺–宁波泥蟹	泥滩 小翼拟蟹守螺–长足长方蟹
	T3	海草 堇拟沼螺–中华拟蟹守螺	泥滩 渤海鸭嘴蛤–堇拟沼螺–宁波泥蟹	泥滩 不倒翁虫–长足长方蟹
	T5	石堤、砾石 短滨螺–粗腿厚纹蟹	海草 堇拟沼螺–珠带拟蟹守螺–长足长方蟹	泥滩 纵肋织纹螺–小翼拟蟹守螺–婆罗囊螺
	T6	沙、泥滩 中国绿螂–中华拟蟹守螺–小翼拟蟹守螺	泥滩 堇拟沼螺–彩虹明樱蛤–珠带拟蟹守螺	泥滩 不倒翁虫–小翼拟蟹守螺–彩虹明樱蛤
	T7	石堤 短滨螺–粗糙滨螺	泥滩 肠浒苔–缢蛏–半褶织纹螺	泥滩 缢蛏–小翼拟蟹守螺–异足索沙蚕

泥相潮间带各断面高潮区群落类型因底质类型不同而各异，中潮区和低潮区常见种类有小翼拟蟹守

螺、珠带拟蟹守螺、堇拟沼螺、宁波泥蟹、不倒翁虫和半褶织纹螺等。一些种类则因季节不同或地理位置不同而差异分布。渤海鸭嘴蛤在港中部密度分布较高，浒苔和肠浒苔分布在象山港底和西沪港底，不倒翁虫、长足长方蟹和半褶织纹螺则较常见于低潮区（表 4.3-20）。

表 4.3-20 冬季象山港泥相潮间带生物组合类型

潮区		高潮区	中潮区	低潮区
断面代号及生物组合带	T2	岩石 滨螺带	泥滩 宁波泥蟹-淡水泥蟹	泥滩 丽核螺-不倒翁虫
	T3	海草 浒苔-中华拟蟹守螺-珠带拟蟹守螺	泥滩 珠带拟蟹守螺-堇拟沼螺-浒苔	泥滩 半褶织纹螺-不倒翁虫
	T5	石堤、砾石 粗糙滨螺-短滨螺-革囊星虫	海草 珠带拟蟹守螺-小翼拟蟹守螺-堇拟沼螺	泥滩 小翼拟蟹守螺-纽虫
	T6	海草、泥滩 浒苔-中国绿螂	泥滩 半褶织纹螺-珠带拟蟹守螺	泥滩 小翼拟蟹守螺-半褶织纹螺
	T7	石堤 短滨螺	泥滩 宁波泥蟹-珠带拟蟹守螺	泥滩 宁波泥蟹-珠带拟蟹守螺

4.3.5.4 生物多样性评价

T6、T7 两断面冬季物种多样性明显低于夏季，其他断面冬季和夏季多样性指数差异不大（表 4.3-21）。T1、T4、T7 和 T8 4 条断面，中潮区和低潮区物种多样性明显高于高潮区，其他断面高潮区与中低潮区差异不大。

表 4.3-21 潮间带生物多样性

断面	潮区	夏季				冬季			
		种数	H'	d	J'	种数	H'	d	J'
T1	高潮区	4	0.97	0.25	0.48	4	1.37	0.33	0.68
	中潮区	15	3.04	1.37	0.78	12	2.85	1.19	0.80
	低潮区	6	2.17	0.57	0.84	5	2.08	0.60	0.89
T2	高潮区	6	1.62	0.77	0.63	4	1.49	0.46	0.75
	中潮区	5	1.55	0.46	0.67	6	1.51	0.68	0.58
	低潮区	4	1.76	0.47	0.88	6	2.37	0.79	0.92
T3	高潮区	4	1.71	0.35	0.86	5	1.56	0.54	0.67
	中潮区	9	1.68	0.78	0.53	8	2.04	0.81	0.68
	低潮区	5	2.12	0.59	0.91	3	1.38	0.34	0.87
T4	高潮区	5	0.89	0.36	0.38	3	1.49	0.24	0.94
	中潮区	13	2.36	1.14	0.64	6	2.35	0.62	0.91
	低潮区	14	2.72	1.36	0.72	9	2.77	1.14	0.88
T5	高潮区	6	2.45	0.79	0.95	5	1.97	0.57	0.85
	中潮区	6	1.96	0.64	0.76	5	1.89	0.52	0.81
	低潮区	9	2.79	0.98	0.88	5	2.24	0.69	0.96

续表

断面	潮区	夏季				冬季			
		种数	H′	d	J′	种数	H′	d	J′
T6	高潮区	6	2.08	0.55	0.80	6	1.56	0.63	0.60
	中潮区	9	2.49	0.81	0.79	4	1.24	0.43	0.62
	低潮区	6	2.27	0.65	0.88	3	1.52	0.38	0.96
TT	高潮区	4	1.29	0.37	0.64	1	0	0	—
	中潮区	12	2.73	1.29	0.76	6	2.08	0.65	0.80
	低潮区	11	3.07	1.28	0.89	5	2.12	0.62	0.91
T8	高潮区	4	1.67	0.29	0.84	5	0.88	0.38	0.38
	中潮区	17	3.54	1.74	0.87	13	2.08	1.21	0.56
	低潮区	—	—	—	—	12	2.73	1.27	0.76

4.4 水动力特征

4.4.1 潮汐

4.4.1.1 实测潮汐特征

2011年夏季，乌沙山潮位站最大潮差5.51 m，最小潮差0.87 m，平均潮差3.65 m；平均涨潮历时也大于落潮历时，平均涨潮历时为7 h 15 min ，平均落潮历时为5 h 2 min。

2011年冬季，乌沙山潮位站最大潮差5.33 m，最小潮差1.70 m，平均潮差3.40 m；平均涨潮历时也大于落潮历时，平均涨潮历时为7 h 16 min，平均落潮历时为5 h 2 min。

4.4.1.2 潮汐特性

工程海区的潮汐属于不规则半日浅海潮。

4.4.1.3 历年监测结果比对

2005—2009年夏季以及2005—2008年冬两季均在强蛟煤码头设立了临时潮位站，进行半个月连续潮位观测。2011年的潮位资料引自乌沙山自动潮位观测站。夏、冬两季的实测潮汐特征值分别见表4.4-1和表4.4-2。

表4.4-1 2005—2008年夏季实测潮汐特征值比对

测站	年份	潮位/cm					潮差/cm			涨、落潮历时	
		最高潮位	最低潮位	平均高潮	平均低潮	平均海面	最大潮差	最小潮差	平均潮差	平均涨潮	平均落潮
强蛟临时潮位站	2005年	414	−224	249	−141	47	570	144	390	7 h 32 min	4 h 50 min
	2006年	418	−194	269	−124	47	612	97	393	7 h 26 min	4 h 57 min
	2007年	423	−187	266	−96	72	590	123	362	7 h 34 min	4 h 51 min
	2008年	382	−201	269	−109	63	579	128	378	7 h 33 min	4 h 53 min
	2009年	415	−190	260	−103	65	585	126	363	7 h 32 min	4 h 53 min
乌沙山站	2011年	372	−199	253	−112	44	551	87	365	7 h 15 min	5 h 2 min

表 4.4-2　2005—2008 年冬季半月实测潮汐特征值比对

测站	年份	潮位/cm					潮差/cm			涨、落潮历时	
		最高潮位	最低潮位	平均高潮	平均低潮	平均海面	最大潮差	最小潮差	平均潮差	平均涨潮	平均落潮
强蛟临时潮位站	2005 年	325	-207	221	135	36	522	133	356	7 h 25 min	4 h 58 min
	2006 年	360	-236	246	-142	43	585	189	388	7 h 28 min	4 h 57 min
	2007 年	347	-225	244	-133	42	536	129	377	7 h 26 min	4 h 59 min
	2008 年	345	-228	230	-135	31	592	165	365	7 h 30 min	4 h 56 min
乌沙山站	2011 年	289	-246	205	-135	14	533	170	340	7 h 16 min	5 h 2 min

（1）夏季

测验海域历年实测潮汐特征值比较接近：强蛟临时潮位站，夏季平均海平面介于 47~72 cm，2007 年平均海平面最高，2009 年次之；平均潮差介于 362~393 cm，其中 2006 年最大，2005 年次之。海区涨潮历时大于落潮历时，平均涨、落潮历时分别约为 7 h 30 min、4 h 54 min；乌沙山自动潮位观测站，平均潮差为 365 cm，涨潮历时大于落潮历时，平均涨潮、落潮历时分别约为 7 h 15 min、5 h 2 min（表 4.4-1）。

（2）冬季

测验海域各年实测潮汐特征值比较接近：强蛟临时潮位站，冬季平均海平面介于 31~43 cm，2006 年和 2007 年平均海平面较 2005 年和 2008 年要高；平均潮差介于 356~388 cm，其中 2006 年最大，2007 年次之；海区涨潮历时大于落潮历时，平均涨、落潮历时分别约为 7 h 27 min、4 h 58 min。乌沙山自动潮位观测站，平均潮差为 340 cm，涨潮历时大于落潮历时，平均涨、落潮历时分别约为 7 h 16 min、5 h 2 min（表 4.4-2）。

（3）夏、冬两季比较

通过以往的潮汐调和分析，调查海区为非正规半日浅海潮港，浅海分潮所占比重很大，浅海效应明显。各年份中平均海平面、平均高潮以及平均潮差夏季均高于同年冬季，平均低潮夏季低于同年冬季。

4.4.2　潮流

4.4.2.1　流速、流向分布特征

根据夏季和冬季大、小潮期间各条垂线表层、0.2*H*、0.4*H*、0.6*H*、0.8*H*、底层、垂向平均的实测流速、流向资料绘制了定点测站的涨、落潮流矢量图（图 4.4-1 至图 4.4-4）。

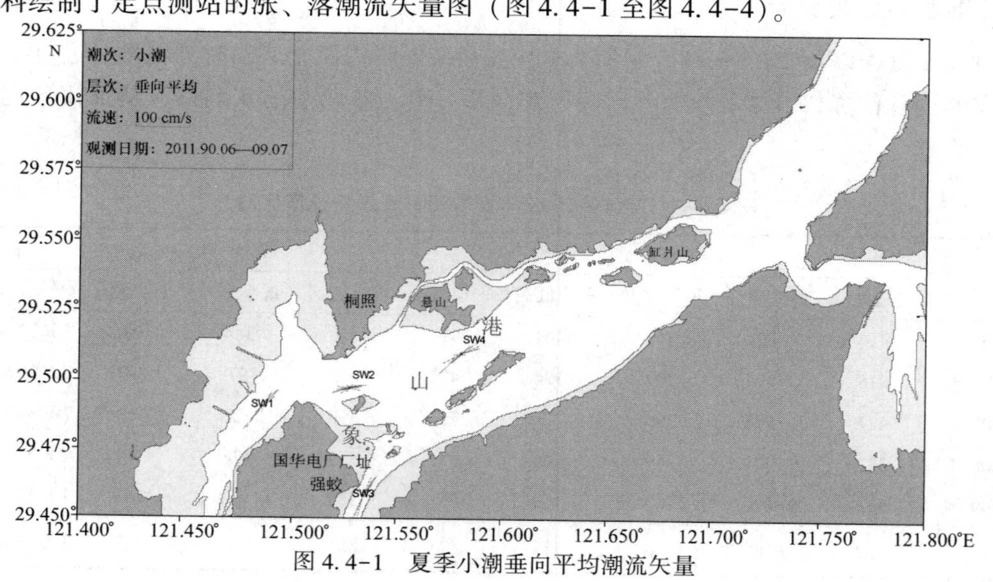

图 4.4-1　夏季小潮垂向平均潮流矢量

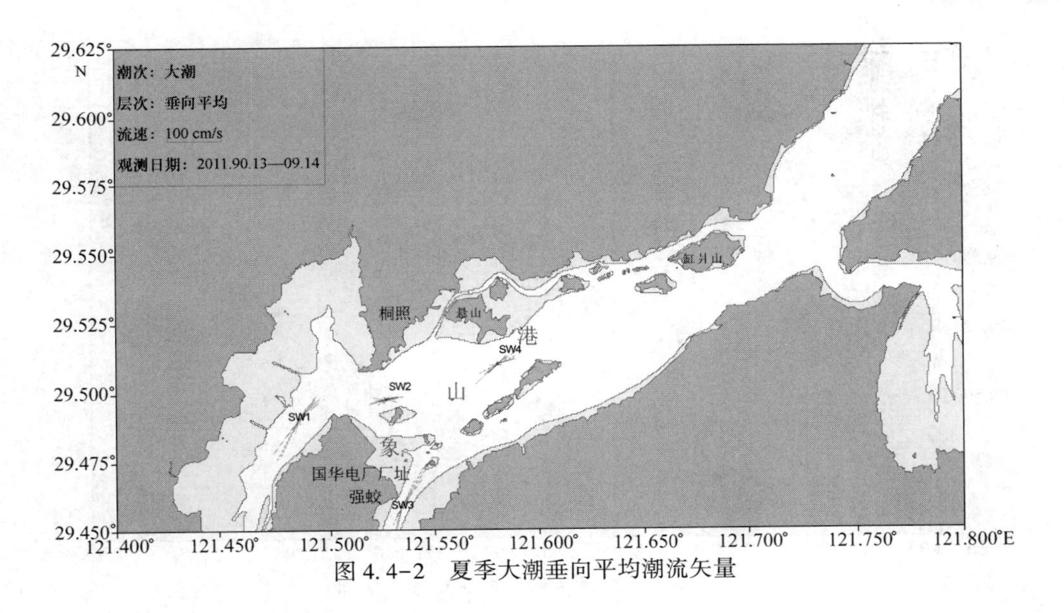

图 4.4-2　夏季大潮垂向平均潮流矢量

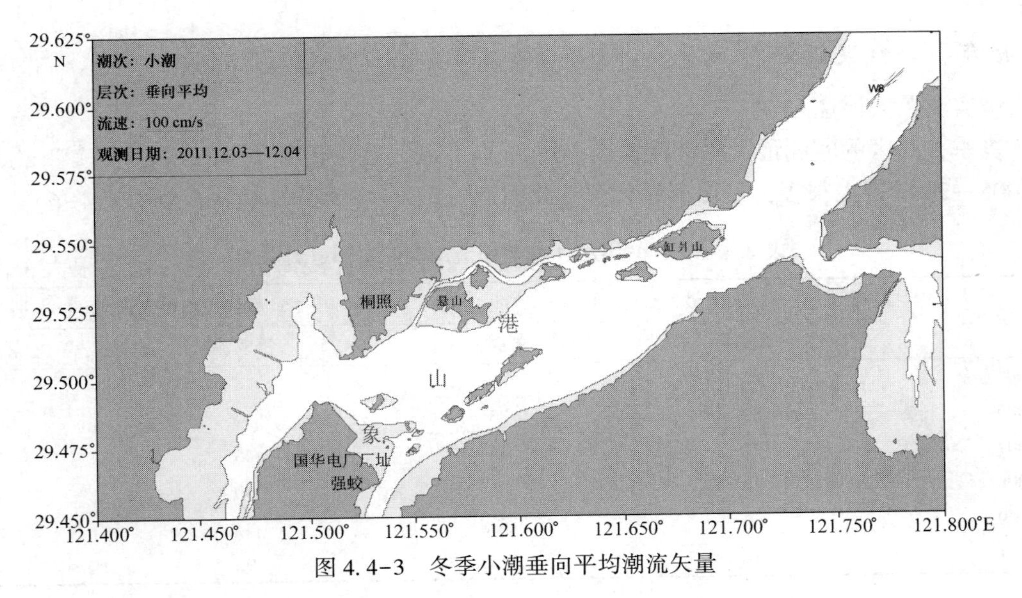

图 4.4-3　冬季小潮垂向平均潮流矢量

（1）夏季

测区的实测最大涨潮流速为 101 cm/s，其对应流向为 218°；最大落潮流速为 112 cm/s，其对应流向为 49°；垂向平均的最大涨潮流流速为 92 cm/s，其对应流向为 219°；垂向平均的最大落潮流流速为 93 cm/s，其对应流向为 71°；涨潮流历时长于落潮流历时。

（2）冬季

测区的实测最大涨潮流速为 94 cm/s，其对应流向为 224°；最大落潮流速为 110 cm/s，其对应流向为 55°；垂向平均的最大涨潮流流速为 87 cm/s，其对应流向为 214°；垂向平均的最大落潮流流速为 102 cm/s，其对应流向为 59°；涨潮流历时长于落潮流历时。

总体来讲，测区的流速较大，落潮流流速大于涨潮流流速；涨潮流历时长于落潮流历时。

4.4.2.2　潮流性质

潮流性质应属于不规则半日浅海潮流，以往复流为主。

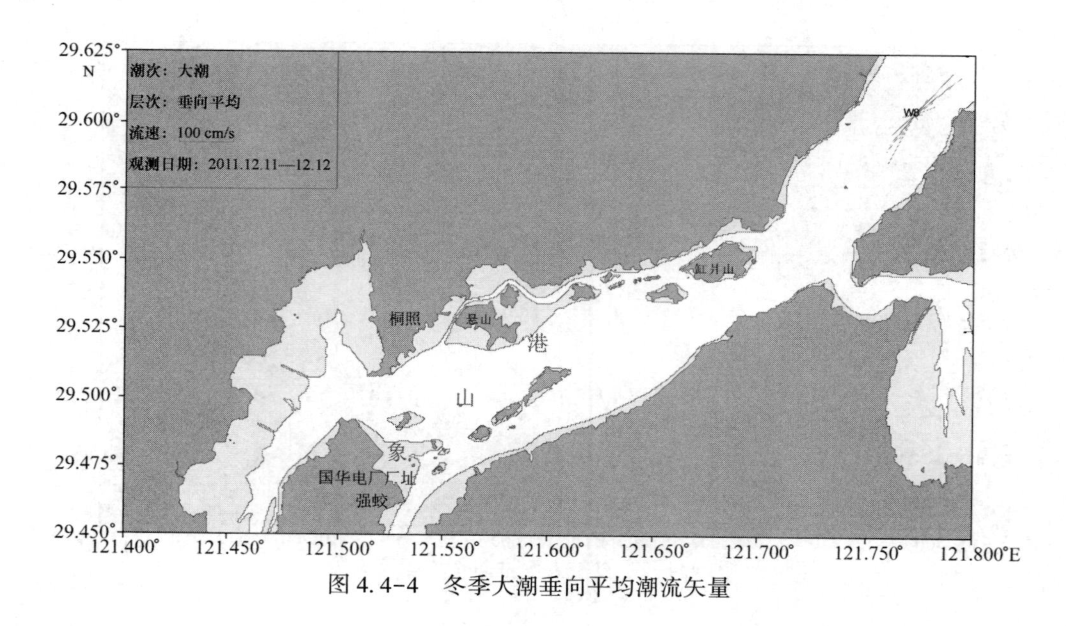

图 4.4-4　冬季大潮垂向平均潮流矢量

4.4.2.3　历年监测结果比对

（1）夏季实测最大流速

2011 年夏季，测区的实测最大涨潮流速为 101 cm/s，最大落潮流速为 112 cm/s；实测最大涨、落潮流流速比 2005—2009 年大很多，是由测站位置变化引起（表 4.4-3 和图 4.4-5 至图 4.4-6）。

表 4.4-3　2005—2011 年夏季大潮期间实测最大流速

年份	实测最大流速/（$cm \cdot s^{-1}$）		垂向平均最大流速/（$cm \cdot s^{-1}$）	
	涨潮流	落潮流	涨潮流	落潮流
2005	65	69	48	53
2006	80	85	54	64
2007	77	86	45	73
2008	74	81	40	46
2009	60	63	47	65
2011	101	112	92	93

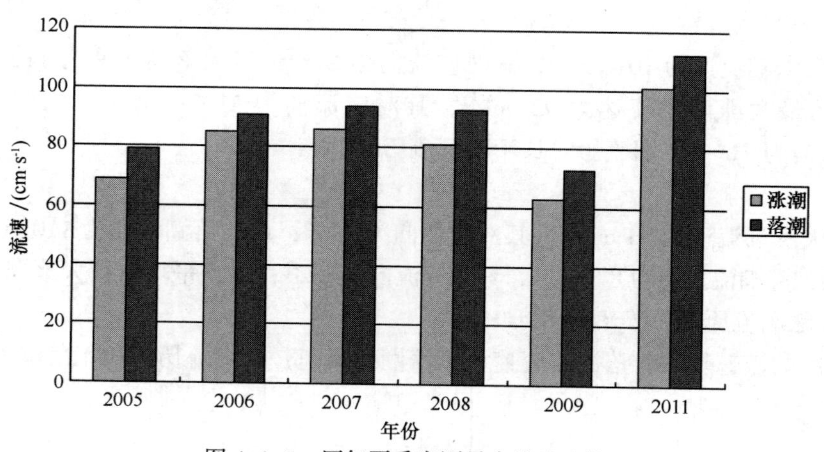

图 4.4-5　历年夏季实测最大流速比较

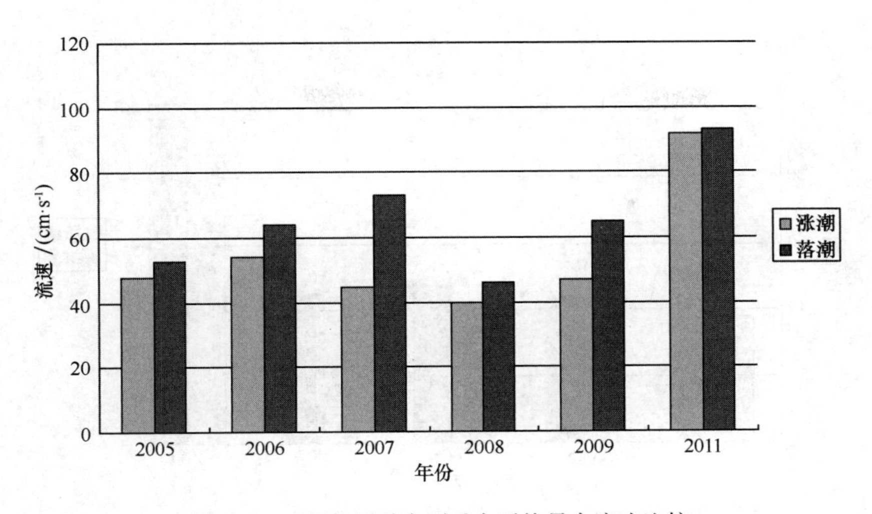

图 4.4-6　历年夏季实测垂向平均最大流速比较

（2）冬季实测最大流速

2005—2009 年，实测最大涨、落潮流流速和实测垂向平均最大流速变化不大。2011 年冬季，测区的实测最大涨潮流速为 94 cm/s，最大落潮流速为 110 cm/s；实测最大涨、落潮流流速比 2004—2007 年都要大很多，这是由于测站位置变化引起的（表 4.4-4 和图 4.4-7 至图 4.4-8）。

表 4.4-4　2004—2011 冬季大潮期间实测最大流速

年份	实测最大流速/（$cm \cdot s^{-1}$）		垂向平均最大流速/（$cm \cdot s^{-1}$）	
	涨潮流	落潮流	涨潮流	落潮流
2004	75	89	38	52
2005	89	90	43	44
2006	76	86	35	50
2007	96	94	33	45
2011	94	110	87	102

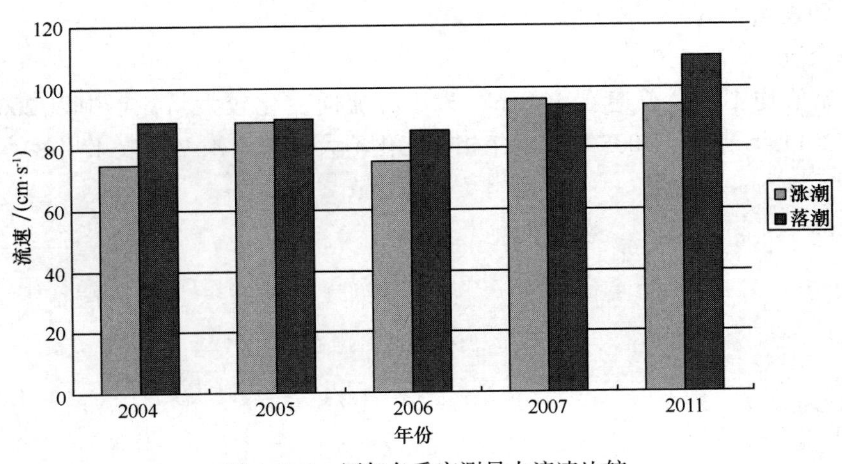

图 4.4-7　历年冬季实测最大流速比较

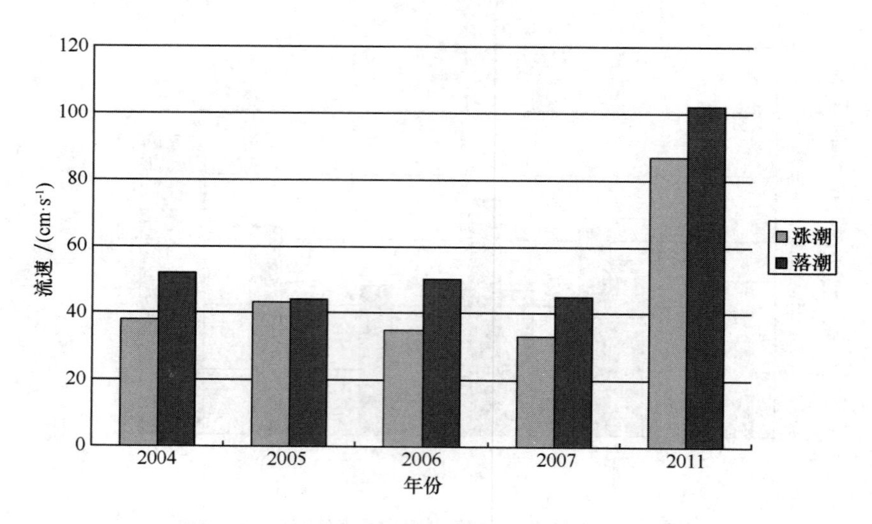

图 4.4-8　历年冬季实测垂向平均最大流速比较

总体来讲，2005—2009 年，实测最大涨、落潮流流速和实测垂向平均最大流速变化不大；2011 年，实测最大涨、落潮流流速比 2005—2009 年都要大很多，这是由于测站位置变化引起的。

4.4.3　余流

4.4.3.1　余流特征

夏季，平均余流为 5.4 cm/s；冬季，平均余流为 7.6 cm/s；各测站余流有大潮较大、小潮较小的特性；夏季，各测站各层次余流的方向与涨潮流方向基本一致；冬季，余流的方向与落潮流方向基本一致；越靠近外海，余流越大。

4.4.3.2　历年监测结果比对

（1）历年夏季余流

测验海区的余流值均不大，普遍在 10 cm/s 以下，且余流流向或随涨潮流流向，或随落潮流流向，变化较大；各年中以 2005 年的流速最大，2007 年和 2008 年流速较小；2011 年余流与 2005—2009 年相比变化不大（表 4.4-5 和表 4.4-6）。

（2）历年冬季余流

测验海区的余流值均不大，普遍在 10 cm/s 以下，流向变化较大，各年中以 2005 年的流速最大，2007 年流速次之；2011 年余流与 2005—2009 年相比变化不大（表 4.4-7 和表 4.4-8）。

表 4.4-5 2005—2011 年夏季大潮期间余流（垂线平均）

年份	站位																			
	A		B		C		G		H		I		SW1		SW2		SW3		SW4	
	流速/(cm·s^{-1})	流向/(°)	流速/(cm·s^{-1})	流向/(°)	流速/(cm·s^{-1})	流向/(°)	流速/(cm·s^{-1})	流向/(°)	流速/(cm·s^{-1})	流向/(°)	流速/(cm·s^{-1})	流向/(°)	流速/(cm·s^{-1})	流向/(°)	流速/(cm·s^{-1})	流向/(°)	流速/(cm·s^{-1})	流向/(°)	流速/(cm·s^{-1})	流向/(°)
2005	16	80	4	135	—	—	13	301	6	41	8	203	—	—	—	—	—	—	—	—
2006	10	114	6	71	3	252	5	259	3	49	8	177	—	—	—	—	—	—	—	—
2007	6	113	1	338	7	303	8	265	5	146	6	69	—	—	—	—	—	—	—	—
2008	5	109	4	282	2	113	7	282	1	77	6	219	—	—	—	—	—	—	—	—
2009	8	100	—	—	—	—	5	271	3	90	—	—								
2011	—	—	—	—	—	—	—	—	—	—	—	—	7	218	4	290	7	199	9	224

表 4.4-6 2005—2011 年夏季小潮期间余流（垂线平均）

年份	站位																			
	A		B		C		G		H		I		SW1		SW2		SW3		SW4	
	流速/(cm·s^{-1})	流向/(°)	流速/(cm·s^{-1})	流向/(°)	流速/(cm·s^{-1})	流向/(°)	流速/(cm·s^{-1})	流向/(°)	流速/(cm·s^{-1})	流向/(°)	流速/(cm·s^{-1})	流向/(°)	流速/(cm·s^{-1})	流向/(°)	流速/(cm·s^{-1})	流向/(°)	流速/(cm·s^{-1})	流向/(°)	流速/(cm·s^{-1})	流向/(°)
2005	5	261	8	278	8	46	6	260	3	277	1	149	—	—	—	—	—	—	—	—
2006	6	125	2	317	2	8	5	218	1	22	3	159	—	—	—	—	—	—	—	—
2007	5	124	5	143	6	324	4	256	1	109	2	130	—	—	—	—	—	—	—	—
2008	3	251	3	108	2	50	5	286	1	48	4	235	—	—	—	—	—	—	—	—
2009	2	220	—	—	—	—	5	232	1	80	—	—	—	—	—	—	—	—	—	—
2011	—	—	—	—	—	—	—	—	—	—	—	—	2	186	1	214	2	132	3	186

表 4.4-7　2005—2011 年冬季大潮期间余流（垂线平均）

年份	站位													
	A		B		C		G		H		I		W8	
	流速/(cm·s^{-1})	流向/(°)	流速/(cm·s^{-1})	流向/(°)	流速/(cm·s^{-1})	流向/(°)	流速/(cm·s^{-1})	流向/(°)	流速/(cm·s^{-1})	流向/(°)	流速/(cm·s^{-1})	流向/(°)	流速/(cm·s^{-1})	流向/(°)
2005	14	69	5	156	12	62	3	313	7	72	7	197	—	—
2006	2	65	5	179	4	38	8	294	6	116	8	223	—	—
2007	5	75	2	33	2	233	5	237	7	103	5	212	—	—
2008	8	107	1	319	8	89	5	177	2	177	11	197	—	—
2011	—	—	—	—	—	—	—	—	—	—	—	—	8	75

表 4.4-8　2005—2011 年冬季小潮期间余流（垂线平均）

年份	站位													
	A		B		C		G		H		I		W8	
	流速/(cm·s^{-1})	流向/(°)	流速/(cm·s^{-1})	流向/(°)	流速/(cm·s^{-1})	流向/(°)	流速/(cm·s^{-1})	流向/(°)	流速/(cm·s^{-1})	流向/(°)	流速/(cm·s^{-1})	流向/(°)	流速/(cm·s^{-1})	流向/(°)
2005	6	63	4	53	4	57	1	129	7	72	4	207		
2006	1	94	4	160	1	95	2	272	5	118	5	216	—	—
2007	4	120	3	167	1	56	4	183	3	94	3	82	—	—
2008	1	196	5	149	2	77	6	127	1	178	5	175	—	—
2011	—	—	—	—	—	—	—	—	—	—	—	—	7	67

4.4.4 小结

4.4.4.1 潮汐

潮汐特征：工程海区的潮汐属于不规则半日浅海潮，潮差较大，平均涨潮历时也大于落潮历时。

历年监测结果比对：各年份中平均海平面、平均高潮以及平均潮差夏季均高于同年冬季，平均低潮夏季低于同年冬季；2005—2011 年，潮汐特征变化不大。

4.4.4.2 潮流

潮流特征：夏季，测区的实测最大涨潮流速为 101 cm/s，其对应流向为 218°；最大落潮流速为 112 cm/s，其对应流向为 49°；冬季，测区的实测最大涨潮流速为 94 cm/s，其对应流向为 224°；最大落潮流速为 110 cm/s，其对应流向为 55°；涨潮流历时长于落潮流历时，但落潮流流速大于涨潮流流速；潮流性质应属于不规则半日浅海潮流，以往复流为主。

历年监测结果比对结果：2005—2009 年，实测最大涨、落潮流流速和实测垂向平均最大流速变化不大；2011 年，实测最大涨、落潮流流速比 2005—2009 年都要大很多，这是由于测站位置变化引起的。

4.4.4.3 余流

余流特征：夏季，平均余流为 5.4 cm/s；冬季，平均余流为 7.6 cm/s；各测站余流有大潮较大、小潮较小的特性；夏季，各测站各层次余流的方向与涨潮流方向基本一致；冬季，余流的方向与落潮流方向基本一致；越靠近外海，余流越大。

历年监测结果比对：2011 年余流与 2005—2009 年相比变化不大。

第 5 章　象山港海域环境容量研究

为了探明象山港海域的水动力特征及水交换情况，采用 2011 年调查数据，并收集了历年资料，并结合水动力数值模型，进行分析。根据象山港污染物动力扩散数值模型，进行象山港容量估算，确定 COD、TN、TP 为河流、水闸及工业直排口的减排指标。通过污染物总量控制分配，对象山港沿岸各入海口的 TN、TP 进行减排处理并确定减排目标。

5.1　象山港潮流和余流特征、纳潮量及水体交换研究

5.1.1　数值模型简介

根据研究区域情况和对现有资料的分析，采用 Delft3D 软件建立一个包括象山港及其附近水域的三维水动力模型。

5.1.1.1　模型控制方程

模型采用不可压缩流体、浅水、Boussinnesq 假定下的 Navier-Stokes 方程，方程中垂向动量方程中的垂向加速度相对水平方向上的分量是一小量，可忽略不计，因此，垂向上采用的是静水压力方程。考虑到计算区域温度变化梯度较小，可以近似认为对流场的影响可忽略。

（1）连续方程

$$\frac{\partial \zeta}{\partial t} + \frac{1}{\sqrt{G_{\xi\xi}G_{\eta\eta}}}\frac{\partial[(d+\zeta)u\sqrt{G_{\eta\eta}}]}{\partial \xi} + \frac{1}{\sqrt{G_{\xi\xi}G_{\eta\eta}}}\frac{\partial[(d+\zeta)v\sqrt{G_{\xi\xi}}]}{\partial \eta} = Q \tag{5.1-1}$$

式中，Q 表示单位面积由于排水、引水、蒸发或降雨等引起的水量变化：

$$Q = H\int_{-1}^{0}(q_{in} - q_{out})\,d\sigma + P - E$$

式中的 q_{in} 和 q_{out} 表示单位体积内源和汇；u，v 表示 ξ，η 方向上的速度分量，ζ 表示水位，d 表示水深。

（2）水平方向动量方程

$$\begin{aligned}
&\frac{\partial u}{\partial t} + \frac{u}{\sqrt{G_{\xi\xi}}}\frac{\partial u}{\partial \xi} + \frac{v}{\sqrt{G_{\eta\eta}}}\frac{\partial u}{\partial \eta} + \frac{\omega}{d+\zeta}\frac{\partial u}{\partial \sigma} + \frac{uv}{\sqrt{G_{\xi\xi}}\sqrt{G_{\eta\eta}}}\frac{\partial\sqrt{G_{\xi\xi}}}{\partial \eta} - \frac{v^2}{\sqrt{G_{\xi\xi}}\sqrt{G_{\eta\eta}}}\frac{\partial\sqrt{G_{\eta\eta}}}{\partial \eta} - fv \\
&= -\frac{1}{\rho_0\sqrt{G_{\xi\xi}}}P_{\xi} + F_{\xi} + \frac{1}{(d+\zeta)^2}\frac{\partial}{\partial \sigma}\left(V_{\nu}\frac{\partial u}{\partial \sigma}\right) + M_{\xi} \\
&\frac{\partial v}{\partial t} + \frac{u}{\sqrt{G_{\xi\xi}}}\frac{\partial v}{\partial \xi} + \frac{v}{\sqrt{G_{\eta\eta}}}\frac{\partial v}{\partial \eta} + \frac{\omega}{d+\zeta}\frac{\partial v}{\partial \sigma} + \frac{uv}{\sqrt{G_{\xi\xi}}\sqrt{G_{\eta\eta}}}\frac{\partial\sqrt{G_{\xi\xi}}}{\partial \eta} - \frac{u^2}{\sqrt{G_{\xi\xi}}\sqrt{G_{\eta\eta}}}\frac{\partial\sqrt{G_{\xi\xi}}}{\partial \eta} + fu \\
&= -\frac{1}{\rho_0\sqrt{G_{\eta\eta}}}P_{\eta} + F_{\eta} + \frac{1}{(d+\zeta)^2}\frac{\partial}{\partial \sigma}\left(V_{\nu}\frac{\partial v}{\partial \sigma}\right) + M_{\eta}
\end{aligned} \tag{5.1-2}$$

式中，u，v，ω 分别表示在正交曲线坐标系下 ξ，η，σ 3 个方向上的速度分量，其中 ω 是定义在运动的 σ 平面的竖向速度，在 σ 坐标系统中由以下的连续方程求得：

$$\frac{\partial\zeta}{\partial t}+\frac{1}{\sqrt{G_{\xi\xi}}\sqrt{G_{\eta\eta}}}\frac{\partial\left[(d+\zeta)u\sqrt{G_{\eta\eta}}\right]}{\partial\xi}+\frac{1}{\sqrt{G_{\xi\xi}}\sqrt{G_{\eta\eta}}}\frac{\partial\left[(d+\zeta)v\sqrt{G_{\xi\xi}}\right]}{\partial\eta}+\frac{\partial\omega}{\partial\sigma}=H(q_{in}-q_{out}) \tag{5.1-3}$$

ω 是同 σ 的变化相联系的，实际在 Cartesian 坐标系下的垂向速度 w 并不包含于模型方程之中，其与 ω 的关系式表示如下：

$$w=\omega+\frac{1}{\sqrt{G_{\xi\xi}}\sqrt{G_{\eta\eta}}}\left[u\sqrt{G_{\eta\eta}}\left(\sigma\frac{\partial H}{\partial\xi}+\frac{\partial\zeta}{\partial\xi}\right)+v\sqrt{G_{\xi\xi}}\left(\sigma\frac{\partial H}{\partial\eta}+\frac{\partial\zeta}{\partial\eta}\right)\right]+\left(\sigma\frac{\partial H}{\partial t}+\frac{\partial\zeta}{\partial t}\right) \tag{5.1-4}$$

式（5.1-2）中，F_ξ，F_η 为 ξ，η 方向的紊动动量通量；M_ξ，M_η 为 ξ，η 方向的动量源或汇，包括建筑物引起的外力、波浪切应力，排引水产生的外力；ρ_0 为水体密度；V_ν 为竖向涡动系数；f 是科氏力参数，取决于地理纬度和地球自转的角速度 Ω，f 可用下式表示：

$f=2\Omega\sin\phi$，ϕ 为北纬纬度

P_ξ 和 P_η 为（ξ，η，σ）坐标系中 ξ，η 方向的静水压力梯度。

$$\begin{aligned}\frac{1}{\rho_0\sqrt{G_{\xi\xi}}}P_\xi&=\frac{g}{\sqrt{G_{\xi\xi}}}\frac{\partial\zeta}{\partial\xi}+\frac{1}{\rho_0\sqrt{G_{\xi\xi}}}\frac{\partial P_{atm}}{\partial\xi}\\\frac{1}{\rho_0\sqrt{G_{\eta\eta}}}P_\eta&=\frac{g}{\sqrt{G_{\eta\eta}}}\frac{\partial\zeta}{\partial\eta}+\frac{1}{\rho_0\sqrt{G_{\eta\eta}}}\frac{\partial P_{atm}}{\partial\eta}\end{aligned} \tag{5.1-5}$$

P_{atm} 包括浮体建筑物引起的压力在内的自由面压力，本计算中不作考虑。

正交曲线变换：$\xi=\xi(x,y)$，$\eta=\eta(x,y)$，$\sigma=\dfrac{z-\zeta}{d+\zeta}$，在自由水面处 $\sigma=0$，在水底处 $\sigma=-1$；

定义部分变量：$\sqrt{G_{\xi\xi}}=\sqrt{x_\xi^2+y_\xi^2}$，$\sqrt{G_{\eta\eta}}=\sqrt{x_\eta^2+y_\eta^2}$，$\sqrt{G_{\xi\xi}}$ 和 $\sqrt{G_{\eta\eta}}$ 表示从曲线坐标系到直角坐标系的转换系数。

5.1.1.2　定解条件

（1）初始条件

$$\begin{cases}\zeta(\xi,\ \eta,\ t)\big|_{t=0}=0\\u(\xi,\ \eta,\ t)\big|_{t=0}=v(\xi,\ \eta,\ t)\big|_{t=0}=0\end{cases}$$

（2）边界条件

① 开边界：考虑到模型的范围较大，模型允许将边界分段处理，每段给定端点上的边界过程，中间点采用线性插值的方法计算。本模型的开边界分成 4 段，根据相关资料分析 $K_1+O_1+P_1+Q_1+M_2+S_2+K_2+N_2+M_4+MS_4+M_6$ 分潮调和常数，进而以预报的潮位过程给定各开边界条件。

② 闭边界：考虑到研究区域范围较大，网格尺度亦较大，在闭边界处采用自由滑移边界条件，与闭边界垂直方向流速为零：

$$\frac{\partial\vec{v}}{\partial n}=0$$

③ 运动边界

$$\begin{cases} \omega|_{\sigma=0} = 0 \\ \omega|_{\sigma=-1} = 0 \end{cases}$$

④ 底边界

$$\frac{V_v}{H}\frac{\partial u}{\partial \sigma}\bigg|_{\sigma=-1} = \frac{\tau_{b\xi}}{\rho_0}$$

$$\frac{V_v}{H}\frac{\partial v}{\partial \sigma}\bigg|_{\sigma=-1} = \frac{\tau_{b\eta}}{\rho_0}$$

式中，$\tau_{b\xi}$，$\tau_{b\eta}$ 为底部切应力在 ξ，η 方向上的分量，底部应力是水流和风共同作用的结果，底部应力的计算如下：

对垂线平均情况下的由紊流引起的底部切应力：

$$\tau_b = \frac{\rho_0 g}{C_{2D}^2 \ |\underset{-}{U}|^2}$$

对于三维流动：

$$\tau_b = \frac{\rho_0 g}{C_{3D}^2 \ |\underset{-}{u_b}|^2}$$

其中 $|U|$ 为垂线平均流速的大小；$|u_b|$ 表示近底第一层上水平速度的大小，竖向速度可忽略。c_{2D} 为谢才系数，用曼宁公式计算：

$$C_{2D} = \frac{\sqrt[6]{H}}{n}$$

式中，H 为总水深，$H=d+\zeta$，n 为曼宁系数。

$$C_{3D} = C_{2D} + 2.5\sqrt{g}\ln\left(\frac{15\Delta z_b}{k_s}\right)$$

式中，g 为重力加速度，Δz_b 为底层厚度，k_s 为 Nikuradse 粗糙高度。

⑤ 自由表面边界条件

计算式为：
$$|\underset{-}{\tau_s}| = \rho_a C_d(U_{10})\, U_{10}^2$$

式中，ρ_a 为大气密度，U_{10} 为自由表面以上 10 m 高处的风速，C_d 为风拖曳系数。风拖曳系数的大小取决于风速、随风速的增加而响应的海面粗糙度，可用以下经验关系来确定其大小：

$$C_d(U_{10}) = \begin{cases} C_d^A U_{10} \leqslant U_{10}^A \\ C_d^A + (C_d^A - C_d^B)\dfrac{U_{10}^A - U_{10}}{U_{10}^B - U_{10}^A} U_{10}^B \leqslant U_{10} \leqslant U_{10}^B \\ C_d^A U_{10}^A \leqslant U_{10} \end{cases}$$

式中，C_d^A，C_d^B 为用户给定的在风速为 U_{10}^A，U_{10}^B时的拖曳系数，U_{10}^A和 U_{10}^B为用户给定的风速。

5.1.1.3 计算方法和差分格式

模型采用的是基于有限差分的数值方法，利用正交曲线网格对空间进行离散，对原偏微分方程组的求解就转化为求解在正交曲线网格上的离散点上的变量值。模型中水位、流速、水深等变量在正交曲线网格上的分布与在一般采用有限差分的网格上的分布不同，其变量在一个网格单元上的分布如图 5.1-1 所示。

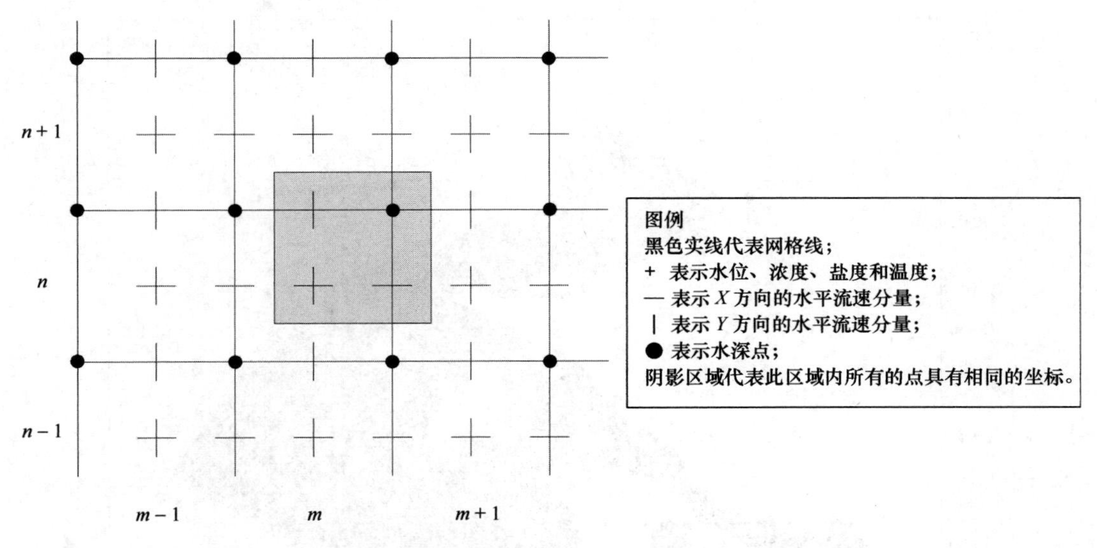

图 5.1-1　变量在网格上的分布图

模型采用 ADI 算法（Alternating Direction Implicit Method），将一个时间步长进行剖分分成两步，每一步为 1/2 个时间步长，前半个步长对 X 进行隐式处理，后半步则对 Y 方向进行隐式处理。ADI 算法的矢量形式如下。

前半步：$\dfrac{\bar{U}^{i+1/2}-\bar{U}^{i}}{\Delta t/2}+\dfrac{1}{2}A_x\bar{U}^{i+1/2}+\dfrac{1}{2}A_y\bar{U}^{i}=0$

后半步：$\dfrac{\bar{U}^{i+1}-\bar{U}^{i+1/2}}{\Delta t/2}+\dfrac{1}{2}A_x\bar{U}^{i+1/2}+\dfrac{1}{2}A_y\bar{U}^{i+1}=0$

$$A_x=\begin{bmatrix} u\dfrac{\partial}{\partial x} & -f & g\dfrac{\partial}{\partial x} \\ 0 & u\dfrac{\partial}{\partial x} & 0 \\ h\dfrac{\partial}{\partial x} & 0 & u\dfrac{\partial}{\partial x}\end{bmatrix} A_y=\begin{bmatrix} v\dfrac{\partial}{\partial y} & 0 & 0 \\ f & v\dfrac{\partial}{\partial y} & g\dfrac{\partial}{\partial y} \\ 0 & h\dfrac{\partial}{\partial y} & v\dfrac{\partial}{\partial y}\end{bmatrix}$$

模型稳定条件用 courant 数表示为：

$$CFL=2\Delta t\sqrt{gh}\sqrt{\frac{1}{\Delta x^2}+\frac{1}{\Delta y^2}}<1$$

5.1.2　模拟流程

5.1.2.1　研究区域的确定

根据研究的主要内容，本次数值模拟计算区域较大，包括象山港及其邻近水域，计算区域北边界设在镇海至马目一线；南边界设在长山咀至外海中 A 点（29°37′24″N，122°37′59″E）一线；东边有两条水边界，一条为朱家尖南岸至 A 点一线，另一条设在朱家尖北侧与舟山岛之间的水道上（图 5.1-2）。

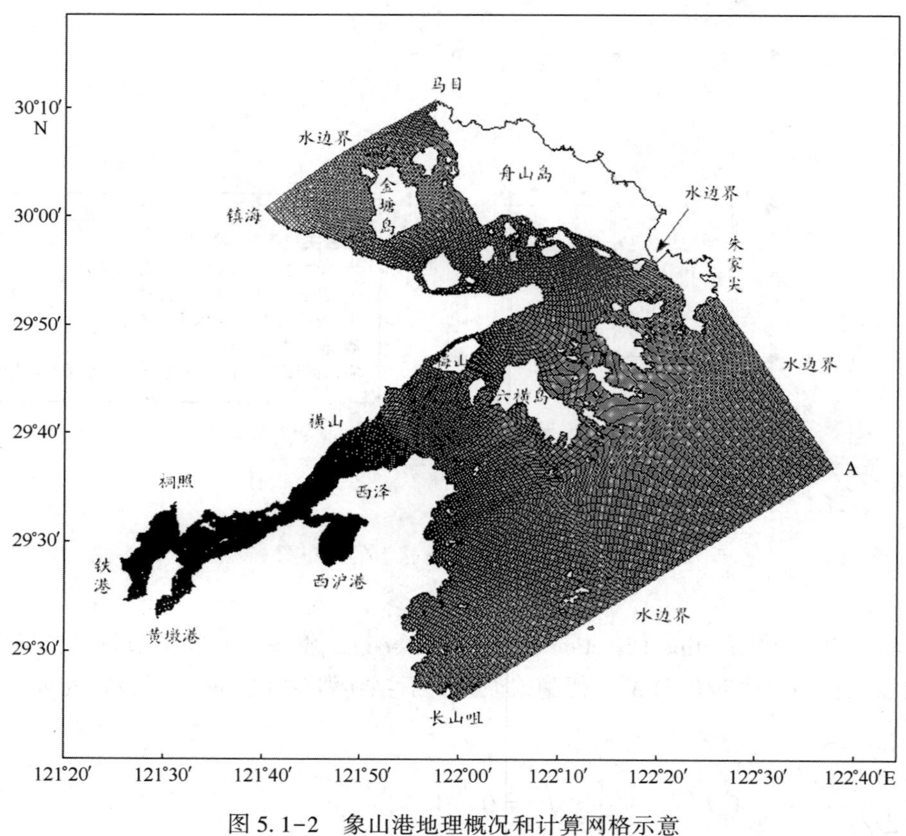

图 5. 1-2　象山港地理概况和计算网格示意

5. 1. 2. 2　模型网格和模型地形概化

水动力计算采用三维水动力模型，对区域采用正交曲线网格进行离散，网格数为 691×312，象山港内网格在和方向上的分辨率约 60 m，湾外海域网格最大间距为 700 m 左右。垂向分为 6 层，各层厚度分别为总水深的 10%，20%，20%，20%，20%，10%。计算时间步长取 60 s。网格的具体分布见图 5. 1-2。

模型地形资料大部分取自各种历史海图，通过矢量化的方法从历史海图得到计算区域水深数据的采样点，与实测水深数据结合插值获得网格点上的水深数据。插值大体上分成两种方法，在原始水深较多、密度较大的地方，采用平均的方法；而在原始数据相对网格尺度而言较少的区域则采用三角插值。

5. 1. 2. 3　计算方法

如前所述，模型主要采用的是 ADI 法，它是一种隐、显交替求解的有限差分格式。其要点是把时间步长分成两段，在前半个步长时段，沿 ξ 方向联立 ζ , u 变量隐式求解，再对 v 显式求解，后半个步长，则将求解顺序对调过来，这样随着 Δt 的增加，即可把各个时间的 ζ , u , v 依次求解出来。

5. 1. 2. 4　模型验证

在湾内布设潮位和潮流的验证点，根据现有的潮汐资料，选择典型大、小潮作为潮流模型的验证潮型。验证计算采用有同步实测资料（2009 年 6 月 23 日至 2009 年 7 月 1 日）的乌沙山潮位站作为潮位验证点，以同期实测潮流的 C1、C2、C3、C4 站作为潮流验证点，模型验证的站位具体分布如图 5. 1-3 所示。

验证结果：水动力模型对于区域潮汐和潮流过程的模拟结果较为理想，模拟的流场基本能反映计算区域水动力的情况，计算结果能够进一步作为象山港水交换以及水环境容量研究的基础。

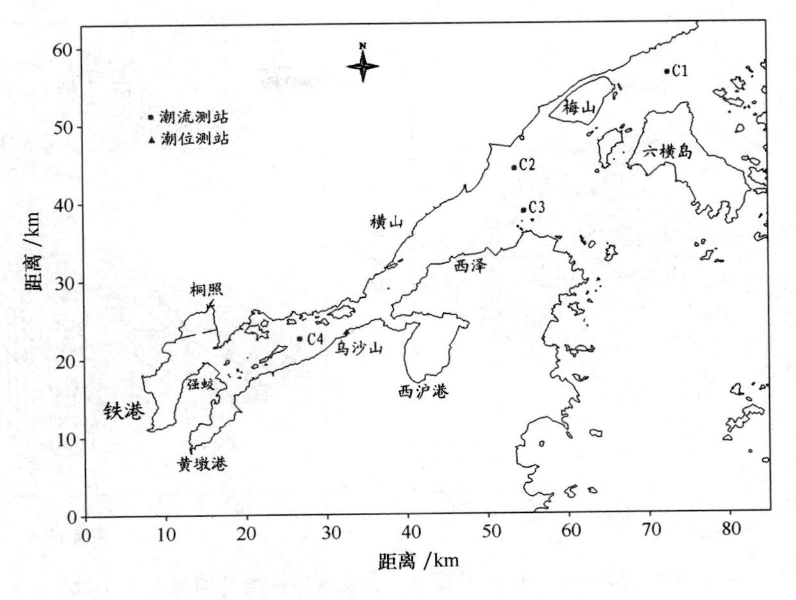

图 5. 1-3　水动力模型验证点

5. 1. 3　模拟结果

5. 1. 3. 1　潮流流场

从全域以及局域的流矢分布（图 5. 1-4 至图 5. 1-7）来看，潮流流场具有如下特点：

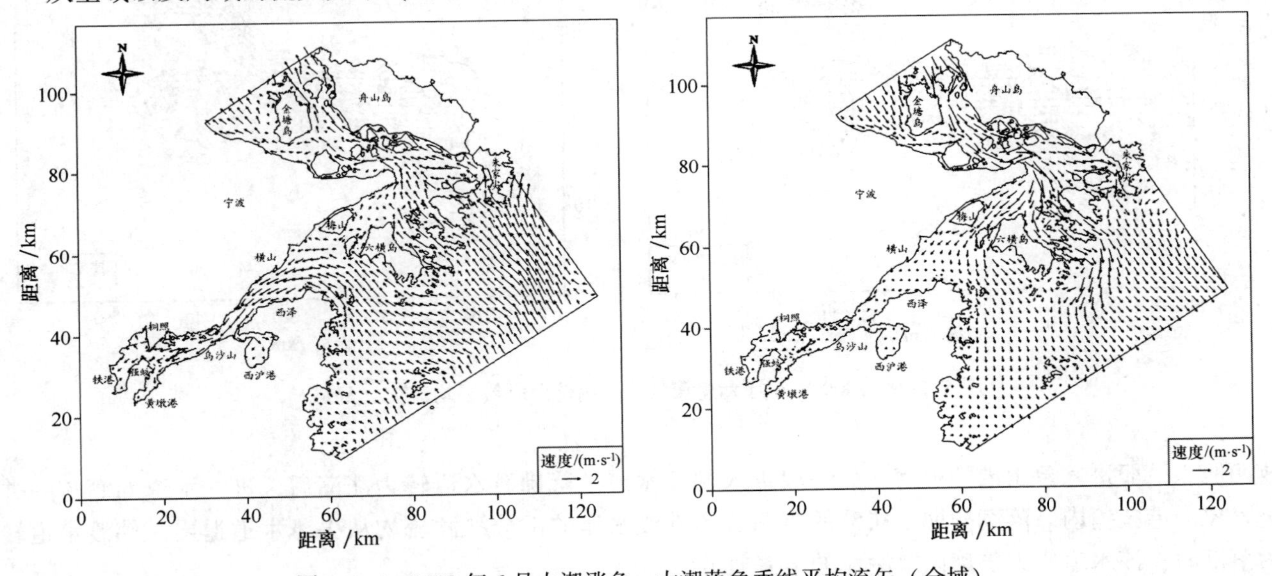

图 5. 1-4　2009 年 6 月大潮涨急、大潮落急垂线平均流矢（全域）

①象山港潮流场受外海传入的潮波分布的影响，其强度大小与外海潮波的振幅、地形、底质及岛屿、岸线的分布及走向有关。在象山港内潮流基本上为往复流性质，潮流流向大体呈东北—西南走向，即涨潮向西南方向，落潮向东北方向。

②牛鼻水道和佛渡水道的潮流。牛鼻水道较佛渡水道先涨先落。涨潮初期，来自牛鼻水道的潮流分

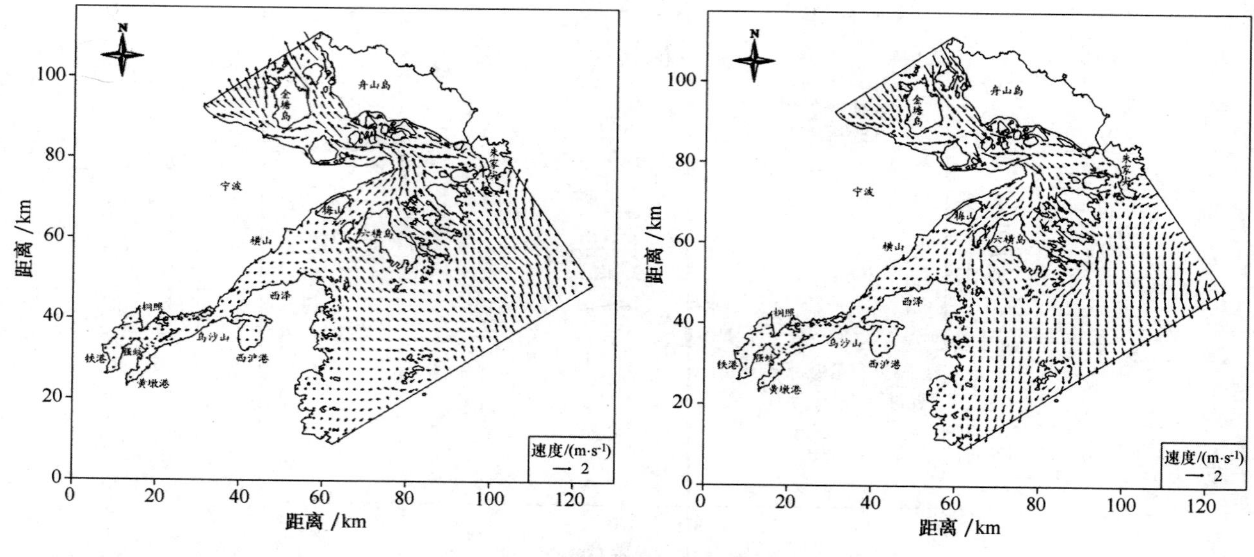

图 5.1-5　2009 年 7 月小潮涨急、小潮落急垂线平均流矢（全域）

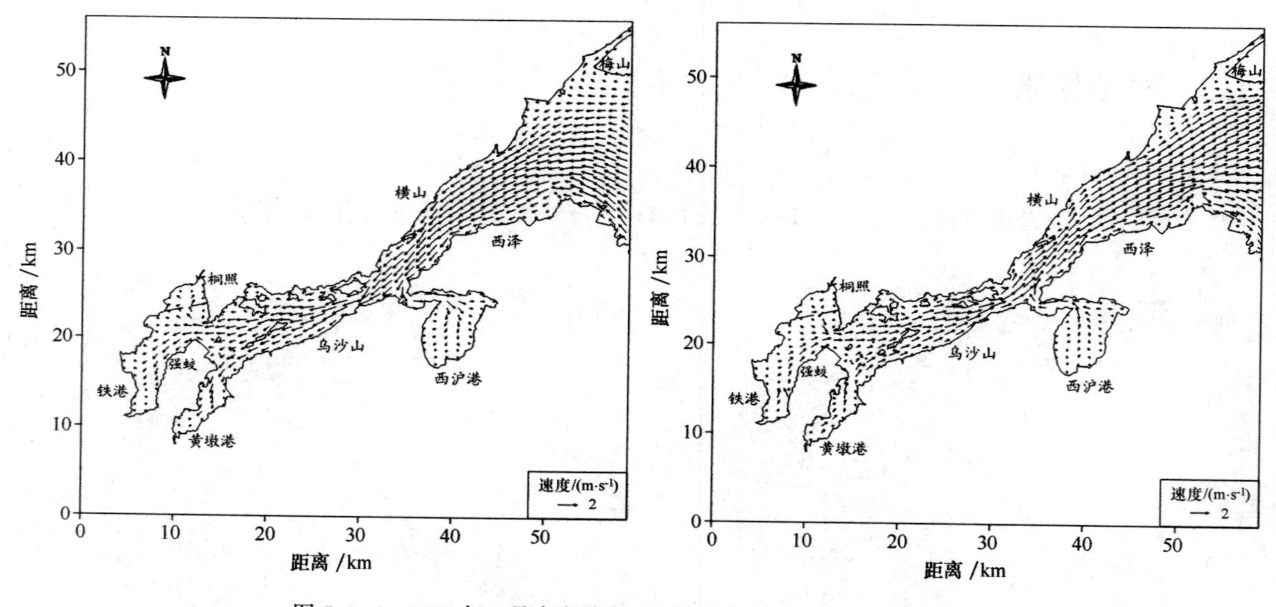

图 5.1-6　2009 年 6 月大潮涨急、大潮落急垂线平均流矢（局域）

成两股，一股进入象山港的狭湾，另一股进入佛渡水道。待佛渡水道转为涨潮后，进入水道的潮流一并进入象山港狭湾内。落潮初期，狭湾的落潮流和佛渡水道的部分涨潮流均从牛鼻水道退出。佛渡水道转为落潮时，该水道成为狭湾内落潮流的出海通道。

③狭湾内的潮流。外海潮流进入湾口后，主流沿深槽向湾内推进，至西沪港处分出一支传入西沪港，主流仍沿深槽西进。在乌沙山附近，河段缩窄流速增大，涨潮的主流偏向乌沙山岸边。西进的涨潮流受白石山—清水门山—铜山一线岛屿阻挡分为南北两支，北支潮流朝西北方向推进，南支潮流向西推进，过岛屿后部分涨潮水体汇流。最后潮流一部分进入铁港，另一部分进入黄墩港。落潮时，铁港、黄墩港以及西沪港内的水体均汇入主槽，一并退出象山港湾口。

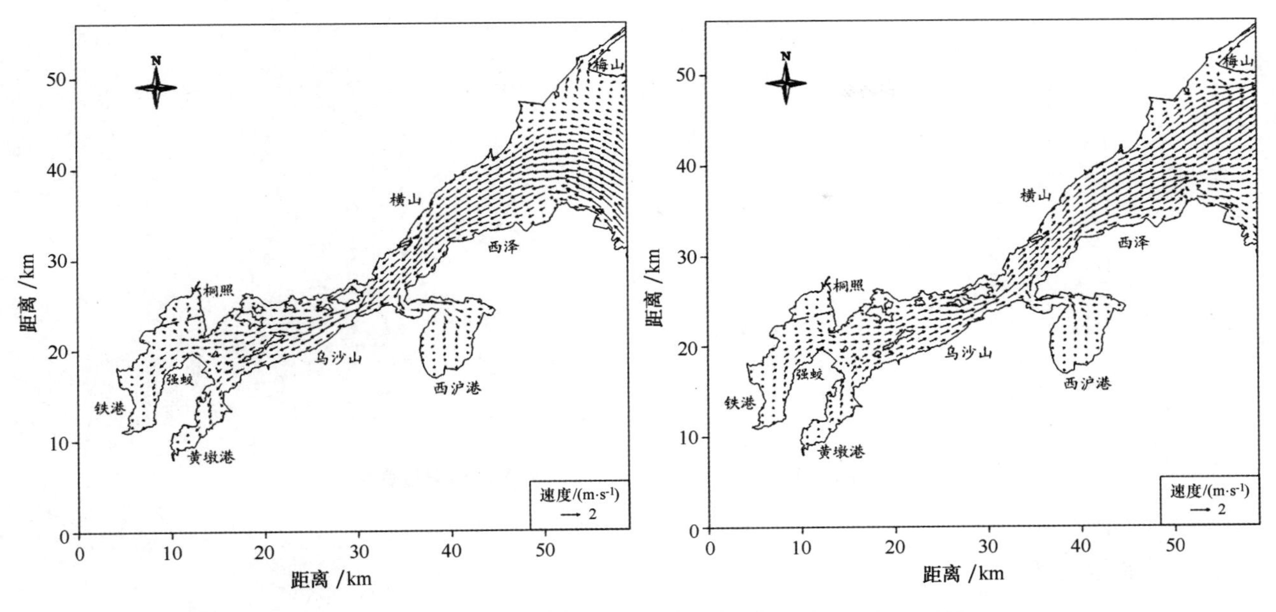

图 5.1-7 2009 年 7 月小潮涨急、小潮落急垂线平均流矢（局域）

5.1.3.2 余流

湾内最大余流速度约为 40 cm/s，出现在象山港牛鼻水道中，湾顶附近水域余流流速小于 10 cm/s，西泽水域余流流速约为 30 cm/s；无论大、中、小潮一般表层余流相对大些，随深度的增加余流减小。象山港狭湾内表层和底层方向不同，表层一般为东北向，指向湾外；底层余流呈现向湾内的趋势（图 5.1-8）。

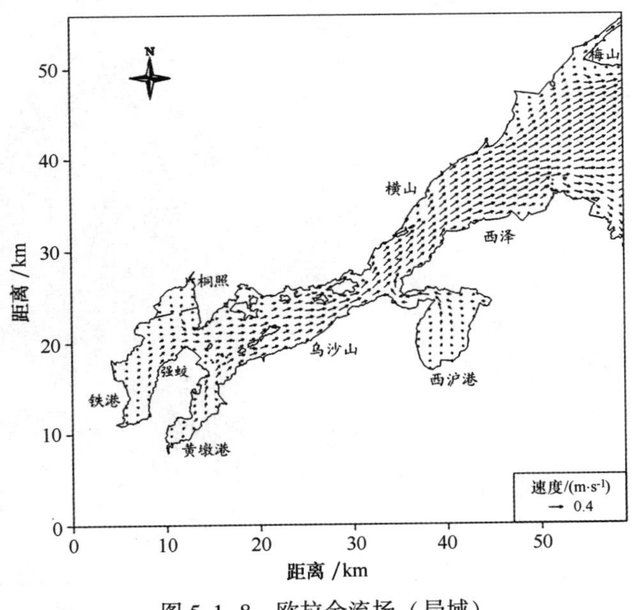

图 5.1-8 欧拉余流场（局域）

5.1.3.3 纳潮量

象山港纳潮量较大，经过一个全潮，纳潮量在 9.14×10^8 ~ 20.1×10^8 m^3 之间，平均纳潮量约为 13.8×10^8 m^3（图 5.1-9）。

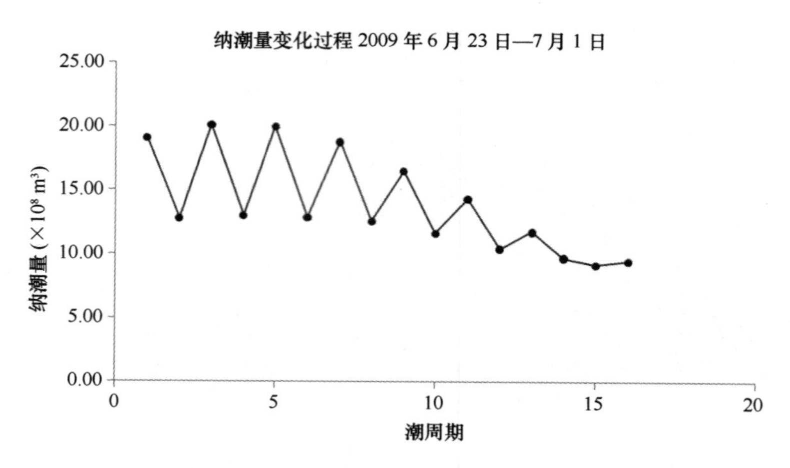

图 5.1-9　2009 年 6 月 23 日至 2009 年 7 月 1 日纳潮量变化过程

5.1.3.4　水体交换

初始条件：根据纳潮量计算时对象山港范围划定的分析，在研究象山港水体交换时，象山港的范围同样推进至附近水域。图 5.1-10 显示了模型的初始条件情况。以象山港东边界为界，湾内溶解态保守性物质初始浓度为 1 mg/L，湾外设为 0 mg/L，假设从开边界流入的保守物质浓度为 0 mg/L。

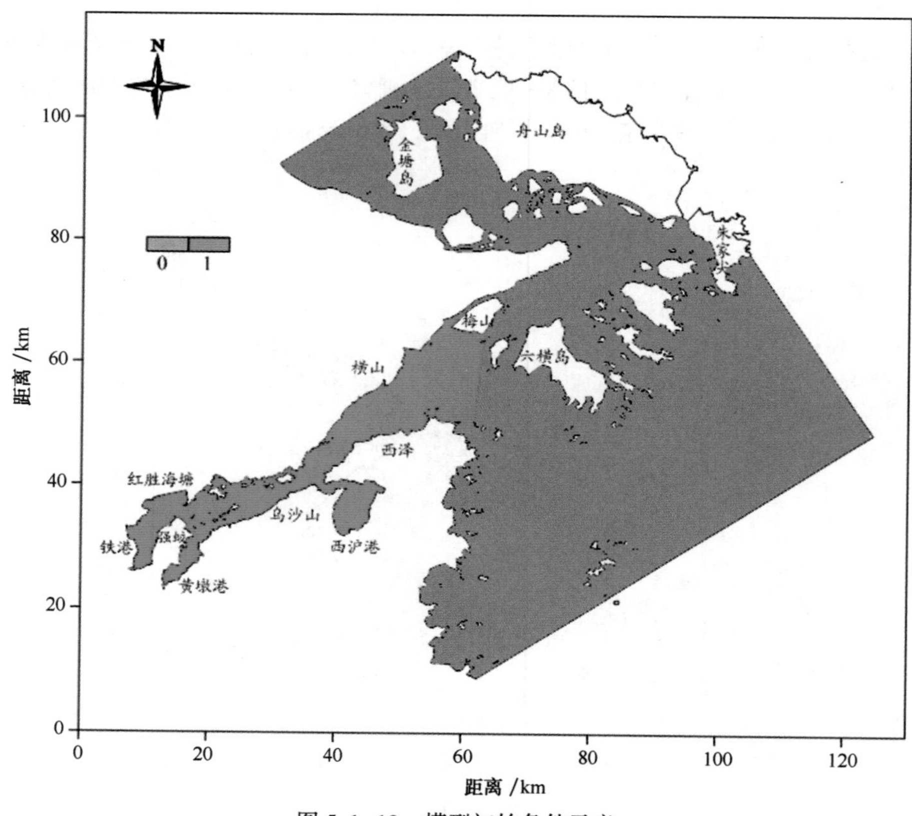

图 5.1-10　模型初始条件示意

根据水体交换数值计算的结果，象山港水体半交换时间和平均滞留时间的分布在湾内各区域有所差别，从湾顶到湾口，水体交换能力大致沿岸线走向逐渐减弱。全湾的水体半交换时间最长不超过 35 d，平均滞留时间不超过 40 d（图 5.1-11 和图 5.1-12）。

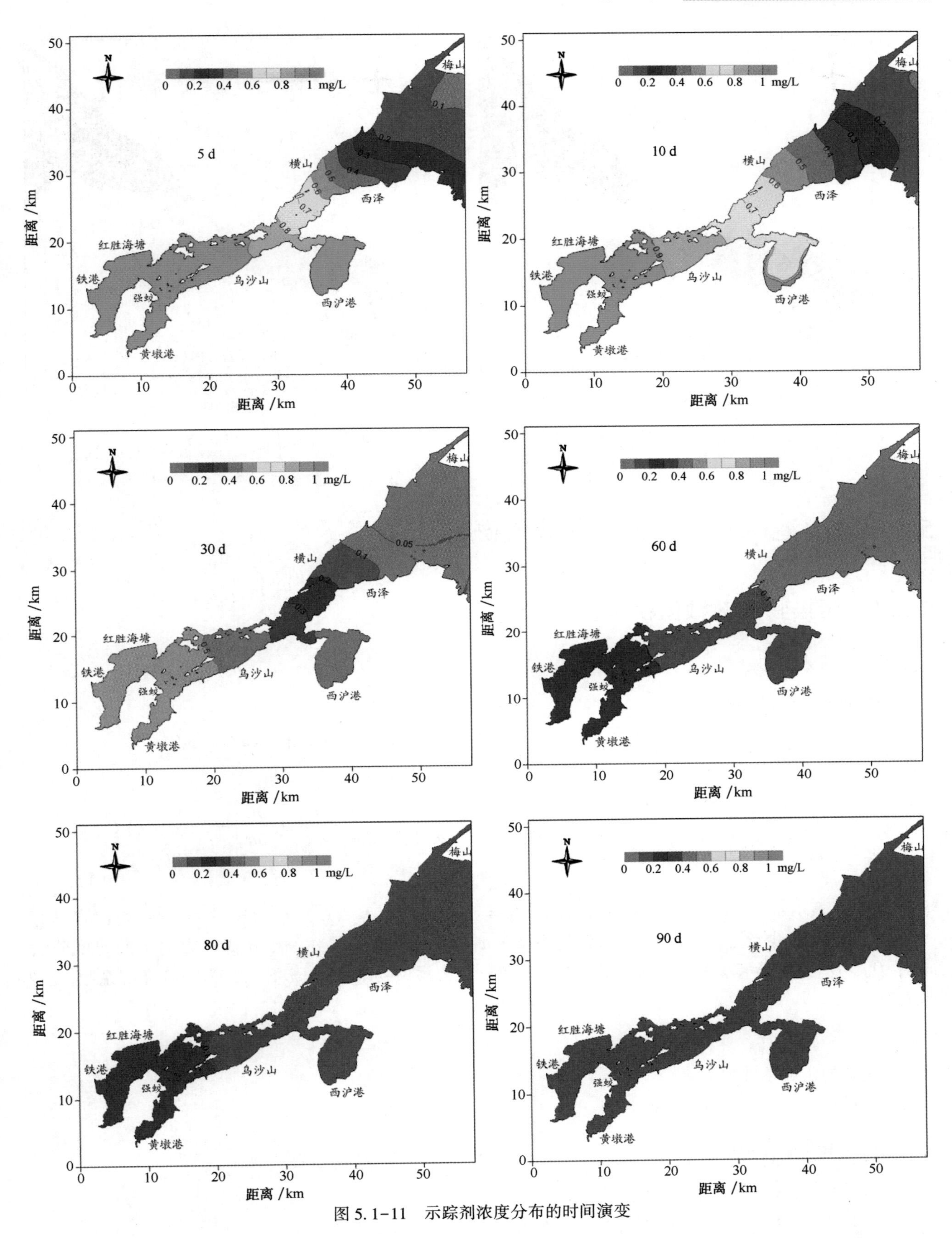

图 5.1-11　示踪剂浓度分布的时间演变

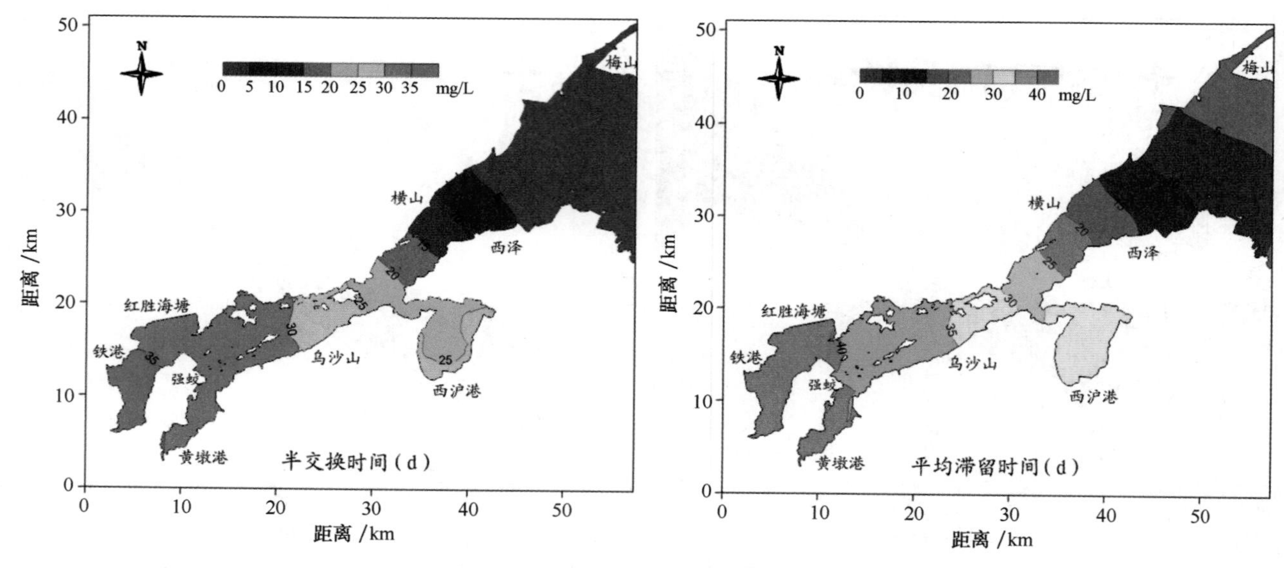

图 5.1-12 水体半交换时间和平均滞留时间分布

5.2 象山港污染物动力扩散数值研究

5.2.1 污染物扩散数值模型

5.2.1.1 基本方程

污染物对流扩散方程：

$$\frac{\partial(d+\zeta)C}{\partial t}+\frac{1}{\sqrt{G_{\xi\xi}G_{\eta\eta}}}\left\{\frac{\partial\left[\sqrt{G_{\eta\eta}}(d+\zeta)uC\right]}{\partial\xi}+\frac{\partial\left[\sqrt{G_{\xi\xi}}(d+\zeta)vC\right]}{\partial\eta}\right\}+\frac{\partial\omega C}{\partial\sigma}$$

$$=\frac{d+\zeta}{\sqrt{G_{\xi\xi}G_{\eta\eta}}}\left\{\frac{\partial}{\partial\xi}\left[\frac{D_H}{\sigma_{c0}}\frac{\sqrt{G_{\eta\eta}}}{\sqrt{G_{\xi\xi}}}\frac{\partial C}{\partial\xi}\right]+\frac{\partial}{\partial\eta}\left[\frac{D_H}{\sigma_{c0}}\frac{\sqrt{G_{\xi\xi}}}{\sqrt{G_{\eta\eta}}}\frac{\partial C}{\partial\eta}\right]\right\}+\frac{1}{d+\zeta}\frac{\partial}{\partial\sigma}\left(D_V\frac{\partial C}{\partial\sigma}\right)-\lambda_d(d+\zeta)C+S$$

(5.2-1)

式中，ζ 表示水位，m；d 表示水深，m；$\sqrt{G_{\xi\xi}}=\sqrt{x_\xi{}^2+y_\xi{}^2}$ 和 $\sqrt{G_{\eta\eta}}=\sqrt{x_\eta{}^2+y_\eta{}^2}$ 表示直角坐标系（x，y）与正交曲线坐标系（ξ，η）的转换系数；u，v，ω 分别表示 ξ，η，σ 3 个方向上的速度分量，m/s；D_H，D_V 分别表示水平和垂向扩散系数，m^2/s；C 为污染物浓度，mg/L；λ_d 为一阶降解系数；S 为源汇项。

5.2.1.2 定解条件

上述解的定解条件为：

初始条件：$C(x, y, 0)=C_0$。

陆边界条件：$\frac{\partial C}{\partial n}=0$。

水边界条件：$C(x_0, y_0, t)=C_b$ 流入；

$C(x_0, y_0, t)=$计算值 流出。

其中：陆边界条件表示沿法线方向的浓度梯度为零。

5.2.1.3　初始条件

初始条件对计算结果的影响一般在开始阶段，在计算稳定后，初始条件对计算结果的影响可忽略。本次研究水质模型采用冷启动方式，即 COD_{Mn}、无机氮、活性磷酸盐初始浓度均取 0 mg/L。

5.2.1.4　边界条件

水质模型水边界条件的确定是在水边界附近海域水质现状的基础上，由模型率定。

根据 2008 年 4 月、2008 年 8 月和 2009 年 8 月杭州湾水质调查资料中的 S22、S28、S32 和 S33 站的水质现状（表 5.2-1）。模型北边界附近 COD_{Mn}浓度为 0.43~2.19 mg/L，平均浓度为 1.28 mg/L；活性磷酸盐浓度在 0.017 1~0.060 3 mg/L，平均浓度为 0.036 3 mg/L；无机氮浓度为 0.966~2.040 mg/L，平均浓度为 1.480 mg/L。

表 5.2-1　杭州湾水质监测结果

站位	测量时间	测量层次	COD_{Mn}/(mg·L^{-1})	活性磷酸盐/(mg·L^{-1})	无机氮/(mg·L^{-1})
S22 (121°36′00″E，30°08′45″N)	2008 年 4 月	表层	0.97	0.017 1	1.633
		底层	—	0.022 0	1.444
	2008 年 8 月	表层	1.77	0.055 7	1.136
		底层	—	0.046 7	1.138
	2009 年 8 月	表层	1.1	0.048 7	1.981
S28 (122°46′10″E，29°58′48″N)	2008 年 4 月	表层	1.06	0.019 4	1.713
		底层	—	0.023 7	1.696
	2008 年 8 月	表层	1.45	0.042 7	1.006
		底层	—	0.037 7	1.616
	2009 年 8 月	表层	1.85	0.058 0	1.062
		底层	1.78	0.060 3	0.966
S32 (121°53′50″E，30°17′26″N)	2008 年 4 月	表层	0.84	0.017 1	1.476
		底层	0.81	0.017 4	1.454
	2008 年 8 月	表层	2.09	0.056 7	1.973
		底层	2.19	0.046 7	1.997
	2009 年 8 月	表层	0.60	0.048 4	2.04
		底层	0.43	0.046 9	1.266
S33 (121°53′50″E，30°08′34″N)	2008 年 4 月	表层	1.02	0.017 4	1.605
		底层	0.96	0.021 7	1.656
	2008 年 8 月	表层	1.57	0.024 1	1.185
		底层	1.52	0.023 2	1.114
	2009 年 8 月	表层	1.03	0.046 6	1.399
	模型北边界		1.28	0.045	1.48

根据大榭-象山海域2008年8月及2009年8月水质调查资料中2、3、5、15、16、17站的实测数据（表5.2-2），模型东南水边界附近COD_{Mn}浓度为0.24~1.05 mg/L，平均浓度为0.56 mg/L；活性磷酸盐浓度在0.003 1~0.036 4 mg/L，平均浓度为0.018 3 mg/L；无机氮浓度在0.027~0.463 mg/L，平均浓度为0.276 mg/L。

通过数模率定，水质模型北边界取COD_{Mn}浓度为1.28 mg/L，活性磷酸盐为0.045 mg/L，无机氮为1.48 mg/L。东边界和南边界取COD_{Mn}浓度为0.60 mg/L，活性磷酸盐为0.02 mg/L，无机氮为0.35 mg/L。

表5.2-2　大榭-象山海域水质监测结果

站位	测量时间	测量层次	COD_{Mn}/($mg \cdot L^{-1}$)	活性磷酸盐/($mg \cdot L^{-1}$)	无机氮/($mg \cdot L^{-1}$)
2	2008年8月	表层	0.51	0.028 9	0.407
		表层	0.84	0.034 4	0.370
	2009年8月	底层	0.83	0.036 4	0.268
3	2008年8月	表层	0.30	0.004 7	0.126
		底层	0.24	0.004 4	0.200
	2009年8月	表层	0.47	0.003 4	0.027
		中层	0.45	0.003 1	0.055
		底层	0.42	0.023 3	0.158
5	2008年8月	表层	1.05	0.007 1	0.176
		底层	0.27	0.011 0	0.174
	2009年8月	表层	0.94	0.029 1	0.463
		底层	0.72	0.034 4	0.398
15	2008年8月	表层	0.48	0.011 3	0.101
		底层	0.28	0.009 5	0.313
	2009年8月	表层	0.53	0.021 0	0.391
		底层	0.73	0.028 6	0.407
16	2008年8月	表层	0.68	0.008 9	0.324
		底层	0.65	0.012 5	0.453
	2009年8月	表层	0.93	0.005 2	0.254
		底层	0.32	0.029 7	0.379
17	2008年8月	表层	0.40	0.018 2	0.366
	2009年8月	表层	0.42	0.027 1	0.264
		底层	0.41	0.027 7	0.246
模型东南水边界			0.60	0.02	0.35

5.2.1.5　计算参数（降解系数）

综合考虑降解系数试验结果及国内各学者研究成果，本课题通过模型率定，象山港海域COD_{Mn}每日的降解系数为0.02~0.03。

水体中营养盐的输入主要通过水平输运、垂直混合和大气沉降3种途径，其在水体中的分布与变化不仅与其来源、水动力条件、沉积、矿化等过程有关，还与海水中的细菌、浮游动植物等有着密切的关系。其主要物质过程有浮游植物的吸收，在各级浮游动物及鱼类等食物链中传递，生物溶出、死亡、代谢排出等重新回到水体中，不同形态之间的化学转化，水体中磷营养盐的沉降，沉积物受扰动引起的再悬浮及沉积物向水体的扩散和释放等。

因此，营养盐在海水中的物质过程十分复杂，用降解系数反映上述所有过程实属不易。综合考虑降解系数试验结果及国内各学者研究成果，本次研究通过数模率定，象山港海域活性磷酸盐每日的降解系数为 0.006~0.008，无机氮每日的降解系数为 0.008~0.01，与上述成果中采用的降解系数接近。

5.2.2 污染源概况

5.2.2.1 污染物源强调查与分布

本次研究按象山港周边汇水区分布设置相应的计算源点，由于汇水区 4 不靠海，因此将汇水区 3 和汇水区 4 东部概化为 S3 污染源，将汇水区 4 西部和汇水区 5 概化为 S4 污染源（图 5.2-1）。

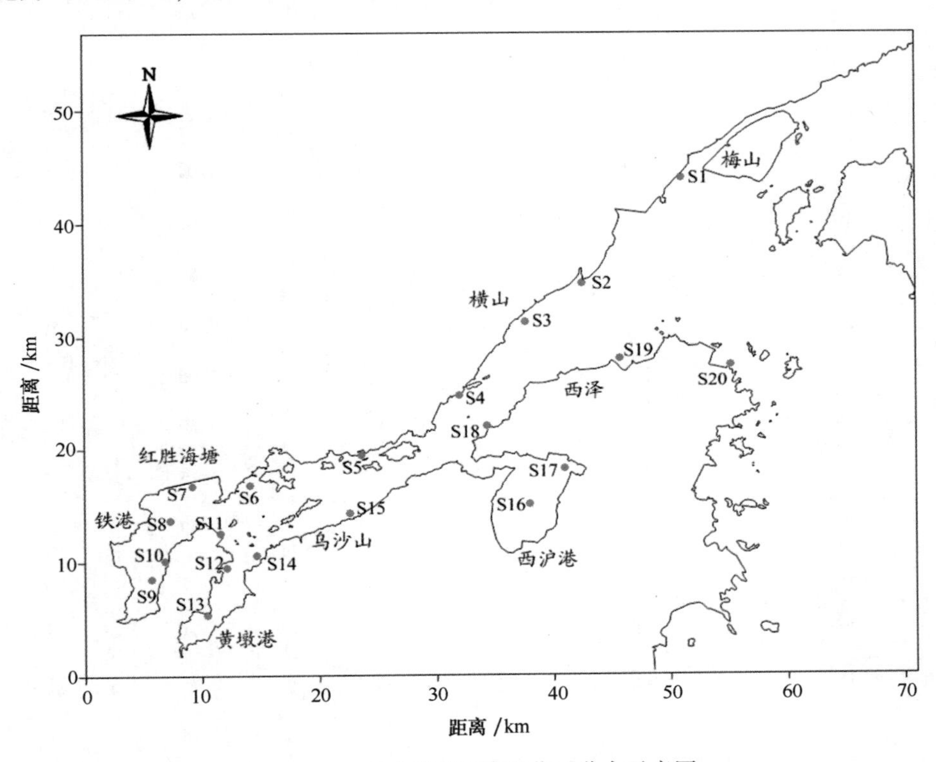

图 5.2-1 水质模拟污染源位置分布示意图

依据污染源调查结果，象山港污染源主要分为两部分：一是陆域污染源，包括各工业企业、居民生活、农业生产、畜禽养殖和水土流失来源；二是海水养殖源，象山港海水养殖有浅海养殖、围塘养殖和滩涂养殖等形式，主要养殖种类为鱼类、虾类、蟹类和贝类。

（1）COD_{Cr}源强

根据污染源调查结果，在象山港沿岸各镇中，COD_{Cr}入海量最大的为第 3 和第 9 汇水区，均大于 10 t/d，其次为第 8 汇水区，约 9.7 t/d；COD_{Cr}入海量最小的为第 1 汇水区，小于 1 t/d，其次为第 2 和第 21 汇水区，均小于 2 t/d。各汇水区 COD_{Cr} 源强组成有所不同，但基本以海水养殖、生活污染和水土流失为主，工业污染和畜禽养殖所占比例较小。

化学需氧量是表征水体有机污染的一个综合污染物，也是描述污染源的重要指标之一，在水环境评价、管理和规划中被普遍采用，本次研究选择化学需氧量 COD_{Cr} 作为象山港水环境容量的计算污染物。

各汇水区污染源源点的源强按照污染物调查结果确定，COD_{Cr} 污染源源强按沿岸各源点分配结果见表 5.2-3。

表 5.2-3 COD_{Cr} 水质模型各污染源的源强

排放源点	所属汇水区	所属海区	陆源污染/($t \cdot d^{-1}$)	海水养殖污染/($t \cdot d^{-1}$)	计算源强/($t \cdot d^{-1}$)
S1	1	Ⅰ	0.74	0	0.74
S2	2	Ⅰ	0.96	0.42	1.38
S3	3 和 4 东部	Ⅰ	1.35	8.89	10.24
S4	4 西部和 5	Ⅱ	1.05	1.25	2.30
S5	6	Ⅳ	0.95	2.65	3.60
S6	7	Ⅴ	0.21	4.26	4.47
S7	8	Ⅵ	1.21	8.51	9.72
S8	9	Ⅵ	1.72	9.94	11.66
S9	10	Ⅵ	2.22	0.06	2.28
S10	11	Ⅵ	0.13	1.59	1.72
S11	21	Ⅴ	0.11	0.10	0.21
S12	12	Ⅶ	0.25	2.96	3.21
S13	13	Ⅶ	1.68	0.60	2.28
S14	14	Ⅶ	0.74	3.15	3.89
S15	15	Ⅳ	1.49	3.43	4.92
S16	16	Ⅲ	1.34	0	1.34
S17	17	Ⅲ	0.58	5.71	6.29
S18	18	Ⅱ	0.25	5.71	5.96
S19	19	Ⅰ	1.03	5.18	6.21
S20	20	Ⅰ	0.32	5.77	6.09

（2）总氮源强

根据污染源调查结果，N 类营养盐是象山港污染排放中的主要污染物。在象山港沿岸各汇水区中，TN 入海量最大的为第 9 汇水区，约 1 t/d，其次为第 3 汇水区，约 0.97 t/d；TN 入海量最小的为第 21 汇水区，其次为第 11 汇水区，约 0.1 t/d。各汇水区 TN 源强组成有所不同，但基本以农业面源污染所占比例最大。

根据环境质量现状结果，象山港水体中总氮含量较高。本次研究选择总氮作为削减量计算污染物，从削减总氮排放量角度出发，分析源强削减对象山港水环境的影响，进行削减控制。总氮污染源源强按各计算源点分配结果见表 5.2-4。

表 5.2-4　TN 水质模型各污染源的源强

排放源点	所属汇水区	所属海区	陆源污染/(t·d⁻¹)	海水养殖污染/(t·d⁻¹)	计算源强/(t·d⁻¹)
S1	1	Ⅰ	0.29	0	0.29
S2	2	Ⅰ	0.56	0.017	0.577
S3	3 和 4 东部	Ⅰ	0.62	0.350	0.970
S4	4 西部和 5	Ⅱ	0.50	0.050	0.55
S5	6	Ⅳ	0.45	0.145	0.595
S6	7	Ⅴ	0.1	0.168	0.268
S7	8	Ⅵ	0.57	0.337	0.907
S8	9	Ⅵ	0.60	0.392	0.992
S9	10	Ⅵ	0.55	0.003	0.553
S10	11	Ⅵ	0.06	0.063	0.123
S11	21	Ⅴ	0.08	0.039	0.119
S12	12	Ⅶ	0.19	0.117	0.307
S13	13	Ⅶ	0.55	0.023	0.573
S14	14	Ⅶ	0.35	0.124	0.474
S15	15	Ⅳ	0.69	0.135	0.825
S16	16	Ⅲ	0.39	0	0.39
S17	17	Ⅲ	0.32	0.225	0.545
S18	18	Ⅱ	0.15	0.225	0.375
S19	19	Ⅰ	0.47	0.204	0.674
S20	20	Ⅰ	0.16	0.227	0.387

(3) 总磷源强

根据污染源调查结果，P 类营养盐是象山港污染排放中的主要污染物。在象山港沿岸各汇水区中，TP 入海量最大的为第 9 汇水区，约 0.13 t/d，其次为第 8 汇水区，约 0.12 t/d；TP 入海量最小的为第 21 汇水区，约 0.015 t/d，其次为第 11 汇水区，约 0.018 t/d。各汇水区 TP 源强组成有所不同，但基本以农业面源污染和海水养殖污染所占比例最大。

根据环境质量现状结果，象山港水体中总磷含量较高。本次研究选择总磷作为削减量计算污染物，从削减总磷排放量角度出发，分析源强削减对象山港水环境的影响，进行削减控制。总磷污染源源强按各计算源点分配结果见表 5.2-5。

表 5.2-5　TP 水质模型各污染源的源强

排放源点	所属汇水区	所属海区	陆源污染/($t\cdot d^{-1}$)	海水养殖污染/($t\cdot d^{-1}$)	计算源强/($t\cdot d^{-1}$)
S1	1	Ⅰ	0.04	0	0.04
S2	2	Ⅰ	0.06	0.003	0.063
S3	3 和 4 东部	Ⅰ	0.07	0.052	0.122
S4	4 西部和 5	Ⅱ	0.06	0.008	0.068
S5	6	Ⅳ	0.06	0.021	0.081
S6	7	Ⅴ	0.01	0.025	0.035
S7	8	Ⅵ	0.07	0.052	0.122
S8	9	Ⅵ	0.07	0.060	0.130
S9	10	Ⅵ	0.07	0	0.070
S10	11	Ⅵ	0.01	0.008	0.018
S11	21	Ⅴ	0.01	0.005	0.015
S12	12	Ⅶ	0.02	0.017	0.037
S13	13	Ⅶ	0.06	0.003	0.063
S14	14	Ⅶ	0.04	0.019	0.059
S15	15	Ⅳ	0.07	0.020	0.090
S16	16	Ⅲ	0.05	0	0.05
S17	17	Ⅲ	0.03	0.034	0.064
S18	18	Ⅱ	0.02	0.034	0.054
S19	19	Ⅰ	0.05	0.030	0.080
S20	20	Ⅰ	0.02	0.033	0.053

5.2.2.2　主要污染物换算关系

本课题选择化学需氧量 COD_{Mn}、无机氮和活性磷酸盐用于进行环境容量或削减量的计算。

象山港 COD_{Cr} 和 COD_{Mn}、总氮和无机氮、总磷和活性磷酸盐之间的换算系数，拟根据象山港水体中各污染物的现状浓度分布进行对比分析来确定。

(1) COD_{Cr} 和 COD_{Mn}

COD_{Cr} 和 COD_{Mn} 是由不同测定方法求得的化学需氧量数值，在陆上以及污染源排放时化学需氧量以由重铬酸钾法测定的 COD_{Cr} 表达；在海水中化学需氧量以由碱性高锰酸钾法测定的 COD_{Mn} 表达。一般认为水体中 COD_{Cr} 的浓度是 COD_{Mn} 浓度的 2.5 倍。本次研究在涉及二者之间换算时采用此换算系数。

(2) 总氮和无机氮

对于象山港总氮和无机氮之间的换算系数，本课题拟根据象山港 2011 年夏季和冬季实测数据，统计得到总氮和无机氮在水体中的浓度的比值（表 5.2-6）。综合统计，本课题计算中，无机氮与总氮的源强及水体中浓度值的比值取 0.699 5，即总氮的源强及水体中浓度值是无机氮的 1.43 倍，在涉及二者之间换算时采用此换算系数。

表 5.2-6　2011 年夏季和冬季无机氮、总氮调查统计结果

调查项目	层次	2011 年夏季	2011 年冬季
无机氮/(mg · L^{-1})	表层	0.714	0.938
	底层	0.716	0.924
总氮/(mg · L^{-1})	表层	1.103	1.192
	底层	1.182	1.154
无机氮/总氮/(mg · L^{-1})	表层	0.647	0.787
	底层	0.614	0.801
	垂向平均	0.606	0.793
总平均/(mg · L^{-1})		0.699 5	

(3) 总磷和活性磷酸盐

对于象山港总磷和活性磷酸盐之间的换算系数，本课题拟根据象山港 2011 年夏季和冬季实测数据，统计得到总磷和活性磷酸盐在水体中的浓度的比值（表 5.2-7）。综合统计，本课题计算中，活性磷酸盐与总磷的源强及水体中浓度值的比值取 0.386，即总磷的源强及水体中浓度值是活性磷酸盐的 2.59 倍，在涉及二者之间换算时采用此换算系数。

表 5.2-7　2011 年夏季和冬季活性磷酸盐、总磷调查统计结果

调查项目	层次	2011 年夏季	2011 年冬季
活性磷酸盐/(mg · L^{-1})	表层	0.039 1	0.047 4
	底层	0.035 7	0.043 7
总磷/(mg · L^{-1})	表层	0.117 5	0.093 0
	底层	0.166 1	0.090 3
活性磷酸盐/总磷/(mg · L^{-1})	表层	0.332 8	0.509 7
	底层	0.214 9	0.483 9
	垂向平均	0.274	0.497
总平均/(mg · L^{-1})		0.386	

5.2.2.3　主要计算污染物源强

(1) COD_{Mn}源强

根据 COD_{Cr}和 COD_{Mn}之间的换算系数，最终可得到象山港周边各污染源 COD_{Mn}排放源强，如表 5.2-8 所示。

表 5.2-8　COD_{Mn}水质模型各污染源源强

污染源	COD_{Mn}/(t·d^{-1})	污染源/(t·d^{-1})	COD_{Mn}/(t·d^{-1})
S1	0.30	S11	0.08
S2	0.55	S12	1.28
S3	4.10	S13	0.91
S4	0.92	S14	1.56
S5	1.44	S15	1.97
S6	1.79	S16	0.54
S7	3.89	S17	2.52
S8	4.66	S18	2.38
S9	0.91	S19	2.48
S10	0.69	S20	2.44

（2）无机氮源强

根据无机氮和总氮之间的换算系数，最终可得到象山港周边各污染源无机氮排放源强，如表 5.2-9 所示。

表 5.2-9　无机氮水质模型各污染源源强

污染源	无机氮/(t·d^{-1})	污染源/(t·d^{-1})	无机氮/(t·d^{-1})
S1	0.203	S11	0.083
S2	0.404	S12	0.215
S3	0.679	S13	0.401
S4	0.385	S14	0.332
S5	0.416	S15	0.577
S6	0.187	S16	0.273
S7	0.634	S17	0.381
S8	0.694	S18	0.262
S9	0.387	S19	0.471
S10	0.086	S20	0.271

（3）活性磷酸盐源强

根据活性磷酸盐和总磷之间的换算系数，最终可得到象山港周边各污染源活性磷酸盐排放源强，如表 5.2-10 所示。

表 5.2-10　活性磷酸盐水质模型各污染源源强

污染源	活性磷酸盐/($t \cdot d^{-1}$)	污染源/($t \cdot d^{-1}$)	活性磷酸盐/($t \cdot d^{-1}$)
S1	0.015	S11	0.006
S2	0.024	S12	0.014
S3	0.047	S13	0.024
S4	0.026	S14	0.023
S5	0.031	S15	0.035
S6	0.014	S16	0.019
S7	0.047	S17	0.025
S8	0.050	S18	0.021
S9	0.027	S19	0.031
S10	0.007	S20	0.020

5.2.3　计算结果分析与评价

(1) 化学需氧量 (COD_{Mn})

象山港 COD_{Mn}的浓度分布总体呈现自湾口到湾内浓度增大的趋势。外湾浓度较低，大部分区域浓度小于 1 mg/L；西沪港、黄墩港、铁港海域内浓度较高，且越靠近湾顶浓度越大。西沪港内浓度为 1~1.2 mg/L，黄墩港内大部分区域浓度为 1.2~1.3 mg/L，铁港内浓度基本大于 1.3 mg/L（图 5.2-2）。象山港 COD_{Mn}浓度最高的区域位于铁港海域，最大浓度在 1.4 mg/L 以上；总体分布与实测 COD_{Mn}浓度等值线分布基本一致，仅局部区域略有偏差（图 5.2-3）。水质调查站的实测值与模型计算结果之间相对误差基本上均小于 20%，水质模型在总体上较成功地模拟了象山港 COD_{Mn}的浓度分布。

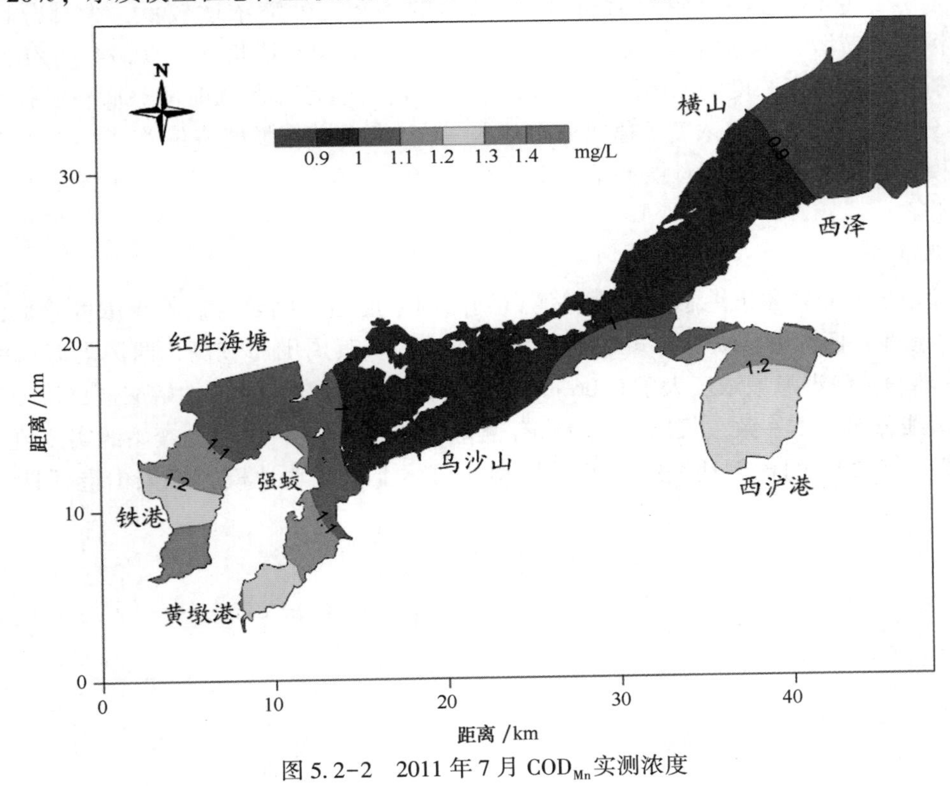

图 5.2-2　2011 年 7 月 COD_{Mn}实测浓度

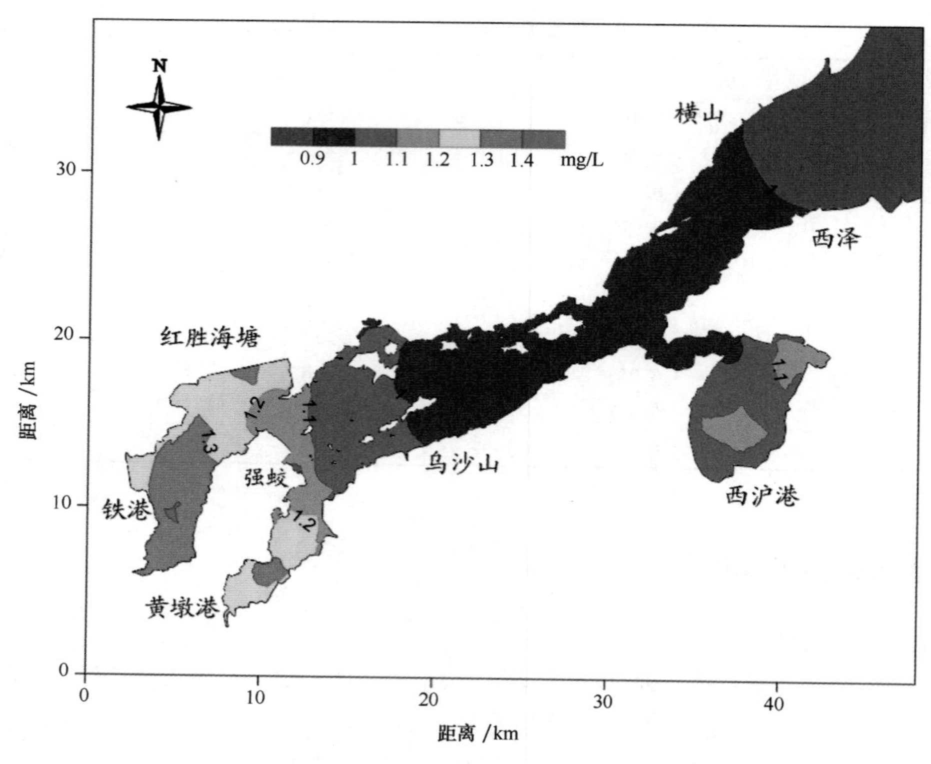

图 5.2-3　数模高潮期 COD_{Mn}浓度

（2）无机氮

无机氮浓度分布总体呈现自湾口到湾内浓度增大的趋势。外湾浓度较低，大部分区域浓度小于 0.6 mg/L。西沪港、黄墩港及铁港海域的浓度较高，大部分区域浓度大于 0.74 mg/L，最大浓度达 0.8 mg/L，分析该处出现高浓度的原因除了陆源排放外，还可能是涨落潮时滩涂底泥翻搅释放所致（图 5.2-4）；总体分布与实测无机氮浓度等值线分布基本一致，仅局部区域略有偏差（图 5.2-5）。水质调查站的实测值与模型计算结果之间相对误差基本上均小于 20%，水质模型在总体上较成功地模拟了象山港无机氮的浓度分布。

（3）活性磷酸盐

活性磷酸盐浓度分布在象山港总体呈现自湾口到湾内浓度增大的趋势。外湾浓度较低，大部分区域浓度小于 0.03 mg/L，西沪港、铁港、黄墩港海域内浓度均较其周围海域高，西沪港海域浓度基本大于 0.05 mg/L，铁港、黄墩港海域浓度大于 0.06 mg/L（图 5.2-6）。象山港活性磷酸盐总体分布与实测活性磷酸盐浓度等值线分布基本一致，仅局部区域略有偏差（图 5.2-7）。水质调查站的实测值与模型计算结果之间相对误差小于 20%的比例达 90%，水质模型在总体上较成功地模拟了象山港活性磷酸盐的浓度分布。

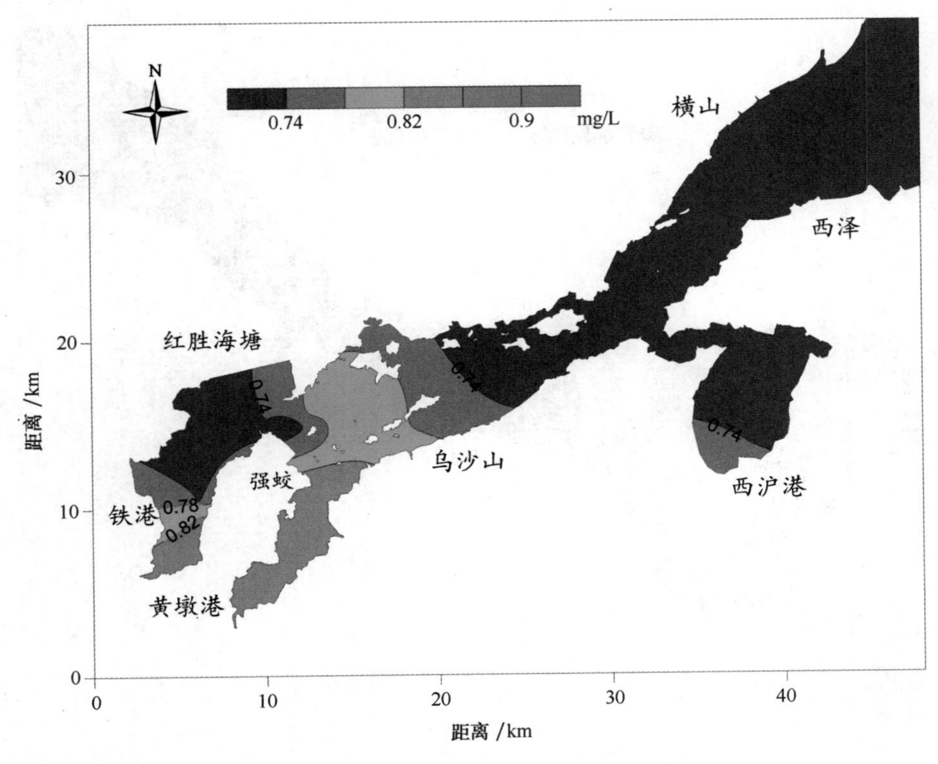

图 5.2-4　2011 年 7 月无机氮实测浓度

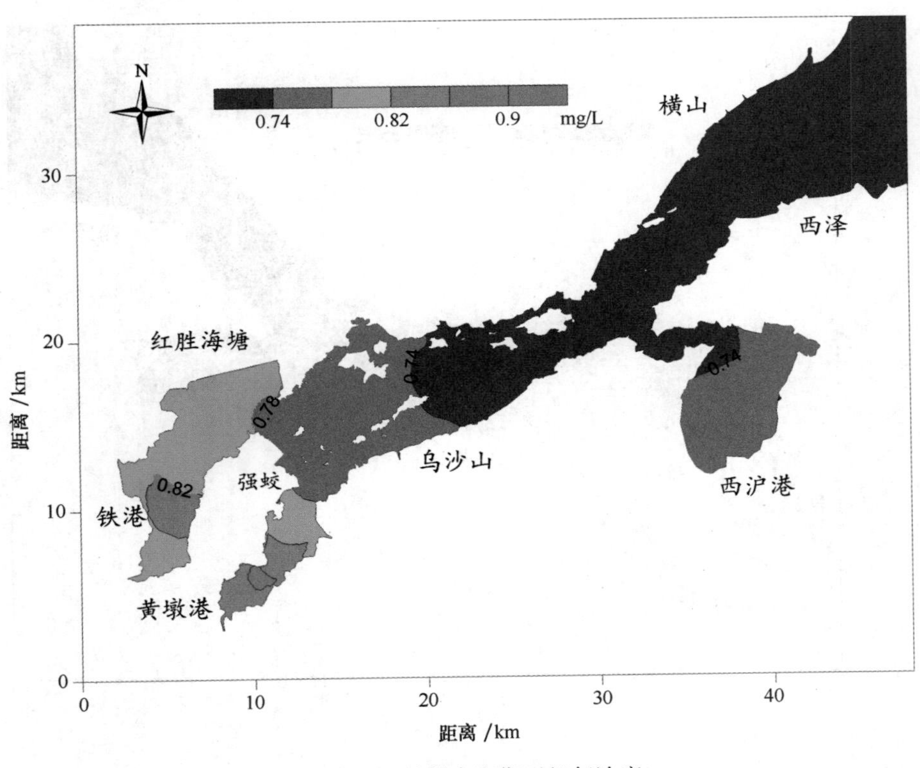

图 5.2-5　数模高潮期无机氮浓度

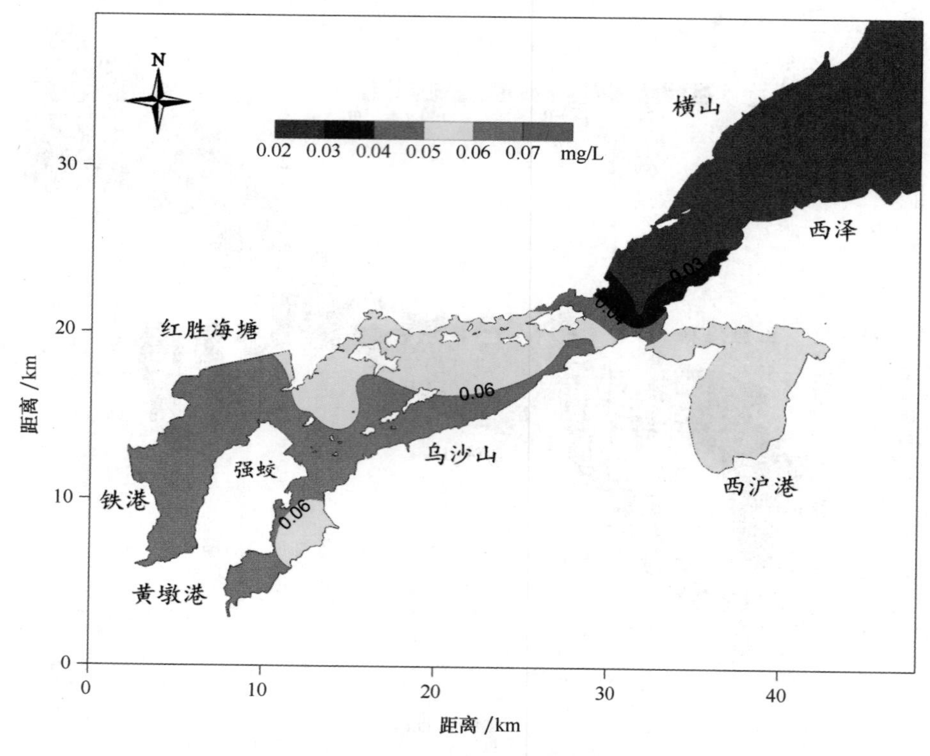

图 5.2-6 2011 年 7 月活性磷酸盐实测浓度

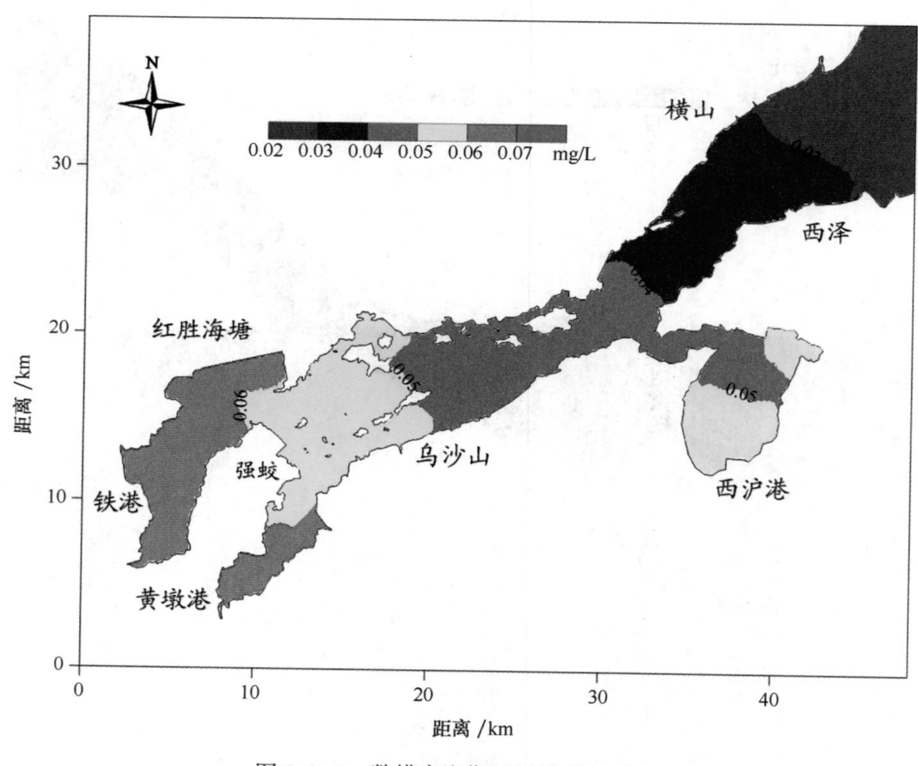

图 5.2-7 数模高潮期活性磷酸盐浓度

5.3　象山港环境容量估算

5.3.1　技术路线

环境容量和削减量计算采用的技术路线如下：

①根据象山港海域水体主要污染物特性及主要污染源特点，确定环境容量和削减量计算污染物。

②根据象山港海域环境功能区划，确定水质控制目标；结合象山港海域水体污染现状与象山港水体交换特点，确定环境容量计算因子的控制指标。

③根据象山港周边地区汇水单元的划分、污染源计算点的分布及污染源调查结果，利用已建立的污染物浓度场模型，计算象山港海域各单元污染源排放的响应系数场，分析象山港污染源强变化与海域浓度场变化之间的响应规律。

④针对不同环境容量计算因子在海湾中现状浓度有超标和未超标的特点，将计算因子分为正环境容量因子和负环境容量因子。未超过海水水质标准的规定、尚有一定排放空间的计算因子称为正环境容量因子；已经超过海水水质标准的规定、无排放空间只能考虑削减的计算因子称为负环境容量因子。

采用线性规划方法，以剩余总排放量最大为目标，根据海域污染源及水质现状的特点，计算象山港正环境容量因子的剩余环境容量及其在各单元的分布。

对负环境容量因子进行污染物削减量计算：首先进行污染物削减量预计算，分析象山港各区污染源强变化对海域浓度场分布的影响；然后以满足象山港环境容量计算分区分期控制指标要求为依据，确定各海区分期污染物削减量。

5.3.2　环境容量计算因子的选择

环境容量计算因子的选择主要考虑该因子能反映象山港水质现状、污染程度以及环境容量管理和污染控制的可操作性等。象山港主要污染物为磷酸盐、无机氮等营养盐类物质，而化学需氧量（COD_{Mn}）为水体污染程度的综合指标。因此，本项目环境容量计算中，选取化学需氧量（COD_{Mn}）作为环境容量计算因子，无机氮和活性磷酸盐作为削减量计算因子。

（1）化学需氧量（COD_{Mn}）

化学需氧量是表征水体有机污染的一个综合因子，也是描述污染源的重要指标之一，在水环境评价、管理和规划中被普遍采用，本项目亦选择化学需氧量作为象山港水环境容量的计算因子。

化学需氧量含量间接地与营养盐总含量相关，由于化学需氧量的这种隐含的作用，许多研究将化学需氧量也作为海域富营养化的重要指标之一。而且化学需氧量受生物活动的影响相对来说比营养盐小，它的生化降解作用也比较容易确定。因此，选择化学需氧量作为环境容量的主要因子对评价海域污染、建立有效的海域环境质量模型来说都是较适宜的。

（2）无机氮

无机氮是浮游植物生长和繁殖不可缺少的营养元素，也是反映水体富营养化的重要指标之一，《海水水质标准》（GB 3097—1997）即以无机氮对水体中的 N 含量进行规定；同时，本项目对象山港周边地区无机氮的污染源进行了详尽的调查及科学的预测，用无机氮进行容量预测分析较为可靠。因此选择机氮作为环境容量计算因子是适宜的。

根据前文环境质量现状调查分析结果，象山港水体中营养盐类含量高，目前主要的环境问题为水体富营养化。象山港内无机氮浓度为 0.7～0.9 mg/L。《海水水质标准》中规定，三类水质无机氮浓度不得超过 0.4 mg/L，四类水质无机氮浓度不得超过 0.5 mg/L，由此可知，象山港内无机氮浓度已严重超出水质标准。

营养盐类超标带来象山港各种生态与环境问题，因此，即使无机氮超标没有环境容量，但作为一个重要的限制因子，应将其作为负环境容量分析因子，即从削减无机氮排放量角度出发，进行削减控制。

（3）活性磷酸盐

与无机氮一样，活性磷酸盐是浮游植物生长和繁殖不可缺少的营养元素，也是反映水体富营养化的重要指标之一，《海水水质标准》（GB 3097—1997）即以活性磷酸盐对水体中的 P 含量进行规定；同时，本项目对象山港周边地区活性磷酸盐的污染源进行了详尽的调查及科学的预测，用活性磷酸盐进行容量预测分析较为可靠。因此选择活性磷酸盐作为环境容量计算因子是适宜的。

象山港内活性磷酸盐浓度为 0.03～0.07 mg/L。《海水水质标准》中规定，一类水质活性磷酸盐浓度不得超过 0.015 mg/L，二类和三类水质活性磷酸盐浓度不得超过 0.03 mg/L，四类水质活性磷酸盐浓度不得超过 0.045 mg/L，由此可知，象山港内活性磷酸盐浓度超出水质标准。营养盐类超标带来象山港各种生态与环境问题，因此，即使活性磷酸盐超标没有环境容量，但作为一个重要的限制因子，应将其作为负环境容量分析因子，即从削减活性磷酸盐排放量角度出发，进行削减控制。

（4）其他因子

在象山港其他主要污染因子中，油类污染来源主要是船舶的压舱水、洗舱水或者事故漏油，具有不确定性，在容量管理上难以控制，不具可操作性，因此油类不作为环境容量计算因子；重金属为严禁排海的污染物，无环境容量之说，因此不适宜作为环境容量计算因子。

综上所述，本项目选取化学需氧量（COD_{Mn}）作为正环境容量计算因子，用于进行环境容量分配，选用无机氮和活性磷酸盐作为负环境容量计算因子（即削减量计算因子），用于进行源强的削减控制。

5.3.3 海域控制点设置及水质控制目标的确定

5.3.3.1 控制点设置

根据象山港海洋功能区划和海域环境功能区划，结合象山港海域实际规划情况，划定象山港各区水质标准，确定控制点及各点水质控制目标。

根据象山港海域功能区及水质执行标准，象山港内共设置 27 个水质控制点，其中 15 个一类水质控制点，12 个二类水质控制点，具体位置分布如图 5.3-1 所示。

5.3.3.2 控制目标

本次象山港水环境容量计算控制项目主要涉及化学需氧量、活性磷酸盐和无机氮三项。根据《海水水质标准》（GB 3097—1997），上述 3 个控制项在各类水质标准下的控制目标摘取如表 5.3-1 所示。

表 5.3-1 各类水质标准

控制项目	一类	二类	三类	四类
化学需氧量（COD）（$mg \cdot L^{-1}$）≤	2	3	4	5
无机氮（以 N 计）（$mg \cdot L^{-1}$）≤	0.20	0.30	0.40	0.50
活性磷酸盐（以 P 计）（$mg \cdot L^{-1}$）≤	0.015	0.030	0.030	0.045

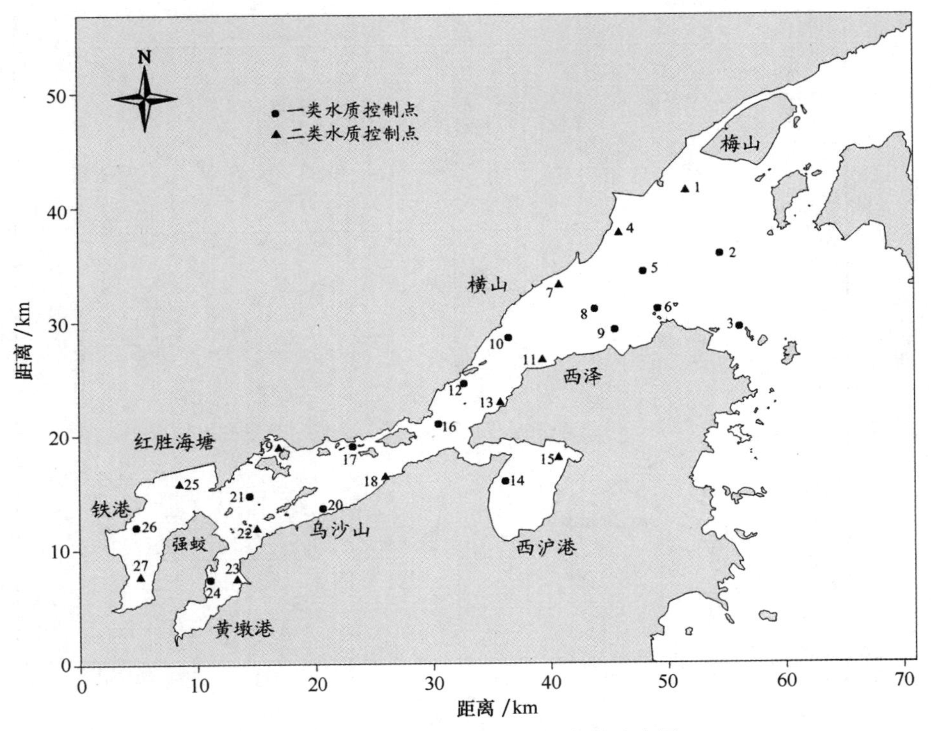

图 5.3-1　象山港水质控制点分布示意图

5.3.4　COD_{Mn}环境容量估算

影响象山港环境容量的因素多且复杂，要准确确定环境容量，必须对各种影响因素进行综合分析，进而确定计算方案，从理论上说，这样的计算方案可有无穷多个。为减少计算量，并且能够综合反映环境容量各影响因素，本课题分两步进行象山港环境容量计算：首先，确定象山港沿岸各汇水区源强变化与海域浓度场变化响应规律，即计算象山港沿岸汇水区 COD_{Mn}单位源强排放时的海域浓度分布，也就是各汇水区的污染源对象山港海域的响应系数场；其次，根据海域污染源及水质现状的特点，结合象山港内各水质控制点的 COD_{Mn}控制目标，按照最大剩余容量原则，利用线性规划方法计算各个污染源的环境容量。

5.3.4.1　响应系数场的确定

根据最优化法原理，首先要先计算各污染源的响应系数场，即各污染源单位源强排放时，所形成的浓度场。计算某个污染源的响应系数场时，该污染源源强为 1 g/s，其余各污染源源强取 0。象山港周边各污染源 COD_{Mn}单位源强排放时，在象山港海域形成的 COD_{Mn}浓度场即响应系数场（图 5.3-2 和图 5.3-3）。

5.3.4.2　COD_{Mn}最大环境容量估算

根据线性规划原理，求取各个污染源的 COD_{Mn}允许排放量。取象山港 COD_{Mn}浓度分布计算结果作背景浓度。在浓度值的选取上现在也有多种方式，一般以平均值和最大值较多。考虑到象山港属于强潮浅水半日潮海湾，潮流强，潮差大，不同时刻浓度存在差异，若是取最大值为背景浓度，最后会导致资源浪费，所以本文采取大小潮平均浓度作为背景浓度进行容量估算。控制点标准浓度按表 5.3-1 取值。各个控制点参数取值见表 5.3-2。

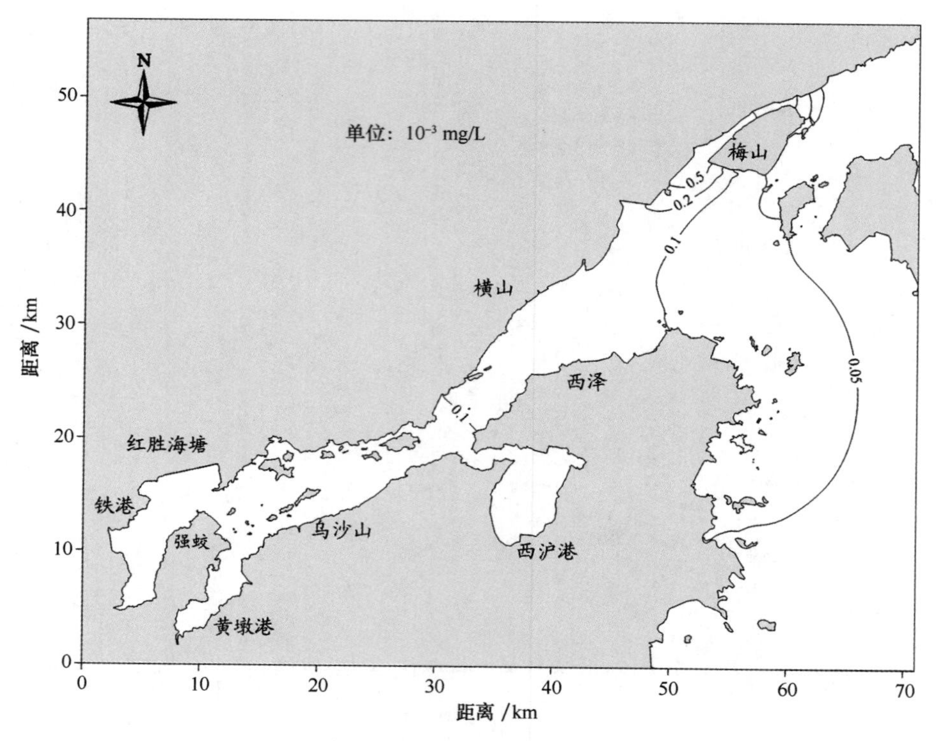

图 5.3-2　污染源 S1 响应系数场

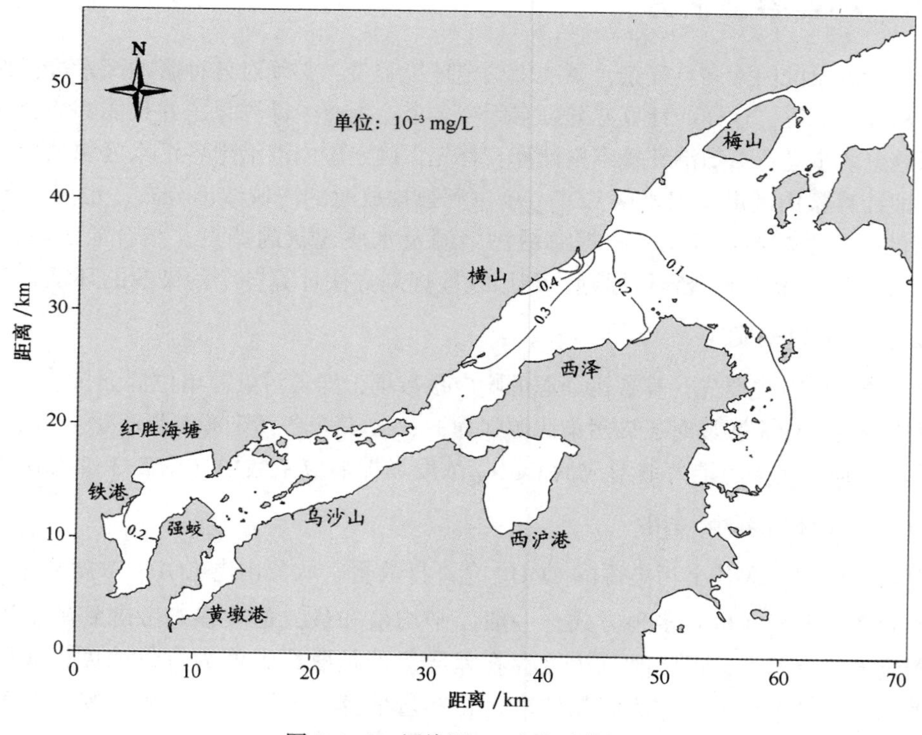

图 5.3-3　污染源 S2 响应系数场

表 5.3-2　COD_{Mn}容量线性规划估算参数取值

控制点	背景浓度 C_{0i}/(mg·L^{-1})	控制目标 C_{si}/(mg·L^{-1})	控制点	背景浓度 C_{0i}/(mg·L^{-1})	控制目标 C_{si}/(mg·L^{-1})
1	0.841	3.000	15	1.057	3.000
2	0.840	2.000	16	0.941	2.000
3	0.861	2.000	17	0.977	2.000
4	0.846	3.000	18	0.965	3.000
5	0.853	2.000	19	1.021	3.000
6	0.871	2.000	20	1.006	2.000
7	0.890	3.000	21	1.088	2.000
8	0.882	2.000	22	1.093	3.000
9	0.888	2.000	23	1.181	3.000
10	0.906	2.000	24	1.211	2.000
11	0.900	3.000	25	1.215	3.000
12	0.925	2.000	26	1.286	2.000
13	0.920	3.000	27	1.349	3.000
14	1.037	2.000			

使用线性规划方法，按照最大剩余容量原则进行估算，计算得到的允许排放量为 37.52 t/d（表 5.3-3）。当按计算结果进行分配源强时，按上面计算得到的响应系数计算得到的控制点浓度见表 5.3-4。由表 5.3-3 可知，在使用现状源强计算得到的浓度分布为背景浓度估算得到的允许排放量结果中，仅有污染源 S1 和 S20 仍有排放空间。理论上讲，符合各个控制点约束条件的解应有无穷多组，而计算结果却集中在两个污染源，分析其原因，在于少许控制点的背景浓度值已非常接近控标准浓度，这些点主要位于象山港湾内，而线性规划计算严格按照数学条件进行，所以当要在所有可行解中选择使容量总量达到最大的一组时，对象山港湾内水质影响最小的污染源排放最大显然是合理的，由表 5.3-4 可以看出，3 号和 26 号控制点已达到约束极限值。

与《象山港海洋环境容量及污染物总量控制研究报告》（黄秀清等，2008）的 COD_{Mn} 计算结果（30 t/d）相比，象山港 COD_{Mn} 环境容量略有增加。

表 5.3-3　各污染源 COD_{Mn} 容量估算值

污染源	S1	S2	S3	S4	S5	S6	S7	S8	S9	S10
规划求解可排量/(t·d^{-1})	25.41	0.00	0.00	0.00	0.00	0.00	0.00	0.00	0.00	0.00
污染源/(t·d^{-1})	S11	S12	S13	S14	S15	S16	S17	S18	S19	S20
规划求解可排量/(t·d^{-1})	0.00	0.00	0.00	0.00	0.00	0.00	0.00	0.00	0.00	12.11
总量/(t·d^{-1})	37.52									

表 5.3-4　规划求解最优解各控制点浓度

控制点	规划求解/(mg·L^{-1})	浓度资源利用率/(%)	控制点	规划求解/(mg·L^{-1})	浓度资源利用率/(%)
1	2.455	81.85	15	1.907	63.56
2	1.657	82.85	16	1.807	90.34
3	2.000	100.00	17	1.779	88.94

续表

控制点	规划求解/(mg·L^{-1})	浓度资源利用率/(%)	控制点	规划求解/(mg·L^{-1})	浓度资源利用率/(%)
4	1.951	65.03	18	1.787	59.56
5	1.751	87.57	19	1.783	59.43
6	1.788	89.39	20	1.780	88.99
7	1.881	62.70	21	1.830	91.50
8	1.840	92.01	22	1.835	61.17
9	1.846	92.29	23	1.915	63.83
10	1.852	92.60	24	1.937	96.84
11	1.858	61.93	25	1.937	64.57
12	1.831	91.53	26	2.000	100.00
13	1.834	61.12	27	2.063	68.77
14	1.887	94.34			

5.3.4.3 COD_{Cr}最大环境容量估算

在现状象山港COD_{Cr}污染物源强16.92 t/d的基础上，要保持达到象山港海域海洋功能区划所规定的海水水质标准，同时又满足各区（县、市）的可操作分配，最大只能再增加93.80 t/d的COD_{Cr}污染物源强。

与2002年《象山港海洋环境容量及污染物总量控制研究报告》（房建孟等，2004）的COD_{Cr}计算结果（75 t/d）相比，象山港COD_{Mn}环境容量略有增加。

10年来，由于陆源污染有所增加，海水养殖污染有所减少，因此通过源强比较，COD_{Cr}还有一定的环境容量。建议COD_{Cr}排放量维持现状，以调整产业结构、优化源强的空间布局为主。

5.3.5 无机氮削减量估算

采用分期控制法进行污染物削减量计算，首先进行预计算，分析象山港各汇水单元污染源强变化对海域浓度场分布的影响，为确定正式计算方案提供依据并初步确定达到控制目标需要的最小削减量；然后根据分期控制目标确定削减方案并进行计算，并以满足象山港环境容量计算分期控制指标要求为依据，确定各汇水单元分期无机氮削减量。

5.3.5.1 响应系数场

计算出象山港沿岸各汇水单元的污染源无机氮单位源强排放时，在象山港海域形成的无机氮浓度场即响应系数场。

5.3.5.2 削减预计算

象山港内无机氮浓度为0.7~0.9 mg/L。《海水水质标准》中规定，三类水质无机氮浓度不得超过0.4 mg/L，四类水质无机氮浓度不得超过0.5 mg/L，由此可知，象山港内无机氮浓度已严重超出水质标准。

象山港无机氮污染十分严重，要使水质得到改善，必须大幅削减污染物排放源强。因此，对无机氮应分析不同减排方案情况对海域水质的改善程度，设计4种削减方案对象山港无机氮浓度场进行研究，分别计算象山港沿岸各源强削减10%、20%、50%和100%时无机氮在象山港内的浓度场，并将各方案计算结果对照水质标准分析污染程度。各方案计算结果列于图5.3-4至图5.3-8和表5.3-5。

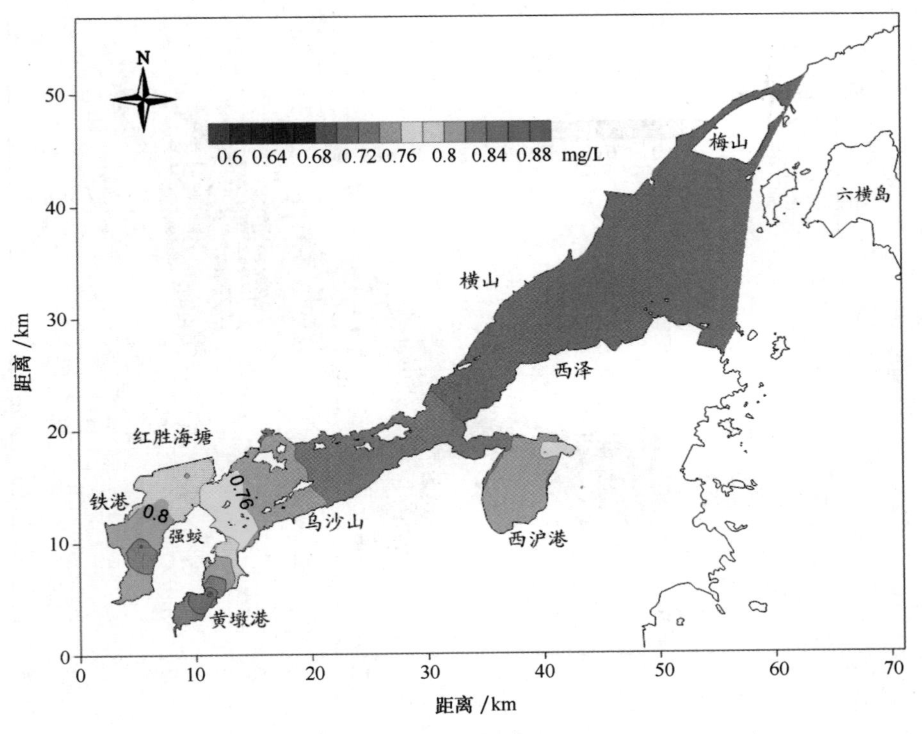

图 5.3-4　无机氮浓度现状图

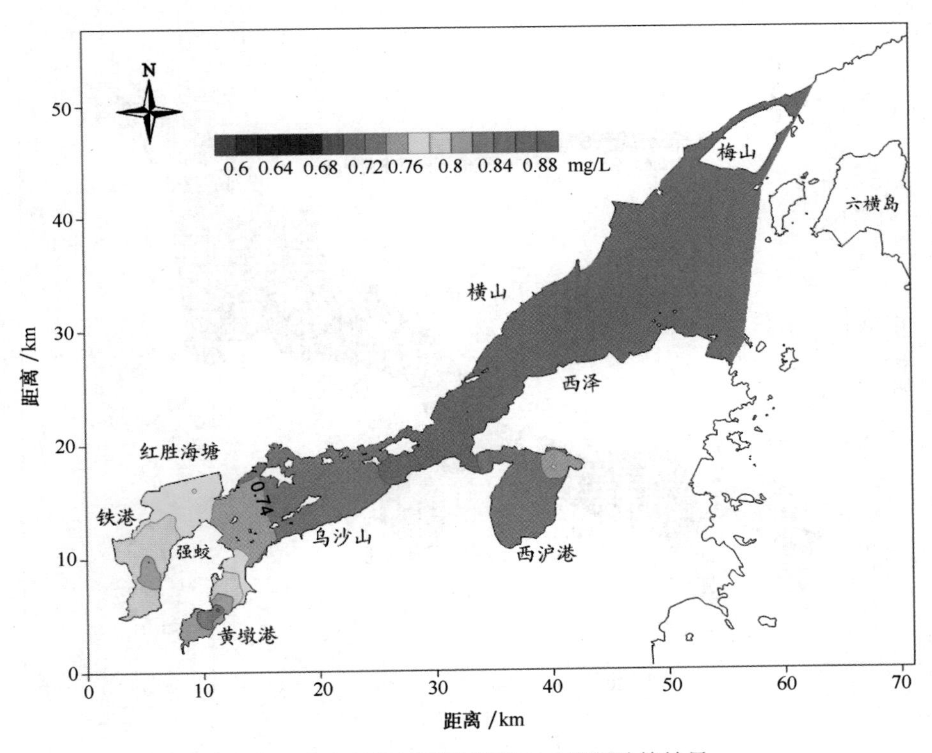

图 5.3-5　无机氮源强削减 10%模拟计算结果

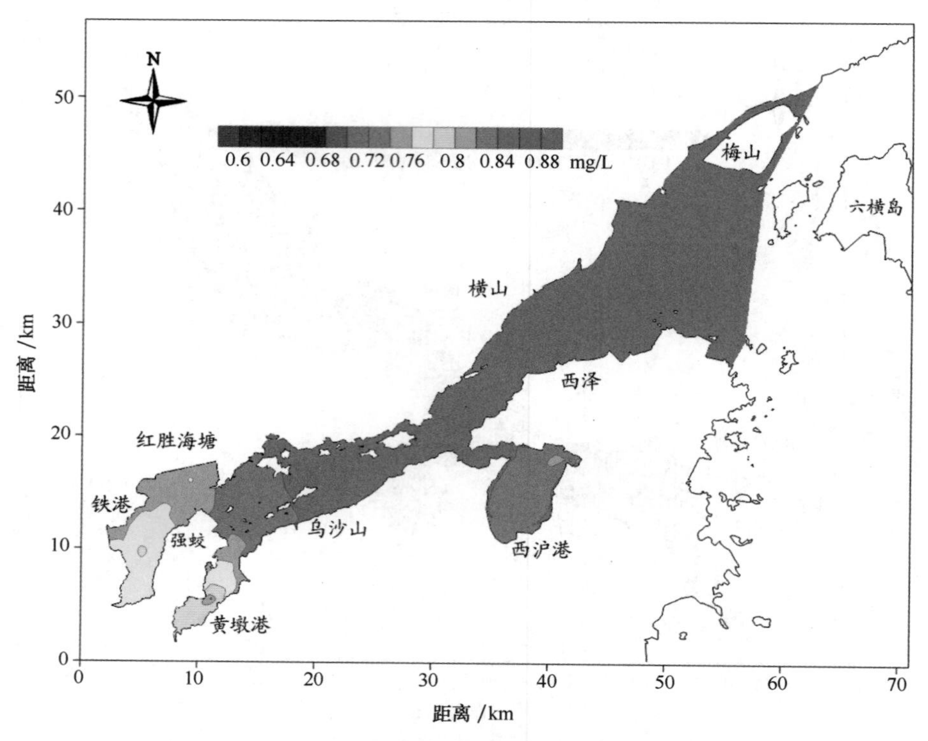

图 5.3-6 无机氮源强削减 20%模拟计算结果

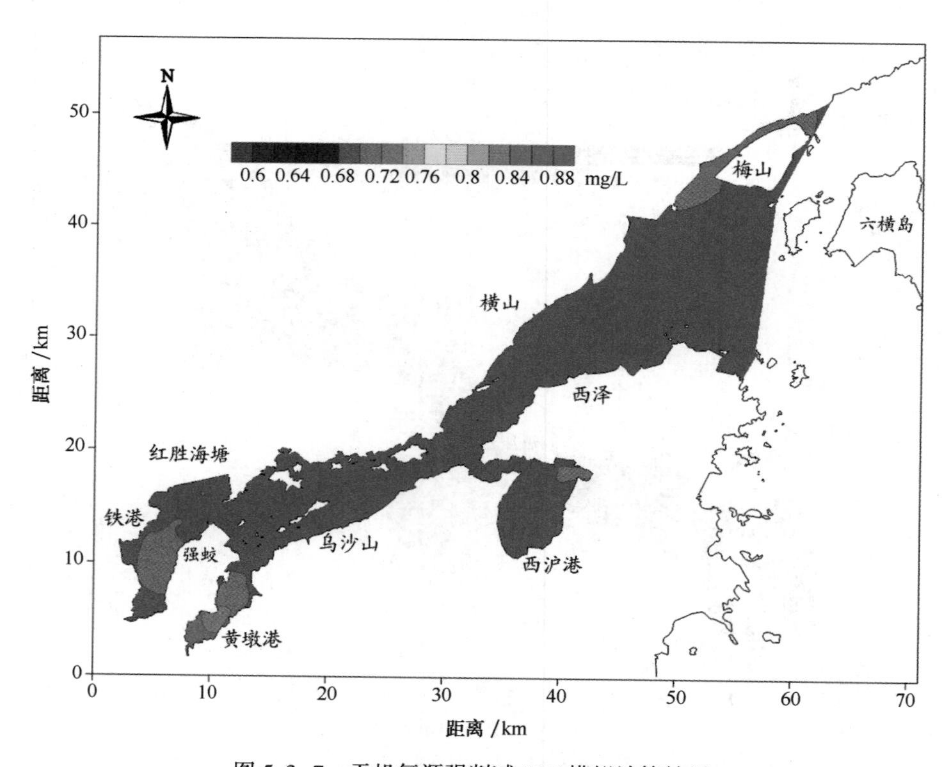

图 5.3-7 无机氮源强削减 50%模拟计算结果

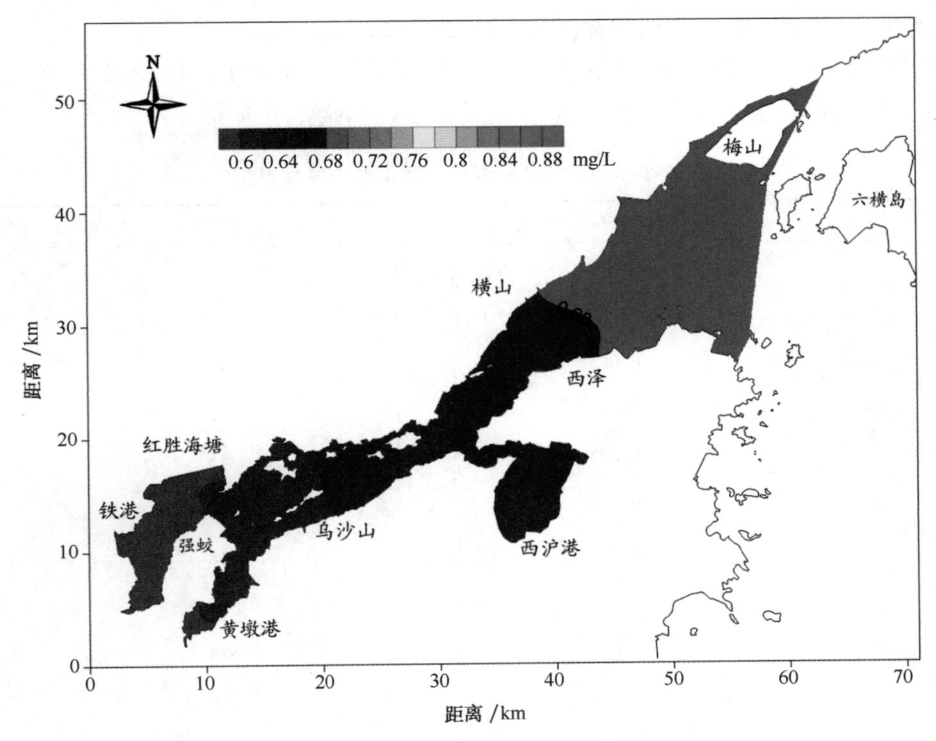

图 5.3-8　无机氮源强削减 100%模拟计算结果

表 5.3-5　无机氮沿岸各污染源强削减方案浓度包络面积（总面积：519.37 km²）

方案	小于 0.8 mg/L		小于 0.72 mg/L		小于 0.7 mg/L	
	面积/km²	百分比/（%）	面积/km²	百分比/（%）	面积/km²	百分比/（%）
现状	476.75	91.79	292.29	56.28	0	0
削减 10%	505.74	97.38	318.84	61.39	0	0
削减 20%	518.60	99.85	372.63	71.75	0	0
削减 50%	519.37	100	515.62	99.28	467.51	90
削减 100%	519.37	100	519.37	100	519.37	100

由上述计算可知，根据本课题设定的控制点水质标准，各个方案计算结果全海区均严重超标。考虑到象山港氮类营养盐的来源不仅是沿岸各陆源排放及湾内养殖污染，杭州湾、舟山、宁波等地的入海污染物也对象山港无机氮浓度有所贡献，象山港本底浓度不是削减沿岸的排放源强就能达到规定的水质标准的。

5.3.5.3　分期控制目标设立

根据上述 4 种削减方案的计算结果，本次研究以海域内无机氮浓度小于 0.72 mg/L 的面积占象山港总面积的百分比为指标，设立近期控制目标。

近期目标：无机氮浓度小于 0.72 mg/L 的面积占象山港总面积的 60%。

5.3.5.4　削减量计算

近期，当象山港源强削减 10%时象山港内无机氮浓度小于 0.72 mg/L 的面积占象山港总面积的

61.39%，所以要达到近期目标，象山港无机氮削减量约为源强的10%。

因此，根据象山港近期控制目标，无机氮削减量估算结果为0.734 t/d，各汇水区无机氮削减量见表5.3-6，削减方案实施后象山港无机氮浓度分布如图5.3-9所示。

表5.3-6　无机氮分期控制污染源削减估算量

序号	污染源	近期（削减10%）/(t·d^{-1})	序号	污染源	近期（削减10%）/(t·d^{-1})
1	S1	0.020	12	S12	0.022
2	S2	0.040	13	S13	0.040
3	S3	0.068	14	S14	0.033
4	S4	0.039	15	S15	0.058
5	S5	0.042	16	S16	0.027
6	S6	0.019	17	S17	0.038
7	S7	0.063	18	S18	0.026
8	S8	0.069	19	S19	0.047
9	S9	0.039	20	S20	0.027
10	S10	0.009	21	总量	0.734
11	S11	0.008			

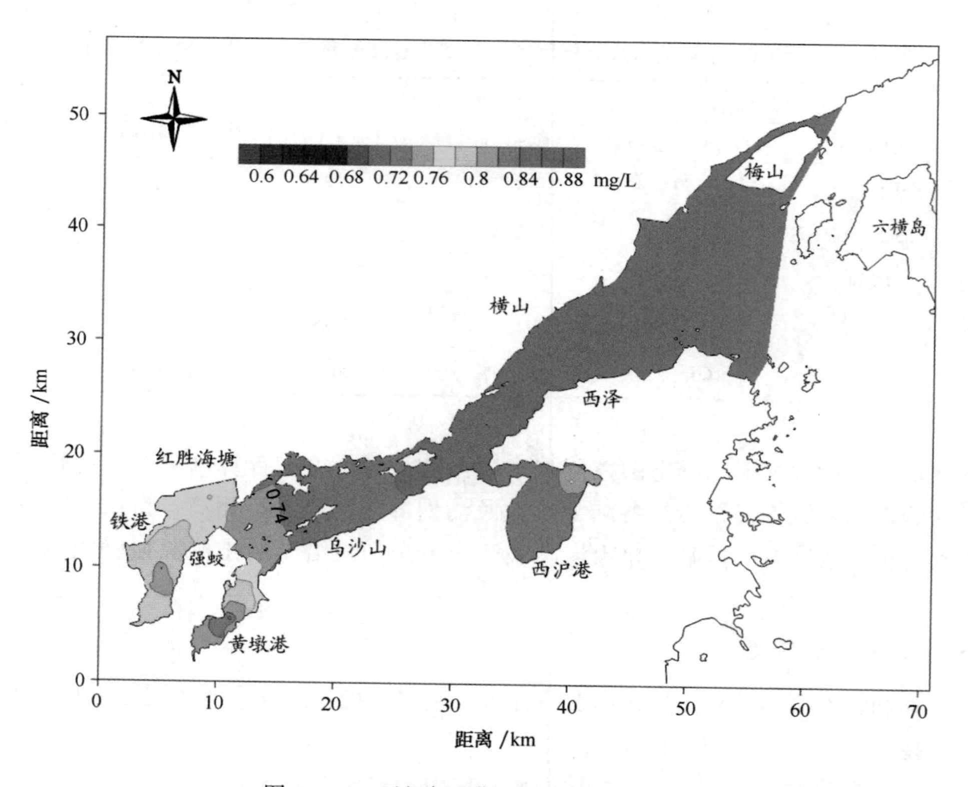

图5.3-9　无机氮近期源强削减模拟结果

5.3.6 活性磷酸盐削减量估算

5.3.6.1 响应系数场计算

计算象山港沿岸各汇水单元的污染源活性磷酸盐单位源强排放时，在象山港海域形成的活性磷酸盐浓度场即响应系数场。

5.3.6.2 削减预计算

设计4种削减方案对象山港活性磷酸盐浓度场进行研究，分别计算象山港沿岸各污染源源强削减10%、20%、50%和100%时活性磷酸盐在象山港内的浓度场，并将各方案计算结果对照水质标准分析污染程度。各方案计算结果列于图5.3-10至图5.3-14和表5.3-7中。

由上述计算可知，根据本课题设定的控制点水质标准，活性磷酸盐源强削减100%时，有部分控制点计算浓度达到水质标准要求，但大部分控制点仍超标，其主要原因是杭州湾、舟山、宁波等地的入海污染物也对象山港活性磷酸盐浓度有所贡献，象山港本底浓度不是削减沿岸的排放源强就能达到规定的水质标准的。

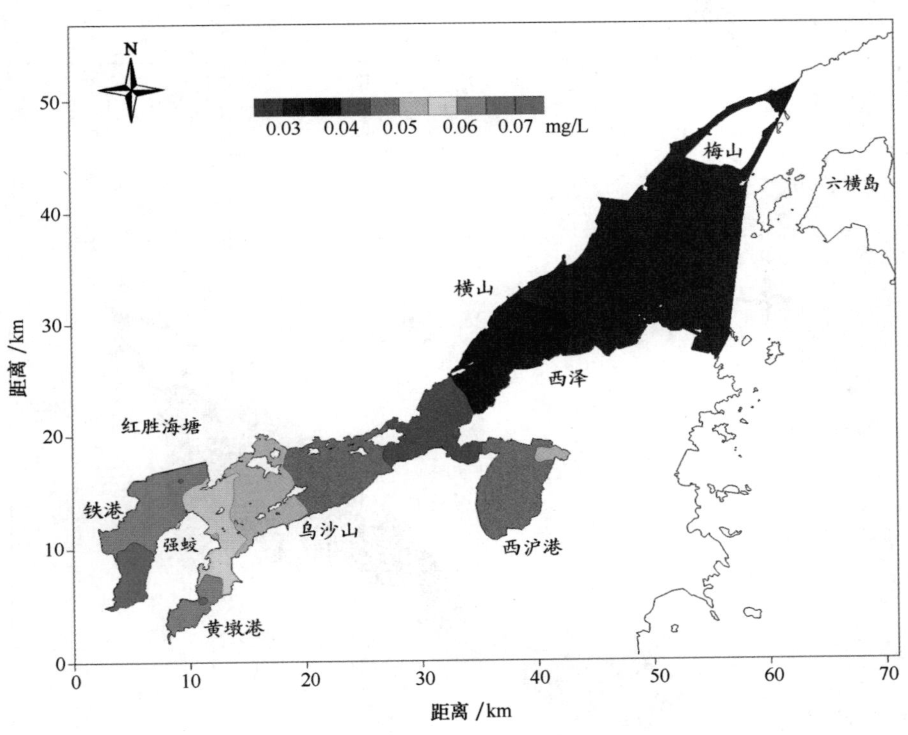

图5.3-10　活性磷酸盐浓度现状图

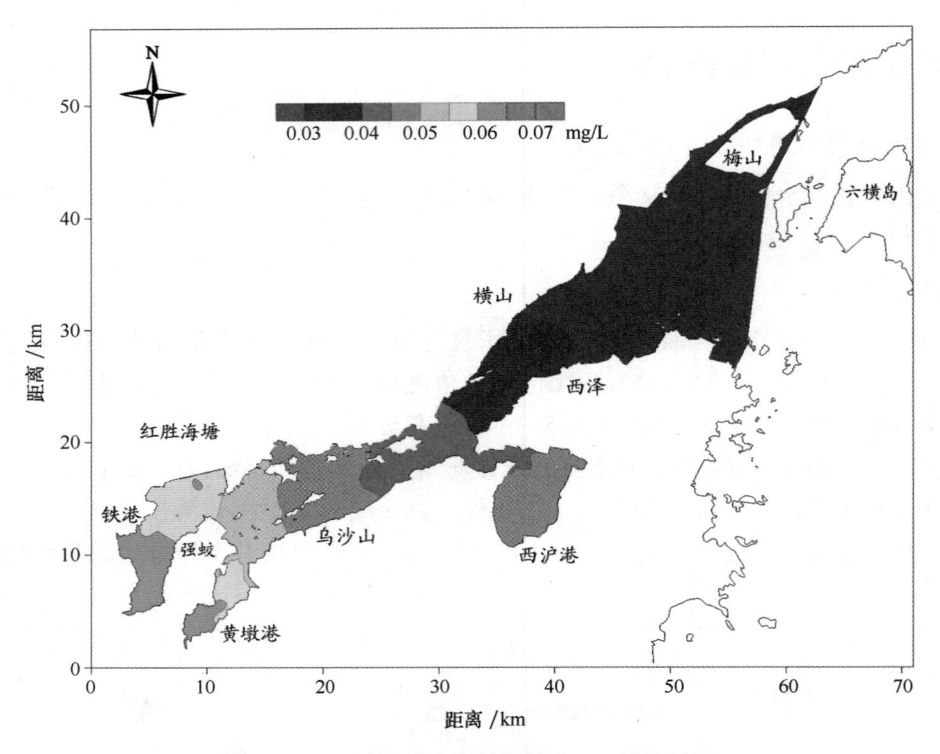

图 5. 3-11 活性磷酸盐源强削减 10%计算结果

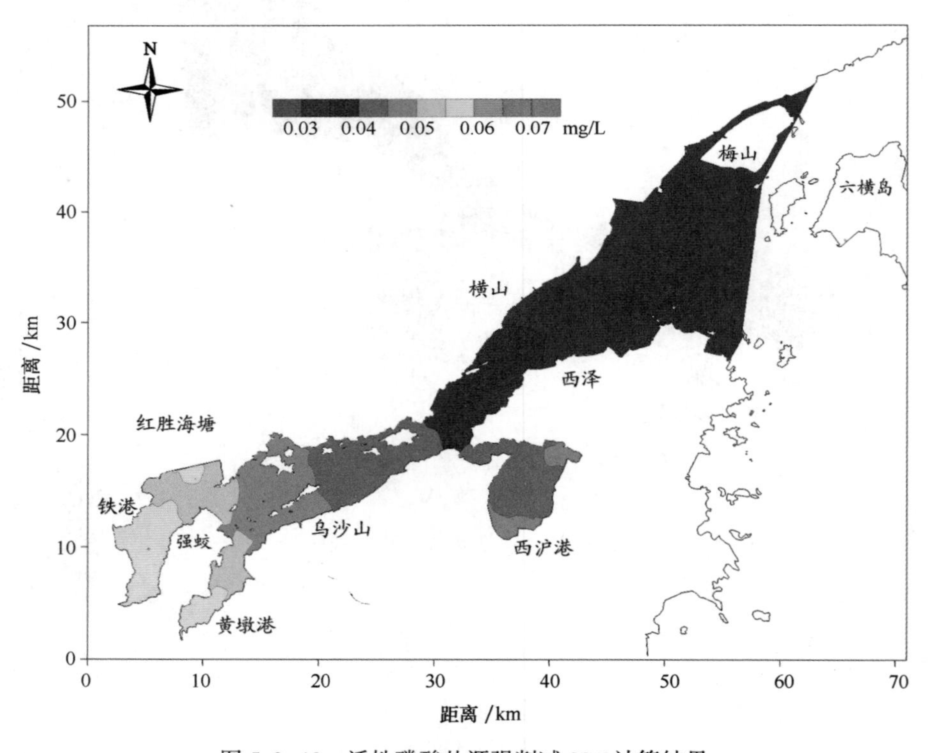

图 5. 3-12 活性磷酸盐源强削减 20%计算结果

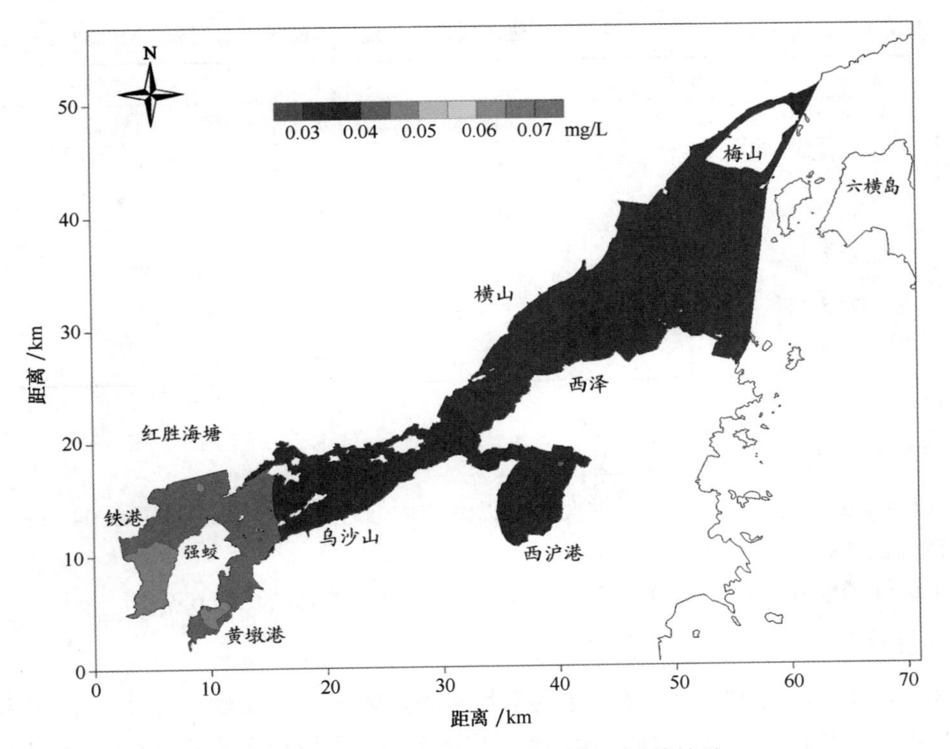

图 5. 3-13　活性磷酸盐源强削减 50%计算结果

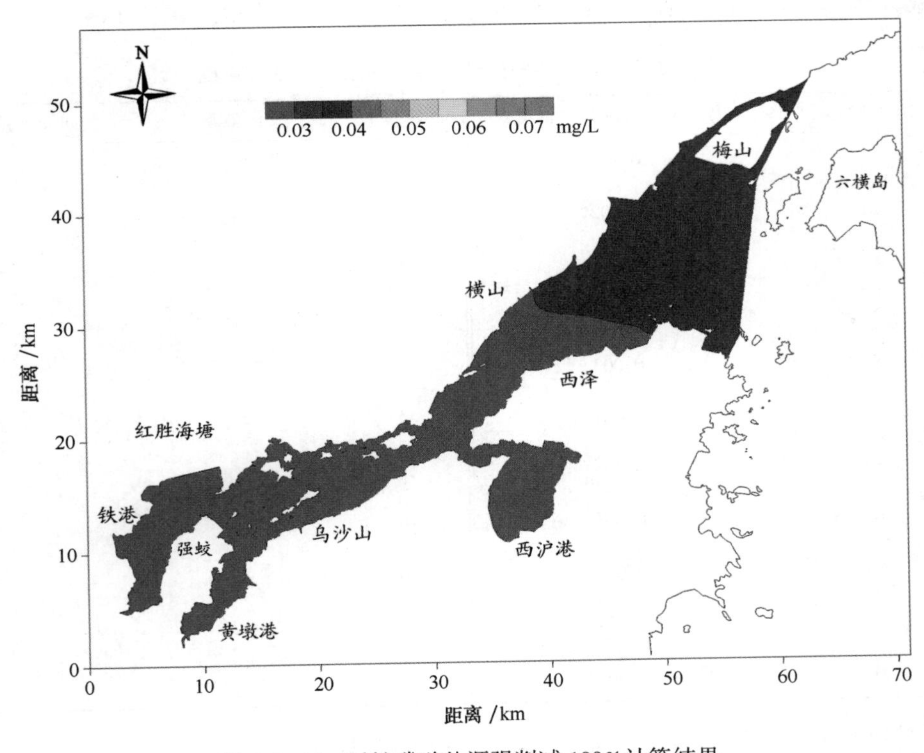

图 5. 3-14　活性磷酸盐源强削减 100%计算结果

表 5.3-7　活性磷酸盐沿岸各县污染源强削减方案浓度包络面积（总面积：519.37 km^2）

方案	小于 0.045 mg/L		小于 0.03 mg/L		小于 0.015 mg/L	
	面积/km^2	百分比/（%）	面积/km^2	百分比/（%）	面积/km^2	百分比/（%）
现状	317.35	61.10	0	0	0	0
削减 10%	333.98	64.30	0	0	0	0
削减 20%	384.99	74.13	0	0	0	0
削减 50%	498.34	95.95	0	0	0	0
削减 100%	519.37	100	306.21	58.96	0	0

5.3.6.3　分期控制目标设立

根据上述 4 种削减方案的技术结果，本次研究以海域内活性磷酸盐浓度小于 0.045 mg/L 的面积占象山港总面积的百分比为指标，设立近期控制目标。

近期目标为活性磷酸盐浓度小于 0.045 mg/L 的面积占象山港总面积的 65%。

5.3.6.4　削减量计算

近期，当象山港源强削减 10%时，象山港内活性磷酸盐浓度小于 0.045 mg/L 的面积为 333.98 km^2，占象山港总面积的 64.30%，所以要达到近期目标，象山港活性磷酸盐削减量约为源强的 10%。

因此，根据象山港近期控制目标，活性磷酸盐削减量估算结果为 0.051 t/d。各汇水区削减量见表 5.3-8，削减方案实施后象山港活性磷酸盐浓度分布如图 5.3-15 所示。

表 5.3-8　活性磷酸盐分期控制污染源削减估算量

序号	污染源	近期（削减 10%）/($t \cdot d^{-1}$)	序号	污染源	近期（削减 10%）/($t \cdot d^{-1}$)
1	S1	0.002	12	S12	0.001
2	S2	0.002	13	S13	0.002
3	S3	0.005	14	S14	0.002
4	S4	0.003	15	S15	0.004
5	S5	0.003	16	S16	0.002
6	S6	0.001	17	S17	0.003
7	S7	0.005	18	S18	0.002
8	S8	0.005	19	S19	0.003
9	S9	0.003	20	S20	0.002
10	S10	0.001		总量	0.051
11	S11	0.001			

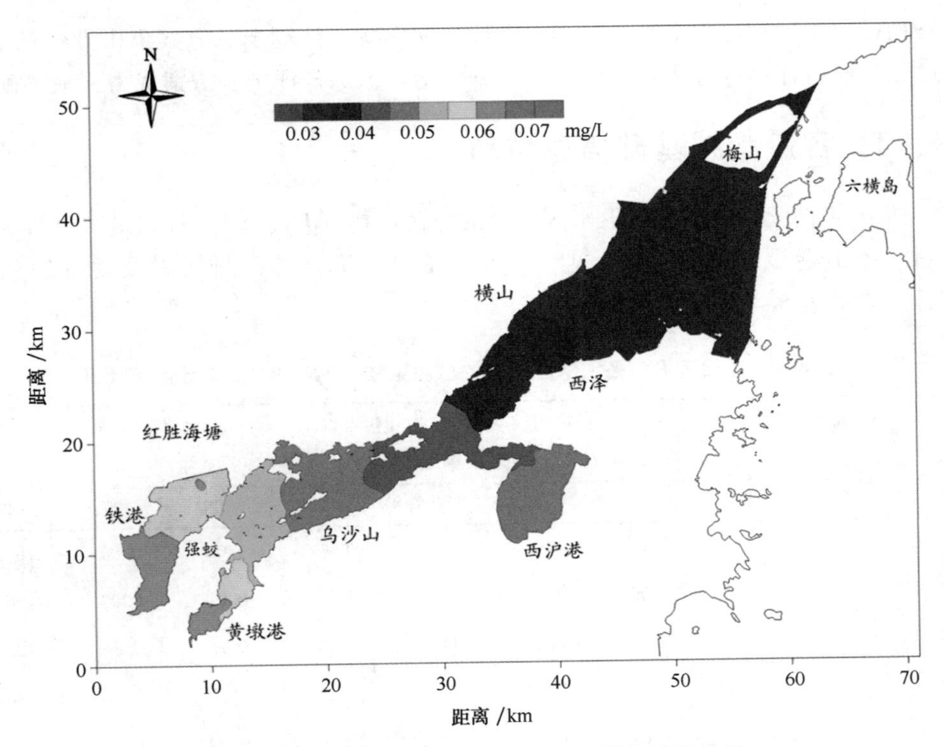

图 5.3-15 活性磷酸盐近期源强削减模拟计算结果

5.4 象山港污染物总量控制

5.4.1 TN、TP 优化分配技术路线

（1）容量分配方法

容量分配方法采用层次分析法（The Analytic HierarchyProcess，简称 AHP），首先，在确定准则层对目标层的权重时采用专家赋权法和相互重要性比较判断矩阵法这两种方法。

（2）方案的设计

方案 1：以环境容量分配理论为基础，从现有的总污染物（TN、TP）排放量、自然资源、经济发展和社会发展 4 个方面分层次通过专家咨询确定各层次各要素的权重系数；通过层次分析计算各汇水区在这 4 方面的组合权重。

方案 2：在方案 1 的基础上，重点考虑到各汇水区的污染物（TN、TP）排放浓度响应程度要素并作为第一层次的自然净化要素，而现有的总污染物（TN、TP）排放量、自然资源、经济发展和社会发展等 4 个方面作为第一层次的社会要素，并均分第一层次权重；第一层次的社会要素仍通过专家咨询确定各层次各要素的权重系数；通过层次分析计算各汇水区的组合权重。

方案 3：平均考虑现有的总污染物（TN、TP）排放量、污染物（TN、TP）排放浓度响应程度、自然资源、经济发展和社会发展 5 个方面分层次权重系数；通过层次分析计算各汇水区在这 5 方面的组合权重。

（3）技术路线

对象山港汇水区 TN、TP 优化分配的技术路线是：进行象山港沿岸各汇水区划分，从环境、资源、经济、社会和污染物排放浓度响应程度等指标考虑设计分配方案，计算出各方案象山港各汇水区的TN、TP分配权重，通过数学模型计算各方案的环境容量及分配结果，综合评定各方案优劣，最终确定最优方案。

5.4.2 TN、TP容量削减基础信息资料

以2009年为基准年，统计象山港各汇水区现有的总污染物（TN、TP）排放量、自然资源、经济发展和社会发展资料。象山港沿海各汇水区工业、生活、农业、海水养殖排污以及现有的总污染物（TN、TP）排放量统计结果见表5.4-1。

表5.4-1 象山港沿海各汇水区现有的总污染物（TN、TP）排放量统计表

序号	汇水区	工业污染排放量/(t·a⁻¹)		生活污染排放量/(t·a⁻¹)		农业污染排放量/(t·a⁻¹)		海水养殖污染排放量/(t·a⁻¹)		总污染排放量/(t·a⁻¹)	
		TN	TP	TN	TP	TN	TP	TN	TP	TN	TP
1	汇水区1	—	—	5.19	1.96	96.08	11.33	0.00	0.00	101.27	13.29
2	汇水区2	—	—	7.09	2.31	189.82	19.65	0.01	0.00	196.92	21.96
3	汇水区3	0.49	—	7.05	0.20	115.13	12.23	0.26	0.04	122.93	12.47
4	汇水区4	—	—	9.19	0.35	177.40	19.08	0.00	0.00	186.59	19.43
5	汇水区5	—	—	3.84	0.22	80.28	8.36	0.04	0.01	84.16	8.59
6	汇水区6	—	—	7.44	2.88	151.63	16.50	0.12	0.02	159.19	19.40
7	汇水区7	—	—	1.95	0.49	33.10	3.73	0.13	0.02	35.18	4.24
8	汇水区8	0.02	—	11.23	2.82	190.98	21.53	0.27	0.04	202.50	24.39
9	汇水区9	—	—	16.09	1.73	192.45	22.64	0.31	0.05	208.85	24.42
10	汇水区10	6.25	—	12.62	1.40	167.47	21.86	0.00	0.00	186.34	23.26
11	汇水区11	—	—	1.30	0.32	20.13	2.14	0.05	0.01	21.48	2.47
12	汇水区12	—	—	3.29	0.38	65.45	6.16	0.09	0.01	68.83	6.55
13	汇水区13	5.67	—	14.69	1.56	173.74	18.61	0.02	0.00	194.12	20.17
14	汇水区14	—	—	5.67	0.94	118.84	13.83	0.09	0.01	124.60	14.78
15	汇水区15	0.71	—	12.15	0.90	231.23	23.29	0.10	0.02	244.19	24.21
16	汇水区16	13.50	—	6.98	1.73	114.88	13.62	0.00	0.00	135.36	15.35
17	汇水区17	0.12	—	5.33	0.42	106.83	10.43	0.18	0.03	112.46	10.88
18	汇水区18	0.02	—	2.37	0.32	51.66	4.96	0.18	0.03	54.23	5.31
19	汇水区19	5.34	—	9.38	1.09	152.21	14.79	0.16	0.02	167.09	15.90
20	汇水区20	—	—	3.06	0.39	54.76	5.59	0.18	0.03	58.00	6.01
21	汇水区21	—	—	1.41	0.16	28.07	2.64	0.03	0.00	29.51	2.80

象山港沿海各汇水区排污效率、劳动生产率及污染物排放浓度响应程度统计结果见表5.4-2。其中汇水区4的响应系数取S3（汇水区3和汇水区4东部）和S4（汇水区4西部和汇水区5）的响应系数的平均值。

自然资源中面积和岸线长度，经济发展中的工业和农业，以及社会发展中的人口和劳动生产率数据与 COD_{Cr} 容量分配中数据一致。

表 5.4-2　各汇水区排污效率（TN、TP）及污染物（TN、TP）排放浓度响应程度统计表

序号	汇水区	排污效益 /（万元・t^{-1}）		劳动生产率 /［万元/（人・年）］		污染物排放浓度响应程度	
		TN	TP	TN	TP	TN	TP
1	汇水区 1	524.62	3 997.59	2.71	2.71	2.662	2.697
2	汇水区 2	262.71	2 355.69	1.96	1.96	5.899	5.978
3	汇水区 3	820.09	8 093.32	3.55	3.55	5.602	5.660
4	汇水区 4	636.09	6 108.51	3.43	3.43	10.232	10.337
5	汇水区 5	6 548.94	64 207.11	42.13	42.13	4.436	4.481
6	汇水区 6	476.48	3 910.89	2.93	2.93	18.957	18.959
7	汇水区 7	1 323.19	10 993.12	6.88	6.88	27.410	27.536
8	汇水区 8	1 323.13	10 988.77	6.88	6.88	30.350	30.469
9	汇水区 9	5 129.88	43 917.73	18.34	18.34	33.182	33.335
10	汇水区 10	3 323.14	26 635.13	13.41	13.41	39.919	39.930
11	汇水区 11	1 769.64	15 416.05	8.00	8.00	36.907	37.027
12	汇水区 12	1 857.52	19 494.00	11.43	11.43	28.546	28.678
13	汇水区 13	3 799.58	36 582.27	13.23	13.23	34.284	34.202
14	汇水区 14	1 188.76	10 020.31	7.89	7.89	38.011	37.982
15	汇水区 15	3 777.22	38 129.96	20.32	20.32	34.954	34.846
16	汇水区 16	1 417.69	12 493.36	8.44	8.44	19.432	19.441
17	汇水区 17	1 250.93	12 945.13	7.45	7.45	21.722	21.942
18	汇水区 18	583.24	5 970.47	3.89	3.89	23.848	23.857
19	汇水区 19	535.70	5 631.26	2.72	2.72	13.810	13.866
20	汇水区 20	1 107.87	10 693.98	6.04	6.04	4.501	4.585
21	汇水区 21	1 857.52	19 494.00	11.43	11.43	0.544	0.613

5.4.3　分配权重计算

5.4.3.1　方案一组合权重计算

（1）专家咨询法-专家咨询法

引用《乐清湾海洋环境容量及污染物总量控制研究》关于 TN 和 TP 减排削减量权重的分配，容量分配要素权重系数如表 5.4-3 所示。由于象山港各汇水区 TP 的工业污染排放量均为 0，将生活、农业和海水养殖污染物排放量的权重系数分别调整为 0.35、0.32、0.33。

表 5.4-3　各汇水区 TN 和 TP 减排削减量分配要素权重表（方案一）

第一层要素	权重均值/（%）	TN		TP	
		第二层要素	权重均值/（%）	第二层要素	权重均值/（%）
总污染排放量（η_p）	43	工业排放量	25	工业排放量	0
		生活排放量	26	生活排放量	35
		农业排放量	24	农业排放量	32
		海水养殖排放量	25	海水养殖排放量	33
自然资源（η_r）	22	面积	45	面积	45
		岸线长度	55	岸线长度	55
经济发展（GDP 产值）（η_e）	19	工业产值	55	工业产值	55
		农业产值	45	农业产值	45
社会发展（η_s）	16	人口	26	人口	26
		1/排污效率	38	1/排污效率	38
		1/劳动生产率	36	1/劳动生产率	36

（2）相互重要性比较矩阵法-专家咨询法

TN 和 TP 削减量分配的第一层要素的相互重要性比较判断矩阵如下：

$$\begin{array}{c} \\ N\ 1 \\ N\ 2 \\ N\ 3 \\ N\ 4 \end{array}\begin{array}{c} \begin{array}{cccc} N\ 1 & N\ 2 & N\ 3 & N\ 4 \end{array} \\ \begin{bmatrix} 1 & 2 & 4 & 3 \\ \frac{1}{2} & 1 & 2 & 3 \\ \frac{1}{4} & \frac{1}{2} & 1 & 2 \\ \frac{1}{3} & \frac{1}{3} & \frac{1}{2} & 1 \end{bmatrix} \end{array}$$

同样用 MATLAB 解出 TN 和 TP 削减量分配的第一层要素相互重要性比较判断矩阵的特征向量为 0. 819 9；0. 476 4；0. 260 4；0. 181 6，第一层要素权重系数分别为 0. 471 6，0. 274 1，0. 149 8，0. 104 5，$CI=0.0323$，$CR=0.0359<0.1$。

方案一组合权重计算结果见表 5. 4-4。

表 5. 4-4　方案一 TN、TP 削减量分配权重

汇水区	专家咨询法		相互重要性比较矩阵法	
	TN 削减量分配权重	TP 削减量分配权重	TN 削减量分配权重	TP 削减量分配权重
汇水区 1	0. 037 5	0. 050 8	0. 036 3	0. 050 5
汇水区 2	0. 057 2	0. 072 1	0. 053 8	0. 070 1
汇水区 3	0. 044 3	0. 041 4	0. 043 8	0. 040 8
汇水区 4	0. 045 4	0. 045 2	0. 044 4	0. 044 3
汇水区 5	0. 033 4	0. 033 8	0. 033 3	0. 033 8
汇水区 6	0. 046 2	0. 064 7	0. 045 2	0. 065 2

续表

汇水区	专家咨询法		相互重要性比较矩阵法	
	TN 削减量分配权重	TP 削减量分配权重	TN 削减量分配权重	TP 削减量分配权重
汇水区 7	0.019 4	0.022 4	0.019 3	0.022 6
汇水区 8	0.057 7	0.074 3	0.056 3	0.074 4
汇水区 9	0.088 6	0.094 4	0.087 2	0.093 6
汇水区 10	0.084 5	0.069 8	0.087 7	0.071 6
汇水区 11	0.012 0	0.013 7	0.011 6	0.013 5
汇水区 12	0.019 9	0.021 1	0.019 7	0.021 1
汇水区 13	0.081 8	0.066 5	0.082 8	0.066 0
汇水区 14	0.036 5	0.042 6	0.036 9	0.043 5
汇水区 15	0.081 9	0.081 0	0.081 8	0.081 0
汇水区 16	0.094 0	0.059 0	0.100 3	0.061 8
汇水区 17	0.033 7	0.033 8	0.034 1	0.034 4
汇水区 18	0.023 6	0.024 3	0.021 7	0.022 7
汇水区 19	0.067 6	0.052 2	0.068 9	0.052 3
汇水区 20	0.022 8	0.024 2	0.022 5	0.024 1
汇水区 21	0.012 2	0.012 6	0.012 1	0.012 6

5.4.3.2　方案二组合权重计算

（1）专家咨询-专家咨询-专家咨询法

在方案一的基础上，重点考虑到各汇水区的污染物排放浓度响应程度要素，给予其第一要素 25%的权重，现有的总污染物排放量、自然资源、经济发展和社会发展 4 个方面分层次仍以方案一为基础同比例缩减，方案二各层次容量分配要素权重系数见表 5.4-5。

表 5.4-5　各汇水区 TN 和 TP 减排削减量分配要素权重表（方案二）

第一层要素	权重均值/（%）	第二层要素	权重均值/（%）	TN		TP	
				第三层要素	权重均值/（%）	第三层要素	权重均值/（%）
污染响应系数	25	污染物排放浓度响应程度（η_x）	100				
社会要素系数	75	总污染排放量（η_p）	43	工业排放量	25	工业排放量	0
				生活排放量	26	生活排放量	35
				农业排放量	24	农业排放量	32
				海水养殖排放量	25	海水养殖排放量	33
		自然资源（η_r）	22	面积	45	面积	45
				岸线长度	55	岸线长度	55
		经济发展（GDP 产值）（η_e）	19	工业产值	55	工业产值	55
				农业产值	45	农业产值	45
		社会发展（η_s）	16	人口	26	人口	26
				1/排污效率	38	1/排污效率	38
				1/劳动生产率	36	1/劳动生产率	36

（2）专家咨询-相互重要性比较-专家咨询法

同方案一。

方案二组合权重计算结果见表 5.4-6。

表 5.4-6　方案二 TN、TP 削减量分配权重

汇水区	专家咨询法		相互重要性比较矩阵法	
	TN 削减量分配权重	TP 削减量分配权重	TN 削减量分配权重	TP 削减量分配权重
汇水区 1	0.029 6	0.039 6	0.028 7	0.039 4
汇水区 2	0.046 2	0.057 4	0.043 7	0.055 9
汇水区 3	0.037 8	0.035 6	0.037 4	0.035 1
汇水区 4	0.039 8	0.039 6	0.039 0	0.038 9
汇水区 5	0.031 9	0.032 3	0.031 9	0.032 2
汇水区 6	0.045 3	0.059 1	0.044 6	0.059 5
汇水区 7	0.029 9	0.032 2	0.029 9	0.032 4
汇水区 8	0.060 3	0.072 8	0.059 2	0.072 8
汇水区 9	0.085 0	0.089 5	0.084 1	0.088 9
汇水区 10	0.085 8	0.074 7	0.088 2	0.076 0
汇水区 11	0.029 7	0.031 0	0.029 4	0.030 9
汇水区 12	0.034 2	0.034 9	0.034 1	0.035 0
汇水区 13	0.082 7	0.071 1	0.083 4	0.070 8
汇水区 14	0.047 0	0.051 5	0.047 3	0.052 2
汇水区 15	0.072 3	0.071 7	0.072 3	0.071 6
汇水区 16	0.082 7	0.056 5	0.087 4	0.058 6
汇水区 17	0.038 6	0.038 7	0.039 0	0.039 2
汇水区 18	0.025 4	0.026 0	0.024 0	0.024 8
汇水区 19	0.053 2	0.041 7	0.054 2	0.041 8
汇水区 20	0.017 4	0.018 5	0.017 2	0.018 4
汇水区 21	0.025 2	0.025 5	0.025 1	0.025 5

5.4.3.3　方案一组合权重计算

专家咨询法-专家咨询法

在方案一的基础上，把污染物排放浓度响应程度作为自然净化系数，与现有的总污染物（COD_{Cr}）排放量、自然资源、经济发展和社会发展 4 个方面作为同一层次要素平均分配权重，方案三各层次容量分配要素权重系数见表 5.4-7。

表 5.4-7　象山港沿海各汇水区 TN 和 TP 减排削减量分配要素权重表

第一层要素	权重均值/（%）	第二层要素	权重均值/（%）
污染响应系数（η_x）	20	污染物排放浓度响应程度	100
总污染排放量（η_p）	20	工业排放量	25
		生活排放量	25
		农业排放量	25
		海水养殖排放量	25
自然资源（η_r）	20	面积	50
		岸线长度	50
经济发展（GDP 产值）（η_e）	20	工业产值	50
		农业产值	50
社会发展（η_s）	20	人口	100/3
		1/排污效率	100/3
		1/劳动生产率	100/3

方案三组合权重计算结果见表 5.4-8。

表 5.4-8　方案三 TN、TP 削减量分配权重

汇水区	专家咨询法	
	TN 削减量分配权重	TP 削减量分配权重
汇水区 1	0.033 6	0.040 2
汇水区 2	0.052 4	0.059 3
汇水区 3	0.041 3	0.039 9
汇水区 4	0.041 3	0.041 2
汇水区 5	0.033 3	0.033 5
汇水区 6	0.047 3	0.056 0
汇水区 7	0.029 6	0.031 2
汇水区 8	0.062 6	0.070 3
汇水区 9	0.090 1	0.092 9
汇水区 10	0.078 1	0.071 4
汇水区 11	0.026 9	0.028 1
汇水区 12	0.032 0	0.032 3
汇水区 13	0.077 1	0.069 9
汇水区 14	0.045 7	0.048 6
汇水区 15	0.075 7	0.075 3
汇水区 16	0.071 6	0.055 3
汇水区 17	0.038 3	0.038 2
汇水区 18	0.027 8	0.027 8
汇水区 19	0.051 9	0.044 4
汇水区 20	0.020 0	0.020 6
汇水区 21	0.023 5	0.023 6

5.4.3.4 3种分配方案的平均分配权重

根据上述结果得出象山港沿岸汇水区TN、TP削减量平均分配权重，如表5.4-9所示。

表5.4-9 3种分配方案TN削减量平均分配权重

汇水区	TN			TP		
	方案一	方案二	方案三	方案一	方案二	方案三
汇水区1	0.036 9	0.029 2	0.033 6	0.050 6	0.039 5	0.040 2
汇水区2	0.055 5	0.044 9	0.052 4	0.071 1	0.056 7	0.059 3
汇水区3	0.044 1	0.037 6	0.041 3	0.041 1	0.045 4	0.044 9
汇水区4	0.044 9	0.039 4	0.041 3	0.044 7	0.039 3	0.041 2
汇水区5	0.033 4	0.031 9	0.033 3	0.033 8	0.032 3	0.033 5
汇水区6	0.045 7	0.044 9	0.047 3	0.064 9	0.059 3	0.056 0
汇水区7	0.019 3	0.029 9	0.029 6	0.022 5	0.032 3	0.031 2
汇水区8	0.057 0	0.059 8	0.062 6	0.074 3	0.072 8	0.065 3
汇水区9	0.087 9	0.084 6	0.090 1	0.094 0	0.089 2	0.092 9
汇水区10	0.086 1	0.087 0	0.078 1	0.070 7	0.075 4	0.071 4
汇水区11	0.011 8	0.029 6	0.026 9	0.013 6	0.020 9	0.018 1
汇水区12	0.019 8	0.034 1	0.032 0	0.021 1	0.035 0	0.032 3
汇水区13	0.082 3	0.083 0	0.077 1	0.066 3	0.071 0	0.069 9
汇水区14	0.036 7	0.047 1	0.045 7	0.043 1	0.051 8	0.048 6
汇水区15	0.081 8	0.072 3	0.075 7	0.081 0	0.071 6	0.075 3
汇水区16	0.097 1	0.085 0	0.071 6	0.060 4	0.057 6	0.055 3
汇水区17	0.033 9	0.038 8	0.038 3	0.034 1	0.038 9	0.038 2
汇水区18	0.022 6	0.024 7	0.027 8	0.023 5	0.025 4	0.037 8
汇水区19	0.068 3	0.053 7	0.051 9	0.052 3	0.041 8	0.044 4
汇水区20	0.022 7	0.017 3	0.020 0	0.024 2	0.018 5	0.030 6
汇水区21	0.012 2	0.025 2	0.023 5	0.012 6	0.015 5	0.013 6

5.4.4 削减量分配结果

5.4.4.1 无机氮

根据设定的三期控制目标，按削减量最小的原则，得到了象山港沿岸各汇水区源强平均削减10%、20%及37%时，宜分别完成近期、中期及远期控制指标的结果。所以现按各汇水区组合权重分配削减量，计算3个方案的削减量分配结果，即无机氮总量削减10%、20%和37%时的容量分配结果。

（1）近期无机氮总量削减10%

近期需削减10%的源强，才能基本完成水质改善目标，即需削减0.734 t/d。容量分配后的浓度等值线总体分布 3 个方案之间相差不大，由于取大小潮计算浓度平均值进行作图处理，所以等值线弯曲方向及变化趋势 3 个方案保持一致，总体呈现由湾口向湾内增大的趋势（图 5.4-1 至图 5.4-3）。

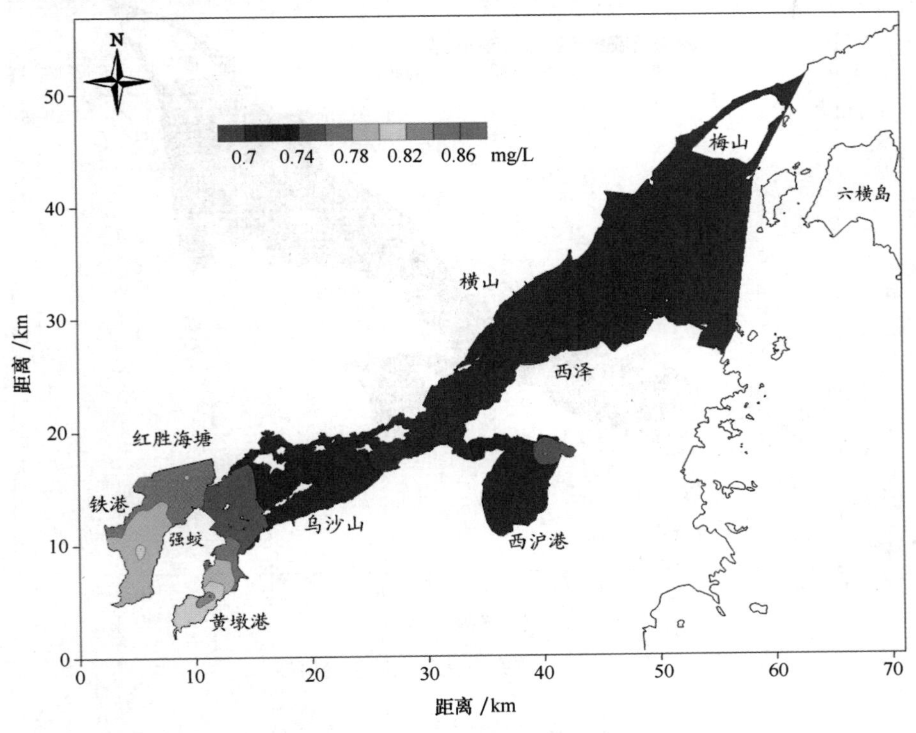

图 5.4-1　方案一无机氮浓度等值线

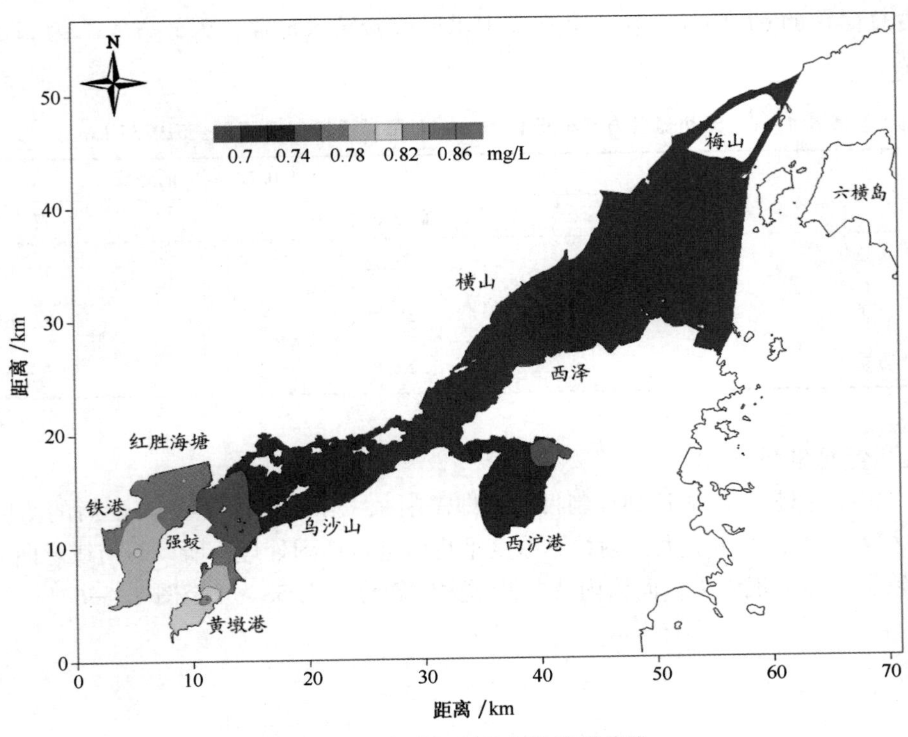

图 5.4-2　方案二无机氮浓度等值线

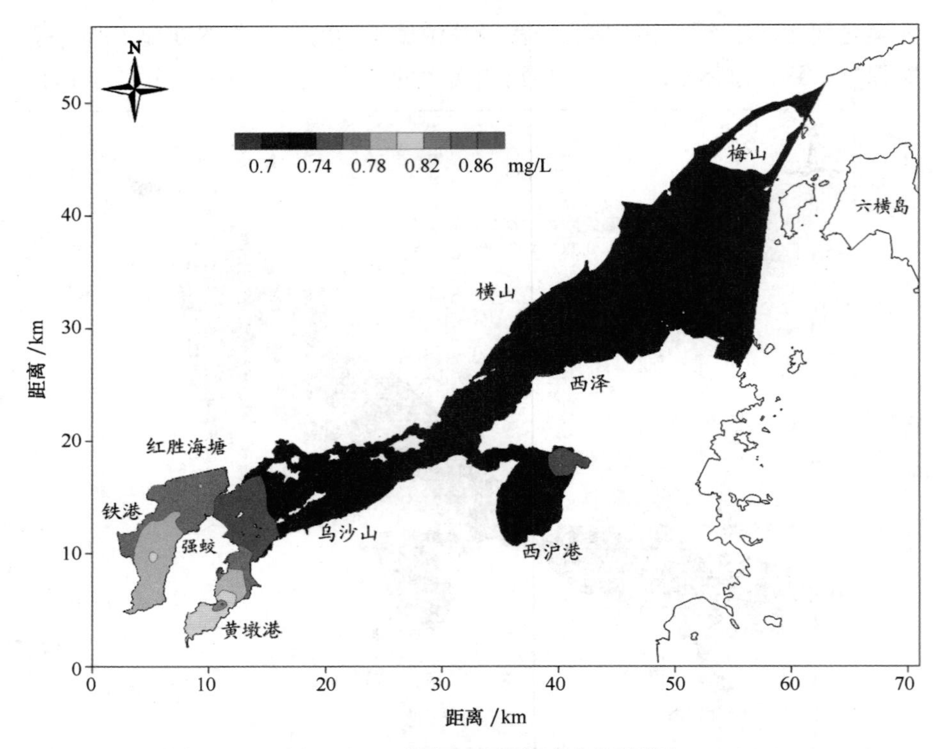

图 5.4-3 方案三无机氮浓度等值线

表 5.4-10 中给出的是各方案模拟计算结果中小于 0.72 mg/L 的海域面积及占象山港海域总面积的比例，由 3 个方案计算结果比较可知，在同样的削减量下，方案二的小于 0.72 mg/L 的海域面积为 321.54 km^2，占总面积的 61.91%，在 3 个方案中水质改善结果最佳，因此方案二为满足近期控制指标的最优削减方案。

表 5.4-10 无机氮各方案小于 0.72 mg/L 海域面积（总面积：519.37 km^2）

方案	小于 0.72 mg/L 的海域	
	面积/km^2	百分比/（%）
方案一	319.52	61.52
方案二	321.54	61.91
方案三	320.79	61.77

（2）中期无机氮总量削减 20%

中期需削减 20%的源强，才能达到控制目标，即需削减 1.468 t/d。容量分配后的浓度等值线总体分布 3 个方案之间相差不大，由于取大小潮计算浓度平均值进行作图处理，所以等值线弯曲方向及变化趋势 3 个方案保持一致，总体呈现由湾口向湾内弯曲并增大的趋势（图 5.4-4 至图 5.4-6）。

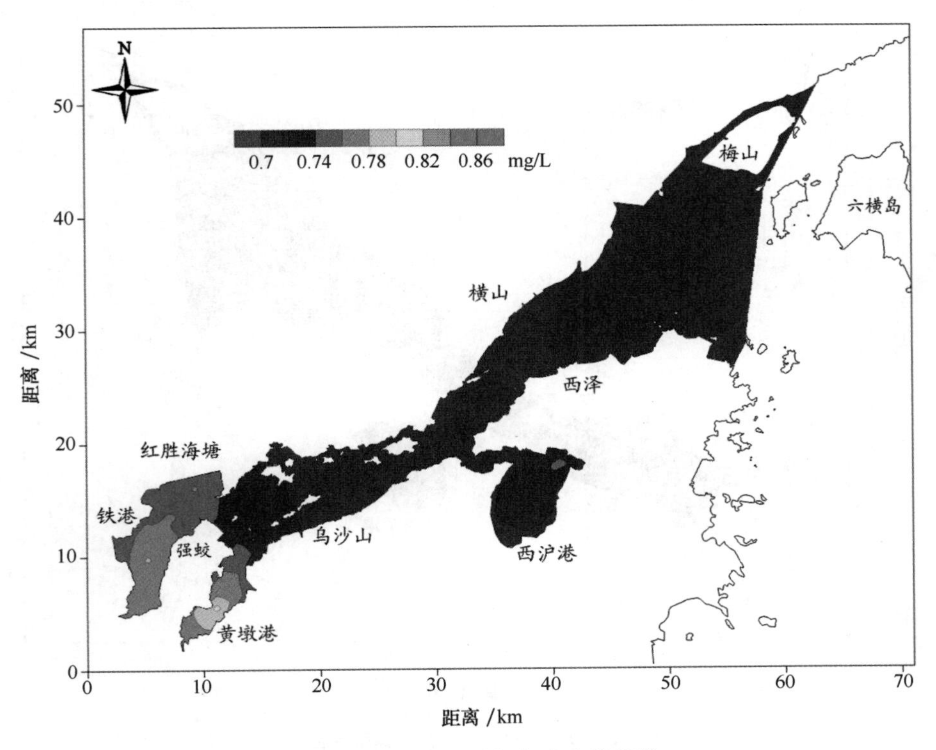

图 5.4-4 方案一无机氮浓度等值线

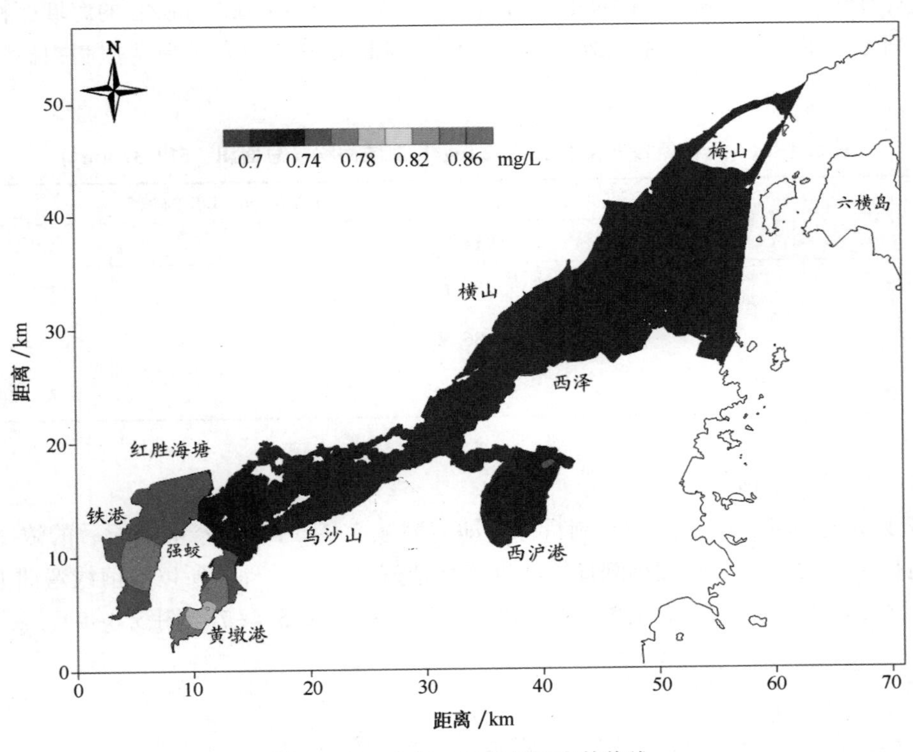

图 5.4-5 方案二无机氮浓度等值线

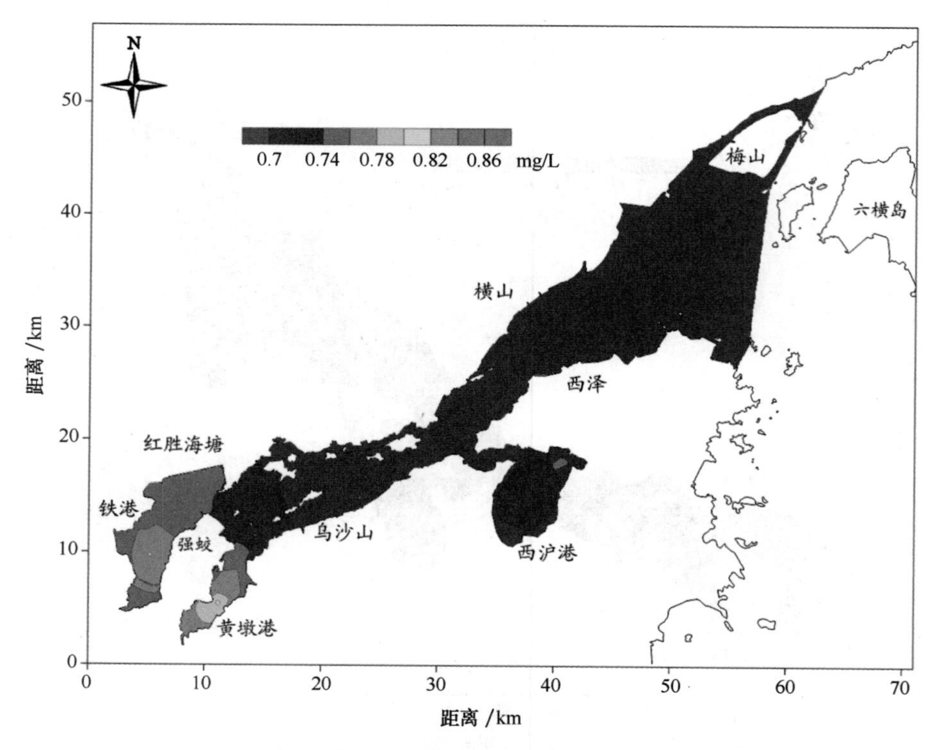

图 5.4-6　方案三无机氮浓度等值线

由 3 个方案计算结果比较可知，在同样的削减量下，方案二的小于 0.72 mg/L 的海域面积为 386.66 km^2，占总面积的 74.44%，在 3 个方案中水质改善结果最佳，因此方案二为满足中期控制指标的最优削减方案（表 5.4-11）。

表 5.4-11　无机氮各方案小于 0.72 mg/L 海域面积（总面积：519.37 km^2）

方案	小于 0.72 mg/L 的海域	
	面积/km^2	百分比/%
方案一	381.11	73.38
方案二	386.66	74.44
方案三	383.94	73.92

（3）远期无机氮总量削减 37%

远期需削减 37%的源强，才能达到控制目标，即需削减 2.716 t/d。容量分配后的浓度等值线总体分布 3 个方案之间相差不大，由于取大小潮计算浓度平均值进行作图处理，所以等值线弯曲方向及变化趋势 3 个方案保持一致，总体呈现由湾口向湾内弯曲并增大的趋势（图 5.4-7 至图 5.4-9）。

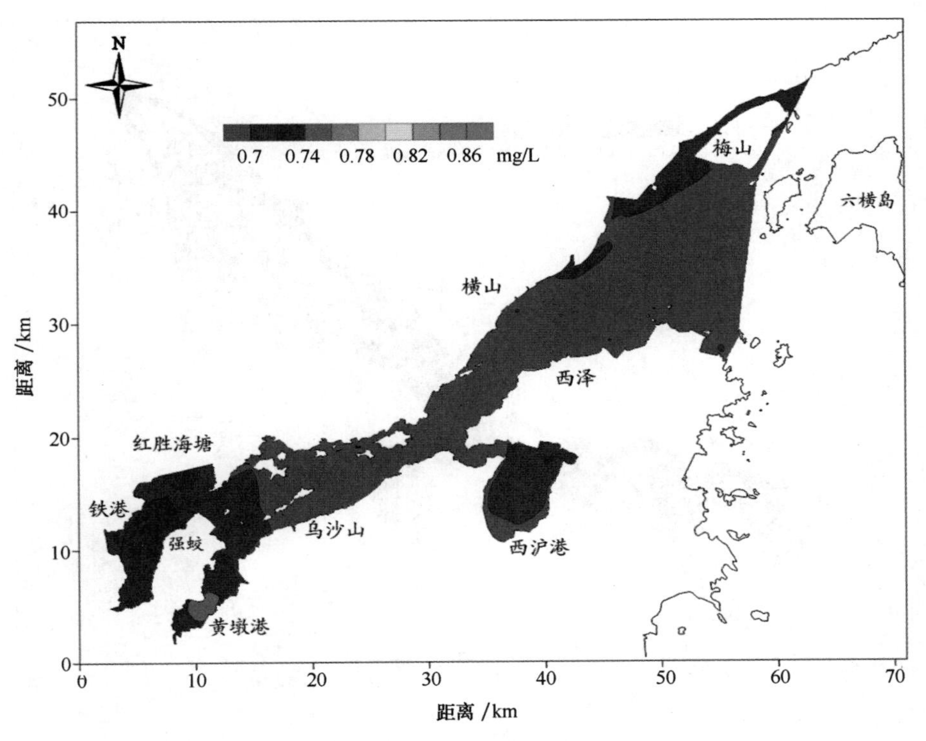

图 5.4-7　方案一无机氮浓度等值线

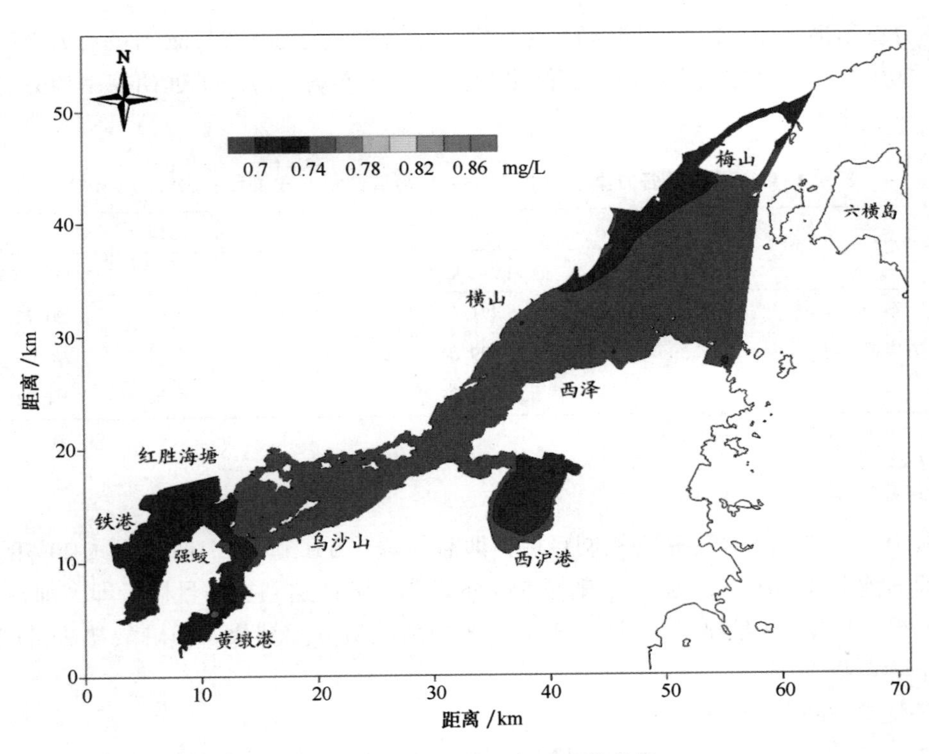

图 5.4-8　方案二无机氮浓度等值线

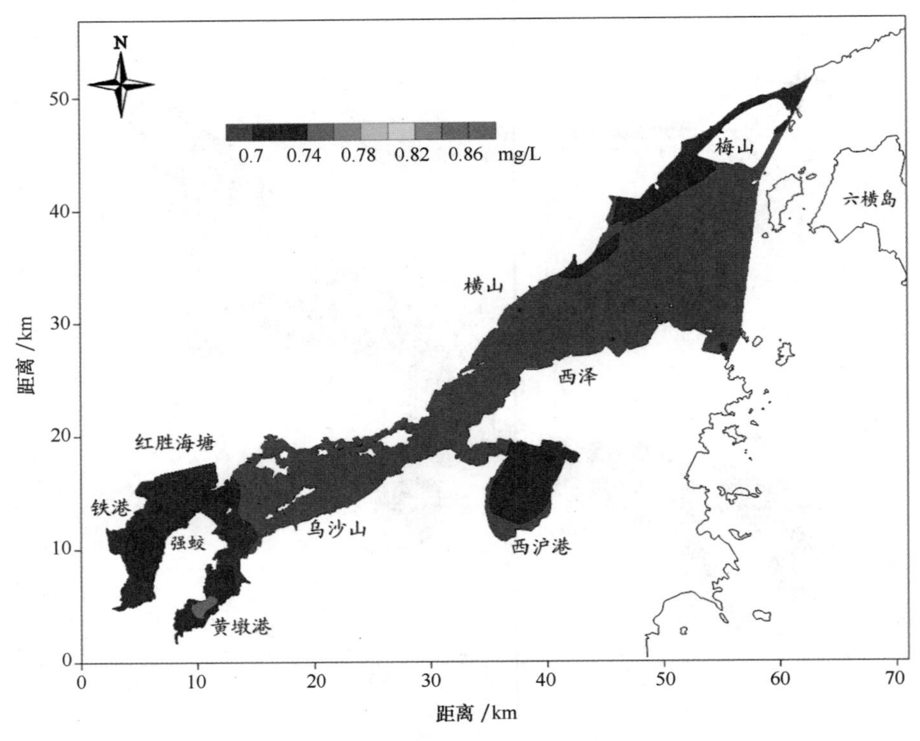

图 5.4-9 方案三无机氮浓度等值线

由 3 个方案计算结果比较可知，在同样的削减量下，方案二的小于 0.72 mg/L 的海域面积为 499.04 km^2，占总面积的 96.09%，在 3 个方案中水质改善结果最佳，因此方案二为满足远期控制指标的最优削减方案（表 5.4-12）。

表 5.4-12 无机氮各方案小于 0.72 mg/L 海域面积（总面积：519.37 km^2）

方案	小于 0.72 mg/L 的海域	
	面积/km^2	百分比/（%）
方案一	471.19	90.72
方案二	499.04	96.09
方案三	492.27	94.78

5.4.4.2 活性磷酸盐

近期需削减 10%的源强，才能达到控制目标，即需削减 0.051 t/d；中期需削减 20%的源强，才能达到控制目标，即需削减 0.101 t/d；远期需削减 55%的源强，才能达到控制目标，即需削减 0.278 t/d。所以现按各汇水区组合权重分配削减量，计算 3 个方案的削减量分配结果，即磷酸盐总量削减 0%、20%、55%时的容量分配结果。

（1）近期磷酸盐总量削减 10%

近期需削减 10%的源强，才能达到控制目标，即需削减 0.051 t/d。容量分配后的浓度等值线总体分布 3 个方案之间相差不大，由于取大小潮计算浓度平均值进行作图处理，所以等值线弯曲方向及变化趋势 3 个方案保持一致，总体呈现由湾口向湾内弯曲并增大的趋势（图 5.4-10 至图 5.4-12）。

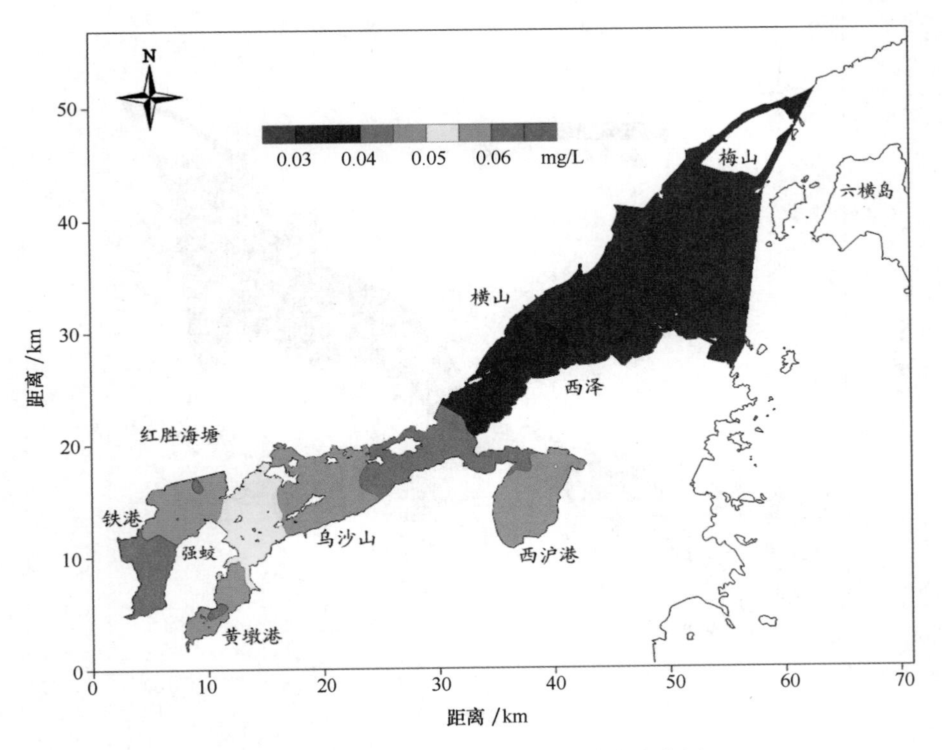

图 5.4-10 方案一磷酸盐浓度等值线分布图

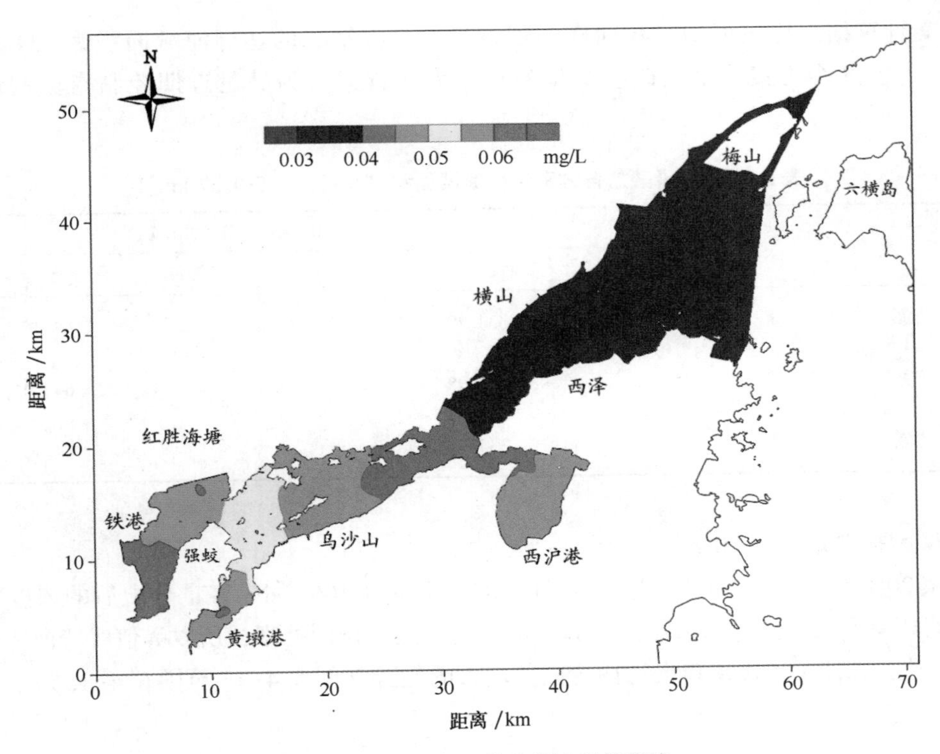

图 5.4-11 方案二磷酸盐浓度等值线

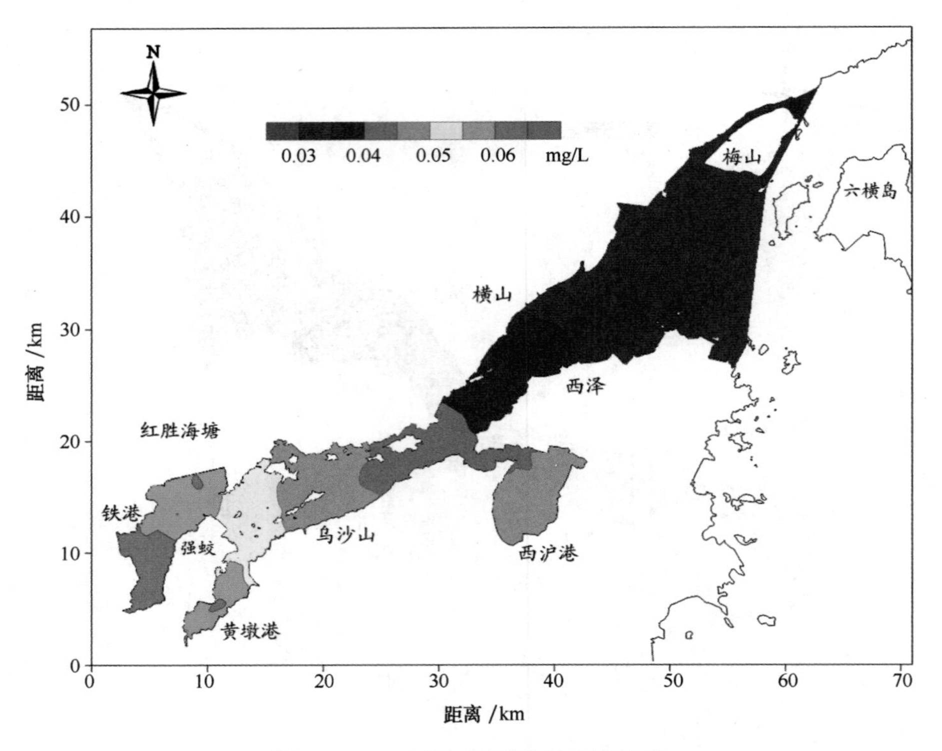

图 5.4-12 方案三磷酸盐浓度等值线

由 3 个方案计算结果比较可知，在同样的削减量下，方案二的达标海域面积为 334.98 km^2，占总面积的 64.50%，在 3 个方案中水质改善结果最佳，因此方案二为满足近期控制指标的最优削减方案（表 5.4-13）。

表 5.4-13 磷酸盐各方案达标海域面积（总面积：519.37 km^2）

方案	小于 0.045 mg/L 的海域	
	面积/km^2	百分比/（%）
方案一	334.29	64.36
方案二	334.98	64.50
方案三	334.47	64.40

（2）中期磷酸盐总量削减 20%

中期需削减 20%的源强，才能达到控制目标，即需削减 0.106 t/d。容量分配后的浓度等值线总体分布 3 个方案之间相差不大，由于取大小潮计算浓度平均值进行作图处理，所以等值线弯曲方向及变化趋势 3 个方案保持一致，总体呈现由湾口向湾内弯曲并增大的趋势（图 5.4-13 至图 5.4-15）。

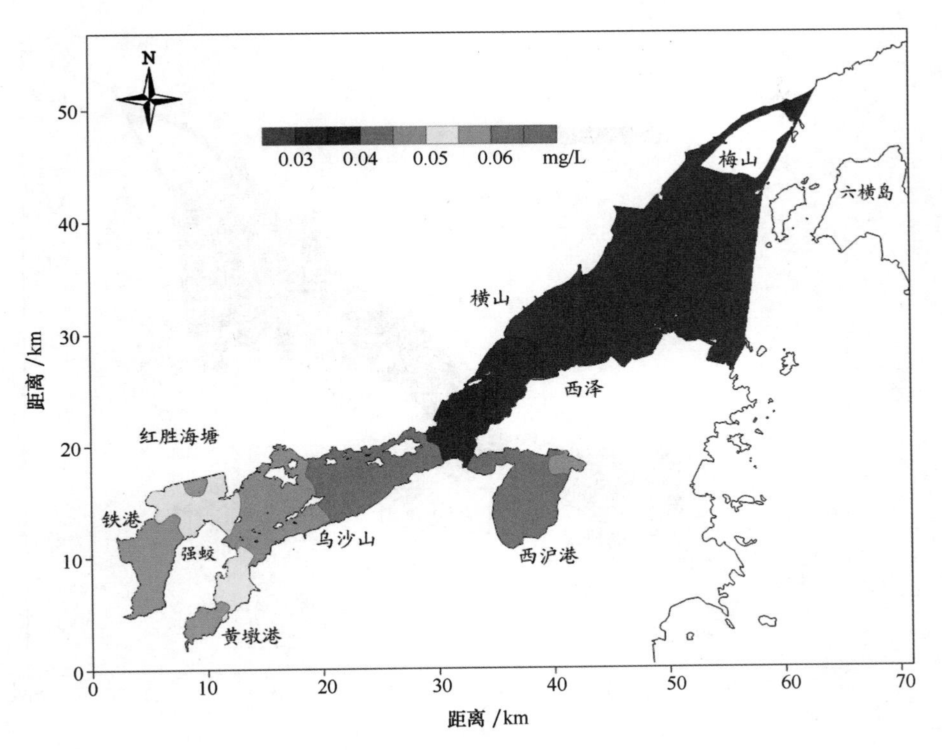

图 5.4-13　方案一磷酸盐浓度等值线

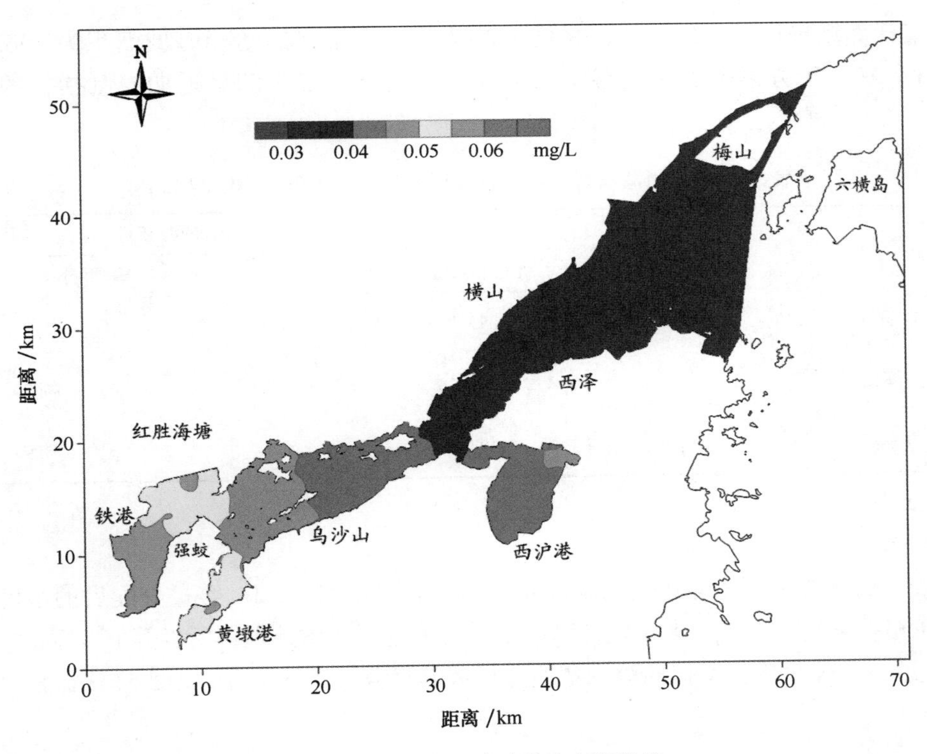

图 5.4-14　方案二磷酸盐浓度等值线

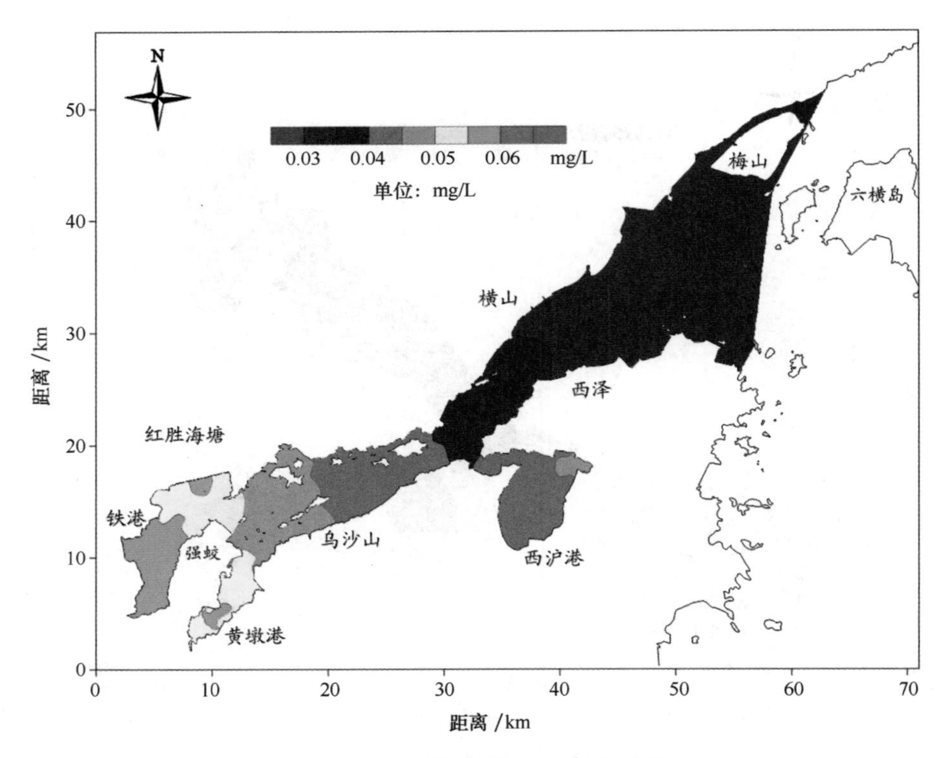

图 5.4-15　方案三磷酸盐浓度等值线

由 3 个方案计算结果比较可知，在同样的削减量下，方案二的达标海域面积为 396.23 km^2，占总面积的 76.29%，在 3 个方案中水质改善结果最佳，因此方案二为满足近期控制指标的最优削减方案（表 5.4-14）。

表 5.4-14　磷酸盐各方案达标海域面积（总面积：519.37 km^2）

方案	小于 0.045 mg/L 的海域	
	面积/km^2	百分比/（%）
方案一	393.92	75.85
方案二	396.23	76.29
方案三	394.41	75.94

（3）远期磷酸盐总量削减 55%

远期需削减 55%的源强，才能达到控制目标，即需削减 0.278 t/d。容量分配后的浓度等值线总体分布 3 个方案之间相差不大，由于取大小潮计算浓度平均值进行作图处理，所以等值线弯曲方向及变化趋势 3 个方案保持一致，总体呈现由湾口向湾内弯曲并增大的趋势（图 5.4-16 至图 5.4-18）。

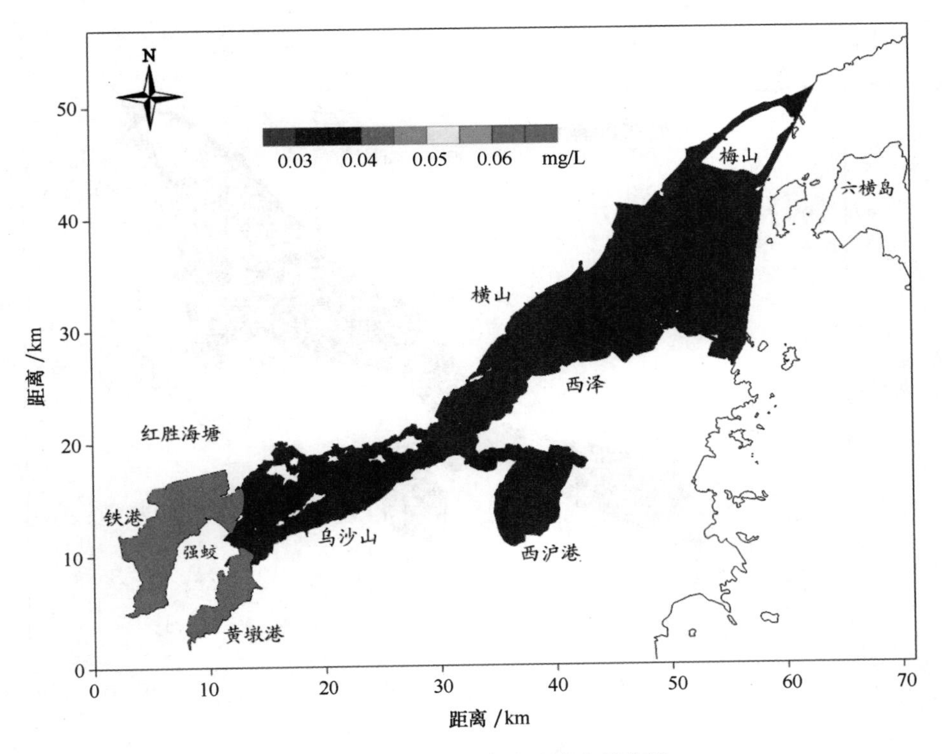

图 5.4-16　方案一磷酸盐浓度等值线

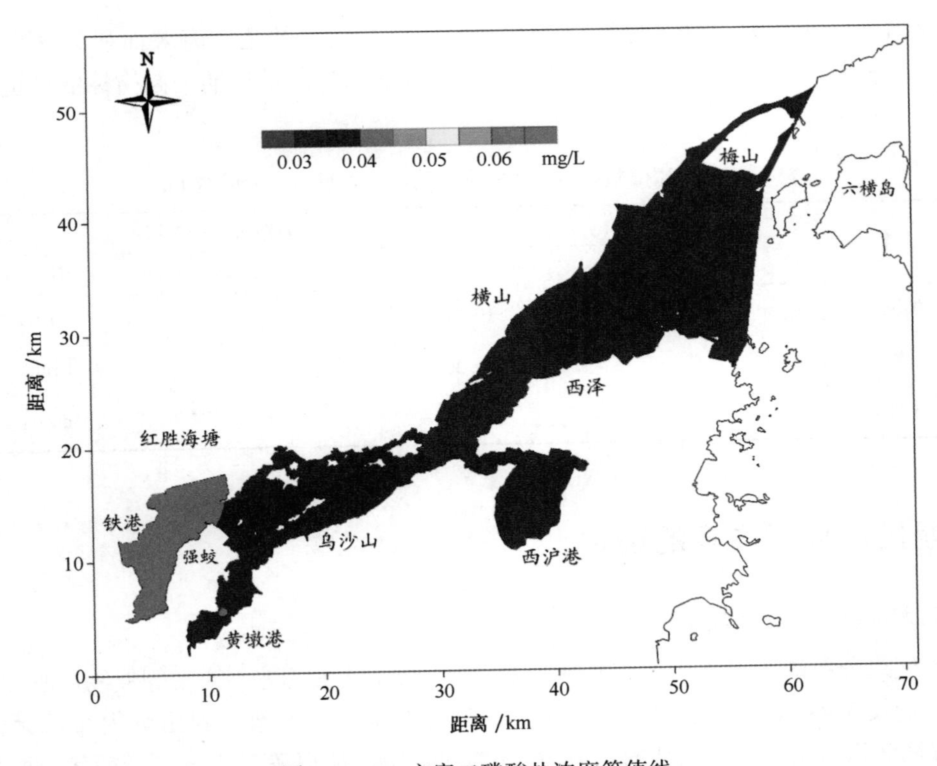

图 5.4-17　方案二磷酸盐浓度等值线

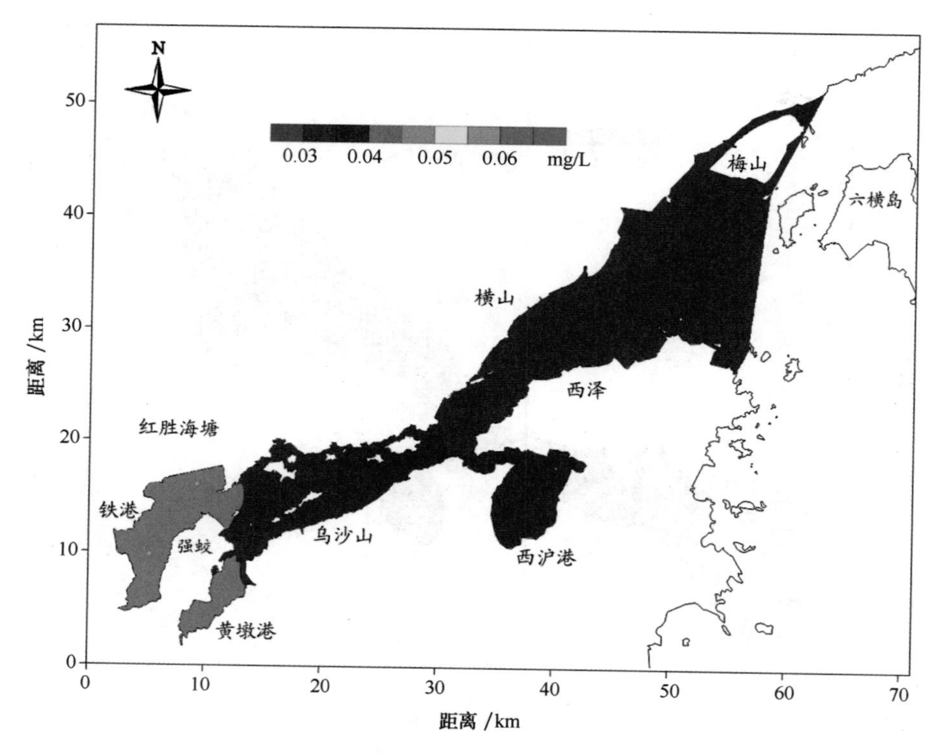

图 5.4-18 方案三磷酸盐浓度等值线

由 3 个方案计算结果比较可知，在同样的削减量下，方案二的达标海域面积为 519.36 km²，占总面积的 100%，在 3 个方案中水质改善结果最佳，因此方案二为满足近期控制指标的最优削减方案（表 5.4-15）。

表 5.4-15 磷酸盐各方案达标海域面积（总面积：519.37 km²）

方案	小于 0.045 mg/L 的海域	
	面积/km²	百分比/（%）
方案一	519.31	99.99
方案二	519.36	100
方案三	519.07	99.94

5.4.5 近期优化分配方案的确定

5.4.5.1 近期无机氮总量削减 10%

从上面的等值线分布图 5.4-1 至图 5.4-3 上看，3 个方案之间相差不大，等值线弯曲方向及变化趋势均保持一致。但由表 5.4-10 可以看到，3 个方案的计算结果中，方案二象山港内海域无机氮浓度小于 0.72 mg/L 的海域面积为全象山港海域的 61.91%，略显优势。所以确定方案二为最优分配方案，此时的无机氮源强削减量列于表 5.4-16 中。

表 5.4-16　无机氮最佳方案各汇水区削减源强

汇水区	源强削减量/ $(t \cdot d^{-1})$	汇水区	源强削减量/ $(t \cdot d^{-1})$
汇水区 1	0.021	汇水区 12	0.025
汇水区 2	0.033	汇水区 13	0.061
汇水区 3	0.028	汇水区 14	0.035
汇水区 4	0.029	汇水区 15	0.053
汇水区 5	0.023	汇水区 16	0.062
汇水区 6	0.033	汇水区 17	0.028
汇水区 7	0.022	汇水区 18	0.018
汇水区 8	0.044	汇水区 19	0.039
汇水区 9	0.062	汇水区 20	0.013
汇水区 10	0.064	汇水区 21	0.018
汇水区 11	0.022		

经计算，近期削减优化分配方案各区（县、市）无机氮削减源强见表 5.4-17。

表 5.4-17　近期削减优化分配方案无机氮削减源强

县（市、区）	无机氮/ $(t \cdot d^{-1})$
北仑区	0.021
鄞州区	0.089
奉化市	0.122
宁海县	0.287
象山县	0.214

5.4.5.2　近期磷酸盐总量削减 10%

从上面的等值线分布图 5.4-10 至图 5.4-12 来看，3 个方案之间相差不大，等值线弯曲方向及变化趋势均保持一致。但由表 5.4-13 可以看到，3 个方案的计算结果中，方案二象山港内海域磷酸盐浓度符合四类海水水质标准的海域面积为全象山港海域的 64.50%，略显优势。所以确定方案二为最优分配方案，此时的磷酸盐源强削减量列于表 5.4-18 中。

表 5.4-18　磷酸盐最佳方案各汇水区削减源强

汇水区	源强削减量/ $(t \cdot d^{-1})$	汇水区	源强削减量/ $(t \cdot d^{-1})$
汇水区 1	0.002	汇水区 12	0.002
汇水区 2	0.003	汇水区 13	0.004
汇水区 3	0.002	汇水区 14	0.003
汇水区 4	0.002	汇水区 15	0.004
汇水区 5	0.002	汇水区 16	0.003
汇水区 6	0.003	汇水区 17	0.002
汇水区 7	0.002	汇水区 18	0.001
汇水区 8	0.004	汇水区 19	0.002
汇水区 9	0.005	汇水区 20	0.001
汇水区 10	0.004	汇水区 21	0.001
汇水区 11	0.001	—	—

经计算，近期削减优化分配方案各区（县、市）磷酸盐削减源强见表 5.4-19。

表 5.4-19　近期削减优化分配方案磷酸盐削减源强

县（市、区）	磷酸盐/（$t \cdot d^{-1}$）
北仑区	0.002
鄞州区	0.007
奉化市	0.010
宁海县	0.019
象山县	0.013

5.4.6　沿岸各区（县、市）近期总量控制方案

象山港沿岸各区（县、市）汇水区近期总氮、总磷总量控制方案如表 5.4-20 所示。

表 5.4-20　各区（县、市）近期总量控制方案

县（市、区）	总氮/（$\times 10^{-2}$ $t \cdot d^{-1}$）	总磷/（$\times 10^{-2}$ $t \cdot d^{-1}$）
北仑区	4.3	0.5
鄞州区	18.2	1.8
奉化市	25.0	2.6
宁海县	58.6	4.9
象山县	44.0	3.4

近期，在现状象山港总氮源强 7.374 t/d 的基础上，要达到象山港海域海洋功能区划所规定的海水水质标准，同时又满足各区（县、市）的可操作分配，近期需要削减 1.502 t/d 的总氮源强。其中北仑区、鄞州区、奉化市、宁海县和象山县需要削减的总氮源强分别为 0.043 t/d、0.182 t/d、0.250 t/d、0.586 t/d 和 0.440 t/d（表 5.4-20 和图 5.4-19）。

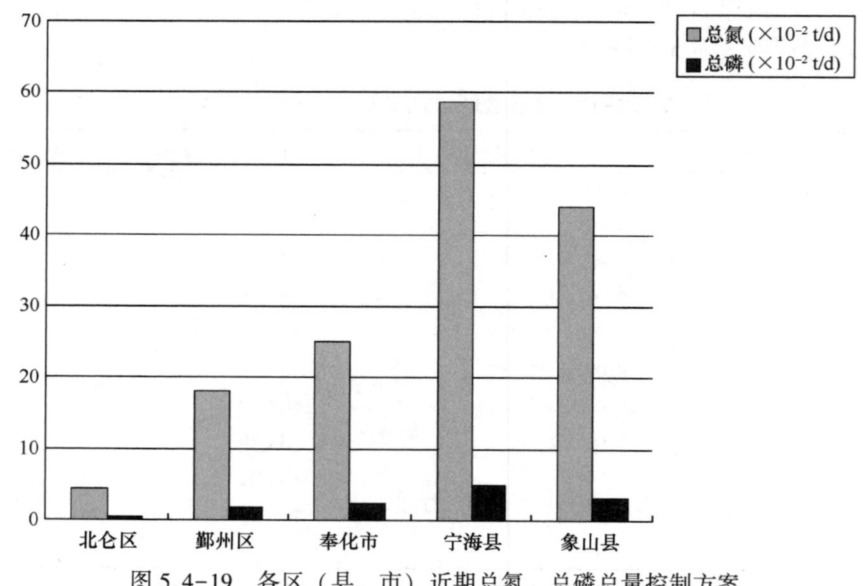

图 5.4-19　各区（县、市）近期总氮、总磷总量控制方案

近期，在现状象山港总磷源强 0.810 t/d 的基础上，要达到象山港海域海洋功能区划所规定的海水水质标准，同时又满足各区（县、市）的可操作分配，近期需要削减 0.132 t/d 的总磷源强。其中北仑区、鄞州区、奉化市、宁海县和象山县需要削减的总磷源强分别为 0.005 t/d、0.018 t/d、0.026 t/d、0.049 t/d 和 0.034 t/d（表 5.4-20 和图 5.4-19）。

5.5 小结

5.5.1 水动力特征分析

①水动力模型对于区域潮汐和潮流过程的模拟结果较为理想，模拟的流场基本能反映计算区域水动力的情况，计算结果能够进一步作为象山港水交换以及水环境容量研究的基础。

②湾内最大余流速度约为 40 cm/s，出现在象山港牛鼻水道中，湾顶附近水域余流流速小于 10 cm/s，西泽水域余流流速约为 30 cm/s。无论大、中、小潮一般表层余流相对大些，随深度的增加余流减小。象山港狭湾内表层和底层方向不同，表层一般为东北向，指向湾外；底层余流呈现向湾内的趋势。

③象山港纳潮量较大，经过一个全潮，纳潮量为 9.14×10^8 ~ 20.1×10^8 m^3，平均纳潮量约为 13.8×10^8 m^3。

④根据水体交换数值计算的结果，象山港水体半交换时间和平均滞留时间的分布在湾内各区域有所差别，从湾顶到湾口，水体交换能力大致沿岸线走向逐渐减弱。全湾的水体半交换时间最长不超过 35 d，平均滞留时间不超过 40 d。

5.5.2 象山港污染物动力扩散数值研究

①水质模型计算结果表明，象山港 COD_{Mn}浓度分布总体呈现自湾口到湾内浓度增大的趋势。外湾浓度较低，大部分区域浓度小于 1 mg/L；西沪港、黄墩港、铁港海域内浓度较高，且越靠近湾顶浓度越大。西沪港内浓度为 1~1.2 mg/L，黄墩港内大部分区域浓度为 1.2~1.3 mg/L，铁港内浓度基本大于 1.3 mg/L。象山港 COD_{Mn}浓度最高的区域，位于铁港海域，最大浓度在 1.4 mg/L 以上；总体分布与实测 COD_{Mn}浓度等值线分布基本一致，仅局部区域略有偏差。水质调查站的实测值与模型计算结果之间相对误差基本上均小于 20%，水质模型在总体上较成功地模拟了象山港 COD_{Mn}的浓度分布。

②水质模型计算结果表明，无机氮浓度分布总体呈现自湾口到湾内浓度增大的趋势。外湾浓度较低，大部分区域浓度小于 0.6 mg/L。西沪港、黄墩港及铁港海域的浓度较高，大部分区域浓度大于 0.74 mg/L，最大浓度达 0.8 mg/L，分析该处出现高浓度的原因除陆源排放外，还可能是涨落潮时滩涂底泥翻搅释放所致；总体分布与实测无机氮浓度等值线分布基本一致，仅局部区域略有偏差。水质调查站的实测值与模型计算结果之间相对误差基本上均小于 20%，水质模型在总体上较成功地模拟了象山港无机氮的浓度分布。

③水质模型计算结果表明，活性磷酸盐浓度分布在象山港总体呈现自湾口到湾内浓度增大的趋势。外湾浓度较低，大部分区域浓度小于 0.03 mg/L，西沪港、铁港、黄墩港海域内浓度均较其周围海域高，西沪港海域浓度基本大于 0.05 mg/L，铁港、黄墩港海域浓度大于 0.06 mg/L。象山港活性磷酸盐总体分布与实测活性磷酸盐浓度等值线分布基本一致，仅局部区域略有偏差。水质调查站的实测值与模型计算结果之间相对误差小于 20%的比例达 90%，水质模型在总体上较成功地模拟了象山港活性磷酸盐的浓度分布。

5.5.3 象山港环境容量估算

①经过化学需氧量（COD_{Mn}）水质模型计算响应系数，再根据环境、资源、经济、社会和污染物排放浓度响应程度等指标计算出各方案象山港周边各汇水区的分配权重并进行线性规划求解，得到在满足控制目标条件下，象山港 COD_{Mn}环境容量为34.33 t/d，即 COD_{Cr}环境容量为85.83 t/d。10年来，由于陆源污染有所增加，海水养殖污染有所减少，因此通过源强比较，COD_{Cr}还有一定的环境容量。建议 COD_{Cr}排放量维持现状，以调整产业结构、优化源强的空间布局为主。

②象山港氮、磷受外海总体水平的控制，由于象山港外海氮、磷本底值较高，仅靠象山港局部减少氮、磷的排放，对本地区氮、磷超标现象的改善作用不大。象山港内无机氮浓度要达到近、中、远期控制目标，总量须相应削减10%、20%和37%，估算结果分别为0.734 t/d、1.468 t/d和2.716 t/d，即近、中、远三期总氮削减量估算结果分别为1.050 t/d、2.099 t/d和3.884 t/d。象山港活性磷酸盐浓度要达到近、中、远期目标，总量须相应削减10%、20%和55%，估算结果分别为0.051 t/d、0.101 t/d和0.278 t/d，即近、中、远三期总磷削减量估算结果分别为0.132 t/d、0.262 t/d和0.720 t/d。

5.5.4 污染物总量控制

①TN、TP优化分配的技术路线：进行象山港沿岸各汇水区划分，从环境、资源、经济、社会和污染物排放浓度响应程度等指标考虑设计分配方案，计算出各方案象山港各汇水区的TN、TP分配权重，通过数学模型计算各方案的环境容量及分配结果，综合评定个方案优劣，最终确定最优方案。

②最优方案：无机氮削减量为10%、20%和37%时其分配结果为方案二最优，活性磷酸盐削减量为10%、20%和55%时其分配结果为方案二最优。

③总氮：在现状象山港总氮源强7.374 t/d的基础上，要达到象山港海域海洋功能区划所规定的海水水质标准，同时又满足各区（县、市）的可操作分配，近期需要削减1.502 t/d的总氮源强；其中北仑区、鄞州区、奉化市、宁海县和象山县需要削减的总氮源强分别为0.043 t/d、0.182 t/d、0.250 t/d、0.586 t/d和0.440 t/d。

④总磷：在现状象山港总磷源强0.810 t/d的基础上，要达到象山港海域海洋功能区划所规定的海水水质标准，同时又满足各区（县、市）的可操作分配，近期需要削减0.132 t/d的总磷源强；其中北仑区、鄞州区、奉化市、宁海县和象山县需要削减的总磷源强分别为0.005 t/d、0.018 t/d、0.026 t/d、0.049 t/d和0.034 t/d。

根据计算和研究，象山港 COD_{Cr}还有一定的环境容量（34.33 t/d），建议 COD_{Cr}排放量维持现状，以调整产业结构、优化源强的空间布局为主；TN、TP已严重超标，需要减排以改善象山港海域水质。根据环境、资源、经济、社会和污染物排放浓度响应程度等考虑，最终确定总氮、总磷减排分配的最优方案，得出减排目标为COD保持不变，TN、TP近期（5年内）总量削减10%。

第6章 象山港海域总量控制及减排目标研究

针对不同污染物的排污情况及象山港海域水质现状，按照项目设定方案，确定COD、TN、TP为河流、水闸及工业直排口的减排指标。根据象山港环境容量的计算结果，COD仍有容量存在，TN、TP已严重超标，需要减排以改善象山港海域水质。因此，在对各河流、水闸及工业直排口进行排污总量控制时，要求COD以维持现状为目的，不得继续增加排污量。在2013年、2014年减排考核监测的基础上，利用象山港环境容量模型对各入海口进行减排量分配。本节主要对象山港沿岸各入海口的TN、TP进行减排总量控制及减排目标确定。

6.1 响应程度计算

6.1.1 响应系数场计算

为了将TN、TP减排量分配至各个入海口，首先对每个入海口的TN、TP排污进行响应系数场计算，计算方法与估算主要污染物环境容量时的计算方法一样。为了排除其他源强对各入海口污染物源强形成的浓度场的影响，计算时边界条件和初始条件都取0。计算某个入海口的响应系数场时，该入海口污染物排放取单位源强为1 g/s，其余各入海口污染物源强取0，计算污染物扩散情况。

为方便计算，用字母和数字组合编码来表示各入海口。河流以R表示，水闸以Z表示。

对河流和企业直排口的排污做连续排放处理，当入海口的污染源TN、TP单位源强排放时，获得象山港海域形成的TN、TP浓度场即响应系数场（表6.1-1至表6.1-4）。

表6.1-1 各河流排污对各控制点的总氮浓度（$\times 10^{-3}$ mg/L）响应系数

控制点	河流排污口											
	R1	R2	R3	R4	R5	R6	R7	R8	R9	R10	R11	R12
1	0.009	0.014	0.013	0.014	0.014	0.018	0.017	0.018	0.018	0.019	0.014	0.013
2	0.016	0.05	0.048	0.048	0.049	0.06	0.061	0.062	0.059	0.061	0.048	0.047
3	0.039	0.137	0.133	0.133	0.134	0.161	0.165	0.169	0.16	0.164	0.133	0.127
4	0.01	0.023	0.022	0.022	0.022	0.029	0.028	0.029	0.029	0.03	0.022	0.022
5	0.015	0.126	0.122	0.123	0.123	0.148	0.151	0.155	0.147	0.15	0.123	0.117
6	0.032	0.234	0.226	0.227	0.228	0.273	0.28	0.286	0.27	0.276	0.227	0.214
7	0.017	0.228	0.219	0.221	0.223	0.266	0.272	0.278	0.263	0.268	0.221	0.211
8	0.021	0.342	0.328	0.331	0.334	0.398	0.407	0.417	0.393	0.4	0.331	0.306
9	0.024	0.333	0.32	0.322	0.324	0.386	0.397	0.406	0.382	0.39	0.322	0.298
10	0.022	0.546	0.524	0.531	0.537	0.645	0.654	0.669	0.632	0.643	0.532	0.486
11	0.024	0.54	0.513	0.519	0.523	0.624	0.637	0.652	0.614	0.626	0.518	0.462

续表

控制点	河流排污口											
	R1	R2	R3	R4	R5	R6	R7	R8	R9	R10	R11	R12
12	0. 024	0. 823	0. 793	0. 811	0. 827	1. 007	1. 009	1. 029	0. 981	0. 996	0. 817	0. 72
13	0. 025	0. 79	0. 724	0. 735	0. 744	0. 893	0. 903	0. 923	0. 873	0. 887	0. 73	0. 62
14	0. 024	2. 741	1. 025	1. 044	1. 06	1. 245	1. 285	1. 316	1. 228	1. 244	1. 029	0. 829
15	0. 024	10. 105	1. 021	1. 042	1. 058	1. 244	1. 282	1. 312	1. 226	1. 242	1. 026	0. 826
16	0. 024	0. 978	0. 959	0. 991	1. 028	1. 291	1. 279	1. 294	1. 25	1. 27	0. 999	0. 788
17	0. 024	1. 143	1. 19	1. 248	1. 328	1. 873	1. 823	1. 846	1. 837	1. 871	1. 736	0. 877
18	0. 024	1. 121	1. 24	1. 39	1. 354	1. 777	1. 751	1. 713	1. 693	1. 723	1. 176	0. 851
19	0. 022	1. 158	1. 283	1. 372	1. 494	2. 479	2. 392	2. 559	2. 631	2. 707	1. 408	0. 888
20	0. 023	1. 157	1. 292	1. 426	1. 68	2. 527	2. 56	2. 207	2. 232	2. 276	1. 316	0. 882
21	0. 022	1. 15	1. 297	1. 398	1. 539	2. 872	2. 888	3. 472	3. 395	3. 491	1. 394	0. 882
22	0. 022	1. 154	1. 316	1. 438	1. 621	4. 131	5. 046	2. 659	2. 697	2. 744	1. 389	0. 886
23	0. 022	1. 148	1. 328	1. 454	1. 645	15. 948	8. 783	2. 787	2. 799	2. 823	1. 416	0. 883
24	0. 022	1. 146	1. 329	1. 456	1. 649	5. 59	11. 606	2. 8	2. 79	2. 807	1. 418	0. 881
25	0. 022	1. 141	1. 313	1. 428	1. 592	3. 173	3. 16	5. 272	5. 685	4. 942	1. 418	0. 877
26	0. 021	1. 132	1. 311	1. 429	1. 601	3. 176	3. 128	8. 616	5. 569	5. 086	1. 418	0. 869
27	0. 021	1. 125	1. 304	1. 424	1. 6	3. 118	3. 076	29. 974	5. 866	5. 063	1. 413	0. 862

表 6. 1-2　各河流排污对各控制点的总磷浓度（$\times10^{-3}$ mg/L）响应系数

控制点	河流排污口											
	R1	R2	R3	R4	R5	R6	R7	R8	R9	R10	R11	R12
1	0. 009	0. 012	0. 012	0. 012	0. 012	0. 016	0. 014	0. 014	0. 015	0. 016	0. 012	0. 012
2	0. 015	0. 044	0. 043	0. 043	0. 043	0. 051	0. 051	0. 051	0. 05	0. 052	0. 043	0. 042
3	0. 039	0. 122	0. 118	0. 118	0. 118	0. 137	0. 139	0. 141	0. 135	0. 138	0. 118	0. 116
4	0. 01	0. 02	0. 019	0. 019	0. 019	0. 025	0. 024	0. 024	0. 024	0. 025	0. 02	0. 019
5	0. 014	0. 112	0. 108	0. 109	0. 109	0. 126	0. 128	0. 13	0. 124	0. 127	0. 109	0. 106
6	0. 031	0. 209	0. 201	0. 202	0. 202	0. 231	0. 236	0. 24	0. 228	0. 233	0. 202	0. 195
7	0. 016	0. 203	0. 196	0. 197	0. 197	0. 227	0. 23	0. 234	0. 222	0. 227	0. 197	0. 193
8	0. 02	0. 306	0. 294	0. 295	0. 296	0. 339	0. 344	0. 35	0. 332	0. 338	0. 296	0. 279
9	0. 023	0. 297	0. 286	0. 287	0. 287	0. 328	0. 335	0. 341	0. 323	0. 329	0. 287	0. 272
10	0. 02	0. 49	0. 471	0. 475	0. 478	0. 552	0. 555	0. 564	0. 537	0. 546	0. 477	0. 445
11	0. 022	0. 484	0. 461	0. 464	0. 465	0. 533	0. 54	0. 549	0. 521	0. 53	0. 463	0. 421
12	0. 022	0. 739	0. 714	0. 728	0. 738	0. 866	0. 86	0. 871	0. 837	0. 849	0. 735	0. 66
13	0. 023	0. 712	0. 652	0. 659	0. 663	0. 765	0. 767	0. 779	0. 743	0. 754	0. 654	0. 564
14	0. 021	2. 608	0. 918	0. 933	0. 942	1. 06	1. 089	1. 108	1. 039	1. 051	0. 918	0. 748
15	0. 021	9. 959	0. 916	0. 931	0. 941	1. 06	1. 086	1. 105	1. 038	1. 05	0. 916	0. 745
16	0. 022	0. 878	0. 864	0. 892	0. 922	1. 118	1. 096	1. 1	1. 074	1. 09	0. 9	0. 717
17	0. 021	1. 018	1. 069	1. 119	1. 19	1. 642	1. 578	1. 585	1. 599	1. 628	1. 608	0. 787

续表

控制点	河流排污口											
	R1	R2	R3	R4	R5	R6	R7	R8	R9	R10	R11	R12
18	0. 021	1. 002	1. 125	1. 268	1. 223	1. 559	1. 518	1. 467	1. 47	1. 494	1. 055	0. 766
19	0. 019	1. 016	1. 142	1. 221	1. 331	2. 195	2. 089	2. 232	2. 333	2. 402	1. 259	0. 785
20	0. 02	1. 021	1. 158	1. 283	1. 526	2. 258	2. 269	1. 907	1. 959	1. 997	1. 175	0. 784
21	0. 019	1. 002	1. 148	1. 239	1. 367	2. 563	2. 554	3. 099	3. 06	3. 149	1. 236	0. 774
22	0. 019	1. 006	1. 166	1. 279	1. 448	3. 805	4. 661	2. 311	2. 38	2. 42	1. 231	0. 778
23	0. 018	0. 993	1. 17	1. 286	1. 461	15. 556	8. 291	2. 415	2. 46	2. 479	1. 249	0. 77
24	0. 018	0. 99	1. 169	1. 286	1. 464	5. 204	11. 066	2. 423	2. 448	2. 46	1. 25	0. 767
25	0. 018	0. 983	1. 151	1. 255	1. 403	2. 828	2. 788	4. 816	5. 288	4. 539	1. 247	0. 761
26	0. 018	0. 968	1. 142	1. 249	1. 404	2. 814	2. 739	8. 061	5. 134	4. 652	1. 239	0. 749
27	0. 018	0. 958	1. 131	1. 239	1. 398	2. 747	2. 677	29. 237	5. 405	4. 613	1. 229	0. 74

表 6. 1-3　各企业直排口排污对各控制点的总氮浓度（$\times10^{-3}$ mg/L）响应系数

控制点	企业直排口			控制点	企业直排口		
	I1	I2	I3		I1	I2	I3
1	0. 013	0. 016	0. 015	15	0. 347	4. 045	6. 016
2	0. 046	0. 05	0. 044	16	0. 328	1. 082	0. 975
3	0. 112	0. 134	0. 116	17	0. 336	1. 227	1. 076
4	0. 019	0. 024	0. 022	18	0. 335	1. 225	1. 112
5	0. 086	0. 127	0. 108	19	0. 331	1. 174	1. 018
6	0. 2	0. 231	0. 196	20	0. 333	1. 201	1. 058
7	0. 128	0. 232	0. 194	21	0. 327	1. 168	1. 042
8	0. 193	0. 351	0. 295	22	0. 327	1. 158	1. 032
9	0. 258	0. 334	0. 281	23	0. 324	1. 144	1. 044
10	0. 247	0. 58	0. 494	24	0. 323	1. 144	1. 049
11	0. 32	0. 565	0. 483	25	0. 322	1. 152	1. 053
12	0. 309	0. 9	0. 79	26	0. 319	1. 156	1. 071
13	0. 331	0. 881	0. 823	27	0. 317	1. 163	1. 081
14	0. 347	4. 645	8. 514	—	—	—	—

表 6. 1-4　各企业直排口排污对各控制点的总磷浓度（$\times10^{-3}$ mg/L）响应系数

控制点	企业直排口			控制点	企业直排口		
	I1	I2	I3		I1	I2	I3
1	0. 012	0. 014	0. 012	15	0. 313	3. 847	5. 746
2	0. 035	0. 043	0. 038	16	0. 295	0. 962	0. 857
3	0. 1	0. 116	0. 098	17	0. 3	1. 08	0. 932
4	0. 017	0. 021	0. 019	18	0. 3	1. 083	0. 973
5	0. 068	0. 111	0. 092	19	0. 29	1. 011	0. 86

续表

控制点	企业直排口			控制点	企业直排口		
	I1	I2	I3		I1	I2	I3
6	0.176	0.201	0.166	20	0.293	1.044	0.905
7	0.107	0.203	0.166	21	0.284	0.999	0.877
8	0.169	0.308	0.254	22	0.285	0.989	0.867
9	0.227	0.292	0.24	23	0.278	0.969	0.872
10	0.216	0.512	0.429	24	0.277	0.968	0.876
11	0.318	0.498	0.418	25	0.276	0.973	0.878
12	0.279	0.799	0.692	26	0.271	0.972	0.889
13	0.31	0.787	0.73	27	0.269	0.975	0.896
14	0.313	4.439	8.185	—	—	—	—

对水闸的排污作间歇排放处理，根据实际了解到的各水闸年排放情况，在模型中按 120 d/a，5 h/d 计。当入海口的污染源 TN、TP 单位源强排放时，获得象山港海域形成的 TN、TP 浓度场即响应系数场（表 6.1-5 和表 6.1-6）。

表 6.1-5　各水闸排污对各控制点的总氮浓度（$\times10^{-3}$ mg/L）响应系数

控制点	水闸排污口												
	Z1	Z2	Z3	Z4	Z5	Z6	Z7	Z8	Z9	Z10	Z11	Z12	Z13
1	0.039	0.047	0.054	0.035	0.04	0.037	0.048	0.046	0.045	0.044	0.045	0.039	0.037
2	0.136	0.143	0.138	0.098	0.141	0.131	0.169	0.16	0.157	0.155	0.156	0.138	0.131
3	0.318	0.304	0.293	0.298	0.386	0.356	0.454	0.436	0.428	0.424	0.426	0.379	0.356
4	0.091	0.183	0.295	0.049	0.065	0.061	0.078	0.075	0.073	0.072	0.074	0.064	0.061
5	0.347	0.336	0.323	0.18	0.357	0.33	0.42	0.402	0.395	0.391	0.394	0.348	0.33
6	0.501	0.459	0.441	0.562	0.659	0.6	0.77	0.742	0.73	0.722	0.725	0.645	0.6
7	0.921	0.744	0.691	0.278	0.644	0.602	0.752	0.724	0.713	0.706	0.709	0.628	0.602
8	0.654	0.576	0.551	0.436	0.965	0.866	1.123	1.085	1.069	1.059	1.063	0.94	0.866
9	0.653	0.581	0.555	0.665	0.936	0.838	1.091	1.052	1.036	1.026	1.03	0.914	0.838
10	0.953	0.796	0.766	0.544	1.559	1.403	1.81	1.756	1.732	1.713	1.724	1.513	1.403
11	0.89	0.757	0.715	0.723	1.514	1.3	1.757	1.703	1.679	1.661	1.669	1.471	1.3
12	1.112	0.9	0.84	0.692	2.412	2.169	2.802	2.733	2.694	2.662	2.686	2.334	2.169
13	1.051	0.866	0.808	0.744	2.158	1.747	2.495	2.429	2.396	2.37	2.386	2.077	1.747
14	1.194	0.952	0.87	0.764	3.055	2.347	3.514	3.415	3.372	3.337	3.34	2.933	2.347
15	1.193	0.953	0.87	0.765	3.051	2.339	3.509	3.411	3.368	3.333	3.337	2.926	2.339
16	1.137	0.916	0.847	0.728	3.035	2.191	3.564	3.48	3.425	3.378	3.423	2.881	2.191
17	1.164	0.929	0.852	0.738	4.049	2.449	5.181	5.06	4.951	4.866	4.97	4.397	2.449
18	1.158	0.926	0.851	0.738	4.122	2.379	4.793	4.68	4.586	4.51	4.595	3.42	2.379
19	1.142	0.907	0.833	0.715	4.715	2.473	7.294	7.039	6.814	6.663	6.839	4.131	2.473
20	1.149	0.914	0.839	0.723	5.656	2.458	6.265	6.108	5.956	5.84	5.967	3.852	2.458
21	1.125	0.894	0.822	0.704	4.939	2.444	9.33	8.793	8.439	8.229	8.234	4.077	2.444

续表

控制点	水闸排污口												
	Z1	Z2	Z3	Z4	Z5	Z6	Z7	Z8	Z9	Z10	Z11	Z12	Z13
22	1. 125	0. 893	0. 821	0. 702	5. 36	2. 455	7. 529	7. 372	7. 185	7. 042	7. 156	4. 068	2. 455
23	1. 107	0. 878	0. 81	0. 69	5. 53	2. 434	7. 879	7. 778	7. 633	7. 501	7. 572	4. 14	2. 434
24	1. 103	0. 876	0. 808	0. 687	5. 558	2. 426	7. 87	7. 794	7. 671	7. 549	7. 601	4. 143	2. 426
25	1. 101	0. 875	0. 807	0. 687	5. 17	2. 413	15. 65	16. 1	16. 124	14. 458	10. 23	4. 145	2. 413
26	1. 089	0. 865	0. 799	0. 68	5. 217	2. 381	14. 613	13. 295	12. 116	11. 527	10. 632	4. 13	2. 381
27	1. 082	0. 861	0. 796	0. 677	5. 215	2. 358	15. 313	13. 925	12. 579	11. 917	10. 901	4. 101	2. 358

表 6. 1-6　各水闸排污对各控制点的总磷浓度（$\times 10^{-3}$ mg/L）响应系数

控制点	水闸排污口												
	Z1	Z2	Z3	Z4	Z5	Z6	Z7	Z8	Z9	Z10	Z11	Z12	Z13
1	0. 037	0. 045	0. 051	0. 033	0. 034	0. 041	0. 041	0. 039	0. 037	0. 037	0. 038	0. 034	0. 033
2	0. 128	0. 137	0. 131	0. 093	0. 123	0. 145	0. 145	0. 135	0. 132	0. 131	0. 133	0. 121	0. 119
3	0. 299	0. 288	0. 278	0. 285	0. 338	0. 396	0. 395	0. 369	0. 363	0. 36	0. 362	0. 335	0. 324
4	0. 087	0. 179	0. 292	0. 046	0. 056	0. 067	0. 067	0. 063	0. 061	0. 061	0. 062	0. 056	0. 055
5	0. 331	0. 322	0. 309	0. 17	0. 313	0. 363	0. 362	0. 341	0. 336	0. 334	0. 336	0. 309	0. 302
6	0. 47	0. 434	0. 417	0. 542	0. 578	0. 672	0. 67	0. 629	0. 621	0. 616	0. 618	0. 572	0. 546
7	0. 892	0. 72	0. 668	0. 26	0. 566	0. 654	0. 652	0. 616	0. 609	0. 604	0. 607	0. 559	0. 552
8	0. 613	0. 542	0. 519	0. 409	0. 85	0. 979	0. 976	0. 924	0. 914	0. 907	0. 911	0. 837	0. 792
9	0. 612	0. 546	0. 523	0. 638	0. 823	0. 952	0. 949	0. 894	0. 883	0. 877	0. 88	0. 813	0. 765
10	0. 891	0. 745	0. 719	0. 505	1. 378	1. 579	1. 574	1. 501	1. 486	1. 473	1. 483	1. 353	1. 289
11	0. 828	0. 705	0. 667	0. 683	1. 336	1. 534	1. 529	1. 452	1. 437	1. 425	1. 432	1. 312	1. 186
12	1. 024	0. 828	0. 773	0. 636	2. 142	2. 454	2. 446	2. 348	2. 323	2. 3	2. 324	2. 096	2. 002
13	0. 968	0. 798	0. 745	0. 692	1. 911	2. 183	2. 176	2. 08	2. 059	2. 041	2. 056	1. 858	1. 592
14	1. 077	0. 858	0. 782	0. 69	2. 696	3. 071	3. 061	2. 91	2. 884	2. 861	2. 864	2. 614	2. 12
15	1. 077	0. 859	0. 783	0. 692	2. 693	3. 066	3. 056	2. 908	2. 882	2. 859	2. 862	2. 608	2. 114
16	1. 034	0. 833	0. 77	0. 663	2. 709	3. 135	3. 126	3. 009	2. 97	2. 935	2. 979	2. 595	1. 992
17	1. 038	0. 827	0. 758	0. 659	3. 623	4. 628	4. 616	4. 427	4. 343	4. 274	4. 375	4. 027	2. 199
18	1. 037	0. 829	0. 76	0. 662	3. 719	4. 261	4. 25	4. 085	4. 013	3. 953	4. 036	3. 07	2. 141
19	1. 001	0. 793	0. 727	0. 626	4. 209	6. 705	6. 688	6. 254	6. 062	5. 933	6. 108	3. 699	2. 188
20	1. 013	0. 805	0. 738	0. 638	5. 178	5. 643	5. 629	5. 384	5. 26	5. 164	5. 289	3. 444	2. 187
21	0. 978	0. 775	0. 712	0. 611	4. 401	8. 794	8. 768	7. 926	7. 612	7. 428	7. 434	3. 62	2. 146
22	0. 978	0. 774	0. 711	0. 61	4. 819	6. 827	6. 811	6. 533	6. 381	6. 26	6. 373	3. 611	2. 157
23	0. 953	0. 755	0. 695	0. 593	4. 953	7. 039	7. 023	6. 879	6. 769	6. 661	6. 733	3. 657	2. 121
24	0. 949	0. 751	0. 692	0. 59	4. 974	7. 001	6. 984	6. 886	6. 797	6. 699	6. 751	3. 655	2. 111
25	0. 944	0. 748	0. 689	0. 589	4. 579	15. 019	15. 261	15. 089	15. 168	13. 538	9. 317	3. 649	2. 093
26	0. 927	0. 735	0. 679	0. 579	4. 598	14. 736	14. 629	12. 202	11. 089	10. 538	9. 654	3. 613	2. 049
27	0. 917	0. 728	0. 673	0. 574	4. 579	15. 469	15. 354	12. 772	11. 499	10. 879	9. 88	3. 57	2. 019

6.1.2 2014 年各入海口相应程度

根据各入海口排污方式的不同，对三类直排口进行分类处理，同时在对减排量进行分配时，也分别进行。

根据象山港沿海各入海口污染源的响应系数场计算结果，对象山港各入海口污染源的增加对象山港海域 27 个控制点响应系数相加，即为各个入海口的污染物排放浓度响应程度（表 6. 1-7）。

表 6. 1-7 2014 年各入海口的污染物排放浓度响应程度统计表

水闸	排放浓度响应程度		河流	排放浓度响应程度		排污口	排放浓度响应程度	
	TN	TP		TN	TP		TN	TP
Z1	23. 535	21. 103	R1	0. 595	0. 537	I1	6. 878	6. 078
Z2	19. 331	17. 359	R2	30. 585	28. 152	I2	27. 109	24. 216
Z3	18. 095	16. 261	R3	21. 193	18. 844	I3	31. 002	27. 967
Z4	15. 302	13. 768	R4	22. 577	20. 088			
Z5	76. 508	68. 178	R5	24. 331	21. 647			
Z6	43. 987	117. 413	R6	55. 352	50. 605			
Z7	126. 073	117. 238	R7	55. 04	49. 724			
Z8	121. 593	108. 655	R8	72. 92	67. 154			
Z9	117. 366	104. 99	R9	45. 719	40. 778			
Z10	113. 155	101. 148	R10	44. 199	39. 188			
Z11	107. 884	95. 897	R11	22. 594	20. 125			
Z12	64. 834	57. 687	R12	15. 724	13. 995			
Z13	43. 987	39. 194						

6.1.3 2015 年各入海口相应程度

根据各入海口排污方式的不同，对三类直排口进行分类处理，同时在对减排量进行分配时，也分别进行。

入海口排污的影响程度利用排污响应系数场来体现，反映的是该入海口处排污对海湾整体海域的海水水质的影响，数值越大，影响就越大，排污后水质越差。本次减排分配中，对海域水质的要求采用控制点目标控制，因此，入海口的排污影响程度将利用控制点处的响应系数数值来体现。根据象山港沿岸各入海口污染源的响应系数场计算结果，对象山港海域内 27 个控制点的响应系数值进行加和，即得到各个入海口的污染物排放浓度响应程度（表 6. 1-8）。

表 6. 1-8 2015 年各入海口的污染物排放浓度响应程度统计表

水闸	排放浓度响应程度		河流	排放浓度响应程度		排污口	排放浓度响应程度	
	TN	TP		TN	TP		TN	TP
Z20	3. 716	3. 532	R8	72. 92	67. 154	I4	23. 325	20. 907
Z16	1. 544	1. 571	R7	55. 04	49. 724	I1	6. 878	6. 078
Z25	4. 708	4. 434	R6	55. 352	50. 605	I5	27. 109	24. 216

续表

水闸	排放浓度响应程度		河流	排放浓度响应程度		排污口	排放浓度响应程度	
	TN	TP		TN	TP		TN	TP
Z27	2. 321	2. 272	R1	0. 595	0. 537			
Z3	18. 095	16. 261	R2	30. 585	28. 152			
Z1	23. 535	21. 103	R5	24. 331	21. 647			
Z2	19. 331	17. 359						
Z11	107. 884	95. 897						
Z9	117. 366	104. 99						
Z10	113. 155	101. 148						
Z12	64. 834	57. 687						
Z13	43. 987	39. 194						
Z7	126. 073	117. 238						
Z8	121. 593	108. 655						
Z6	43. 987	117. 413						
Z14	21. 193	18. 844						
Z29	22. 577	20. 088						
Z4	15. 302	13. 768						
Z5	76. 508	68. 178						

6. 2　入海口减排权重分配

6. 2. 1　2014 年

6. 2. 1. 1　2013 年污染物入海通量

据枯水期象山港周边海域 12 条河流、13 个水闸、3 个直排口污染物入海初始浓度的监测结果，可计算得到主要污染物入海通量。

根据计算，12 条河流的化学需氧量入海通量为 8 914. 7 t/a，总磷入海通量为 122. 5 t/a，总氮入海通量为 1 194. 9 t/a。

13 个水闸的化学需氧量入海通量为 148. 37 t/a，总磷入海通量为 7. 46 t/a，总氮入海通量为 9. 97 t/a。

3 个直排口化学需氧量入海通量为 259. 33 t/a，总磷入海通量为 0. 82 t/a，总氮入海通量为 19. 46 t/a。

（1）河流

根据枯水期象山港周边海域 12 条河流污染物入海初始浓度的监测结果，可计算得到主要污染物入海通量（表 6. 2-1）。

化学需氧量入海通量为 8 914. 7 t/a。其中 R7 贡献最大，为 3 500. 5 t/a，R3、R8 次之。R7、R3、R8 3 条河流的化学需氧量入海通量占河流化学需氧量入海通量的 75%。

总磷入海通量为 122. 5 t/a。其中 R7 贡献最大，为 57. 8 t/a，R3、R1 次之。R7、R3、R1 3 条河流的

总磷入海通量占河流总磷入海通量的74%。

总氮入海通量为1 194.9 t/a。其中R7贡献最大，为565.2 t/a，R10、R1、R3次之。R7、R10、R1、R3 4条河流的总氮入海通量占河流总氮入海通量的85%。

表6.2-1 主要河流污染物入海通量

河流名称	化学需氧量/($t \cdot a^{-1}$)	TP/($t \cdot a^{-1}$)	TN/($t \cdot a^{-1}$)	河流名称	化学需氧量/($t \cdot a^{-1}$)	TP/($t \cdot a^{-1}$)	TN/($t \cdot a^{-1}$)
R7	3 500.5	57.8	565.2	R11	—	8.1	45.1
R3	2 106.0	19.4	145.8	R4	163.3	1.9	22.5
R10	315.6	9.8	157.0	R2	181.0	1.4	22.2
R5	626.5	3.2	28.8	R9	46.0	0.6	1.7
R8	1 073.8	5.2	48.1	R6	—	0.6	5.7
R1	857.8	13.7	146.9	R12	44.2	1.0	5.9
合计	8 914.7	122.5	1 194.9				

（2）水闸

根据现场踏勘和资料收集，象山港沿岸各水闸见表6.2-2。Z1、Z4、Z5、Z6、Z7、Z8均为实测流量。Z3、Z9、Z10、Z11、Z12、Z13为设计流量，实际流量按1/2。另根据现场调访，水闸年放水量按120 d，按5 h/d算。象山港主要水闸污染物入海通量如表6.2-3所示。

表6.2-2 象山港沿岸主要水闸流量

监测站位	设计过闸流量/($m^3 \cdot s^{-1}$)	实测过闸流量/($m^3 \cdot s^{-1}$)	监测站位	设计过闸流量/($m^3 \cdot s^{-1}$)	实测过闸流量/($m^3 \cdot s^{-1}$)
Z1	—	105.9	Z8	—	91.9
Z2	—	707.7	Z9	144.9	—
Z3	640.0	—	Z10	269.8	—
Z4	—	—	Z11	662.3	—
Z5	—	27.6	Z12	429.5	—
Z6	—	27.6	Z13	488.0	—
Z7	—	86.8			

化学需氧量入海通量为148.37 t/a。其中Z10贡献最大，Z9、Z2次之。Z10、Z9、Z2的化学需氧量入海通量占水闸化学需氧量入海通量的72.08%。

总磷入海通量为7.46 t/a。其中Z7贡献最大，为1.99 t/a，Z2次之。Z7和Z2的总磷入海通量占直排口总磷入海通量的45.04%。

总氮入海通量为9.97 t/a。其中Z11贡献最大，为2.27 t/a，Z7次之。Z11、Z7的总氮入海通量占直排口总氮入海通量的40.62%。

表 6.2-3 各水闸污染物入海通量

水闸	化学需氧量/(t·a⁻¹)	总磷/(t·a⁻¹)	总氮/(t·a⁻¹)
Z1	4.28	0.76	0.50
Z2	—	1.37	0.89
Z3	21.10	0.11	1.18
Z4	3.36	0.14	0.17
Z5	5.47	0.99	0.38
Z6	—	0.93	0.26
Z7	10.16	1.99	1.78
Z8	—	0.53	0.26
Z9	21.44	0.03	0.10
Z10	64.40	0.06	0.29
Z11	18.17	0.23	2.27
Z12	—	0.24	1.30
Z13	—	0.09	0.59
合计	148.37	7.46	9.97

（3）直排口

根据枯水期象山港周边海域3个工业直排口污染物入海初始浓度的监测结果，可计算得到主要污染物入海通量。

化学需氧量入海通量为259.33 t/a。3个工业直排口的贡献基本相当。I2和I3 2个直排口的化学需氧量入海通量占直排口化学需氧量入海通量的70%（表6.2-4）。

总磷入海通量为0.82 t/a。其中I1贡献最大，为0.46 t/a。I1和I3的总磷入海通量占直排口总磷入海通量的85%（表6.2-4）。

总氮入海通量为19.46 t/a。其中I1贡献最大，为9.64 t/a。I1和I2两个直排口的总氮入海通量占直排口总氮入海通量的79%（表6.2-4）。

表 6.2-4 主要直排口污染物入海通量

直排口名称	化学需氧量/(t·a⁻¹)	TP/(t·a⁻¹)	TN/(t·a⁻¹)
I1	78.36	0.46	9.64
I2	93.50	0.12	5.69
I3	87.48	0.24	4.14
合计	259.33	0.82	19.46

6.2.1.2 2014年减排权重分配

（1）河流

按河流排污量调查结果（表6.2-5），对河流进行分组分配。这样做主要是为了避免不同量级排污量的入海口在同时参与分配时，出现某个入海口分配所得减排量超过其原始排污量的结果。

根据河流排污中 TN、TP 的排污量大小，按数量级将河流分成 3 组。其中 R1、R3、R7 和 R10 的 TN 排污量均超过 100 t/a，TP 排污量也基本都超过 10 t/a，R10 的 TP 排污量为 9.76 t/a，非常接近 10 t/a，考虑到后续分配工作的一致性，将上述河流归为一组，记为 A 组；R2、R4、R5、R8 和 R11 的 TN 排污量为 10~100 t/a，TP 排污量为 1~10 t/a，可归为一组，记为 B 组；R6、R9 和 R12 的 TN 排污量均小于 10 t/a，TP 排污量均小于 1 t/a，可归为一组，记为 C 组。分组后，按照入海口的排污响应程度计算各河流在组内的 TN、TP 减排分配权重（表 6.2-6）。

表 6.2-5　各河流入海口排污量统计

入海口	TN/（$t \cdot a^{-1}$）	TP/（$t \cdot a^{-1}$）	入海口	TN/（$t \cdot a^{-1}$）	TP/（$t \cdot a^{-1}$）
R1	146.85	13.73	R7	565.22	57.75
R2	22.19	1.38	R8	48.13	5.18
R3	145.83	19.41	R9	1.65	0.58
R4	22.51	1.90	R10	156.97	9.76
R5	28.82	3.15	R11	45.11	8.08
R6	5.68	0.59	R12	5.88	0.96

表 6.2-6　分组河流污染物减排权重分配

A 组	污染物减排权重		B 组	污染物减排权重		C 组	污染物减排权重	
	TN	TP		TN	TP		TN	TP
R1	0.004 9	0.005 0	R2	0.176 8	0.179 1	R6	0.473 9	0.480 2
R3	0.175 1	0.174 0	R4	0.130 5	0.127 8	R9	0.391 4	0.387 0
R7	0.454 8	0.459 2	R5	0.140 6	0.137 7	R12	0.134 6	0.132 8
R10	0.365 2	0.361 9	R8	0.421 5	0.427 3			
			R11	0.130 6	0.128 0			
合计	1.000 0	1.000 0	合计	1.000 0	1.000 0	合计	1.000 0	1.000 0

（2）工业直排口

象山港沿岸工业直排口较少，TN、TP 排污量在量级上没有很大的差别。但考虑其与河流及水闸的不同，将工业直排口单独归为一组进行分配。按照入海口的排污响应程度计算各工业直排口在组内的 TN、TP 减排分配权重（表 6.2-7）。

表 6.2-7　各工业直排口污染物减排权重分配

入海口	污染物减排权重	
	TN	TP
I1	0.105 8	0.104 3
I2	0.417 1	0.415 6
I3	0.477 0	0.480 0

（3）水闸

与河流类似，按水闸排污量调查结果（表 6.2-8），对水闸进行分组分配。根据河流排污中 TN、TP

的排污量大小，将水闸分成 2 组，其中 Z2、Z3、Z7、Z11 和 Z12 的 TP 排污量均超过 0.1 t/a，TN 排污量也都较大，超过 0.8 t/a，可归为一组，记为 A 组，其余水闸 TP 排污量均小于 0.1 t/a，TN 排污量也都小于 0.8 t/a 为一组，可归为一组，记为 B 组。按照入海口的排污响应程度计算各水闸在组内的 TN、TP 减排分配权重（表 6.2-9）。

表 6.2-8 各水闸入海口排污量统计

入海口	TN/ $(t \cdot a^{-1})$	TP/ $(t \cdot a^{-1})$	入海口	TN/ $(t \cdot a^{-1})$	TP/ $(t \cdot a^{-1})$
Z1	0.502	0.076	Z8	0.255	0.053
Z2	0.887	0.137	Z9	0.098	0.027
Z3	1.181	0.106	Z10	0.288	0.058
Z4	0.171	0.014	Z11	2.266	0.227
Z5	0.379	0.099	Z12	1.301	0.244
Z6	0.262	0.093	Z13	0.593	0.086
Z7	1.785	0.198			

表 6.2-9 分组水闸污染物减排权重分配

A 组	污染物减排权重		B 组	污染物减排权重	
	TN	TP		TN	TP
Z2	0.057 5	0.060 7	Z1	0.042 4	0.036 4
Z3	0.053 8	0.056 9	Z4	0.027 5	0.023 8
Z7	0.375 0	0.410 0	Z5	0.137 7	0.117 7
Z11	0.320 9	0.335 4	Z6	0.079 2	0.202 7
Z12	0.192 8	0.137 1	Z8	0.218 9	0.187 6
			Z9	0.211 3	0.181 3
			Z10	0.203 7	0.174 6
			Z13	0.079 2	0.075 9
合计	1.000 0	1.000 0	合计	1.000 0	1.000 0

6.2.2 2015 年

6.2.2.1 2014 年污染物入海通量

据枯水期象山港周边海域 12 条河流、26 个水闸、2 个直排口污染物入海初始浓度的监测结果，可计算得到主要污染物入海通量。

根据计算，12 条河流的化学需氧量入海通量为 9 027.35 t/a，总磷入海通量为 77.360 t/a，总氮入海通量为 562.220 t/a。

26 个水闸的化学需氧量入海通量为 286.801 t/a，总磷入海通量为 7.232 t/a，总氮入海通量为 258.435 t/a。

2 个直排口的化学需氧量入海通量为 80.38 t/a，总磷入海通量为 0.350 t/a，总氮入海通量为 5.840 t/a。

（1）河流

根据2014年11月象山港周边海域12条河流污染物入海浓度的监测结果，可计算得到主要河流污染物入海通量（表6.2-10）。

化学需氧量入海通量为9 027.35 t/a。其中R8贡献最大，为3 411.80 t/a，R5、R3、R13、R1次之，这5条河流的化学需氧量入海通量占河流化学需氧量入海通量的88.1%。

总氮入海通量为562.220 t/a。其中R8贡献最大，为135.180 t/a，其次是R12和R3，这3条河流的总氮入海通量占河流总氮入海通量的60.4%。

总磷入海通量为77.360 t/a。其中R8贡献最大贡献最大，为35.020 t/a，R3和R1次之。这3条河流的总磷入海通量占河流总磷入海通量的66.6%。

表6.2-10　主要河流污染物入海通量

序号	河流名称	流量 /（$m^3 \cdot a^{-1}$）	化学需氧量 /（$t \cdot a^{-1}$）	TN /（$t \cdot a^{-1}$）	TP /（$t \cdot a^{-1}$）
1	R3	56 764 800	1 237.47	91.220	8.360
2	R4	17 029 440	204.35	13.380	1.830
3	R5	24 282 720	1 307.62	37.750	7.510
4	R1	21 444 480	933.91	53.880	8.170
5	R2	8 703 936	239.36	16.630	1.440
6	R13	23 652 000	1 066.71	36.070	1.680
7	R8	59 130 000	3 411.80	135.080	35.020
8	R7	3 311 280	—	5.410	0.500
9	R6	1 513 728	12.56	3.520	0.370
10	R12	37 843 200	556.30	113.340	6.040
11	R10	17 376 336	—	46.550	4.800
12	R11	3 460 288	57.27	9.390	1.640
合计			9 027.35	562.220	77.360

（2）水闸

根据2014年11月象山港周边海域26个水闸污染物入海浓度的监测结果，可计算得到象山港主要水闸污染物入海通量（表6.2-11）。

化学需氧量入海通量为286.801 t/a。其中Z11贡献最大，Z17、Z21次之，这3个水闸的化学需氧量入海通量占水闸化学需氧量入海通量的34.5%。

总氮入海通量为258.435 t/a。其中Z25贡献最大，为103.870 t/a，其次是Z17、Z15和Z18。Z25总氮入海通量占水闸总氮入海通量的40.2%。

总磷入海通量为7.232 t/a。其中Z17贡献最大，为1.182 t/a，Z26次之。Z17和Z26的总磷入海通量占水闸总磷入海通量的25.4%。

表 6.2-11 各水闸污染物入海通量

水闸名称	流量 / ($m^3 \cdot s^{-1}$)	化学需氧量 / ($t \cdot a^{-1}$)	TN / ($t \cdot a^{-1}$)	TP / ($t \cdot a^{-1}$)
Z3	320.0	25.15	0.659	0.186
Z1	105.9	4.99	0.300	0.075
Z11	331.2	37.06	1.762	0.133
Z10	134.9	23.17	0.368	0.022
Z12	214.8	—	1.650	0.263
Z13	244.0	—	0.796	0.187
Z5	27.6	2.58	0.154	0.055
Z4	41.0	3.48	0.085	0.031
Z7	86.8	16.55	2.033	0.052
Z8	91.9	—	0.248	0.044
Z6	27.6	5.25	0.497	0.030
Z2	707.7	—	1.159	0.138
Z9	72.5	7.75	0.574	0.024
Z15	76.8	10.39	32.078	0.399
Z16	48.5	11.14	22.814	0.476
Z17	47.7	31.94	33.437	1.182
Z18	57.4	—	28.567	0.488
Z19	22.7	—	12.165	0.491
Z20	22.7	6.09	3.814	0.571
Z21	41.2	30.06	8.812	0.173
Z22	27.2	17.31	5.883	0.342
Z23	27.2	17.21	6.432	0.376
Z24	37.4	7.66	8.744	0.286
Z25	234.5	7.96	103.870	0.415
Z26	17.4	7.36	6.562	0.658
Z27	40.0	13.74	7.074	0.141
合计		286.80	290.538	7.238

（3）直排口

根据 2014 年 11 月象山港周边海域 2 个印染工业直排口污染物入海浓度的监测结果，采用 2014 年的污水排放量值，可计算得到主要污染物入海通量（表 6.2-12）。

化学需氧量入海通量为 80.38 t/a。其中 I1 贡献较大，占工业直排口化学需氧量入海通量的 81.7%；I2 占 18.3%。

总氮入海通量为 5.840 t/a。其中 I1 贡献稍大，占工业直排口总氮入海通量的 58.0%；I2 占 42.0%。

总磷入海通量为 0.390 t/a。其中 I1 贡献较大，占工业直排口总磷入海通量的 89.7%；I2 占 10.3%。

表 6.2-12　工业直排口污染物入海通量

序号	直排口名称	流量/（$m^3 \cdot a^{-1}$）	化学需氧量/（$t \cdot a^{-1}$）	TN/（$t \cdot a^{-1}$）	TP/（$t \cdot a^{-1}$）
1	I1	730 000	65.70	3.390	0.350
2	I2	730 000	14.68	2.450	0.040
合计			80.38	5.840	0.390

按入海口总氮（TN）、总磷（TP）的排污量调查结果（表 6.2-13），对入海口进行分组分配。分组分配的目的是避免不同量级排污量的入海口在同时参与分配时，出现某个入海口分配所得减排量超过其原始排污量的结果。

表 6.2-13　各入海口排污量统计

水闸	排污量		河流	排污量		排污口	排污量	
	TN/（$t \cdot a^{-1}$）	TP/（$t \cdot a^{-1}$）		TN/（$t \cdot a^{-1}$）	TP/（$t \cdot a^{-1}$）		TN/（t/a）	TP/（t/a）
Z20	38.783	23.155	R8	374.238	24.983	I4	10.904	2.518
Z16	205.810	11.693	R7	210.138	58.677	I1	2.046	0.213
Z25	1 053.815	56.274	R6	97.468	26.560	I5	0.612	0.010
Z27	88.474	5.530	R1	58.200	14.361			
Z3	118.555	17.700	R2	13.722	1.526			
Z1	24.895	5.251	R5	44.504	8.172			
Z2	5.424	1.108						
Z11	161.795	17.759						
Z9	32.727	6.868						
Z10	8.790	0.797						
Z12	118.343	13.182						
Z13	68.216	19.859						
Z7	56.919	4.836						
Z8	12.213	3.375						
Z6	14.068	1.348						
Z14	80.833	10.513						
Z29	25.344	1.280						
Z4	160.973	18.584						
Z5	24.852	4.997						

6.2.2.2　2015 年减排权重分配

（1）水闸

按水闸排污量调查结果（表 6.2-13），对水闸进行分组分配。

根据水闸排污中总氮（TN）的排污量大小，将水闸分成 5 组：排污量小于 20.0 t/a 的入海口归为一组，记为 A 组；排污量为 20.0~60.0 t/a 的入海口归为一组，记为 B 组；排污量在 60.0~100.0 t/a 的入海口归为一组，记为 C 组；排污量在 100.0~200.0 t/a 的入海口归为一组，记为 D 组；排污量大于 200.0 t/a 的入海口归为一组，记为 E 组。

根据水闸排污中总磷（TP）的排污量大小，将水闸分成 5 组：排污量小于 2.0 t/a 的入海口归为一组，记为 A 组；排污量为 2.0~8.0 t/a 的入海口归为一组，记为 B 组；排污量在 8.0~15.0 t/a 的入海口归为一组，记为 C 组；排污量为 15.0~25.0 t/a 的入海口归为一组，记为 D 组；排污量大于 25 t/a 的入海口归为一组，记为 E 组。

其中，E 组水闸为象山港沿岸排污量明显偏大的入海口，本次分配中对 E 组直接减排 10%，因此对 E 组不计算分配权重。按照入海口的排污响应程度计算各水闸在组内的总氮（TN）、总磷（TP）减排分配权重（表 6.2-14 和表 6.2-15）。

表 6.2-14　分组水闸的总氮（TN）减排分配权重

A 组	分配权重	B 组	分配权重	C 组	分配权重	D 组	分配权重
Z2	0.064 9	Z20	0.010 0	Z27	0.034 4	Z3	0.008 0
Z10	0.379 6	Z1	0.063 6	Z13	0.651 6	Z11	0.094 1
Z8	0.407 9	Z9	0.317 4	Z14	0.314 0	Z12	0.560 9
Z6	0.147 6	Z7	0.340 9			Z4	0.337 0
		Z29	0.061 1				
		Z5	0.206 9				
合计	1.000 0	合计	1.000 0	合计	1.000 0	合计	1.000 0

表 6.2-15　分组水闸的总磷（TP）减排分配权重

A 组	分配权重	B 组	分配权重	C 组	分配权重	D 组	分配权重
Z2	0.067 8	Z27	0.005 4	Z16	0.020 1	Z20	0.021 0
Z10	0.395 1	Z1	0.050 0	Z12	0.738 6	Z3	0.096 4
Z6	0.458 6	Z9	0.248 5	Z14	0.241 3	Z11	0.568 6
Z29	0.078 5	Z7	0.277 5			Z13	0.232 4
		Z8	0.257 2			Z4	0.081 6
		Z5	0.161 4				
合计	1.000 0	合计	1.000 0	合计	1.000 0	合计	1.000 0

（2）河流

按河流排污量调查结果（表 6.2-13），对河流进行分组分配。

根据河流排污中总氮（TN）的排污量大小，将河流分成 3 组：排污量小于 100.0 t/a 的入海口归为一组，记为 A 组；排污量大于 100.0 t/a 的入海口归为一组，记为 B 组；因 R1 位置位于象山港口外，其排污对象山港影响微乎其微，若按权重分配则几乎不用减排，R2 位于西沪港，排污影响较大，而其本身排污量较小，若按权重分配则减排比例非常大，考虑到减排的实际可操作性和公平性，将 R1 和 R2 归为 C 组，直接减排 10%，因此对 C 组不计算分配权重。

根据河流排污中总磷（TP）的排污量大小，将水闸分成 3 组：排污量小于 10.0 t/a 的入海口归为一组，记为 A 组；排污量大于 10.0 t/a 的入海口归为一组，记为 B 组；R1 和 R2 如同总氮（TN）一样，归为 C 组，直接减排 10%，不计算分配权重。

按照入海口的排污响应程度计算各河流在组内的总氮（TN）、总磷（TP）减排分配权重（表 6.2-16 和表 6.2-17）。

表 6.2-16　分组河流的总氮（TN）减排分配权重

A 组	分配权重	B 组	分配权重
R6	0.694 7	R8	0.569 9
R5	0.305 3	R7	0.430 1
合计	1.000 0	合计	1.000 0

表 6.2-17　分组河流的总磷（TP）减排分配权重

A 组	分配权重	B 组	分配权重
R5	1.000 0	R8	0.397 7
		R7	0.300 3
		R6	0.302 0
合计	1.000 0	合计	1.000 0

（3）工业排污口

象山港沿岸工业排污口较少，根据污染源调查结果（表 6.2-13），总氮（TN）、总磷（TP）的排污量均不在同一个量级上。因此，在减排时，工业排污口不做另行分配，按照减排需要直接按比例减排。

6.3　减排目标研究

6.3.1　2014 年

根据项目总量控制目标，象山港海域 TN、TP 总量各需削减 10%。按照减排分配权重计算时的分组，对各入海口的 TN、TP 减排量在各组内按权重比例进行分配，并使分配结果能满足各组减排总量为组内各入海口排污量总和的 10%（表 6.3-1 至表 6.3-3）。

表 6.3-1　分组河流污染物减排量分配

A 组	污染物减排量		B 组	污染物减排量		C 组	污染物减排量	
	TN/(t·a⁻¹)	TP/(t·a⁻¹)		TN/(t·a⁻¹)	TP/(t·a⁻¹)		TN/(t·a⁻¹)	TP/(t·a⁻¹)
R1	0.50	0.05	R2	2.95	0.35	R6	0.63	0.10
R3	17.77	1.75	R4	2.18	0.25	R9	0.52	0.08
R7	46.15	4.62	R5	2.35	0.27	R12	0.18	0.03
R10	37.06	3.64	R8	7.03	0.84			0.21
			R11	2.18	0.25			
合计	101.49	10.06	合计	16.68	1.97	合计	1.32	0.21

表 6.3-2 各工业直排口污染物减排量分配

入海口	污染物减排量	
	TN/ (t·a^{-1})	TP/ (t·a^{-1})
I1	0.21	0.01
I2	0.81	0.03
I3	0.93	0.04
合计	1.95	0.08

表 6.3-3 分组水闸污染物减排量分配

A 组	污染物减排量		B 组	污染物减排量	
	TN/ (t·a^{-1})	TP/ (t·a^{-1})		TN/ (t·a^{-1})	TP/ (t·a^{-1})
Z2	0.043	0.006	Z1	0.011	0.002
Z3	0.040	0.005	Z4	0.007	0.001
Z7	0.278	0.037	Z5	0.035	0.006
Z11	0.238	0.031	Z6	0.020	0.010
Z12	0.143	0.012	Z8	0.056	0.010
			Z9	0.054	0.009
			Z10	0.052	0.009
			Z13	0.020	0.004
合计	0.742	0.091	合计	0.255	0.051

根据减排量分配结果，统计得到各入海口污染物排放量的减排比例（表 6.3-4）。

表 6.3-4 各入海口污染物减排比例

入海口名称	污染物减排比例/（%）		入海口名称	污染物减排比例/（%）		入海口名称	污染物减排比例/（%）	
	TN	TP		TN	TP		TN	TP
R1	0.34	0.36	I1	2.14	1.85	Z1	2.15	2.42
R2	13.29	25.56	I2	14.27	28.91	Z2	4.81	4.05
R3	12.19	9.02	I3	22.45	16.34	Z3	3.38	4.91
R4	9.67	13.27				Z4	4.11	8.87
R5	8.14	8.60				Z5	9.26	6.01
R6	11.02	17.48				Z6	7.70	11.02
R7	8.17	8.00				Z7	15.58	18.79
R8	14.60	16.24				Z8	21.87	17.89
R9	31.33	14.15				Z9	54.94	33.51
R10	23.61	37.33				Z10	18.02	15.29
R11	4.83	3.12				Z11	10.51	13.50
R12	3.02	2.94				Z12	11.00	5.12
						Z13	3.40	4.47

从河流总氮减排的分配结果来看，减排比例最小的是R1，位于象山港南岸港口处，仅需减排0.34%，减排量为0.5 t/a，减排比例最大的R9，位于港底，减排比例为31.33%，减排量为0.52 t/a。结合所有河流的地理位置分布，基本上是靠近港外的河流减排比例小，靠近港底的河流减排比例大。然而，各河流的减排量无法直接相比，因各河流的原始排污量数值相差较大，如最大的R7总氮排污达到565.22 t/a，减排量也最大为46.15 t/a，但减排比例仅为8.17%，而最小的R9总氮排污仅为1.65 t/a，减排量也仅为0.52 t/a，减排比例却达到31.33%。河流总磷的减排结果与总氮类似，减排比例最小的是R1，需减排0.36%，0.05 t/a，减排比例最大的是R10，位于港底，需减排37.33%，3.64 t/a。在减排量上，排污量最大达57.75 t/a的R7需减排4.65 t/a，减排比例为8.00%，而排污量最小仅0.58 t/a的R9减排0.08 t/a，减排比例为14.15%。

工业直排口较少，排污量在数量级上没有太大的差别，同组分配结果基本规律与河流相同。3个工业直排口中，三友印染在南岸靠近港口处，I2和I3在西沪港内。响应程度最小的I1减排比例最小，总氮仅需减排2.14%，总磷仅需减排1.85%，而I2和I3响应程度相当，减排比例均较大。

水闸入海口的分配结果也具有同样的规律特征。总氮减排比例最小的是Z1，位于象山港北岸港口处，仅需减排2.15%，减排量为0.011 t/a，减排比例最大的是Z9，位于港底，减排比例为54.94%，减排量为0.054 t/a。在减排量上，排污量最大达2.266 t/a的Z11需减排0.238 t/a，减排比例为10.51%，排污量最小仅0.098 t/a的Z9减排量为0.054 t/a，减排比例54.94%。水闸总磷的减排结果与总氮有类似结果，减排比例最小的是Z1，需减排2.42%，0.002 t/a，减排比例最大的是Z9，需减排33.51%，0.009 t/a。在减排量上，排污量最大达0.244 t/a的Z12需减排0.012 t/a，减排比例为5.12%，而排污量最小仅0.014 t/a的Z3减排0.005 t/a，减排比例为4.91%。

6.3.2 2015年

根据项目总量控制目标，象山港海域总氮（TN）、总磷（TP）总量各需削减10%。按照减排分配权重计算时的分组，对各入海口的总氮（TN）、总磷（TP）减排量在各组内按权重比例进行分配，并使分配结果能满足各组减排总量为组内各入海口排污量总和的10%。

（1）总氮（TN）减排分配

水闸、河流分组后，按照各组总氮（TN）污染源总量的10%在组内按分配权重进行减排量分配（表6.3-5和表6.3-6），工业排污口未进行分组，则直接按各入海口总氮（TN）污染源量的10%进行减排（表6.3-7）。

表6.3-5 分组水闸的总氮（TN）减排量分配

A组	减排量/($t\cdot a^{-1}$)	B组	减排量/($t\cdot a^{-1}$)	C组	减排量/($t\cdot a^{-1}$)	D组	减排量/($t\cdot a^{-1}$)	E组	减排量/($t\cdot a^{-1}$)
Z2	0.263	Z20	0.204	Z27	0.817	Z3	4.913	Z16	20.581
Z10	1.537	Z1	1.295	Z13	15.478	Z11	29.294	Z25	105.381
Z8	1.652	Z9	6.460	Z14	7.457	Z12	17.604		
Z6	0.598	Z7	6.939			Z4	4.155		
		Z29	1.243						
		Z5	4.211						
合计	4.050	合计	20.352	合计	23.752	合计	55.966	合计	125.962

表 6.3-6 分组河流的总氮（TN）减排量分配

A组	减排量/（t·a^{-1}）	B组	减排量/（t·a^{-1}）	C组	减排量/（t·a^{-1}）
R6	9.862	R8	33.302	R1	5.820
R5	4.335	R7	25.136	R2	1.372
合计	14.197	合计	58.438	合计	7.192

表 6.3-7 各工业排污口总氮（TN）减排量分配

入海口	减排量/（t·a^{-1}）
I4	1.090
I1	0.205
I5	0.061
合计	1.356

（2）总磷（TP）减排分配

水闸、河流分组后，按照各组总磷（TP）污染源总量的10%在组内按分配权重进行减排量分配（表6.3-8和表6.3-9），工业排污口未进行分组，则直接按各入海口总磷（TP）污染源量的10%进行减排（表6.3-10）。

表 6.3-8 分组水闸的总磷（TP）减排量分配

A组	减排量/（t·a^{-1}）	B组	减排量/（t·a^{-1}）	C组	减排量/（t·a^{-1}）	D组	减排量/（t·a^{-1}）	E组	减排量/（t·a^{-1}）
Z2	0.031	Z27	0.017	Z16	0.071	Z20	0.203	Z25	5.627
Z10	0.179	Z1	0.154	Z12	2.614	Z3	0.936		
Z6	0.208	Z9	0.767	Z14	0.854	Z11	5.519		
Z29	0.035	Z7	0.856			Z13	2.256		
		Z8	0.794			Z4	0.792		
		Z5	0.498						
合计	0.453	合计	3.086	合计	3.539	合计	9.706	合计	5.627

表 6.3-9 分组河流的总磷（TP）减排量分配

A组	减排量/（t·a^{-1}）	B组	减排量/（t·a^{-1}）	C组	减排量/（t·a^{-1}）
R5	0.817	R8	4.385	R1	1.436
		R7	3.309	R2	0.153
		R6	3.328		
合计	0.817	合计	11.022	合计	1.589

表 6.3-10 各工业排污口总磷（TP）减排量分配

入海口	减排量/（t·a^{-1}）
I4	0.252
I1	0.021
I5	0.001
合计	0.274

从水闸总氮减排的分配结果来看，减排比例最小的是北仑区的Z20，位于象山港北岸港口处，仅需减排0.53%，减排量为0.204 t/a，减排比例最大的Z13，位于北岸港中，减排比例为22.69%，减排量为15.478 t/a。结合所有水闸的地理位置分布，基本上是靠近港外的水闸减排比例小，靠近港底的水闸减排比例大。然而，各水闸的减排量无法直接相比，因各水闸的原始排污量数值相差较大，如最大的Z25总氮排污达到1 053.815 t/a，减排量也最大为105.381 t/a，但减排比例仅为10.0%，而较小的Z9总氮排污为32.727 t/a，减排量也仅为6.460 t/a，减排比例却达到19.74%。

水闸总磷的减排结果与总氮类似，减排比例最小的是Z27，需减排0.31%，0.017 t/a，减排比例最大的是Z11，位于港底，需减排31.08%，5.519 t/a。在减排量上，排污量最大达56.274 t/a的Z25需减排5.627 t/a，减排比例为10.0%，而排污量最小仅0.797 t/a的Z10减排0.179 t/a，减排比例为22.48%。

河流入海口的分配结果相对较为均衡。总氮减排比例最小的是R8，位于黄墩港，需减排8.90%，减排量为33.302 t/a，减排比例最大的是R7，位于铁港，减排比例为11.96%，减排量为25.136 t/a。在减排量上，排污量最大达374.238 t/a的R8需减排33.302 t/a，减排比例为8.90%，排污量最小仅13.722 t/a的R2减排量为1.372 t/a，减排比例10.00%。

河流总磷的减排结果与总氮类似，减排比例最小的是R7，需减排5.64%，3.309 t/a，减排比例最大的是R8，需减排17.55%，4.385 t/a。在减排量上，排污量最大达58.677 t/a的R7需减排3.309 t/a，减排比例为5.64%，而排污量最小仅1.526 t/a的R2减排0.153 t/a，减排比例为10.03%。

工业排污口较少，排污量均不在同一个量级上，直接按总量目标比例减排。3个工业排污口均减排10%，I4排量最大，总氮（TN）减排1.090 t/a，总磷（TP）减排0.252 t/a，I5排量最小，总氮（TN）减排0.061 t/a，总磷（TP）减排0.001 t/a。

6.4 小结

为了避免出现最后分配减排量超过其本身排污量的不合理现象，首先对入海口根据排污量的数量级进行了分组。经过计算，得到的分配结果从减排率和响应程度来看，基本上是污染物响应程度较高的入海口，需要减排的污染物比例相应也较高。在2013年减排考核监测的基础上，通过计算每个入海口的响应系数从而得到减排量分配权重，对2014年象山港周边TN、TP进行减排分配，使得每个入海口都得到了一定的减排任务，TN减排率从0.34%到54.94%不等，TP减排率从0.36%到37.33%不等，减排总量为所有入海口排污总量的10%。在2014年减排考核监测的基础上，通过计算每个入海口的响应系数从而得到减排量分配权重，对2015年象山港周边总氮（TN）、总磷（TP）进行减排分配，使得每个入海口都得到了一定的减排任务，总氮（TN）减排率从0.53%到22.69%不等，总磷（TP）减排率从0.31%到31.08%不等，减排总量为所有入海口排污总量的10%。

第7章　入海污染物总量减排考核示范应用

在象山港主要入海污染源调查与估算、象山港主要污染物环境容量和减排量确定的基础上，以行政单元为考核主体，以主要入海口（河流、水闸、工业企业直排口的入海口）为考核对象，开展象山港区域5个县（市、区）的减排考核示范应用，即根据减排对象的考核监测结果，分析各县（市、区）是否实现其减排目标，从而落实象山港海域的入海污染物总量控制制度。

7.1　污染物入海通量估算

7.1.1　2014年污染物入海通量估算

7.1.1.1　各入海口的污染物排放通量

（1）河流

根据2014年象山港周边海域12条河流（考核对象）污染物入海浓度的监测结果，可计算得到主要河流污染物入海通量（表7.1-1和图7.1-1至图7.1-3）。

表7.1-1　主要河流污染物入海通量

河流名称	污染物			
	流量/$(m^3 \cdot a^{-1})$	化学需氧量/$(t \cdot a^{-1})$	TN/$(t \cdot a^{-1})$	TP/$(t \cdot a^{-1})$
R3	56 764 800	1 237.47	91.220	8.360
R4	17 029 440	204.35	13.380	1.830
R5	24 282 720	1 307.62	37.750	7.510
R1	21 444 480	933.91	53.880	8.170
R2	8 703 936	239.36	16.630	1.440
R8	23 652 000	1 066.71	36.070	1.680
R7	59 130 000	3 411.80	135.080	35.020
R6	3 311 280	—	5.410	0.500
R12	1 513 728	12.56	3.520	0.370
R10	37 843 200	556.30	113.340	6.040
R11	17 376 336	—	46.550	4.800
R9	3 460 288	57.27	9.390	1.640
合计		9 027.35	562.220	77.360

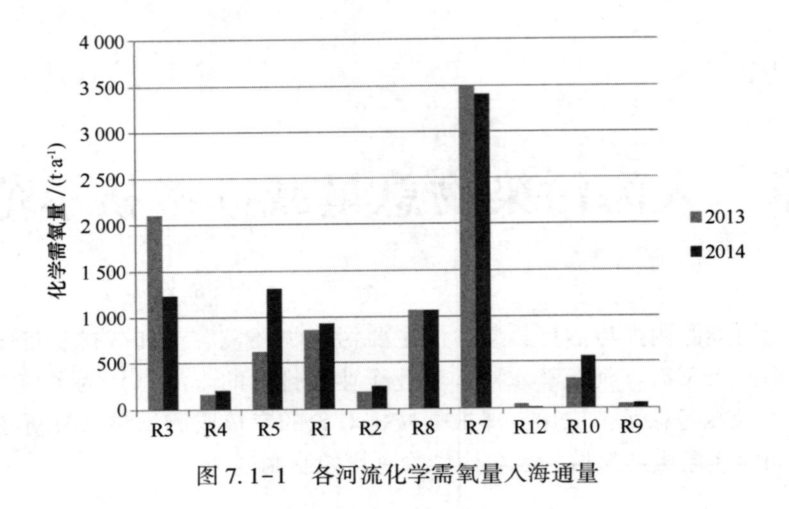

图 7.1-1　各河流化学需氧量入海通量

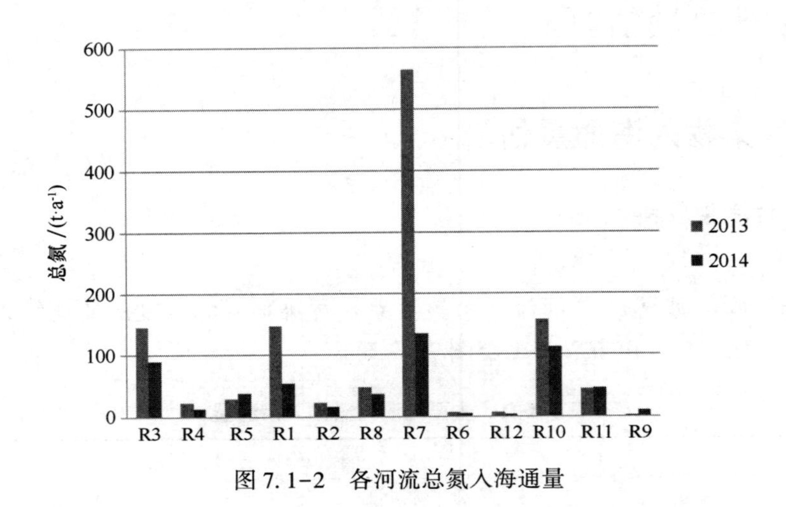

图 7.1-2　各河流总氮入海通量

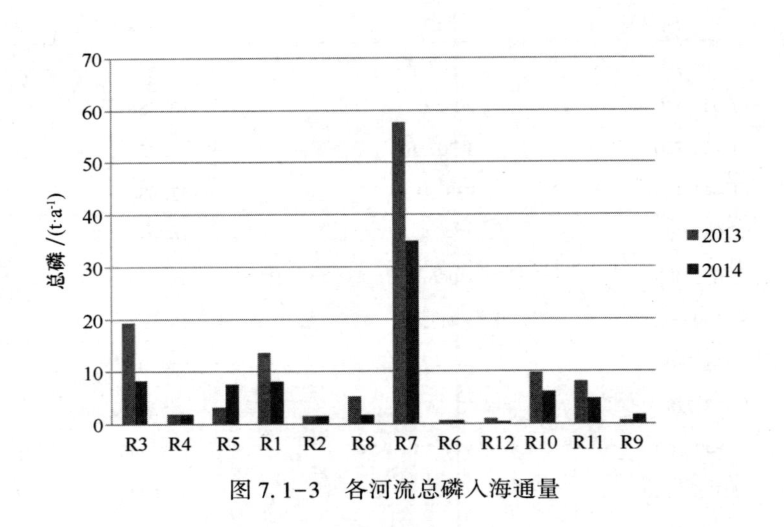

图 7.1-3　各河流总磷入海通量

化学需氧量入海通量为 9 027.35 t/a。其中 R7 贡献最大，为 3 411.80 t/a，R5、R3、R8、R1 次之，这 5 条河流的化学需氧量入海通量占河流化学需氧量入海通量的 88.1%。

总氮入海通量为562. 220 t/a。其中R7贡献最大，为135. 180 t/a，其次是R10和R3，这3条河流的总氮入海通量占河流总氮入海通量的60. 4%。

总磷入海通量为77. 360 t/a。其中R7贡献最大，为35. 020 t/a，R3和R1次之。这3条河流的总磷入海通量占河流总磷入海通量的66. 6%。

（2）水闸

根据2014年象山港周边海域26个水闸污染物入海浓度的监测结果，可计算得到象山港主要水闸污染物入海通量（表7. 1-2和图7. 1-4至图7. 1-6）。

表7. 1-2　各水闸污染物入海通量

水闸名称	污染物			
	流量/（$m^3 \cdot s^{-1}$）	化学需氧量/（$t \cdot a^{-1}$）	TN/（$t \cdot a^{-1}$）	TP/（$t \cdot a^{-1}$）
Z3	320. 0	25. 15	0. 659	0. 186
Z1	105. 9	4. 99	0. 300	0. 075
Z11	331. 2	37. 06	1. 762	0. 133
Z10	134. 9	23. 17	0. 368	0. 022
Z12	214. 8	—	1. 650	0. 263
Z13	244. 0	—	0. 796	0. 187
Z5	27. 6	2. 58	0. 154	0. 055
Z4	41. 0	3. 48	0. 085	0. 031
Z7	86. 8	16. 55	2. 033	0. 052
Z8	91. 9	—	0. 248	0. 044
Z6	27. 6	5. 25	0. 497	0. 030
Z2	707. 7	—	1. 159	0. 138
Z9	72. 5	7. 75	0. 574	0. 024
Z15	76. 8	10. 39	32. 078	0. 399
Z16	48. 5	11. 14	22. 814	0. 476
Z17	47. 7	31. 94	33. 437	1. 182
Z18	57. 4	—	28. 567	0. 488
Z19	22. 7	—	12. 165	0. 491
Z20	22. 7	6. 09	3. 814	0. 571
Z21	41. 2	30. 06	8. 812	0. 173
Z22	27. 2	17. 31	5. 883	0. 342
Z23	27. 2	17. 21	6. 432	0. 376
Z24	37. 4	7. 66	8. 744	0. 286
Z25	234. 5	7. 96	103. 870	0. 415
Z26	17. 4	7. 36	6. 562	0. 658
Z27	40. 0	13. 74	7. 074	0. 141
合计		286. 80	290. 538	7. 238

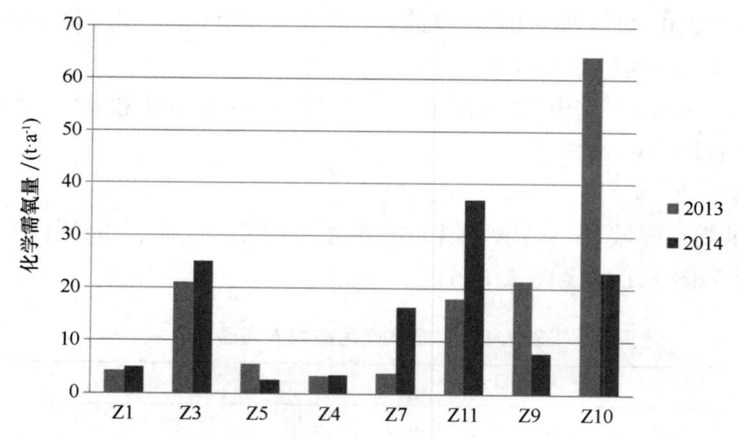

图 7.1-4　各水闸化学需氧量入海通量（鄞州区、奉化市、宁海县、象山县）

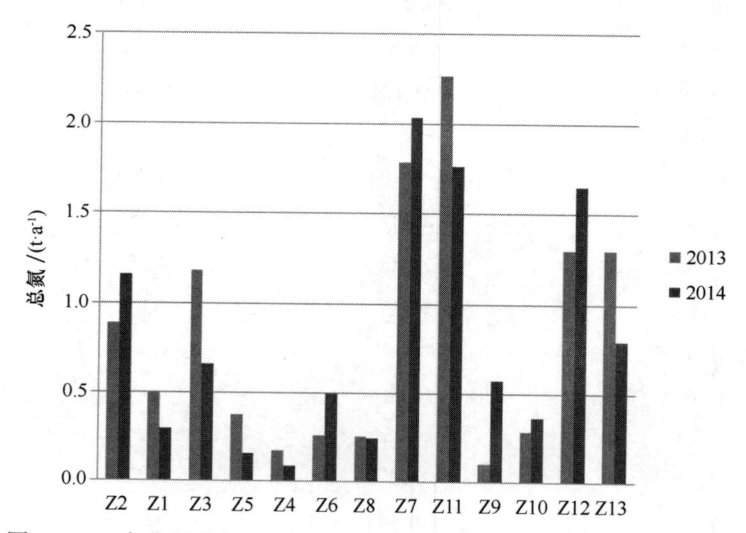

图 7.1-5　各水闸总氮入海通量（鄞州区、奉化市、宁海县、象山县）

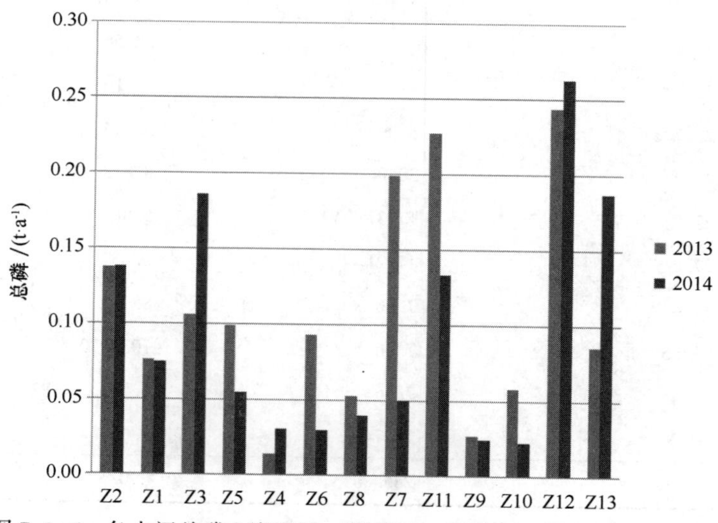

图 7.1-6　各水闸总磷入海通量（鄞州区、奉化市、宁海县、象山县）

化学需氧量入海通量为 286. 801 t/a。其中 Z11 贡献最大，Z17、Z21 次之，这 3 个水闸的化学需氧量入海通量占水闸化学需氧量入海通量的 34. 5%。

总氮入海通量为 258. 435 t/a。其中 Z25 贡献最大，为 103. 870 t/a，其次是 Z17、Z15 和 Z18。Z25 总氮入海通量占水闸总氮入海通量的 40. 2%。

总磷入海通量为 7. 232 t/a。其中 Z17 贡献最大，为 1. 182 t/a，Z26 次之。Z17 和 Z26 的总磷入海通量占水闸总磷入海通量的 25. 4%。

（3）印染工业直排口

根据 2014 年象山港周边海域 2 个印染工业直排口污染物入海浓度的监测结果，采用 2014 年的污水排放量值，可计算得到主要污染物入海通量（表 7. 1–3）。

表 7. 1–3　工业直排口污染物入海通量

直排口名称	污染物			
	流量/（$m^3 \cdot a^{-1}$）	化学需氧量/（$t \cdot a^{-1}$）	TN/（$t \cdot a^{-1}$）	TP/（$t \cdot a^{-1}$）
I1	730 000	65. 70	3. 390	0. 350
I2	730 000	14. 68	2. 450	0. 040
合计		80. 38	5. 840	0. 390

化学需氧量入海通量为 80. 38 t/a。其中 I1 贡献较大，占工业直排口化学需氧量入海通量的 81. 7%；I2 占 18. 3%。

总氮入海通量为 5. 840 t/a。其中 I1 贡献稍大，占工业直排口总氮入海通量的 58. 0%；I2 占 42. 0%。

总磷入海通量为 0. 390 t/a。其中 I1 贡献较大，占工业直排口总磷入海通量的 89. 7%；I2 占 10. 3%。

7. 1. 1. 2　各县（市、区）的污染物排放通量

根据 2014 年象山港周边海域 12 条河流、26 个水闸和 2 个工业直排口的主要污染物入海通量监测，象山港区域各县（市、区）2014 年污染物排放通量见表 7. 1–4。

实测化学需氧量入海通量为 9 394. 52 t/a，其中宁海县、象山县的贡献较大，分别占 47. 9% 和 42. 7%，北仑区、鄞州区、奉化市化学需氧量入海通量较小。

实测总氮入海通量为 858. 596 t/a。其中北仑区、象山县贡献较大，分别占 32. 6% 和 25. 5%；宁海县、奉化市总氮入海通量次之，鄞州区总氮入海通量较小。

实测总磷入海通量为 84. 991 t/a。其中宁海县、象山县的贡献较大，分别占 43. 9% 和 32. 7%，北仑区、鄞州区、奉化市总磷入海通量较小。

表 7. 1–4　2014 年象山港区域各县（市、区）污染物排放通量

县（市、区）	污染物		
	化学需氧量/（$t \cdot a^{-1}$）	TN/（$t \cdot a^{-1}$）	TP/（$t \cdot a^{-1}$）
北仑	160. 84	280. 25	6. 00
鄞州	30. 14	2. 118	0. 399
奉化	694. 10	177. 950	13. 479
宁海	4 500. 30	179. 339	37. 327
象山	4 009. 14	218. 939	27. 786
合计	9 394. 52	858. 596	84. 991

7.1.2 2015年污染物入海通量估算

7.1.2.1 各入海口的污染物排放通量

(1) 河流

根据2015年象山港周边海域8条河流污染物入海浓度的监测结果，可计算得到主要河流污染物入海通量（表7.1-5和图7.1-7至图7.1-9）。

表7.1-5 主要河流污染物入海通量

河流名称	污染物			
	流量/（$m^3 \cdot a^{-1}$）	化学需氧量/（$t \cdot a^{-1}$）	TN/（$t \cdot a^{-1}$）	TP/（$t \cdot a^{-1}$）
R14	37 220 000	3 306.73	220.182	11.066
R8	231 400 000	5 674.31	876.344	31.225
R7	95 120 000	3 700.16	798.600	26.739
R6	66 860 000	5 167.16	283.868	7.145 4
R1	6 050 000	86.6	34.286	1.456
R2	32 630 000	574	107.912	5.998
R15	11 218 000	143.69	34.071	0.777
R5	38 550 000	1 171.36	126.444	3.114
合计		19 680.32	2 481.707	87.520

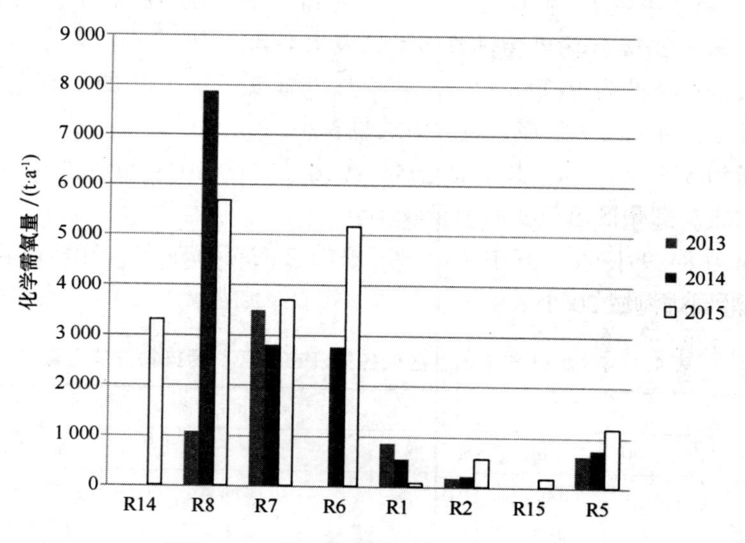

图7.1-7 各河流化学需氧量入海通量

化学需氧量入海通量为19 680.32 t/a。其中R8贡献最大，为5 674.31 t/a，R6、R7、R14、R5次之，这5条河流的化学需氧量入海通量占河流化学需氧量入海通量的96.6%。

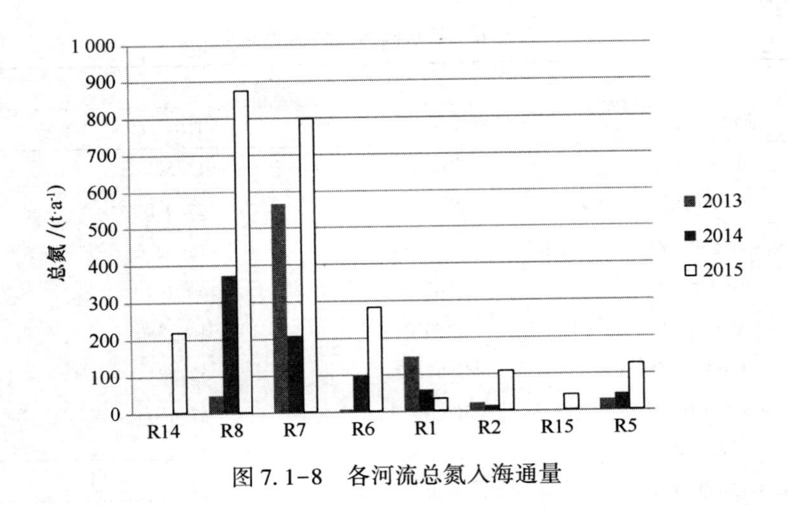

图 7.1-8 各河流总氮入海通量

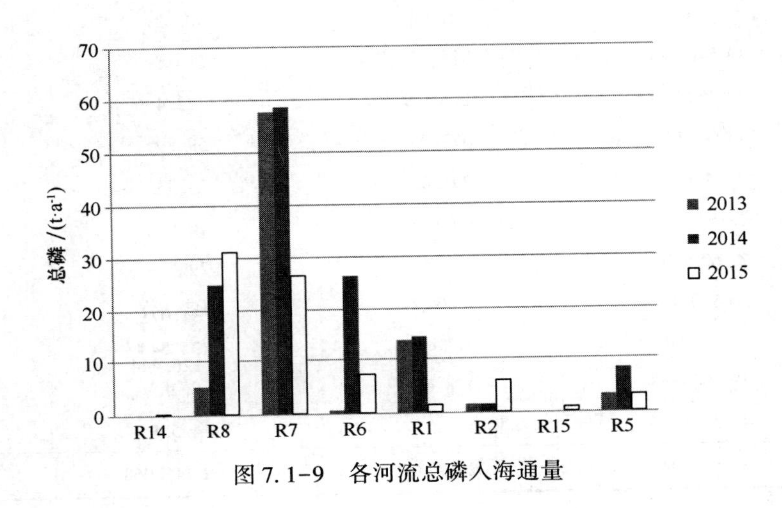

图 7.1-9 各河流总磷入海通量

总氮入海通量为 2 481.707 t/a。其中 R8 贡献最大，为 876.344 t/a，R7 和 R6 次之。这 3 条河流的总磷入海通量占河流总磷入海通量的 78.9%。

总磷入海通量为 87.520 t/a。其中 R8 贡献最大，为 31.225 t/a，其次是 R7 和 R14，这 3 条河流的总氮入海通量占河流总氮入海通量的 78.9%。

（2）水闸

根据 2015 年象山港周边海域 20 个水闸污染物入海浓度的监测结果，可计算得到象山港主要水闸污染物入海通量（表 7.1-6 和图 7.1-10 至图 7.1-12）。

化学需氧量入海通量为 21 190.95 t/a。其中 Z3 贡献最大，Z28、Z25 次之，这 3 个水闸的化学需氧量入海通量占水闸化学需氧量入海通量的 38.4%。

总氮入海通量为 2 145.068 t/a。其中 Z3 贡献最大，为 522.814 t/a，其次是 Z12。这 2 个水闸的总氮入海通量占水闸总氮入海通量的 34.7%。

总磷入海通量为 75.002 t/a。其中 Z3 贡献最大，为 14.209 t/a，Z12 次之。这 2 个水闸的总磷入海通量占水闸总磷入海通量的 31.2%。

表 7.1-6　各水闸污染物入海通量

单位：t/a

水闸名称	污染物			
	流量/（$m^3 \cdot s^{-1}$）	化学需氧量/（$t \cdot a^{-1}$）	TN/（$t \cdot a^{-1}$）	TP/（$t \cdot a^{-1}$）
Z20	3 818 000	327.42	15.523	0.308
Z16	6 796 100	387.86	27.942	0.720
Z25	29 948 500	1 821.30	150.256	2.179
Z27	16 475 200	1 742.84	60.299	1.352
Z28	35 000 000	2 150.00	169.350	7.150
Z3	110 000 000	4 167.43	522.814	14.209
Z1	9 800 000	316.40	67.410	3.567
Z2	7 500 000	182.25	38.304	1.521
Z11	35 660 000	1 028.79	191.902	3.752
Z9	7 800 000	321.10	40.527	3.749
Z10	14 540 000	916.85	58.181	2.273
Z12	39 260 000	2 104.9	222.436	9.185
Z13	13 040 000	477.05	59.295	1.532
Z7	9 600 000	291.65	75.333	2.778
Z8	3 550 000	1 097.01	16.827	0.636
Z6	2 760 000	68.26	29.411	3.711
Z14	50 590 000	1 509.03	180.968	6.879
Z29	30 840 000	1 718.92	135.344	5.819
Z4	19 460 000	418.67	68.388	2.984
Z5	4 280 000	143.22	14.558	0.698
合计	450 717 800	21 190.95	2 145.068	75.002

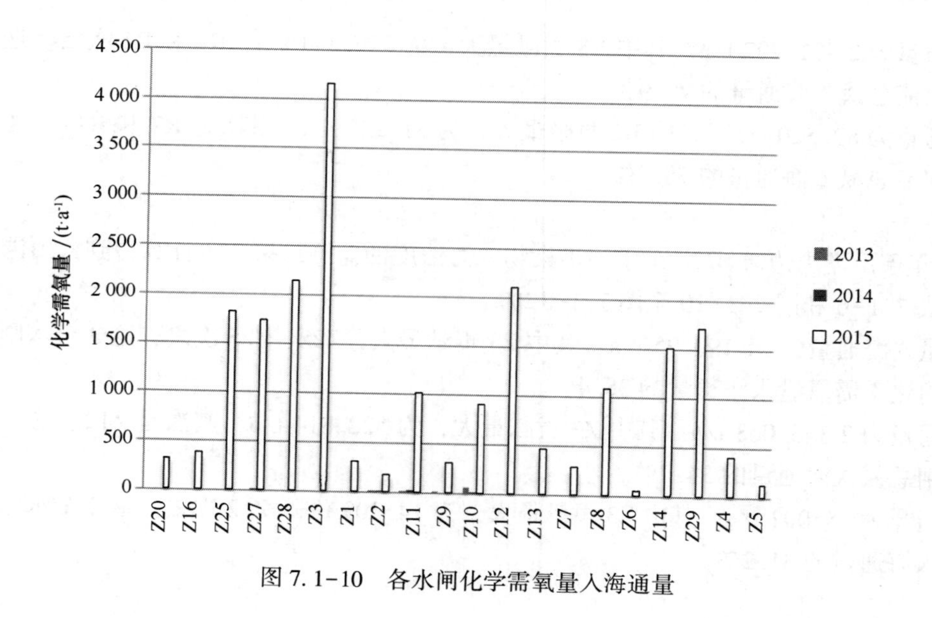

图 7.1-10　各水闸化学需氧量入海通量

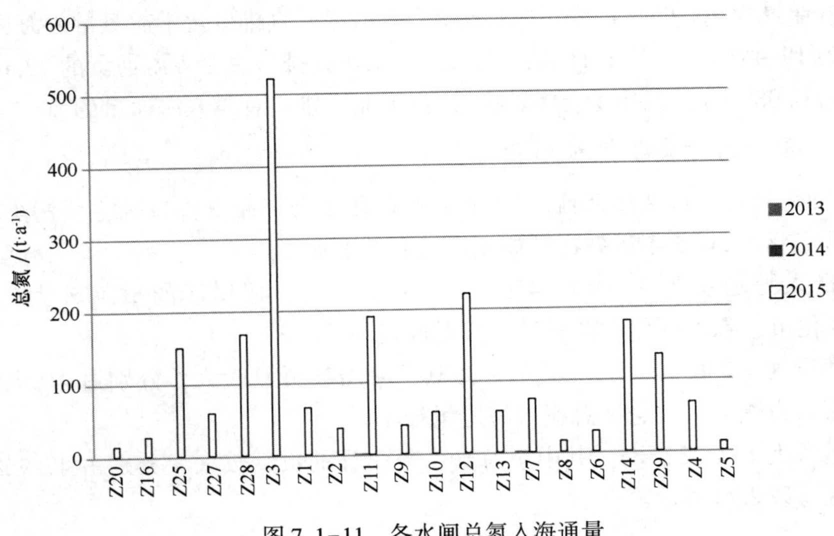

图 7. 1-11 各水闸总氮入海通量

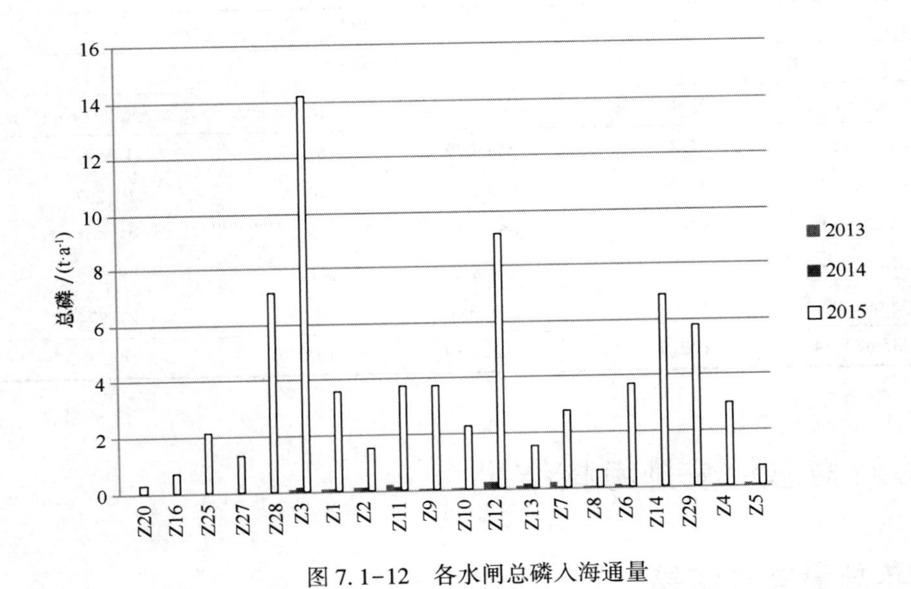

图 7. 1-12 各水闸总磷入海通量

(3) 印染工业直排口

根据 2015 年象山港周边海域 3 个印染工业直排口污染物入海浓度的监测，采用 2015 年的污水排放量值，可计算得到主要污染物入海通量（表 7. 1-7）。

表 7. 1-7 工业直排口污染物入海通量

直排口名称	污染物			
	流量/ $(m^3 \cdot a^{-1})$	化学需氧量/ $(t \cdot a^{-1})$	TN/ $(t \cdot a^{-1})$	TP/ $(t \cdot a^{-1})$
I1	365 000	21. 83	3. 201	0. 071
I5	180 000	5. 48	1. 148	0. 014
I4	2 730 000	42. 96	15. 092	0. 003
合计		70. 27	19. 441	0. 088

化学需氧量入海通量为70.27 t/a。其中I4献较大，占工业直排口化学需氧量入海通量的61.4%。

总氮入海通量为19.441 t/a。其中I1贡献较大，占工业直排口总氮入海通量的77.6%。

总磷入海通量为0.088 t/a。其中I1贡献较大，占工业直排口总磷入海通量的80.7%。

7.1.2.2 县（市、区）的污染物排放通量

根据2015年象山港周边海域8条河流、20个水闸和和3个工业直排口的主要污染物入海通量监测，象山港区域各县（市、区）2015年污染物排放通量见表7.1-8。

实测化学需氧量入海通量为35 057.64 t/a，其中宁海县、鄞州区的贡献较大，分别占41.7%和17.8%，北仑区、奉化市、象山县化学需氧量入海通量较小。

实测总氮入海通量为4 236.723 t/a。其中宁海县、象山县贡献较大，分别占46.9%和16.2%；奉化市、鄞州区总氮入海通量次之，北仑区总氮入海通量较小。

实测总磷入海通量为144.332 t/a。其中宁海县、象山县的贡献较大，分别占47.7%和19.2%，鄞州区、奉化市、北仑区总磷入海通量较小。

表7.1-8 象山港区域各县（市、区）污染物排放通量（2015年）

县（市、区）	污染物					
	化学需氧量		TN		TP	
	通量/（$t \cdot a^{-1}$）	比例/（%）	通量/（$t \cdot a^{-1}$）	比例/（%）	通量/（$t \cdot a^{-1}$）	比例/（%）
北仑	4 279.42	12.1	254.020	6.0	4.559	3.2
鄞州	4 666.08	13.1	628.528	14.9	19.297	13.4
奉化	6 237.34	17.6	664.499	15.7	23.905	16.6
宁海	14 609.91	41.2	1 988.224	47.1	68.822	47.7
象山	5 692.09	16.0	687.341	16.3	27.774	19.2
合计	35 484.84	100.0	4 222.612	100.0	144.357	100.0

7.2 入海污染物总量减排考核结果

7.2.1 2014年总量减排结果

根据2014年的减排目标和减排监测结果，象山港区域2014年总量减排目标完成情况见表7.2-1，象山港周边入海口的超额减排量情况一览表见表7.2-2。

从各入海口的超额减排量来看，化学需氧量超额减排的为R3、Z5、I1、I2、R7、R8、Z9、Z10等入海口，总氮超额减排的为R3、R1、Z5、Z4、I1、I2、R7、R8、R12、R10、Z11等入海口，总磷超额减排的为R3、R1、Z5、I1、I2、R7、Z7、R8、R12、R10、R11、Z10等入海口（表7.2-1）。

从各县（市、区）完成情况来看，北仑区总氮未完成减排目标，鄞州区化学需氧量和总磷未完成减排目标，奉化市化学需氧量和总氮未完成减排目标，其他各个县（市、区）的各个减排指标均超额减排（表7.2-2）。

从区域总体情况来看，实测2014年化学需氧量排污通量9 394.52 t/a，超额减排量188.90 t/a；实测总氮2014年排污通量858.596 t/a，超额减排量346.349 t/a；实测总磷2014年排污通量84.991 t/a，超额减排量40.478 t/a。

表 7.2-1 2014 年象山港区域总量减排目标完成情况一览表

县（市、区）	化学需氧量					TN					TP				
	2013 年排污通量 /$(t \cdot a^{-1})$	目标减排量 /$(t \cdot a^{-1})$	2014 年目标排污通量 /$(t \cdot a^{-1})$	2014 年排污通量 /$(t \cdot a^{-1})$	超额减排量 /$(t \cdot a^{-1})$	2013 年排污通量 /$(t \cdot a^{-1})$	目标减排量 /$(t \cdot a^{-1})$	2014 年目标排污通量 /$(t \cdot a^{-1})$	2014 年排污通量 /$(t \cdot a^{-1})$	超额减排量 /$(t \cdot a^{-1})$	2013 年排污通量 /$(t \cdot a^{-1})$	目标减排量 /$(t \cdot a^{-1})$	2014 年目标排污通量 /$(t \cdot a^{-1})$	2014 年排污通量 /$(t \cdot a^{-1})$	超额减排量 /$(t \cdot a^{-1})$
北仑	261.00	0	261.00	160.84	100.16	118.800	15.695	103.105	280.250	-177.150	15.120	1.852	13.268	6.000	7.268
鄞州	25.38	0	25.38	30.14	-4.76	2.564	0.094	2.470	2.118	0.350	0.313	0.013	0.300	0.399	-0.099
奉化	509.81	0	509.81	694.10	-184.29	214.157	40.447	173.710	177.950	-4.240	20.015	4.065	15.950	13.479	2.471
宁海	4 584.46	0	4 584.46	4 500.30	84.16	621.334	54.164	567.170	179.339	387.830	63.847	5.617	58.230	37.327	20.903
象山	4 202.77	0	4 202.77	4 009.14	193.63	386.232	27.742	358.490	218.939	139.550	40.477	2.757	37.720	27.786	9.934
合计	9 583.42	0	9 583.42	9 394.52	188.90	1 343.087	138.142	1 204.945	858.596	346.349	139.772	14.304	125.470	84.991	40.478

注：①北仑区 2013 年未开展主要入海口污染物总量的实际监测工作，其 2013 年的考核减排量为统计估算量（下同）；②北仑区的 TN 2014 年实际排污量（实测值）与 2014 年目标排污量（估算值）相差甚远，建议不作为考核依据，可采用其他 4 个县（市、区）的平均值。

表 7.2-2　2014 年象山港周边各入海口的超额减排量情况一览表

县（市、区）	类型	名称	化学需氧量/（t·a⁻¹）	TN/（t·a⁻¹）	TP/（t·a⁻¹）
北仑	水闸	整个区域	—	—	—
鄞州	水闸	Z2	/	-0.319	-0.008
		Z1	-0.71	—	-0.005
		Z3	-4.05	—	-0.086
象山	河流	R3	/	—	—
		R4	-41.05	—	-0.190
		R5	-681.12	-11.270	-4.630
		R1	-76.11	—	—
		R2	-58.36	—	-0.410
	水闸	Z5	—	—	—
		Z4	-0.12	—	-0.021
	直排口	I1	—	—	—
		I2	—	—	—
宁海	河流	R8	—	—	—
		R7	—	—	—
	水闸	R6	—	-0.360	-0.020
		Z6	—	-0.257	—
奉化	河流	R12	—	—	—
		R10	-240.70	—	—
		R11	—	-3.620	—
		R9	-11.27	-8.260	-1.140
	水闸	Z11	-18.89	—	—
		Z9	—	-0.534	-0.004
		Z10	—	-0.128	—
		Z12	—	-0.490	-0.033
		Z13	—	-0.226	-0.107
		Z8	—	-0.048	-0.004
		Z7	-12.69	-0.523	—

注：①超额减排量=2014 年目标排污通量-2014 年实际排污通量；②“/”代表总量减排达标，负值代表总量减排未达标；③因北仑区 2013 年未开展实际入海口的监测，故北仑区不计算超额减排量，用“—”表示。

（1）北仑区

北仑区 2014 年化学需氧量超额减排量为 100.16 t/a，总氮未完成减排目标量为 177.15 t/a，总磷超额减排量为 7.268 t/a。

（2）鄞州区

鄞州区 2014 年化学需氧量未完成减排目标量为 4.76 t/a，总氮超额减排量为 0.35 t/a，总磷超额减排量为 0.099 t/a。

（3）奉化市

奉化市 2014 年化学需氧量未完成减排目标量为 184.29 t/a，总氮未完成减排目标量为 4.24 t/a，总磷超额减排量为2.471 t/a。

（4）宁海县

宁海县2014年化学需氧量超额减排量为84.16 t/a，总氮未完成减排目标量为387.83 t/a，总磷超额减排量为20.903 t/a。

（5）象山县

象山县2014年化学需氧量超额减排量为193.63 t/a，总氮超额减排量为139.55 t/a，总磷超额减排量为9.934 t/a。

7.2.2　2015年总量减排结果

根据2015年的减排目标和减排监测结果，象山港区域总量减排目标完成情况见表7.2-3，象山港区域各入海口化学需氧量减排目标完成情况见表7.2-4，象山港区域各入海口总氮减排目标完成情况见表7.2-5，象山港区域各入海口总磷减排目标完成情况见表7.2-6。象山港周边入海口的超额减排量情况如表7.2-7所示。

从各入海口的超额减排量来看，化学需氧量超额减排的为Z20、Z16、Z25、Z27、Z1、Z11、Z10、Z12、Z13、Z8、I1、R1、Z4、Z5等入海口；总氮超额减排的为Z20、Z16、Z25、Z27、Z13、R1、Z4、Z5等入海口；总磷超额减排的为Z20、Z16、Z25、Z27、Z3、Z1、Z11、Z9、Z12、Z13、Z7、Z8、R7、I4、I1、R1、Z4、Z5等入海口。

从各县（市、区）完成情况来看，鄞州区化学需氧量、总氮未完成减排目标，奉化市总氮未完成减排目标，宁海县化学需氧量和总氮未完成减排目标，象山县化学需氧量和总氮未完成减排目标，北仑区化学需氧量、总氮、总磷3项指标均完成减排目标。

从区域总体情况来看，实测2015年化学需氧量排污通量35 484.84 t/a，超额减排量67 352.10 t/a；实测总氮2015年排污通量4 222.612 t/a，未完成减排目标量为1 421.218 t/a；实测总磷2015年排污通量144.357 t/a，超额减排量180.660 t/a。

（1）北仑区

2015年，北仑区化学需氧量超额减排量为64 268.51 t/a（表7.2-3和表7.2-4）；总氮超额减排量为1 061.177 t/a（表7.2-3和表7.2-5）；总磷超额减排量为86.999 t/a（表7.2-3和表7.2-6）。

（2）鄞州区

2015年，鄞州区化学需氧量未完成减排目标量为1 460.49 t/a（表7.2-3和表7.2-4）；总氮未完成减排目标量为628.528 t/a（表7.2-3和表7.2-5）；总磷超额减排量为1.944 t/a（表7.2-3和表7.2-6）。

（3）奉化市

2015年，奉化市化学需氧量超额减排量为5 683.57 t/a（表7.2-3和表7.2-4）；总氮未完成减排目标量为304.059 t/a（表7.2-3和表7.2-5）；总磷超额减排量为31.534 t/a（表7.2-3和表7.2-6）。

（4）宁海县

2015年，宁海县化学需氧量未完成减排目标量为1 061.85 t/a（表7.2-3和表7.2-4）；总氮未完成减排目标量为1 370.390 t/a（表7.2-3和表7.2-5）；总磷超额减排量为30.862 t/a（表7.2-3和表7.2-6）。

（5）象山县

2015年，象山县化学需氧量未完成减排目标量为77.64 t/a（表7.2-3和表7.2-4）；总氮未完成减排目标量为305.371 t/a（表7.2-3和表7.2-5）；总磷超额减排量为29.321 t/a（表7.2-3和表7.2-6）。

表 7.2-3　象山港区域总量减排目标完成情况一览表

县（市、区）	化学需氧量					TN					TP				
	2014 年排污通量 /($t \cdot a^{-1}$)	减排量 /($t \cdot a^{-1}$)	2015 年目标排污通量 /($t \cdot a^{-1}$)	2015 年排污通量 /($t \cdot a^{-1}$)	超额减排量 /($t \cdot a^{-1}$)	2014 年排污通量 /($t \cdot a^{-1}$)	目标减排量 /($t \cdot a^{-1}$)	2015 年目标排污通量 /($t \cdot a^{-1}$)	2015 年排污通量 /($t \cdot a^{-1}$)	超额减排量 /($t \cdot a^{-1}$)	2014 年排污通量 /($t \cdot a^{-1}$)	减排量 /($t \cdot a^{-1}$)	2015 年目标排污通量 /($t \cdot a^{-1}$)	2015 年排污通量 /($t \cdot a^{-1}$)	超额减排量 /($t \cdot a^{-1}$)
北仑	68 547.93	0	68 547.93	4 279.42	64 268.51	1 386.881	71.684	1 315.197	254.020	1 061.177	96.652	5.094	91.558	4.559	86.999
鄞州	3 205.59	0	3 205.59	4 666.08	−1 460.49	148.874	22.921	125.953	628.528	−502.575	24.059	2.818	21.241	19.297	1.944
奉化	11 920.91	0	11 920.91	6 237.34	5 683.57	459.003	98.563	360.440	664.499	−304.059	66.676	11.237	55.439	23.905	31.534
宁海	13 548.06	0	13 548.06	14 609.91	−1 061.85	695.912	78.078	617.834	1 988.224	−1 370.390	111.569	11.885	99.684	68.822	30.862
象山	5 614.45	0	5 614.45	5 692.09	−77.64	421.990	40.020	381.970	687.341	−305.371	62.173	5.078	57.095	27.774	29.321
合计	102 836.94	0	102 836.94	35 484.84	67 352.10	3 112.660	311.266	2 801.394	4 222.612	−1 421.218	361.129	36.112	325.017	144.357	180.660

表 7.2-4 象山港区域各入海口化学需氧量减排目标完成情况一览表

区域	入海口名称	2014 年	入海口减排分配		2015 年	2015 年实际减排量		2014 年	2015 年	2015 年县（市、区）实际减排量	
		通量 / $(t \cdot a^{-1})$	减排量 / $(t \cdot a^{-1})$	减排比例 / (%)	通量 / $(t \cdot a^{-1})$	减排量 / $(t \cdot a^{-1})$	减排比例 / (%)	县（市、区）通量 $(t \cdot a^{-1})$	县（市、区）通量 $(t \cdot a^{-1})$	减排量 / $(t \cdot a^{-1})$	减排比例 / (%)
北仑区	Z20	813.39	0	0	327.42	485.97	59.75	68 547.93	4 279.42	64 268.51	93.76
	Z16	10 677.81	0	0	387.86	10 289.95	96.37				
	Z25	39 863.12	0	0	1 821.30	38 041.83	95.43				
	Z27	17 193.60	0	0	1 742.84	15 450.76	89.86				
鄞州区	Z28	—	0	0	2 150.00	—	—	3 205.59	4 666.08	-1 460.49	-45.56
	Z3	2 641.93	0	0	4 167.43	-1 525.50	-57.74				
	Z1	369.27	0	0	316.40	52.87	14.32				
	Z2	194.40	0	0	182.25	12.15	6.25				
奉化市	Z11	2 055.94	0	0	1 028.79	1 027.15	49.96	11 920.91	6 237.34	5 683.57	47.68
	Z9	417.45	0	0	321.10	96.35	23.08				
	Z10	1 166.92	0	0	916.85	250.07	21.43				
	Z12	4 912.82	0	0	2 104.90	2 807.93	57.16				
	Z13	848.21	0	0	477.05	371.16	43.76				
	Z7	568.61	0	0	291.65	276.97	48.71				
	Z8	1 950.95	0	0	1 097.01	853.94	43.77				
宁海县	R14	—	0	0	3 306.73	—	-	13 548.06	14 609.91	-1 061.85	-7.84
	R8	7 867.83	0	0	5 674.31	2 193.52	27.88				
	R7	2 801.84	0	0	3 700.17	-898.33	-32.06				
	R6	2 772.73	0	0	5 167.16	-2 394.44	-86.36				
	Z6	105.66	0	0	68.26	37.40	35.40				
象山县	I4	97.88	0	0	42.96	54.93	56.11	5 614.45	5 692.09	-77.64	-1.38
	I1	39.60	0	0	21.83	17.77	44.86				
	R1	552.95	0	0	86.60	466.34	84.34				
	R2	226.96	0	0	574.01	-347.05	-152.92				
	R15	—	0	0	143.69	—	—				
	Z14	1 462.83	0	0	1 509.03	-46.20	-3.16				
	Z29	587.52	0	0	1 718.92	-1 131.40	-192.57				
	R5	744.87	0	0	1 171.37	-426.50	-57.26				
	Z4	1 640.70	0	0	418.67	1 222.03	74.48				
	Z5	257.49	0	0	143.22	114.27	44.38				
	I5	3.67	0	0	5.48	-1.81	-49.42				

注：因鄞州区 Z28、宁海县 R14、象山县 R15 2014 年未开展实际入海口的监测，故不计算超额减排量，用“—”表示。

表 7.2-5　象山港区域各入海口总氮减排目标完成情况一览表

区域	入海口名称	2014 年通量 /（t·a⁻¹）	入海口减排分配 减排量 /（t·a⁻¹）	入海口减排分配 减排比例 /（%）	2015 年通量 /（t·a⁻¹）	2015 年实际减排量 减排量 /（t·a⁻¹）	2015 年实际减排量 减排比例 /（%）	2014 年县（市、区）通量（t·a⁻¹）	2015 年县（市、区）通量（t·a⁻¹）	2015 年县（市、区）实际减排量 减排量 /（t·a⁻¹）	2015 年县（市、区）实际减排量 减排比例 /（%）
北仑区	Z20	38. 783	1. 835	4. 73	15. 523	23. 260	59. 98	1 386. 881	254. 020	1 132. 86	81. 68
	Z16	205. 810	4. 047	1. 97	27. 942	177. 868	86. 42				
	Z25	1 053. 815	63. 186	6. 00	150. 256	903. 559	85. 74				
	Z27	88. 474	2. 615	2. 96	60. 299	28. 174	31. 84				
鄞州区	Z28	—	—	—	169. 350	—	—	148. 874	628. 528	-479. 65	-322. 19
	Z3	118. 555	17. 338	14. 62	522. 814	-404. 259	-340. 99				
	Z1	24. 895	4. 735	19. 02	67. 410	-42. 515	-170. 78				
	Z2	5. 424	0. 847	15. 62	38. 304	-32. 880	-606. 19				
奉化市	Z11	161. 795	41. 331	25. 55	191. 902	-30. 107	-18. 61	459. 003	664. 499	-205. 50	-44. 77
	Z9	32. 727	9. 095	27. 79	40. 527	-7. 799	-23. 83				
	Z10	8. 790	2. 355	26. 79	58. 181	-49. 390	-561. 88				
	Z12	118. 343	18. 168	15. 35	222. 436	-104. 093	-87. 96				
	Z13	68. 216	7. 105	10. 42	59. 295	8. 921	13. 08				
	Z7	56. 919	16. 992	29. 85	75. 333	-18. 414	-32. 35				
	Z8	12. 213	3. 516	28. 79	16. 827	-4. 614	-37. 78				
宁海县	R14	—	—	—	220. 183	—	—	695. 912	1 988. 224	-1 292. 31	-185. 70
	R8	374. 238	47. 487	12. 69	876. 345	-502. 106	-134. 17				
	R7	210. 138	20. 126	9. 58	798. 600	-588. 463	-280. 04				
	R6	97. 468	9. 388	9. 63	283. 868	-186. 401	-191. 24				
	Z6	14. 068	1. 077	7. 65	29. 411	-15. 342	-109. 05				
象山县	I4	10. 904	1. 201	11. 02	15. 092	-4. 189	-38. 41	421. 990	687. 341	-265. 35	-62. 88
	I1	2. 046	0. 066	3. 25	3. 201	-1. 155	-56. 45				
	R1	58. 200	0. 164	0. 28	34. 286	23. 914	41. 09				
	R2	13. 722	1. 982	14. 45	107. 912	-94. 190	-686. 43				
	R15	—	—	—	34. 071	—	—				
	Z14	80. 833	8. 092	10. 01	180. 968	-100. 135	-123. 88				
	Z29	25. 344	2. 703	10. 66	135. 344	-109. 999	-434. 02				
	R5	44. 504	5. 115	11. 49	126. 444	-81. 940	-184. 12				
	Z4	160. 973	11. 636	7. 23	68. 388	92. 585	57. 52				
	Z5	24. 852	8. 982	36. 14	14. 558	10. 294	41. 42				
	I5	0. 612	0. 078	12. 81	1. 148	-0. 537	-87. 78				

注：因鄞州区 Z28、宁海县 R14、象山县 R15 2014 年未开展实际入海口的监测，故不计算超额减排量，用“—”表示。

表 7.2-6 象山港区域各入海口总磷减排目标完成情况一览表

区域	入海口名称	2014 年通量 / (t·a⁻¹)	入海口减排分配 减排量 / (t·a⁻¹)	入海口减排分配 减排比例 / (%)	2015 年通量 / (t·a⁻¹)	2015 年实际减排量 减排量 / (t·a⁻¹)	2015 年实际减排量 减排比例 / (%)	2014 年县（市、区）通量 (t·a⁻¹)	2015 年县（市、区）通量 (t·a⁻¹)	2015 年县（市、区）实际减排量 减排量 / (t·a⁻¹)	2015 年县（市、区）实际减排量 减排比例 / (%)
北仑区	Z20	23.155	1.150	4.97	0.308	22.847	98.67	96.652	4.559	92.09	95.28
	Z16	11.693	0.258	2.21	0.720	10.973	93.84				
	Z25	56.274	3.509	6.24	2.179	54.096	96.13				
	Z27	5.530	0.177	3.20	1.352	4.177	75.54				
鄞州区	Z28	—	—	—	7.150	—	—	24.059	19.297	4.76	19.79
	Z3	17.700	1.941	10.97	14.209	3.491	19.72				
	Z1	5.251	0.747	14.23	3.567	1.684	32.07				
	Z2	1.108	0.130	11.71	1.521	-0.413	-37.25				
奉化市	Z11	17.759	3.845	21.65	3.752	14.007	78.87	66.676	23.905	42.77	64.15
	Z9	6.868	1.628	23.70	3.749	3.120	45.42				
	Z10	0.797	0.182	22.84	2.273	-1.476	-185.27				
	Z12	13.182	1.717	13.02	9.185	3.997	30.32				
	Z13	19.859	1.757	8.85	1.532	18.327	92.28				
	Z7	4.836	1.280	26.47	2.778	2.058	42.56				
	Z8	3.375	0.828	24.53	0.636	2.739	81.15				
宁海县	R14	—	—	—	11.067	—	—	111.569	68.822	42.75	38.31
	R8	24.983	3.270	13.09	31.226	-6.243	-24.99				
	R7	58.677	5.687	9.69	26.740	31.938	54.43				
	R6	26.560	2.620	9.86	7.145	19.415	73.10				
	Z6	1.348	0.309	22.89	3.711	-2.363	-175.23				
象山县	I4	2.518	0.243	9.63	0.740	1.778	70.62	62.173	27.774	34.40	55.33
	I1	0.213	0.006	2.80	0.071	0.142	66.76				
	R1	14.361	0.036	0.25	1.456	12.904	89.86				
	R2	1.526	0.198	12.97	5.999	-4.473	-293.10				
	R15	—	—	—	0.777	—	—				
	Z14	10.513	0.913	8.68	6.879	3.634	34.57				
	Z29	1.280	0.118	9.26	5.819	-4.539	-354.55				
	R5	8.172	0.815	9.97	3.114	5.057	61.89				
	Z4	18.584	1.179	6.34	2.984	15.600	83.94				
	Z5	4.997	1.570	31.41	0.698	4.298	86.02				
	I5	0.010	0.001	11.16	0.014	-0.003	-32.26				

注：因鄞州区 Z28、宁海县 R14、象山县 R15 2014 年未开展实际入海口的监测，故不计算超额减排量，用“—”表示。

表 7.2-7　象山港周边各入海口的超额减排量情况一览表

所属区域	入海口名称	污染物		
		化学需氧量/（t·a^{-1}）	TN/（t·a^{-1}）	TP/（t·a^{-1}）
北仑区	Z20	/	/	/
	Z16	/	/	/
	Z25	/	/	/
	Z27	/	/	/
鄞州区	Z28	—	—	—
	Z3	-1 525.50	-421.597	/
	Z1	/	-47.250	/
	Z2	/	-33.727	-0.543
奉化市	Z11	/	-71.438	/
	Z9	/	-16.894	/
	Z10	/	-51.745	-1.658
	Z12	/	-122.261	/
	Z13	/	/	/
	Z7	/	-35.406	/
	Z8	/	-8.130	/
宁海县	R14	—	—	—
	R8	/	-549.593	-9.513
	R7	-898.33	-608.589	/
	R6	-2 394.44	-195.789	/
	Z6	/	-16.419	-2.672
象山县	I4	/	-5.390	/
	I1	/	-1.221	/
	R1	/	/	/
	R2	-347.05	-96.172	-4.671
	R15	—	—	—
	Z14	-46.20	-108.227	2.721
	Z29	-1 131.40	-112.702	-4.657
	R5	-426.50	-87.055	4.242
	Z4	/	/	/
	Z5	/	/	/
	I5	-1.81	-0.615	-0.004
合计		-12 408.44	-2 590.22	-16.75

注：①超额减排量=2015年目标排污通量-2015年实际排污通量；②“/”代表总量减排达标，负值代表总量减排未达标；③因鄞州区Z28、宁海县R14、象山县R15在2014年未开展监测，故不计算超额减排量，用“—”表示。

7.3　历年总量减排比较结果分析

从各入海口的减排量来看，2014 年化学需氧量总量减排未达标的入海口数量分别为鄞州区 2 个，象山县 5 个，奉化市 3 个，总氮减排未达标的入海口数量分别为鄞州区 1 个，象山县 1 个，宁海县 2 个，奉化市 8 个，总磷减排未达标的入海口数量分别为鄞州区 3 个，象山县 4 个，宁海县 1 个，奉化市 5 个。2015 年化学需氧量总量减排未达标的入海口数量；分别为鄞州区 1 个，象山县 5 个，宁海县 2 个，总氮减排。未达标的入海口数量分别为鄞州区 3 个，象山县 7 个，宁海县 4 个，奉化市 6 个，总磷减排未达标的入海口数量分别为鄞州区 1 个，象山县 5 个，宁海县 2 个，奉化市 1 个。

从各县（市、区）完成情况来看，2014 年北仑区总氮未完成减排目标，鄞州区化学需氧量和总磷未完成减排目标，奉化市化学需氧量和总氮未完成减排目标，其他各个县（市、区）的各个减排指标均超额减排。2015 年北仑区 3 项指标（化学需氧量、总氮、总磷）均完成减排目标，鄞州区 3 项指标（化学需氧量、总氮、总磷）均未完成减排目标，奉化市总氮未完成减排目标，宁海县化学需氧量和总氮未完成减排目标，象山县化学需氧量和总氮未完成减排目标。

从区域总体情况看，象山港沿岸 5 个县（市、区）2014 年实测化学需氧量排污通量 9 394.52 t/a（2013 年排放量 9 583.42 t/a），达到减排目标；实测总氮排污通量 858.596 t/a（2013 年排放量 1 343.087 t/a），达到减排目标；实测总磷排污通量 84.991 t/a（2013 年排放量 139.772 t/a），达到减排目标。2015 年化学需氧量实测排污通量 35 484.84 t/a，达标减排目标；实测总氮排污通量 4 222.612 t/a，未达到减排量；实测总磷 2015 年排污通量 144.357 t/a，达到减排目标。

7.4　小结

（1）根据 2014 年象山港周边海域 12 条河流、26 个水闸和和 2 个工业直排口的主要污染物入海通量监测，实测化学需氧量入海通量为 9 394.52 t/a，实测总氮入海通量为 858.596 t/a，实测总磷入海通量为 84.991 t/a。

（2）根据 2015 年象山港周边海域 8 条河流、20 个水闸和和 3 个工业直排口的主要污染物入海通量监测，实测化学需氧量入海通量为 35 057.64 t/a，实测总氮入海通量为 4 236.723 t/a，实测总磷入海通量为 144.332 t/a。

（3）2014 年，从各县（市、区）完成情况来看，北仑区总氮未完成减排目标，鄞州区化学需氧量和总磷未完成减排目标，奉化市化学需氧量和总氮未完成减排目标，其他各个县（市、区）的各个减排指标均超额减排。从区域总体情况来看，2014 年化学需氧量超额减排量 188.90 t/a；总氮超额减排量 346.349 t/a；总磷超额减排量 40.478 t/a。

（4）2015 年，从各县（市、区）完成情况来看，鄞州区化学需氧量、总氮未完成减排目标，奉化市总氮未完成减排目标，宁海县化学需氧量和总氮未完成减排目标，象山县化学需氧量和总氮未完成减排目标，北仑区的化学需氧量、总氮、总磷 3 项指标均完成减排目标。从区域总体情况来看，2015 年化学需氧量超额减排量 67 352.10 t/a；未完成减排目标量为 1 421.218 t/a；超额减排量 180.660 t/a。

第 8 章　象山港入海污染物总量控制及减排保障措施

鉴于象山港在宁波市海洋经济中的重要地位和目前该海域存在问题的严重性，在现有的研究基础上，借鉴资源与环境经济学的基本理论与模型，提出象山流域生态环境保护与陆域污染物总量控制及分配方案实施的保证措施，实现对象山港生态资源的永续利用和保护。同时，以污染物总量控制工程等为核心内容，深入推进入海污染物总量控制及减排考核，使陆源入海污染和涉海污染得到有效治理，维护象山港海域生态健康与生态安全，形成人与自然和谐共生的宜人环境。

8.1　象山港区域环境保护管理措施

根据第 3 章的污染源估算结果，象山港 COD_{Cr}的陆源污染源主要为农业面源、畜禽养殖和生活污染，生活污染源排放的 COD_{Cr}占总象山港区域的 29.01%，畜禽养殖占 10.41%，农业面源流失占 35.16%，象山港陆源污染源 COD_{Cr}的排放量总量的 82.51%；海水养殖 COD_{Cr}占排放总量的 17.49%，因此，陆域 COD_{Cr}的排放量所占比重远大于海域面源排放量。陆源总氮的排放量为 3 059 t，污染源主要为生活和农业面源，陆源总氮占象山港区域的 81.12%；海水养殖总氮的排放量为 712.12 t，占象山港区域的 18.88%。陆源总磷的排放量为 378.86 t，以农业面源为主，陆源总磷占象山港区域的 76.66%；海水养殖总磷的排放量为 115.37 t，占象山港区域的 23.34%。

因此，加强对象山港周边陆源污染的控制，对于象山港区域的环境保护有重要意义。全面落实农业面源污染、生物污染、工业污染、环象山港陆源污染入海口及海水养殖等的管理措施，为象山港污染物总量控制及减排考核作出积极贡献。

8.1.1　农业面源污染管理措施

农业面源污染是指在农业生产活动中，化肥、农药、农膜等农业化学投入品，秸秆和畜禽粪便等农业废弃物及其他有机污染物，通过地表径流、淋溶、渗漏等方式进入受纳水体形成的水环境问题。通过人工施用化肥的形式进入土壤中的氮素的作物利用率仅为 2%~35%，氮肥施入土壤后，在微生物作用下，通过硝化作用形成 NO_3-N，易于遭雨水或灌溉水淋洗，通过径流、侵蚀等汇入地表水。磷肥施入土壤后，极小部分在土壤中呈离子态的磷酸盐而被作物吸收，通常情况下当季作物对磷肥的利用率只有 5%~15%，一般不超过 25%，占施肥总量 75%~90%的磷滞留在土壤中，长期过量地施用磷肥，导致农田耕作层土壤处于富磷状态，从而通过径流等途径加速磷向水体迁移的速度，加速水体富营养化。

8.1.1.1　象山港区域农业面源污染及对象山港海洋环境的影响

在象山港区域各县市农业发展中，目前尚缺乏适宜有效的农业面源污染防治技术以及管理措施，农业技术推广体系不够健全，农业标准化、资源化利用、绿色食品、有机食品等先进实用技术推广工作力度有待加强，农业生态研究和面源污染防治的科研攻关滞后，使农业面源污染状况得不到有效控制。农业生产中单位耕地化肥施用量仍然较高，化肥施用比例失衡，氮肥用量偏高、钾肥偏低，重化肥、轻有机肥的现象普遍存在。在农田用药中，大多数农户施药时一般都要混用，即使购买的是复配制剂，使用时仍然自行混配，易出现沉淀、分层等不良反应，不但不能增效，兼治效果也并非预期的那样好，有些还可能降低药效；同时混用后浓度提高，极易引起药害，还会使农残超标，高毒、高残留农药还是屡禁难止。此外，生物农药在销售的农药品种中应用较少，农资经营人员素质较差，植保技术不过关，需要政府引导，加强宣传培训。

由第 3 章象山港区域污染源调查分析结果可知：2012 年象山港各汇水区共有水田 15.07×10^4 亩、旱地 11.47×10^4 亩、园地 8.97×10^4 亩，港口、港中和港底的水田、旱地、园地面积分别为 14.15×10^4 亩、11.09×10^4 亩和 10.27×10^4 亩。象山港区域农业面源污染中主要污染物质 COD、氮、磷。每年由农业面源进入象山港区域的 COD 为 2 863 t，总氮为 2 337.6 t，总磷为 238 t。深甽镇大部分（除西部 3 个村外），梅林街道大部分（除东南部 7 个村外）、西周镇、瞻岐镇、西店镇、莼湖镇等形成的 15、10、9、2、4 等几个汇水区范围内的农业面源污染物入海量所占比例较大，COD 占总区域的 38.2%，TN 占 31.9%，总磷占 32.8%。在象山港污染源构成中所占的比例也较大，为保护象山港海洋环境质量，需在发展农业经济的同时，加强对农业面源污染的治理工作。

8.1.1.2　象山港区域农业面源污染防治措施及建议

国内外一些国家和地区已把农业面源污染防控作为水质管理的必要组成部分，并提出了各种行之有效的控制措施。当前国内外面源污染控制总体思路，即采用工程措施、技术措施、科学规划、政策法规、管理和监测等多种控制手段，从源头、过程和终端等不同环节来控制不同类型的农业面源污染。在农业面源污染控制领域，美国处于领先地位。美国 EPA、美国农业部（USDA）等开展了全国性的农业面源污染控制管理策略方面的专题研究，其中最常用的就是最佳管理实践（Best Management Practices，BMPs），在美国农业面源污染的控制中起到了不可替代的作用。美国在密西西比河三角洲治理评估工程中，采取了一系列保护性的最佳管理措施，使该流域的沉积物负荷减少 70%~97%，同时 N 和 P 通过沉积运移产生的负荷也得到了很大的减少，为象山港区域开展农业面源污染提供了借鉴。

象山港农业面源污染可采用的管理控制措施包括调整农业种植结构、农药化肥减量技术以及集水农业技术等。在制定农业径流污染管理控制措施时，应注意到象山港各片区土地复种指数高、毛竹林众多，花卉苗木已成为当地农业的主导产业的特殊情况。

（1）调整农业结构

象山港区域各县市区农村应在保证粮食生产的前提下，发展山地及高山蔬菜。鼓励农民将现有部分农田改造为无公害蔬菜基地，当地政府应大力扶持，提供便利和技术支持，构建销售网络，增加农民收入。

（2）加强农村化肥施用管理

主要措施包括：

①加强农田养分管理，积极研究推广配方施肥、平衡施肥等高效施肥技术，根据不同作物不同时间和不同土壤的施肥品种和施肥量，调整氮、磷、钾比例，提高化肥利用率，减少污染。同时大力提倡应用生物有机肥，减轻化肥污染。要加大对土壤特性、作物养分利用情况的研究，增强施肥的针对性，在雨季提倡氮肥的少量、多次施用。

②优化配置肥料资源，合理调整施肥结构，改进施肥方式，提高肥料利用率。施用化肥的时间应避开大雨或暴雨来临之前，即选择在春季播种时施用一次性的复合化肥，尽量不在雨季施肥，这样能减少化肥流失，降低农业面源污染。化肥施入土壤后，固态化肥比液态化肥持续时间更长，流失相应减少，施底肥比施表肥的化肥流失量少，污染也会降低。施用有机肥要做到不堆积、不撒施，要开沟深埋并覆

土，不提倡把生活有机垃圾直接作为果园肥料使用，提倡使用沤制的粪肥和绿肥。

③实施沃土工程。积极推广节约型农业技术和测土配方施肥，扩大测土配方施肥示范区，推进粮食生产功能区提升和标准农田质量提升试点示范项目建设，积极推广商品有机肥和生物肥料，种植绿肥，实施秸秆快速腐熟还田，培肥土壤地力，改善耕地质量。深入实施“肥药双控”工程，扩大测土配方施肥覆盖面，到2016年，全市单位面积减少氮肥施用量5%以上，测土配方施肥技术覆盖率达到85%以上。

（3）推广节水农业技术

实施节水农业技术，变革耕作方式，提高水肥利用率，以减少污染。通过轮作、等高耕作、套种和混播、覆盖耕作、深耕、收割留茬等集水农业技术，建设基本农田，合理利用土地，防止水土流失，实现农业生态良性循环。主要措施包括：

①调整种植制度，使水稻-绿肥轮作、水稻-油菜轮作系统之间维持合理的比例；

②采用深耕、增施有机肥料、草田轮作等，改善土壤耕性，增加土壤渗透性和抗蚀性，充分利用土壤养分；

③尽可能提高幼苗期和残茬期农作物地表覆盖度。提高残茬期农作物的地表覆盖度是农田流失治理的关键，具体办法是种植绿肥或家畜饲料。

（4）加强农业病虫害防治

加强病害测报工作，提高测报水平；因地制宜地开发病虫害综合防治技术，保护和利用天敌资源，采用杀虫灯、诱芯等环保除虫害技术；通过生物多样性种植技术，选用抗性品种，加强保健栽培，采用轮作、间混作措施，减少对化学农药的依赖性；禁用甲胺磷等高毒残留农药，推广高效率、低残留农药和生物制剂，推广“精、准”施药技术，科学合理使用高效、低毒、低残留农药和先进施药机械，配置杀虫灯，建立多元化、社会化病虫害防治专业服务组织，大力推进专业化统防统治，推广绿色植保技术，进行病虫抗药性监测与治理，提高防治效果和农药利用率，减少农药用量。

（5）大力推进农业清洁生产，积极发展循环农业和生态型产业

农业清洁生产是指应用生物学、生态学、经济学、环境科学、农业科学、系统工程学的理论，运用生态系统的物种共生和物质循环再生等原理，结合系统工程方法所设计的多层次利用和工程技术，并贯穿整个农业生产活动的产前、产中、产后过程。具体的措施主要有：

①实施农业标准化生产工程。积极推广农业标准化生产技术，加快农业标准化生产实施进程。积极探索传统与现代相结合的生态种植、养殖模式，建立农产品标准化生产示范区，规范农产品生产行为，推广无公害、绿色和有机农产品生产，提高农产品质量安全水平。积极发展健康养殖和生态养殖，推广养殖用水循环使用、废水处理技术，防治污染。

②发展畜禽清洁养殖。加快畜牧业生产方式转变，合理布局畜禽养殖场（小区），推行农牧结合和生态养殖模式，实现畜牧业与种植业协调发展。科学配制饲料，规范饲料添加剂使用，提高饲料利用率，减少氮、磷等排放。推广雨污分流、干湿分离和设施化处理等先进适用的污染防治技术，以生猪、奶牛等标准化规模养殖场（小区）建设项目和大中型畜禽养殖场沼气工程为重点，加强粪污处理设施建设，推进畜禽废弃物的无害化治理和利用。加强资源化综合利用。积极推广以沼气池为纽带的农业生态模式，加强沼气管护服务，提高“三沼（沼气、沼液、沼渣）”利用率。全力做好畜禽粪便清理收集与有机肥加工厂建设工作，推进畜禽粪便的加工利用，并继续扶持发展水产下脚料和利用蚯蚓生产加工有机液肥。制定畜禽养殖废弃物综合利用规划，规模畜禽养殖场产生的沼液纳入沼液配送范围，使规模畜禽养殖场的粪便得到资源化利用，建立沼液施肥核心示范基地，研究制定一整套不同植物的沼液使用操作规范，使沼液使用更加科学合理；探索沼液深度开发利用技术，在沼液浓缩、液态有机肥产品开发上争取有所突破，形成有市场前景的液态有机肥系列化产品；建设以种养结合为主要形式的循环农业综合示范基地。

基地以畜禽养殖业为龙头，配套水稻、牧草或其他经济作物、淡水养殖等产业，畜禽养殖所产生的排泄物全部在基地内得到循环利用，产品符合无公害或绿色农产品要求。

③深化畜禽养殖污染整治。到 2016 年规模化畜禽养殖场粪便综合利用率达到 97%。深入推进农村生活污染治理，完善农村环保设施建设，推进“百村示范、千村整治”工程的转型升级。到 2016 年，农村垃圾集中收集的行政村覆盖率达到 98%以上，开展农村生活污水治理的行政村覆盖率达到 71%以上，卫生户厕农户达到总农户数的 91%以上。完善畜禽屠宰场所布点规划，加强畜禽屠宰污染防治工作。

④推进农村绿化造林，加快推进沿海防护林带建设、绿色通道建设、平原绿化建设、水库上游水源涵养林建设和森林村庄创建，创建各级森林村庄。

（6）农业面源污染治理的工程措施

修复区域内淡水湿地和滩涂湿地，恢复和提升其净化功能，以吸收更多的氮磷等营养物质。具体的措施有：在区域内整合现有水塘，建立多水塘系统；建设岸边植物群落缓冲带，拦截地表径流所携带的污染物；结合现有滩涂修复湿地生态系统，种植芦苇等水生植物；结合现有农田沟渠建设具有拦截、降解污染物功能的生态沟渠。

①在水土流失生态脆弱区设置暴雨蓄积塘和沉淀塘，暴雨蓄积池中的缓冲装置，能有效地缩短污水的循环时间，提高蓄积池的污水停留容量，从而有效地提高污染物的去除率。

②在环象山港沿岩的农田边缘设置滨岸缓冲带体系。农业面源污染控制中的滨岸缓冲带是在农田的下坡方向濒临水体的地方，设立的由树木、灌木或其他植被组成的区域。一般按其处理方式分为滞留式、渗透式、过滤式和生物式等。滞留式最佳管理措施主要是指滞留储水池等，包括干式池和湿式池等多种，因造价低、结构简单、施工方便而得到广泛应用；渗透式最佳管理措施主要有渗透沟等，适合土壤渗透性较好且地下水位相对较低的地区选用，对溶解性和颗粒性污染物有良好的去除能力；过滤式最佳管理措施种类很多，其中最典型的是生物滞留过滤槽，它通过由沙、有机质、土壤和其他媒介组成的滤床过滤以存水区固体沉淀、植物吸附和生态修复等方式去除污染物，对固体悬浮物、磷、氮、油脂、重金属等大部分污染物具有较好的去除作用。滨岸植被缓冲带位于农田的边缘，给环境带来的直接效益大约有过滤径流水；吸收养分；天然遮篷和阴凉地；提供食物；提供生境；减少土壤侵蚀；减少噪声和臭气几方面。植被缓冲带可有效地降低 SS 87%左右，100%降低农药莠去津，莠去津的代谢产物降低 44%～100%，可溶性磷降低 22%～89%，氮降低 47%～100%。缓冲带的另外一种形式是一个自然的或经人工改造的水渠，通常较为宽阔且比较浅，具有一定的坡度，且被适合的多年生植被覆盖。这种水道能够用来传输从梯田、分水渠和其他水集中的地方的水，且不会发生土壤侵蚀和洪水，还能改善水质。但是，农民应该避免沉积物淹没该水道，并应保证该水道不被用作车行道，该类水渠需要定期的保养。

（7）农业面源污染控制的经济及法律保障措施

组织领导与保障措施：农业面源污染综合防治工作涉及农业的多行业、多部门，是一项政策性和专业性极强的工作，必须强化组织领导，分工负责，明确责任，能力协作。各县（市、区）应成立农业面源污染综合防治工作领导小组，各镇乡（街道）和有关部门也要建立领导机构，明确责任领导和责任人，加强对农业面源污染防治工作的统一组织实施；加强规划引导，以小流域为单元，对各类区域种、养、加等产业的面源污染防治实行统筹安排；加强技术研究与推广，通过争取科技立项、加强对外协作等方式，加大对以控制氮、磷流失为主的节肥增效技术、生物防治技术以及生态养殖、绿色环保饲养技术的研究、引进和推广力度，大力发展生态农业；强化监管执法，建立完善农业生态环境监测网络体系，提升监测检测能力，并在此基础上建立起高效的农业面源污染预报预警系统和快速反应系统以及重大农业面源污染事故监测体系，切实加大对农业面源污染防治工作的监管力度。凡新建、改建、扩建畜禽养殖场，必须严格执行“环评”和环保“三同时”制度，严把审批关，并加强对生产环节的全程监管；创新机制，加大投入。建立村民环境自治机制，通过村规民约等方式形成村民自治机制，起到互相监督、互相制约的作用。整合支农资金（包括排污费、科技三项经费、农业综合开发资金等资金），全力推进农业面源治理。环保部门对农村环境保护工作实施统一监督管理，并负责污染企业的整治，农林、海洋渔业部门具体负责农业生态环境保护、农业面源污染控制以及农田林网和湿地保护工作，加快农业废弃物资源化利用步伐，并积极开展农业面源污染防治的科研攻关及推广应用；建设部门要加大农村村镇环境基础设施建设力度；水利部门要加强水源地保护和小流域治理、农村分散式污水治理；城管部门要加大农村生活垃圾太阳能生态治理力度；发改、财政、贸易、工商、监察等部门都要按照各自的分工和职责，加强督促检查，加大对农业面源污染控制和治理的支持力度，在项目立项、资金投入等方面予以重点扶持。

8.1.2 生活污染源管理措施

8.1.2.1 环象山港区域生活污染及对象山港海洋环境的影响分析

象山港农村水环境污染源有工业点源、农业面源和生活污染源几种污染源类型。由于乡镇企业布局不合理，污染物处理率显著低于工业污染物平均处理率，造成这种状况的原因，一是作坊式生产企业布局缺乏合理规划和有效的行政管理；二是大中型污染企业污染转移、治污费用转嫁；三是地方政府注重经济发展，对环境治理缺乏足够的重视，集约化畜禽养殖带来的污染问题也不容忽视。由于农业施肥结构不合理，利用率低流失率高造成了土壤污染，加重了水体有机污染和富营养化，农田喷洒的农药只有约 1/3 能被作物吸收利用，其余大部分进入了水体最后汇入象山港。环象山港村镇等农村聚居点因缺乏规划和环境管理滞后，大部分村庄没有排水渠道和污水处理系统，生产生活污水随意排放，由此造成农村河流普遍遭到污染，还严重威胁到象山港海洋环境。

8.1.2.2 浙江省农村污水处理现状及处理模式

（1）浙江省农村污水处理现状及处理模式

2003 年以来，浙江省结合实施“千村示范，万村整治”工程，全面组织实施了“百万农户生活污水净化沼气工程”，加强农村生产、生活污水的净化处理；浙江省建设厅专门召集了省内专家学者，对在浙江省内目前应用效果较好的农村生活污水处理技术进行筛选和总结，归纳了“农村生活污水处理十大模式”（图 8.1-1）。

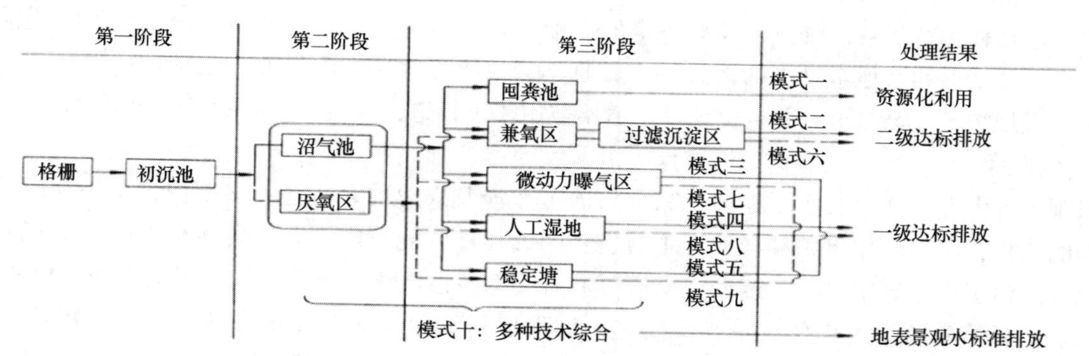

图 8.1-1 浙江农村生活污水处理十大处理模式

（2）农村污水处理模式

农村污水处理模式可采取集中式、分散式或集中与分散相结合的技术模式。遵循“源头削减、资源化利用优先”的思路，按照工艺成熟、经济实用、易于管理、运行管理投入低的原则，综合考虑项目区域的自然气候、地形地貌、经济发展、人口规模等因素，因地制宜地选取适用技术模式。

农村生活污水技术模式选取需综合考虑村庄布局、人口规模、地形条件、现有治理设施等，结合新农村建设和村容村貌整治，参照《农村生活污染防治技术政策》（环发〔2010〕20 号）、《农村生活污染控制技术规范》（HJ 574—2010）等规范性文件。

对于农村污水收集系统建设，需考虑以下因素：①污水排放量不高于 0.5 m^3/d、服务人口在 5 人以下的农户，适宜采用庭院收集系统；单户污水排放量不高于 10 m^3/d，服务人口 100 人以下，服务户数 2~20 户的地区适宜采用分散收集系统；地形坡度不高于 0.5%，污水排放量不高于 5 000 m^3/d，服务人口 30 000 人以上的平原地区宜采用集中收集系统。②人口分散、经济欠发达的地区，可采用边沟和自然沟渠输送；人口密集、经济发达、建有污水排放基础设施的地区，可采取合流制收集污水。③位于城市市政污水处理系统服务半径以内的村庄，可建设污水收集管网，纳入市政污水处理系统统一处理。④收集系统建设投资与污水处理厂（站）建设投资比例高于 2.5∶1 的地区，原则上不宜建设集中收集管网。

关于污水处理设施建设，需考虑以下因素：①村庄布局紧凑、人口居住集中的平原地区，适宜建设污水处理厂（站）或大型人工湿地等集中处理设施，其中人口规模大于 30 000 的地区，适宜建设活性污泥法、生物膜法等工艺的市政污水处理设施，人口规模小于 30 000 的地区，适宜建设人工湿地等处理设施。②布局分散且单村人口规模较大的地区，适宜在单村建设氧化塘、中型人工湿地等处理设施。③布局分散且单村人口规模较小的地区，适宜建设无（微）动力的庭院式小型湿地、污水净化池和小型净化槽等分散处理设施。土地资源充足的村庄，可选取土地渗滤处理技术模式。④丘陵或山区，宜依托自然地形，采用单户、联户和集中处理结合的技术模式，合理利用现有沟渠和排水系统。

关于畜禽养殖污染治理项目，需综合考虑养殖规模、环境承载能力、排水去向等因素，遵循“资源化、减量化、无害化”的原则，充分利用现有沼气工程、堆肥设施，同时参照《畜禽养殖业污染防治技术政策》（环发〔2010〕151 号）、《畜禽养殖污染治理工程技术规范》（HJ 497—2009）、《农田灌溉水质标准》（GB 5084—2005）、《畜禽养殖业污染物排放标准》（GB 18596—2001）等规范性文件。养殖密集区域或养殖专业村，应优先采取“养殖入区（园）”的集约化养殖方式，采用“厌氧处理+还田”“堆肥+废水处理”和生物发酵床等技术模式，对粪便和废水资源化利用或处理。养殖户相对分散或交通不便的地区，畜禽粪便适宜采用小规模堆肥处理模式，养殖废水通过沼气处理，或者结合生活污水处理设施进行厌氧处理后还田。土地（包括耕地、园地、林地、草地）充足的地区，应优先采用堆肥等技术模式，对废弃物资源化、无害化处理后进入农田生产系统。土地（包括耕地、园地、林地、草地）消纳能力不足的地区，适宜采用生产有机肥的模式，建立畜禽粪便收集、运输体系和区域性有机肥生产中心。在推行养殖废弃物干湿分离的基础上，养殖户的废水采用“化粪池+氧化塘（人工湿地）”的处理模式，养殖场（小区）的废水采用“厌氧发酵”的达标处理模式。规模化养殖场、散养户并存的连片治理区域，应依托规模较大的畜禽养殖场已建治污设施，建立区域废弃物收集、运输和废弃物处理系统。

8.1.2.3　农村生活污水的分散型处理技术

分散污水处理工艺大致可分为两类：一是利用土壤作为处理载体和排放载体的自然处理系统，包括土壤快速渗滤、慢速渗滤、地下渗滤和人工湿地等。二是利用复杂的生物和物理过程的传统处理系统，以各种池体、水泵、鼓风机和其他机械作为一个处理整体，这些处理包括（微生物的）悬浮生长、附着生长以及二者混合的形式。在实际的农村污水处理应用中常常是综合利用上述两类处理工艺。

（1）厌氧沼气池处理技术

中国农村推广使用沼气池比较普遍，据农业部统计，2006 年中国农村新建生活污水净化沼气池 130 793 个，新增产气总量 835 993.3×10^4 m^3，实现农作物秸秆或人畜粪便的合理利用，减轻了农村生态环境的压力。生活污水净化沼气池由传统的化粪池演变而来，是一种分散处理生活污水的装置，中国这类沼气池有共性的技术特点，即均采用二级厌氧消化加后处理措施（兼氧滤池）的处理模式。根据粪便污水和其他生活污水是否共用同一管道，可分为合流制和分流制两种工艺流程，合流制是指生活污水（粪便污水与其他生活污水）用同一个管道系统排入净化沼气池内，分流制是指粪便污水与其他生活污水通过两个独立的管道系统分别排入净化沼气池。格栅井和沉砂井主要截除和沉淀难降解的有机生活垃圾、较大固体颗粒等；厌氧区主要是厌氧消化有机物，厌氧区内一般设有软填料用作微生物载体，截除更多污泥，进一步降解有机物；后处理区一般设置有填料及滤料，发挥兼性过滤作用，有利于降低出水中 SS 浓度，净化水质。与传统的三格式化粪池相比，该技术在出水水质净化去除率和经济指标方面具有明显优势。

（2）稳定塘处理技术

稳定塘是由若干自然或人工池塘通过藻菌作用或菌藻、水生生物实现污水净化，按塘内 DOC（dissolved organic carbon），即已溶解有机碳含量和微生物优势群体可分为厌氧塘、兼性塘、好氧塘和曝气塘，厌氧塘作为预处理，除去有机负荷改善污水的可生化性，兼性塘主要去除 BOD_5，好氧塘主要是由好氧细菌起净化水体有机物和杀灭病菌的作用，曝气塘利用鼓风曝气或机械曝气使塘内保持好氧状态不必依靠阳光和风力作用。稳定塘污水处理系统基建投资省、运行费用低、管理维修方便、无须污泥处理，稳定塘处理技术既可单独使用，也可组合使用，串联稳定塘较之单塘不仅出水藻菌浓度低，BOD、COD、N 和 P 的去除率高，而且只需较短的水力停留时间（图 8.1-2）。

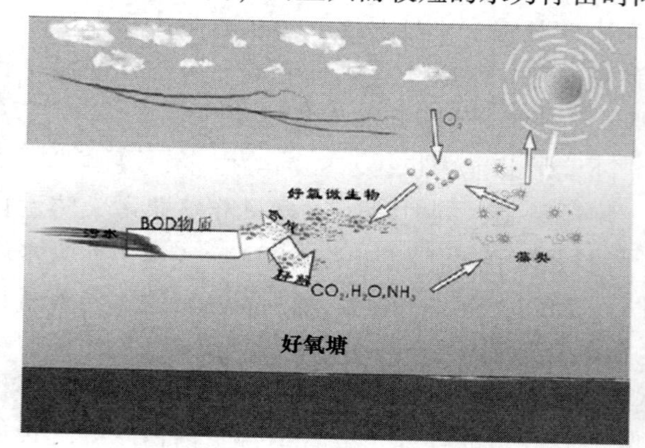

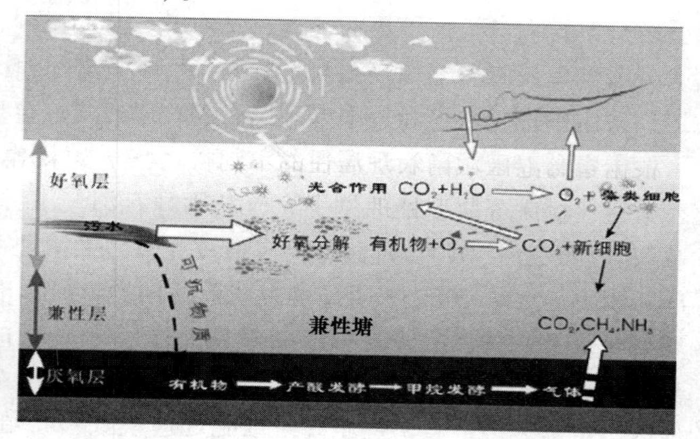

图 8.1-2 稳定塘技术（SP）

（3）人工湿地处理技术

人工湿地是一种人工建造和监督控制的与沼泽类似的地面，是人为地将石、砂、土壤等一种或几种介质按一定比例构成基质，并有选择性地植入植物的污水处理生态系统。利用基质-微生物-植物这个复合生态系统的物理、化学和生物的三重协调作用，通过过滤、吸附、沉淀、离子交换、植物吸收和微生物分解等作用使污水得到高效净化处理，对主要污染因子均有较好的去除率。人工湿地污水处理工艺主要有表面流工艺（SFW）、地下潜流工艺（SSFW）、垂直流湿地工艺（VFW）和潮汐流湿地工艺（TFW）等。农村生活污水人工湿地处理技术效率高、投资少、运转费用低、脱氮除磷效果好，可长期达标排放，目前已经成为一个较为成熟的污水处理技术。

（4）土壤渗滤处理技术

土壤渗滤处理技术由前处理化粪池和土壤渗滤两部分耦合而成，是在人工控制的条件下，将污水投配在土地上，通过土壤-微生物-植物系统的综合净化作用，使水与污染物分离，水被渗滤并通过集水管道收集，污染物通过物化吸附被截留在土壤中，可分为慢速渗滤、快速渗滤和地下渗滤等类型。慢速渗滤处理技术以处理水回用到农田灌溉，在植物生长季节利用较好。快速渗滤处理技术则较为适用于植物非生长季节，污水周期性地向渗滤田灌水和休灌，使表层土壤处于厌氧、好氧交替状态，使污水得到净化并可用渗滤池来进行地下水回灌。土壤渗滤处理技术基建投资低、运转费用少、抗冲击负荷强、系统稀释性好、操作管理简便，比较适合中国农村实际。

（5）蚯蚓生态滤池处理技术

蚯蚓生态滤池是最新发展起来的一项生态污水处理技术，它是利用蚯蚓和微生物的协同共生作用，使蚯蚓生态滤床具有污水污泥同步高效处理的能力，由布水器、滤料床和沉淀室构成。国内同济大学首先开展了相关的研究工作，开发出适应中国国情的蚯蚓生态滤池，并已经经历了小试、中试及生产规模性试验，对城镇污水处理的研究结果表明，生态滤池 COD_{Cr} 去除率达 83%～88%，BOD_5 去除率达 91%～96%，SS 去除率达 85%～92%，NH_3-N 去除率达 55%～65%，TP 去除率达 35%～65%，污泥总产率为 0～2 mg/L。苏东辉等提出的适用于 50～300 户集中型农户的污水处理系统，现已经在太湖流域农村建立了示范工程，并进行了中试研究，根据运行试验的情况看，已经得到很好的效果，此系统很适合于处理农村生活污水。

8.1.2.4　象山港区域生活污染防治措施及建议

生活污染点源治理，主要目的是减少 COD_{Cr} 的排放，其次是削减氨氮，治理措施主要是在库区和流域范围内修建和完善污水收集系统和污水处理系统，并确保正常运行，实现生活污水达标排放或利用；妥善解决农村生活垃圾问题，实现农村生活垃圾分类收集、生态减量化处理和就地还田。

（1）农村生活污水治理

根据象山港区域内农户居住的不同特点，主要采用以下两种处理模式：

第一，村庄分散型处理模式。对于农户居住集中、地形平缓、常住人口大于 200 人的自然村，将农户化粪池全面改造，80%以上的生活污水集中收集，采用中小型污水设施进行处理，尾水达标后经过土壤渗滤等方式实现资源利用。

第二，农户分散型处理模式。对于农户居住分散、地形条件复杂、施工难度较大、污水不易集中收集的山区村庄，将农户污水进行联户或独户收集后进行就地处理。

位于象山港沿岸周边的村庄及距离主干溪道较近且规模较大的行政村，农村生活污水处理纳入近期第一阶段优先实施；距离较远的行政村，农村生活污水处理纳入近期第二阶段实施。

（2）农村生活垃圾治理

象山港区域范围内的农村生活垃圾治理，采用就地分散处理模式与“村收集、镇（乡）运输、县处置”集中处理模式相结合的方式。对于村庄内的食物垃圾实行就地分散式处理，对于村庄内的非有机垃圾实行“户集、村收、镇（乡）运输、县处置”的集中处理模式。这样既可实现生活垃圾的资源化利用，又可以减少镇运输的垃圾量，从而降低镇运输的经济压力。

针对目前随意倾倒的成堆生活垃圾，要在规划期内全部进行清理出库。针对农村居民的生活水平和习惯，以及农村居民对垃圾分类的可接受程度，将农村生活垃圾分为食物性垃圾和非食物性垃圾。食物性垃圾包括食物残渣、剩菜剩饭、菜叶果皮等；非食物性垃圾包括居民生活垃圾中的各种可回收废品、各种易燃高热值垃圾、少量灰尘、陶瓷碎片、大件垃圾（包括旧家具、旧家电等），以及有毒有害垃圾[包括废旧电池、废荧光灯管、水银温度计、废油漆（桶）、过期药品等]。

非食物性生活垃圾单独收集、运输，并根据环卫管理部门的要求纳入宁波市农村生活垃圾三级处理网络；食物性生活垃圾由村集中收集，统一运送至村内生活垃圾生物处理器进行处置。对于村庄内的厨余垃圾实行就地分散式处理，推荐采用太阳能-生物集成技术处理反应器，目前这一技术在宁波市范围内已取得了很好的实践效果，可在象山港区域范围内每一个行政村建造一个太阳能-生物集成技术处理反应器，利用太阳能、生物能等生态能源，在微生物作用下把农村生活垃圾分解成水、二氧化碳和其他气体，产生的液体可作液态肥料，剩余残渣可堆肥。通过建造生活垃圾处理站，实现生活垃圾资源化、减量化和无害化处理。

（3）重点乡镇的污水集中处理厂建设

为了达到污染物入海总量控制目标，必须采取一定的措施对生活、生产所产生的污染物进行收集和去除，减少污染物入海量。其中最重要的处理措施是建设污水处理设施，对城镇和工业区产生的污水进行集中收集和处理，达到一定的水质标准后再向自然界排放。根据象山港区域的总体发展规划，分批建设乡镇级的污水集中处理工厂，生产生活污水经二级处理后符合《污水综合排放标准》方可排入象山港。表 8.1-1 所示为象山港区域现有和拟建的污水处理厂，象山港区域目前投入使用的污水处理厂的处理能力只有 11×10^4 t/d，远低于现有的污水产生量。预计 2015 年可拥有 37×10^4 t/d 的处理规模，到 2020 年所有污水处理厂建成后规模达到 54.5×10^4 t/d，应加快污水处理设施建设，减少陆源污染物入海量。

表 8.1-1　象山港区域已有和拟建的污水处理厂

行政区	现有	在建或拟建	现有规模 ($\times10^4$ t·d^{-1})	2015 年规模 ($\times10^4$ t·d^{-1})	2020 年规模 ($\times10^4$ t·d^{-1})
北仑区	春晓	春晓二期、梅山	2	9.5	13.5
鄞州区	投创中心	瞻岐	0.5	7	7
奉化区	松岙	莼湖、裘村	1	3.5	7.5
宁海县	县城北	强蛟、西店、深甽	6	12	18
象山县	西周	贤庠、涂茨	1.5	5	8.5

城镇污水处理厂排放口的设备应进行合理论证，结合海洋环境保护目标进行合理规划，排污口的设置应能充分利用海洋环境容量。

8.1.3　工业污染源管理措施

8.1.3.1　象山港区域工业污染及对象山港海洋环境的影响

由于环象山港各区县地形主要以丘陵、山地为主，适宜开发建设的用地很少。受建设用地限制，各地都将开发重点转向了滨少地区。象山港区域的经济发展水平在宁波市相对较低，但在全国处于中等偏上水平。从空间上看，象山港区域工业生产活动主要集中在瞻岐、西周、宁海县城以及松岙、西店等工业镇，其中瞻岐、西周两个镇的工业生产总值占整个象山港区域的 1/3 多，这主要是因为瞻岐镇是鄞州滨海投创中心所在地，而西周镇是宁波市环杭州湾产业带象山产业集聚区 B 片区所在地，不仅都有较好的工业发展基础，而且具有良好的产业发展环境。

根据第 3 章工业污染统计调查结果，象山港区域工业废水排放量 746.7×10^4 t/a，COD 排放量 682.2 t/a，氨氮排放量 46.6 t/a，石油类 10.6 t/a，排放象山港的污 COD、氨氮和石油类的量分别为 646.2 t/a、28.5 t/a、10.6 t/a。据环象山港工业污染源的空间分布、污染物排放种类和排放量、工业污染源对象山海域生态环境质量影响的贡献率，结合各排污企业的污染处理及减排能力，提出与象山港海洋环境保护目标的相矛盾的化工制造、电镀业、船舶制造修理业、造纸、漂染等行业重点污染企业名单以及关、停、并、转、迁等调整方案，制定税收减免和贷款低息的优惠政策，鼓励企业环保达标，提出沿岸已有工业项目的监控实施方案和细化到企业的奖罚机制。

8.1.3.2 象山港区域工业污染防治措施建议

（1）优化象山港工业结构和布局

落实各项产业政策和节能减排要求，制定节能减排的政策，严把建设项目环境准入关，有效减少象山港区域污染排放总量。大力推进象山港区域工业结构的优化调整，鼓励发展无污染、少污染、具有一定科技含量的产业。全面取缔“十五小”和“新五小”企业及国家明令禁止的落后工艺、落后设备，逐步关停能耗物耗高、污染严重的企业，按期淘汰落后的生产能力、工艺、设备与产品。积极推进工业循环经济发展，从源头减少工业污染排放。

落实和执行象山港区域开发利用与保护规划，工业在布局上，全面科学规划，合理布局，加快工业企业向工业园区集聚，为工业企业污染由点源分散治理向区域集中治理转变提供可能。对于位于禁止准入区内的工业企业在近期内予以搬迁，对于混杂于农村居住集聚区内、对村民生活造成严重影响的污染企业应责令其限期搬迁。政府各部门应采取土地、税收、环保等政策引导，促使由于资金、选址、技术等原因使三废不能达标排放的农村企业加快向各地工业园区聚集。在工业企业向园区集中的过程中，引导工业企业进行结构性调整。

（2）严格象山港区域工业项目环境准入，实施总量控制

加强工业污染防治，严格环境准入。凡不符合象山港生态环境功能区准入要求和不符合排污总量削减、替代比例或准入条件的建设项目一律不予批准建设。严格水污染物排放标准，到2015年年底前全面实施造纸、电镀、羽绒、合成革与人造革、发酵类制药、化学合成类制药、提取类制药、中药类制药、生物工程类制药、混装制剂类制药、杂环类农药等行业水污染物特别排放限值。严格按照“关停淘汰一批、整合入园一批、规范提升一批”原则和重点行业整治提升标准开展重污染行业整治提升工作，到2015年，全面完成重污染高耗能行业整治提升任务。严格执行国家、地方的产业政策和环保标准。新、改、扩建项目要贯彻执行《关于加强全省工业项目新增污染控制的意见》，落实新修订的《中华人民共和国水污染防治法》中规定的“区域限批”政策。严把工业项目环保审批关，严防不符合国家产业政策的落后工业向农村转移，并防止已经治理关停的“十五小”和“新五小”等企业死灰复燃。

全面实施《宁波市区生态环境功能区规划》，实行差别化的区域环境管理政策。规划确定的禁止准入区，依法实施强制性保护，禁止新建工业项目；以农村地区为主的限制准入区，坚持保护优先，严格限制工业开发和城镇建设规模，禁止新上造纸、电镀、化工、医药、制革、印染等重污染项目和环境污染风险较大的项目。重点准入区主要为工业重点发展区，是重污染企业的主要容纳区域，应在保证经济高度发展的同时，加强工业结构调整与优化和产业升级，重点加强工业污染物的处理能力和效果，降低污染物的排放。优化准入区可以容纳以手工业等为主的轻污染企业。

实施主要污染物排放总量控制制度，落实“以新带老”和污染减排措施。对工业污染源从整体上有计划、有目的地削减污染物排放量，使环境质量逐步得到改善。对已建项目实施限期治理，切实整顿或关停治理无望的污染企业。在环境敏感区扩建、改建项目，要“以新带老”，不能增加污染负荷。新建项目必须实行区域污染物总量削减，确保区域污染物排放总量不增加。对自然环境生态影响较大的资源开发项目，必须采取生态恢复或环境补偿措施。

（3）重点行业、重点区域、重点企业污染治理和监管

加大对农村地区工业污染整治力度，对突出的环境问题实行重点监管、挂牌督办、限期整治、动态管理，防止对农村环境造成污染。结合新农村建设，积极通过实施集中生产、集中治污，加大块状经济明显但环境问题突出的镇、村的污染整治力度，切实改善村庄人居环境。

加强对设备简陋、工艺落后且污染影响较大的乡镇企业和家庭作坊的整治，深化铸造、电镀、油脂化工、漂印染、发黑发蓝等重点行业的污染治理，实现废水、废气达标排放；完成染企业的污染治理，

并逐年提高中水回用的比例；开展重点污染行业、企业环境整治“回头看”活动，巩固已有的污染整治成果。对严重影响居住环境、群众反映强烈的工业企业，采取限期治理和关、停、转、迁等措施。

8.1.4 环象山港河道、水闸、排污口管理措施

根据《2010年宁波市陆源入海排污口及其邻近海域环境质量状况分析报告》，象山港海域6个排污口所排放的污水都有不同程度的超标。其中象山西周工业园区排污口例次监测的10项指标中有5项出现不同程度的超标现象，主要污染物为石油类、氨氮、COD等。宁海西店崔家综合排污口例次监测的10项指标中有3项出现不同程度的超标现象，主要污染物为Cu、COD等。奉化下陈排污口监测的9项评价指标中有5项出现不同程度的超标现象，主要污染物为COD、粪大肠菌群、氨氮等。北仑三山排污口例次监测的8项评价指标中有5项出现不同程度的超标现象，主要污染物为COD、氨氮、石油类等。其中墙头综合排污口和宁海颜公河入海口污水已经成黑褐色，散发出臭味。环象山港河道、水闸、排污口对周围海域环境已造成了严重影响，亟须开展河道、水闸垃圾清理以及排污口优化调整工程（表8.1–2）。

表8.1–2 象山港沿岸陆源排污口监测评价结果

排污口名称	地理位置	排污口类型	主要污染物	排放方式
象山墙头综合排污口	象山县墙头镇	工业	粪大肠菌群、BOD_5、苯胺	直排入海
象山西周工业园综合排污口	象山县西周镇	工业	石油类、氨氮、COD	排入河流
宁海颜公河入海口	宁海县桥头胡镇	工业	粪大肠菌群、总磷、氨氮	直排入海
宁海西店崔家综合排污口	宁海县西店镇	工业	铜、COD	排入河流
奉化下陈排污口	奉化市莼湖镇	综合	COD、粪大肠菌群	排入河流
北仑三山排污口	北仑区春晓镇	综合	COD、氨氮、石油类	排入河流

资料来源：2010年宁波市陆源入海排污口及其邻近海域环境质量状况分析报告。

（1）河道、水闸垃圾清理工程

开展象山港沿岸水闸上游河段垃圾污染整治工程。一是深入调研，摸清情况。组成总量控制调查组对水闸上游河段垃圾污染情况进行调查摸底，对沿岸的单位和居民倾倒垃圾情况进行登记造册。二是开展集中整治活动。所在地区政府联合环保、水利、公安、住建、市政等部门开展集中整治活动，对水闸上游河段中沿岸垃圾进行彻底清理。三是实行垃圾统一收集清运的长效管理模式。组织规范水闸上游水域周边村庄群众的垃圾集中收集运输，每个村庄都要建设垃圾池，落实保洁员，并建立健全各村的村规民约，引导村民定时定点倾倒垃圾。四是加大宣传力度，提高企业单位、居民环卫和环保意识。组织宣传小组，深入周边单位企业、居民住户进行大力宣传，发放宣传资料，宣讲环境卫生、环境保护知识和政策法规，提高居民群众环卫和环保意识，激发人人参与环境保护的热情，促进村民自觉保护环境。

（2）排污口优化调整工程

所在地职能部门要强化监督检查，加强上游水域周边环境巡查工作，发现问题及时处理，确保各项工作措施落实到位，达到预期整治效果。在港内设置排污口不利于象山港环境和沿港产业的可持续发展。尽管实际工程实施需要考虑经济和环境效益的平衡，但是从区域环境的长远发展角度来看，要满足排污口设置的环境约束和基本原则，建议将排污口位置调整到水深较深、水动力条件较好且对港内海域环境影响甚小的象山港口门至近口门外海海域，采用深水扩散器进行排放或处理达标后中水回用。

整合区域内现有不合理的排污口设置，新建污水处理厂排污口根据象山港区域水体表出底进的运动特点，采用浅海排放。靠近港底的污水处理厂出水严格执行《城镇污水处理厂污染物排放标准》（GB

18918—2002）一级 A 标准；靠近象山港中部的污水处理厂要求 COD 执行一级 B 标准，N、P 指标执行一级 A 标准；靠近港口的污水处理厂出水 COD 执行二级标准，N、P 指标执行一级 A 标准；入港溪流水质按好于Ⅲ类功能区水质考虑。

推进污水污泥处理处置和中水回用。加强城镇污水污泥处理设施建设。加强城镇污水处理设施建设和改造，不断提高城镇污水收集率、处理率和达标率。到 2016 年，县以上城市全面建成与污水处理厂处理能力相匹配的污水收集管网，基本建成镇级污水处理设施。同时，强化运行管理，确保污染物稳定达标排放。加快城镇污水处理厂污泥处理处置设施建设，到 2016 年，全面完成县以上城市污水处理厂污泥处理处置设施建设改造，污水污泥无害化处置利用率达到 100%。

8.1.5 象山港海域养殖污染管理措施

8.1.5.1 海域养殖污染对象山港的影响

象山港海水养殖有池塘养殖、工厂化养殖、网箱养殖、筏式养殖和滩涂养殖等形式，主要养殖种类为鱼类、虾类、蟹类。池塘养殖，鱼类养殖面积为 350 亩，虾类养殖面积为 45 102 亩，蟹类养殖面积为 37 615 亩，其他 6 875 亩；工厂化养殖，鱼类养殖面积为 50 亩，虾类养殖面积为 270 亩。养殖企业主要集中在宁海西店镇、奉化裘村镇、鄞州瞻岐镇；网箱养殖，鱼类养殖面积为 13 018 亩，其他为 340 亩；筏式养殖，牡蛎养殖面积为 13 431 亩，其他为 9 734 亩；滩涂养殖，主要养殖牡蛎、螺、蚶、蛤、蛏及其他。主要污染物排放量见表 8.1-3。海域养殖污染对水体富营养化的影响不可忽视，需加强污染控制和管理。

表 8.1-3 象山港海水养污染物统计汇总结果

汇水区	行政区	主要污染物入海量/（$t \cdot a^{-1}$）		
		COD	TN	TP
1	春晓镇	23.32	13.65	1.54
2	瞻岐镇	70.33	5.38	1.17
3	咸祥镇	80.06	4.82	0.89
4	塘溪镇、横溪镇东南部 7 个村	0	0	0
5	松岙镇	66.73	3.02	0.4
6	裘村镇	67.7	43.18	5.97
7	莼湖镇东部 3 个村	11.8	9.51	1.31
8	莼湖镇中部（除东部 3 个村和西部 17 个村外）	68.49	55.16	7.58
9	西店镇、莼湖镇西部 17 个村	176.75	51.58	7.73
10	深甽镇大部分（除西部 3 个村外）、梅林街道大部分（除东南部 7 个村外）	23.32	0.03	0
11	桥头胡街道北部 2 个村、强蛟镇加爵科村	70.33	2.62	0.42
12	强蛟镇（除 2 个村外）	0	25.74	4.16
13	桃源街道大部分（除瓦窑头村外）、梅林街道东南部 7 个村、桥头胡街道大部分（除北部 2 个村外）	53.67	0.51	0.07
14	大佳何镇	23.07	2.88	0.43
15	西周镇大部分（除蚶岙村外）	56.15	6.23	1.38
16	墙头镇、西周镇蚶岙村	418.06	351.22	58.9
17	大徐镇大部分（除 3 个村外）、黄避岙乡南部 6 个村	41.81	31.64	5.34
18	黄避岙乡中部 7 个村	98.92	74.86	12.63
19	贤庠镇、黄避岙乡北部 3 个村	53.67	18.33	3.32

续表

汇水区	行政区	主要污染物入海量/（t·a^{-1}）		
		COD	TN	TP
20	涂茨镇北部11个村	23.07	1.2	0.41
21	强蛟镇胜龙村	14.97	10.56	1.72
合计		1 442.22	712.12	115.37

8.1.5.2 环海域养殖污染防治措施和建议

依托丰富的海洋渔业资源优势，以改造提升为核心，优化渔业功能区布局，合理控制养殖规模，大力提升养殖技术，加强海洋渔业资源保护和修复，构筑生态、循环、可持续的现代渔业体系，进一步巩固和提升国家级“大鱼池”的地位。

（1）优化渔业功能区布局

以象山港科技兴海示范园为空间载体，建设奉化“鱼贝藻生态养殖和产业化示范基地”（1 500 亩）、宁海“海水池塘高效养殖示范基地”（1 800 亩）、象山“海水网箱标准化养殖示范基地”（500 亩）和鄞州“紫菜现代化养殖、加工示范基地”（3 500 亩）等渔业示范基地。推进莼湖、西周和黄避岙渔业设施化工程，加强宁海西店、强蛟种质资源保护区建设。合理布局和完善渔业码头、避风港等设施。

（2）合理控制养殖规模

适度缩减传统养殖规模，2015 年，象山港区域养殖面积控制在 12×10^4亩以内，网箱养殖面积压缩到 1.5×10^4亩。积极做好渔民转产转业工作。

（3）大力提升养殖技术

推进水产健康养殖，制定和完善水产养殖环境技术标准，加强养殖水域滩涂规划和养殖证核发工作，加强水域环境监测力度，合理调整养殖布局，科学确定养殖密度，维持大塘港、象山港（西沪港）等主要水面水体生态平衡；加快推进养殖池塘标准化、改造，改善养殖环境和生产条件；建立标准化水产健康养殖示范场（区），普及推广生态健康水产养殖方式，推广复合精准立体的生态养殖模式。普及生态养殖技术，鼓励有机颗粒饲料喂养，逐步淘汰冰鲜杂鱼鱼饵投放方式，围绕大黄鱼、鲈鱼、黑鲷、梭子蟹、青蟹、滩涂贝类、紫菜等优势品种，发展并推广鱼-贝-藻、虾（蟹）-花菜（苔菜）-白鹅等立体养殖模式，建立水产鱼水生经济植物共生、渔业与畜牧轮作等复合生态养殖系统；积极推广安全高效人工配合饲料、工厂化循环水产养殖、水质调控技术和环保装备，减少污染排放，创建国家水产健康养殖示范场；继续实施禁渔期制度，加强并做好海洋生态修复；完成西沪港养殖网箱削减改造；打造象山港渔业，逐步建立原产地证书制度，提高渔业产品附加值。

通过对现有网箱的生态化改造，减少饵料投放量及污染物入海量。发展建立多种模式的投饵性种类、滤食性种类和水生植物间的多元混养、轮养的复合生态循环养殖系统，建成一批生态化、标准化、精细化的都市渔业养殖基地。通过鱼贝藻轮养、间养进行合理布局，使鱼贝藻排泄物被藻类充分利用，藻类又为贝类提供充足饵料，使海洋环境达到生态平衡。到 2015 年，生态化网箱养殖比例达到 60%，2020 年达到 100%。

适当规模的藻类养殖对于海水具有净化作用，如坛紫菜、龙须菜和海带等。坛紫菜每亩产量为干重 100 kg（干湿重比为 1∶8），坛紫菜的氮含量为 4.51，磷含量为 0.042%。龙须菜也是吸收 N、P 的重要藻类。龙须菜干体 C、N、P 的平均含量分别为（28.9±1.1）%、（4.17±0.11）%、（0.33±0.01）%；N 和 P 平均吸收速度为 10.64 μmol/（干重 g·h）和 0.38 μmol/（干重 g·h）。在胶州湾 1 hm^2 的养鱼场中，可以收获 70 t 鲜龙须菜或 9 t 干龙须菜，意味着这些龙须菜可以吸收 0. 22 t 的 N 和 0. 03 t 的 P，说明在鱼类养殖系统中养殖龙须菜可以达到较好的净水效果，同时还能创造可观的经济效益。2010 年，黄避岙乡共养殖海带 2 100 亩，产量达 1 100 t，可有效去除海水中的氮磷等污染物质。

（4）加强海洋渔业资源保护和修复

通过增殖放流和建设海洋牧场等方式修复象山港渔业资源。采取投放人工鱼礁方式，加强对马鲛鱼、菲律宾蛤子、缢蛏、毛蚶等重要渔业资源的产卵场、繁育场和附苗场的养护。进一步加大增殖放流力度。规模化移植大型海藻、经济贝类，降低海水富营养程度。

与海洋环境管理相关的部门有环保局、海洋与渔业局、海事局、部队环保部门等。《中华人民共和国海洋环境保护法》对环保、海洋、海事、渔业、军队等各职能主管部门在职责分工上作了规定，但在具体实施中，由于没有统一的领导机构，分头管理，加上历史原因，在职权交接、职责履行上还不够顺畅。本课题拟针对象山港海洋生态环境管理现状，以专业执法和公众参与为基础，关注海洋环境立体监视监测网络、灾害预警预报系统、举报机制、报告制度等方面内容，提出切实可行的海洋联合执法队伍建设，实现陆海统筹、联合执法，改变目前海上执法多头管理、条块分割的现状。通过立法，严格控制临港工业项目，防止对海洋生态环境的严重污染。

开展海洋生态系统健康评价指标体系的研究，评估海洋资源、开发、利用程度，对新产业带对象山港海洋生态体系的影响进行长期研究、监控，建立生态系统损害补偿制度和生态恢复机制，提出以生态补偿为基础的县、市海洋生态环境管理部门相关负责人及企业的奖罚机制。

8. 2　重点实施的减排工程

为推进象山港主要污染物控制及减排，开展河道水闸治理、工业污染控制、生活污染治理、码头船厂污染控制、海水养殖污染控制和农业面源污染控制等减排工程，减少污染物排海量，改善海域污染现状。

8. 2. 1　河道、水闸治理工程

开展“垃圾河”“黑河”“臭河”整治，加强对象山港沿岸入海河流、水闸上游河段两旁及水面垃圾的清理。大力推行“河长制”，明确水污染防治责任制，调动行政和经济资源，解决突出问题，推进河道综合整治。象山港区域重点实施的减排工程如表 8. 2-1 所示。

表 8. 2-1　河道、水闸治理工程

县（市、区）	项目名称	项目内容
北仑区	七姓涂南河	新建河道长 3 583 m，宽 30 m，两岸绿化带宽各 20 m
	中排河	新建河道长 2 414 m，宽 40 m，两岸绿化带宽各 20 m
	明月大闸	新建水闸净宽 40 m，交通桥宽 20 m
鄞州区	大嵩江综合治理工程	迁建大嵩大闸、新挖大嵩湖、整治大嵩江江塘（一期）2. 5 km，配套高标准景观绿化
	铁沙岭水库下游溪坑	900 m 溪坑治理
	大嵩岙溪坑	1 500 m 溪坑治理
	东二溪坑	600 m 溪坑治理
	东一溪坑治理工程	左岸 400 m 溪坑砌石，建配套桥梁一座
	亭溪上城段治理工程	1 500 m 溪坑治理
	咸祥项目区工程	综合治理河道 20 km（包括下新闸、横山闸上游河段）

续表

县（市、区）	项目名称	项目内容
奉化市	奉化松岙镇松溪小流域治理工程	治理松溪小流域全长 1 758 m（两岸修建防洪堤），修建堰坝、桥梁、绿化等配套附属设施及五管三线部分
	奉化裘村镇峻壁溪小流域治理工程	全长 1 550 m，全线河道整治疏浚及两岸防洪堤建设，新建堰坝 8 座，桥梁 4 座
	莼湖降渚溪小流域治理二期工程	东谢往北延伸 1 500 m 及九峰溪 500 m，舍网溪 200 m 等
	水闸上游污染治理	莼湖下陈江水库闸、飞跃闸上游河段垃圾污染整治
宁海县	石门溪小流域整治（马家至史家段）	在 2013 年完成工程量 50%的基础上实现全面完工
	颜公河调蓄池工程	占地 956.8 亩，池周长 6.4 km，调洪库容 122.1×10^4 m^3，坝顶高程 16 m
	凫溪治理工程长洋至深甽段	整治河道 4.41 km，建设堤防 6.7 km
	凫溪治理工程山下刘—下河大桥段	整治河道 3.88 km，建设堤防 6.4 km
	凫溪治理工程杨梅岭水库溢洪道下游—凫溪大桥段	整治河道 2.3 km，建设堤防 3.2 km
	大佳何石门溪治理工程马家至史家段	治理河道 2 km，建设堤防 2.81 km
	桃源街道竹溪溪钱岙段河道治理工程	整治河道 1.36 km，新建堤防 2.63 km
	水闸上游污染治理	崔家水闸上游河段垃圾污染整治
象山	河流、水闸上游污染治理	淡港河、西周港、下沈港、钱仓河、雅林溪、贤庠河老鼠山水闸、牌头村水闸上游河段垃圾污染整治

8.2.2 工业污染控制工程

8.2.2.1 源头和总量控制

根据《象山港区域保护和利用规划纲要（2012—2030）》要求：严格实施工业项目准入，禁止新建扩建高能耗、高污染企业。积极推进企业清洁生产认证、环境管理体系认证、环境标志产品认证，推动传统产业的生态化改进，强化对重点企业清洁生产的审核和监管。建立重金属污染防控机制，强化执法检查，坚决取缔不符合产业政策的企业。加强养殖业污染控制，适度缩减养殖规模，推动网箱生态化改造。加大执法力度，严禁污水偷排和超标排放。到 2016 年，工业废水飞行监测达标率 85%、中水重复利用率 80%、危险废物处理率 100%。

《宁波市象山港海洋环境和渔业资源保护条例》规定：禁止在象山港沿岸及岛屿新建、扩建化工、印染、造纸、电镀、电解、制革、炼油、有色金属冶炼、水泥、拆船以及其他严重污染环境的项目。禁止在横山至西泽连线以西岸段新建、扩建修、造船项目。象山港沿岸及岛屿已有的企业事业单位排放的污染物应当符合规定的排放标准。严格控制在象山港新建入海排污口。确需新建的，应当符合海洋功能区划、近岸海域环境功能区划、象山港保护规划及其他有关规定。横山至西泽连线以西岸段禁止新建排污口；以东岸段新建排污口应当由市环境保护行政主管部门征求海洋、渔业、海事和军队环境保护部门意见，提高污水处理达标排放标准。

象山港周边污染企业必须建设污水处理装置，提高污水收集率，减少污水的直接排放和溢流污染，严格执行污水排放标准。

8.2.2.2 重污染高耗能行业整治

继续推进以电镀、印染、化工、造纸、再生有色金属熔炼、铸造、农副产品加工、废塑料加工、金属表面酸洗、化纤等十大重污染行业为重点的整治提升行动，淘汰一批落后生产能力，优化产业结构和区域布局。加快燃煤电厂脱硝工程建设，改善原有脱硫除尘设施和污水处理设施，强化排放达标管理，严格达到新的《火电厂大气污染物排放标准》（表 8.2-2）。

表 8.2-2　工业污染控制工程

县（市、区）	项目名称	项目内容
宁海县	重污染高耗能行业整治	造纸、化工、金属表面处理行业整治
	重金属污染行业防治	西店线路板行业整治；西店酸洗磷化、洗白等表面处理行业废水、废气处理设施改造提升；西店线路板加工制造行业废水、废气处理设施改造提升
	国华电厂减排工程	国华电厂 4#机组脱硝提升工程
	污水达标排放	宁海县兴海污水处理有限公司污水处理达标后排放入象山港
象山县	象山化工企业整治	整治象山汪洋化工厂等 2 家企业
	象山铸造行业整治	整治宁波日星铸业有限公司等 7 家公司
	象山表面酸洗行业整治	整治宁波乐惠食品设备制造有限公司等 5 家公司
	西沪港印染企业整治	西沪港 2 家印染企业搬迁
	浙江大唐乌沙山电厂污染整治	浙江大唐乌沙山发电厂增加一套 75% 的 SCR 脱硝系统、1.2 电场高频电源改造、机组进行湿式除尘器
	污水达标排放	宁波三友印染有限公司污水处理达标后排放入象山港
奉化市	重污染高耗能行业整治	锻造、化工等行业整治
奉化市	污水达标排放	宁波松欣食品有限公司、宁波汇丰食品有限公司、宁波一成食品有限公司污水处理达标后排放入象山港
鄞州区	重污染高耗能行业整治	造纸、纺织、电镀等行业整治；加大高污染、高耗能产业淘汰力度

8.2.2.3　重金属污染行业防治

重点开展金属表面酸洗行业整治工程，加强对电镀城重点企业监管力度，确保污染物达标排放。

8.2.3　生活污染治理工程

8.2.3.1　城镇生活污水处理

加快推进污水处理系统建设，提高重点城镇和大型产业园区的污水处理能力。对已建成运行的城市生活污水处理设施，进一步完善配套收集管网，提高污水处理厂负荷率。建设和完善排水管网，防止沿岸产业和居民生活对象山港造成污染损害。2016 年年底，城镇生活污水集中处理率达到 85%；到 2017 年，县以上城市污水处理率达到 90%，建制镇污水处理率达到 60%。

8.2.3.2　污水处理厂提标改造

新建污水处理厂配套建设脱氮除磷设施；对已建成运行的污水处理设施，要新增脱氮除磷设施，加强运行管理，确保污水稳定达标排放、污泥安全规范处置。2015 年年底前，现有污水处理厂出水执行一级 B 标准；2017 年年底前，所有污水处理厂出水执行一级 A 标准。

8.2.3.3　农村生活污水治理

提高重点城镇和乡村生活污水处理率，提升脱磷、脱氮效率。在污水量较少的村镇，鼓励建设沼气、净化池、氧化塘等处理设施。2016 年年底，农村生活污水集中处理率达到 70%；2017 年年底，生活污水治理行政村覆盖率达到90%以上。

8.2.3.4 生活垃圾无害化处理

完善城乡环境卫生基础设施，推广垃圾分类收集、运输和资源化综合利用系统。对简易垃圾填埋场开展无害化整治改造，提高生活垃圾收集率和无害化处理率。乡镇基本建立了“户集、村收、镇运、区处理”的垃圾收运处理系统。2016年年底，城镇生活垃圾无害化处理率达到95%（表8.2-3）。

表8.2-3 生活污染治理工程

县（市、区）	项目名称	项目内容
	城镇生活污水处理工程	
鄞州区	鄞州区滨海污水处理厂一期工程	建设滨海污水处理厂1座，日处理能力 3×10^4 t/d，出水水质为一级A标准
	鄞州咸祥、瞻岐污水主干管建设	污水主干管11 km，沿途污水提升泵站2座
奉化市	奉化松岙污水处理厂一期工程	0.5×10^4 t/d污水处理能力
	奉化城区污水处理厂尾水深度处理工程	6×10^4 t/d处理能力，达到一级A标排放
	奉化裘村镇污水处理站	一期主体工程已完工，目前正在进行二期污水管网铺设
	奉化滨海新区沿海中线污水主干管及泵站工程	管径为D 600~1 000 mm主干管，全长约6 500 m，配套建设泵站1座，总建筑面积约340 m^2
象山县	象山城镇生活污水处理工程	新建贤庠污水处理厂新建1×10^4 t/d污水处理厂规模，采用A^2O处理工艺
	污水处理厂提标改造	
宁海县	宁海县城北污水处理厂扩建工程	宁海县城北污水处理厂扩建3×10^4 t/d污水处理能力
	西店镇地下污水管网建设	铺设地下污水管网长度23.7 km，配套雨水管道和城市道路23.7 km
	农村生活污水治理	
奉化市	沿海三镇农村生活污水治理项目	包括铺设管道、污水处理设施等，共涉及约55个村
宁海县	生活污水治理工程	启动溪下王村农村生活污水治理工程；开展陆家、叶兴、屠家、五联农村生活污染治理；中兴社区、桥头胡、丁家、龙储、东吕生活污水治理；林家、店前王、铜岭、西吕、汶溪周生活污水治理；刘三村、吉利村、方前村生活污水治理
象山县	生活污水整治	西周镇上张村等55个行政村农村生活污水集中式处理工程建设；西周儒雅洋村等22个行政村分散式污水处理工程建设

8.2.4 码头、船厂入海污染物总量控制工程

加强交通船舶和码头污染防治设施能力建设。鼓励船舶安装污水处理装置，建立船舶污染管理长效机制，完善船舶污染物接收设备建设，推动传统航运业向“绿色航运”转变。

港口、码头应当设置与其吞吐能力和货物种类相适应的防污设施。船舶残油和含油污水应当由港区油污水处理设施接收处理。修船、造船企业及油库应当按照规定设置与其性质、规模相适应的残油、废油、含油废水、工业废水、工业和船舶垃圾接收处理设施及拦油、收油、消油设施。禁止船舶在象山港内冲洗沾有污染物、有毒有害物质的甲板、船舱和从事舷外拷铲及油漆作业（表8.2-4）。

表 8.2-4 船厂和码头入海污染物总量控制工程

县（市、区）	项目名称	项目内容
鄞州区	船厂污染物处理设施建设	在东方船厂配置残油、废油、含油废水、工业废水、工业和船舶垃圾接收处理设施及拦油、收油、消油设施
	码头污染物处理设施建设	加强横山汽渡码头污染防治设施能力建设
奉化市	船厂污染物处理设施建设	在浙江船厂、海港船厂配置残油、废油、含油废水、工业废水、工业和船舶垃圾接收处理设施及拦油、收油、消油设施
	码头污染物处理设施建设	加强石沿码头污染防治设施能力建设
象山县	船厂污染物处理设施建设	在胜利船厂、4805 修船厂配置残油、废油、含油废水、工业废水、工业和船舶垃圾接收处理设施及拦油、收油、消油设施
	码头污染物处理设施建设	加强象山海螺水泥码头、乌沙山电厂码头、西泽汽渡码头污染防治设施能力建设
宁海县	码头污染物处理设施建设	加强强蛟海螺水泥码头、国华电厂码头、国庆渔港码头、加爵科码头、宁海散装码头（5 000 吨级）、峡山码头、薛岙码头污染防治设施能力建设

8.2.5 海水养殖污染控制工程

8.2.5.1 优化渔业功能区布局

以象山港科技兴海示范园为空间载体，建设奉化“鱼贝藻生态养殖和产业化示范基地”（1 500 亩）、宁海“海水池塘高效养殖示范基地”（1 800 亩）、象山“海水网箱标准化养殖示范基地”（3 500 亩）和鄞州“紫菜现代化养殖、加工示范基地”（3 500 亩）等渔业示范基地。推进莼湖、西周和黄避岙渔业设施化工程，加强宁海西店、强蛟种质资源保护区建设。合理布局和完善渔业码头、避风港等设施。

8.2.5.2 合理控制养殖规模

适度缩减传统养殖规模，2016 年，象山港区域养殖面积控制在 12×10^4 亩以内，其中，池塘养殖面积控制在 6×10^4 亩，网箱养殖面积压缩到 1.5×10^4 亩。积极做好渔民转产转业工作。

8.2.5.3 大力提升养殖技术

推广复合精准立体的生态养殖模式。普及生态养殖技术，鼓励有机颗粒饲料喂养，逐步淘汰冰鲜杂鱼鱼饵投放方式，到 2016 年，实施生态化喂养的网箱比例达到 60%。围绕大黄鱼、鲈鱼、黑鲷、梭子蟹、青蟹、滩涂贝类、紫菜等优势品种，发展并推广鱼-贝-藻、虾（蟹）-花菜（苔菜）-白鹅等立体养殖模式，建立水产与水生经济植物共生、渔业与畜牧轮作等复合生态养殖系统。打造象山港渔业品牌，逐步建立原产地证书制度，提高渔业产品附加值。

8.2.5.4 加强海洋渔业资源保护和修复

通过增殖放流和建设海洋牧场等方式修复象山港渔业资源。采取投放人工鱼礁方式，加强对马鲛鱼、菲律宾蛤子、缢蛏、毛蚶等重要渔业资源的产卵场、繁育场和附苗场的养护。进一步加大增殖放流力度。规模化移植大型海藻、经济贝类，降低海水富营养程度（表 8.2-5）。

表 8.2-5　海水养殖污染控制工程

县（市、区）	项目名称	项目内容
奉化市	鱼藻综合生态养殖	建成 1 500 亩的鱼藻综合生态养殖基地，并带动周边养殖户进行生态养殖
	网箱清退	对狮子口、双山海域网箱养殖区进行清退
象山县	海水网箱养殖区的分流及迁移	在棉花山海区开展框架网箱挡流技术研究，新建标准网箱 200 只以上，项目实施成功后将西沪港海区网箱进行部分迁移，以降低西沪港养殖区密度
	藻类栽培及牡蛎养殖拓展	在西沪港、象山港等海区，推广海带、紫菜等藻类栽培面积增加 500 亩；新增牡蛎养殖 500 亩
	象山港大桥湿地景观再造工程	移植象山港本地的半红树林海滨木槿，在象山港戴港大桥与海岸线间建设约 300 亩滩涂修复及景观绿化区
	西沪港互花米草治理与修复	西沪港互花米草治理区域约 18 000 亩，开展开挖区滩涂恢复性养殖试验 2 000 亩，集中堆放区 6 000 亩，海堤长 4 km
宁海县	象山港海洋牧场示范区建设	在象山港中底部铜山—白石山岛建设 2 个人工鱼礁群，总建礁规模 4 万空方；移植大型海藻 60 hm^2；底播贝类苗种 2 000×10^4 颗；放流各类鱼苗 1 000×10^4 尾；开展鲍鱼、海参等海珍品农牧化养殖试验；建设 1 080 m^2 的海上资源增殖保护研究和管理浮式平台
	象山港海藻场建设	在象山港强蛟群岛的中央山-白石山北侧海域重建象山港海藻场，通过人工干预、增殖，建设 600 亩人工藻场区和 200 亩藻类人工增殖区
	重要经济鱼类繁殖栖息地修复工程	在白石山形成总空方 11 000 m^3 的鱼礁群，在铜山形成总空方 13 000 m^3 的鱼礁群

8.2.6　农业面源污染控制工程

8.2.6.1　畜禽养殖污染治理

调整优化畜禽养殖布局，实行畜禽养殖区域和污染物排放总量双重控制，促进畜牧业转型升级。严格执行禁养区、限养区制度，以规模化养殖场（小区）为重点，加快推进污染减排重点工程建设，推行养殖废弃物统一收集、集中处理（表 8.2-6）。2014 年 12 月底前制定象山港区域畜禽养殖行业整治方案，完成禁养区的划定和禁养工作；2015 年 8 月底前规范畜禽养殖业的发展，完成规模养殖场污染治理，实现养殖业“集聚化、标准化、规范化、生态化”。

表 8.2-6　农业面源污染控制工程

县（市、区）	项目名称	项目内容
宁海县	大佳何王孝富畜牧场扩建项目	建造 100 m^3 沼气池及 100 m^3 沼液储存池
象山县	象山县黄避岙畜牧小区沼气工程	建设一座厌氧主池容积为 1 500 m^3的沼气工程
	象山县贤庠农业综合开发有限公司沼气工程	建设一座厌氧主池容积为 1 500 m^3的沼气工程
	象山县畜牧养殖小区基础设施建设	建设 5 家畜牧养殖小区，完成基础设施（政策处理、土地平整、水电接入、道路建设等）建设
	象山县乡镇畜禽养殖场整治	对畜禽栏舍进行拆除补助
	标准农田地力提升项目	完善农田基础设施，采取增施有机肥、冬种绿肥、冬季深翻耕、河泥还田等措施，经过 4 年地力培肥，将项目区从二等田提升至一等田

续表

县（市、区）	项目名称	项目内容
鄞州区	鄞州滨海平原测土配方施肥技术推广普及	在鄞州滨海平原及象山港区域范围内的作物种植中，深入开展实施测土配方施肥集成技术，通过“因土施肥、因作物施肥”等科学施肥技术的普及，重点突出控肥增效、减肥增效的项目技术成果，有效实施农业面源污染整治
	农药精准施用，减少面源污染	选用高效低毒低残留农药（如福戈、康宽、垄歌、吡蚜酮等），淘汰低效高剂量农药（如杀虫双、三唑磷）和严重损害农田生态的农药（如阿维菌素等）。全面采用新型机械施药，淘汰老式背负式手动喷雾器。消除施药时农药的“滴、漏、跑”现象。在当地配备精干的植保人员搞好病虫害预测预报，“有的放矢”地做好病虫害防治

8.2.6.2　化肥农药污染防治

实施测土配方施肥普及行动，完善作物配方肥配方和推广模式，扩大配方肥应用面积。进一步调整优化用肥结构，大力提倡增施商品有机肥。严格禁止高毒性的三唑磷和甲胺磷等有机磷农药的使用，引导农民使用生物农药或高效、低毒、低残留农药；流域周边的农地多开展作物轮作，减少病虫害的发生概率，降低农药的使用频率；增加宣传和教育，提高农民科学用药的知识，减少农药的使用剂量。健全化肥、农药销售登记备案制度，建立农药废弃包装物回收处理体系，切实减轻农药污染。

8.3　建立象山港区域生态补偿机制

建立和完善生态补偿机制，是加快构建和谐社会、推进生态建设的一项重要工作，也是解决生态保护与经济发展之间的矛盾，实现环境、经济、社会的可持续发展的有效手段。为维持和改善象山港区域生态环境质量，坚持“从实际出发，合理起步、逐步提高、重在框架制度建设”的指导方针，“以象山港陆域的生态保护补偿作为重点，率先突破，其他领域可以考虑逐步配合推进”的总体思路，按市对县（市、区），县（市、区）对镇（乡）分级组织实施的原则，尽快将象山港区域生态补偿机制建立起来，明确补偿主体和对象，补偿标准可逐年提高，补偿范围逐步扩大。

8.3.1　生态补偿途径及方式

8.3.1.1　加大政府公共财政的支撑力度

任何生态补偿机制的建立最终都要涉及筹集资金的问题。从目前各地实践情况看，政府资金在建立生态补偿机制中起到了主要的作用，尤其是一些经济发达地区。对于一些受益范围广，利益主体不清晰的生态服务公共物品，应以政府公共财政资金补偿为主；对于生态利益主体、生态破坏责任关系清晰的，可直接要求受益者或破坏者付费补偿。将生态环境保护作为政府财政经常性预算科目，建立稳定的资金来源、顺畅的支付渠道和完善的监督管理体系。

8.3.1.2　重点支持生态保护、公共设施项目建设

以象山港区域的环境条件、增强生态环境保护能力、强化环保意识、提高保护区居民的生活质量、推进城乡基本公共服务均等化为目标，根据宁波市经济社会发展和财力增长状况，开展象山港区域生态保护区生态环境建设、环保基础设施建设、生态公益林建设、村庄环境综合整治、山溪河塘整治、农村安全饮用水工程、乡镇生活污水治理工程以及水土保持、自然资源保护等生态效益明显的工作。在保持

原有资金管理模式不变的前提下，将各类专项资金统一纳入生态补偿范畴，形成聚合效应。

8.3.1.3 维护生态保护区居民的切身利益

贯彻以民为本，一切以人民利益为重的指导思想，在生态补偿政策的实施中，应对象山港区域的居民因生态环境建设带来的现实的和潜在的经济损失，通过各种载体给予合理的现金补偿。并在税收、投资、就业、社会保障、人口迁移、人才流动等方面制定激励措施，落实相关的惠民政策，提高农村人居和生态环境，切实维护好生态保护区居民的切身利益。

8.3.1.4 支持发展绿色产业和异地开发

通过规划引导、项目资金支持等方式，扶持和培育象山港生态保护区的经济增长点，改善区域投资环境，支持生态环境保护区域大力发展生态型、环保型绿色产业，支持绿色生态旅游资源的开发。探索象山港生态保护区下山异地开发的“造血型”生态补偿模式，不断使外部补偿转化为自我积累和自我发展的能力，以最大限度地解决经济发展和环境资源保护之间的矛盾，实现可持续发展。

8.3.1.5 研究探索市场化生态补偿

基于市场机制的水资源有偿使用制度，陆域生态补偿机制中，关键是利益相关方责任关系的界定问题。利益相关各方都负有保护生态环境、执行环境保护法规的责任。因此，相关方可建立“环境责任协议”制度，采用水质、水量相关指标考核的模式，达到规定的水质、水量目标的情况下给予补偿。

8.3.2 生态补偿标准确定的方法和依据

8.3.2.1 探索科学合理的生态补偿标准

探索科学合理的生态补偿标准是建立和完善陆域生态补偿机制的重要基础工作。通过对象山港区域进行了走访和调查，当地居民普遍反映，保护区经济发展水平及居民实际生活水平与周边地区存在差距。

建立生态补偿机制是对现有利益格局的调整，会有很大阻力。确定补偿标准的某些依据往往难以量化，合理的补偿标准也不可能一步到位，且标准的本身也要随着国家宏观经济政策及区域经济发展变化而调整。因此，建立生态补偿机制必须循序渐进，先易后难，先少后多，不断完善。具体机制和标准要通过相关责任方的协商来设计，以共识为基础，以市场为导向，逐步建立和完善科学规范的生态补偿标准体系。

8.3.2.2 海洋功能区划引领，优化海洋生态资金使用，建立资源环境价值评价体系

不同生态功能区之间，由于环境资源禀赋、生态功能定位不同导致的发展机会不均等。根据省政府出台的《关于进一步完善生态补偿机制的若干意见》和《浙江省生态环保财力转移支付试行办法》，优化生态建设资金使用推动了陆域不同地区、不同利益群体之间的和谐发展，促进了全省陆域间的基本公共服务均等化。然而上述机制很难直接应用于海域。象山港入海河流众多，陆域和海域的生态环境差异巨大，海洋的生态服务功能价值一直没有准确计算，不同海域的生态功能定位不明，即海域生态补偿机制的政策设计依据不清。生态补偿机制与主体功能区的设计密不可分，主体功能区规划是战略性、基础性、约束性的规划，是各种规划包括海洋功能区划、海域使用规划等在空间开发和布局的基本依据。主体功能区规划要求海洋功能区划与其相衔接。因此，具体到海域，开展海洋生态补偿机制可以海洋功能区划为基础加以引领。实际工作中虽然进行海洋功能区划较早，开展主体功能区划较晚，但结合海洋经济发展示范规划空间范围内的产业布局，根据海域的生态主导功能，根据新一轮的海洋功能区划修编，从生态功能角度划分优化开发、重点开发、限制开发和禁止开发海域，可使两大区划有效衔接。现阶段要着

重研究加大禁止开发海域的生态补偿力度，各级财政应加大对海洋保护区的财政投入，加强海洋补偿机制实践在这些区域的示范力度。针对过去的资金使用不规范问题，改变重拨款轻管理的现象，加强资金使用的绩效考评，使生态补偿资金发挥激励和引领的作用。

只有在经济建设和市场交换中体现、环境保护和生态价值，建立科学合理的生态补偿机制，才能在优先开发、重点开发与限制开发、禁止开发区域之间进行利益平衡和调整，才能通过公益补偿机制寻求区域间的经济资本与生态资本的平衡。

结合宁波市实际建立资源环境价值评价体系，研究探索象山港区域定量化的自然资源和生态环境价值评价办法，为生态补偿提供实际可操作的价值估算依据，以增强生态补偿的科学性、合理性、针对性和实用性。

8.3.3　生态补偿配套机制

8.3.3.1　政策保障机制

一方面，要做好生态补偿的地方法规和规章的立法工作，推进生态补偿政策的出台，逐步通过立法对各利益相关者的权利义务责任进行界定，明确补偿内容、方式和标准规定，使生态补偿政策和生态补偿制度日趋完善。另一方面，随着生态补偿工作的不断深入，还需对象山港区域生态补偿的有关条例和政策进行修改和完善，满足不同时期的需要。同时，宁波市还应重视象山港区域生态补偿相关配套政策的制定和出台，如人口迁移、产业结构调整、财政政策向水源区倾斜等，从政府公共管理涉及的各个方面共同推进水源区生态补偿工作。

8.3.3.2　建立财政保障机制

各地应在确保实现当年财政收支平衡、完成生态环境保护和建设目标任务前提下，实行市级补助与县（市、区）地方财政收入增长、征收挂钩的办法，对重要的生态功能区和自然保护区所在县（市、区）加大财政转移支付补助，适当调整财政收入分成比例，实行差别待遇。按照科学性、规范化和制度化的要求，对现有的财政支出结构进行优化和整合，合理确定财政支出投向，充分体现生态补偿的要求和对欠发达地区、重要生态功能区的倾斜和扶持，进一步明确用于生态补偿的项目和标准，重点扶持相对落后地区的生态示范项目。

8.3.3.3　市场化运行机制

充分发挥宁波市政府体制机制优势，尽快建立水权、排污权等资源环境权益的市场交易机制，积极培育水资源使用权、区域内污染物排放指标和排污权等资源环境权益的交易市场，进一步优化环境资源配置；充分发挥宁波市民间资金充裕的优势，拓宽利用外资的渠道，鼓励和引导社会资金投向环境保护、生态建设和水资源高效综合利用产业，逐步建立政府引导、市场推进和社会参与的生态补偿机制。

8.3.3.4　规范生态补偿标准，建立生态保护责任机制

生态补偿标准设置的科学合理性是生态补偿得以有效实施的关键。目前，生态补偿标准的确定存在两个极端误区：一是认为海洋生态补偿标准不应设置过高，以免给政府和企业增加负担，从而削弱竞争力；二是认为生态补偿标准应当完全计算海洋系统的生态损害程度，抬高其补偿标准，以加大生态损害行为成本，阻止损害行为发生。上述两种认识均过于片面，海洋生态补偿标准的设置应当根据政府综合经济发展水平和政府财力状况，科学评估海洋生态保护的直接和间接成本，围绕补偿主体、补偿依据、补偿数量、补偿形式，综合考虑发展发展机会成本和生态系统服务价值，即突出海洋生态补偿标准的发展性、动态性和实际性。在浙江省前期的探索实践中，对部分生态补偿金的征收采取了分期落实的形式，

即为这种原则在工作的体现，将来还需创新多种方式来实现上述原则。

象山港区域应实行生态保护责任机制，生态补偿与生态保护责任挂钩，没有尽到责任的单位和个人，应退还生态补偿资金，甚至进行罚款。对因排污超标造成重大污染的，补偿数额由所在县（市、区）人民政府根据污染程度核定解决，对于跨县（市、区）的补偿数额，由市人民政府协调解决。

8.3.3.5 生态保护激励机制

建立象山港区域陆域生态保护专项奖励资金，或者从财政补助资金里的抽取一定比例作为以奖代拨经费，生态环境建设与保护目标责任考核合格的给予全额拨付，不合格的不予拨付，纳入环境保护专项资金。建立严格象山港陆域环境保护行政责任制，确保入海河流断面水质达到规定标准；对跨县（市、区）河流水体，功能区水质按《地表水环境质量标准》控制的区域，在确保水质稳定达标的前提下，由市人民政府给予适当补助和奖励，相关经费从生态保护专项资金中列支。

8.3.3.6 规范生态专项转移支付，建立纵横向交错的海洋生态补偿机制

自《防治海洋工程建设项目污染损害海洋环境管理条例》颁布以来，海洋建设工程生态补偿力度逐步加大，在恢复海洋渔业资源、保护敏感海域环境方面发挥了积极作用。但是，在实践探索过程中，存在着生态资金转移支付制度不完善、需纳入行政管理体系、规范收费制度的问题。为保证转移支付资金能够足额、高效地用于生态建设，各级财政应充分考虑生态环境保护引起的财政减收，有针对性地建立海洋生态补偿专项基金，保证专款专用。海洋生态建设涉及环保、水利、林业、渔业等多个部门，涉及区域间、陆海间及行政领域间的各方面利益，为此，应进一步探索和建立横向补偿机制，协调好陆域和海域之间的关系，统筹行政区划间、部门间、行业间和项目间的生态建设措施和补偿机制就显得尤为重要。在具体实施过程中，由于我国现行的行政区划和管理体制不利于横向生态转移支付的实施和操作，故对于纵横向补偿，应统筹考虑，分步推进多种海洋生态补偿方式并举，统筹生态效益与经济效益。

海洋生态补偿机制虽然以政府的财政转移支付为主，但要尤其注意在“输血”过程中不弱化“造血”功能培育，才能建立长期、稳定的长效机制。纵观世界各地的生态环保建设，可以发现一条规律：生态建设目标和当地社区居民发展利益相统一，则易成功；建设和当地社区居民发展利益相冲突，则举步维艰。当前浙江省海洋生态补偿方式主要以资金补偿为主，组织方式为水生生物的增殖放流。应该说，这种方式在某种程度上是符合海洋生态建设现阶段实际的，也容易为补偿者接受。然而，由于海洋的流通性，其受益者的指向不明的缺点也是显而易见的。对政策设计者来说，如何从系统工程角度，改变现阶段单一的补偿方式，从制定优惠制度、建立完善的政策法规、引导当地和周边渔民调整产业结构、争取国际国内各类资金支持、丰富生态补偿组织方式、加大对转产渔民的智力支持等多方面着手，因地制宜开展海洋生态补偿，是现阶段健全海洋补偿机制的重点和关键点。

8.4 小结

为深入推进入海污染物总量控制及减排考核，使陆源入海污染和涉海污染得到有效治理，现阶段在象山港区域全面落实农业面源污染、生物污染、工业污染、环象山港陆源污染入海口及海水养殖等的管理措施，积极开展河道水闸治理、工业污染控制、生活污染治理、码头船厂污染控制、海水养殖污染控制和农业面源污染控制等减排工程。同时，为维护象山港区域生态健康与生态安全，以象山港陆域的生态保护补偿作为重点，尽快将象山港区域生态补偿机制建立起来，明确补偿主体和对象，补偿标准可逐年提高，补偿范围逐步扩大，最终形成人与自然和谐共生的宜人环境。

第9章　结论及展望

象山港是我国典型的半封闭式港湾，区位特征及资源环境独特，是宁波市海洋生态文明示范区，也是宁波市社会经济发展的“后花园”。象山港入海污染物总量控制及减排考核示范应用研究，有利于有效限制陆源污染入海，保障象山港海域环境资源合理开发与保护，促进区域社会经济可持续发展。这对于落实我国重点海域入海污染物总量控制制度和促进国家节能减排有着重要意义，也可为我国其他港湾的入海污染物总量控制研究提供借鉴。

9.1　结论

象山港港域纵深、岸线曲折，南北狭长约60 km，口门宽约20 km、内港3~8 km，西沪港、黄墩港、铁港镶嵌其中，海域水动力条件差，自身环境容量小，海域及海岸带开发活跃，入海污染压力大，海洋环境容量及污染物总量控制制度的实施也受诸多限制。因此，如何有效落实象山港入海污染物总量控制也成了我国重点海域的生态管理中亟须解决的问题。本书结合象山港海域多年的调查和研究成果，在掌握象山港区域自然环境、社会经济和开发利用现状等的基础上，建立了容量分配以“行政单元—海洋点源化”为技术理论依据的入海污染物总量减排考核技术，并在象山港周边的5个县（市、区）开展减排考核示范应用，给出了以污染物总量控制工程等为核心的减排考核保障措施。

①象山港为东北—西南走向的狭长形半封闭港湾，贯穿宁波中部，跨越了北仑、鄞州、奉化、宁海、象山共5个县（市、区）23个乡镇。象山港周边陆域河流众多，污染主要来源于周边开发活动，包括农田、林业、畜牧业、海水养殖、涉海工程建设以及周边的工业企业如印染、五金、医药、食品、滨海电厂和修造船厂等。

②象山港海域的潮汐属于不规则半日浅海潮，潮流性质应属于不规则半日浅海潮流，以往复流为主。海域自净能力较弱，水体常年处于富营养化状态，无机氮和活性磷酸盐基本超四类海水水质标准，污染物分布由港底部至港口部逐渐降低，赤潮及大米草成为了象山港海域主要海洋生态灾害；象山港沉积物质量和生物质量总体良好，基本符合一类海洋沉积物质量标准。

③根据象山港污染源调查估算，象山港COD_{Cr}的陆源污染源主要为农业面源、畜禽养殖和生活污染，生活污染源排放的COD_{Cr}占总象山港区域的29.01%，畜禽养殖占10.41%，农业面源占35.16%。象山港陆源污染源COD_{Cr}的占排放量总量的82.51%；海水养殖COD_{Cr}占排放总量的17.49%。陆源总氮的排放量为3 059 t，污染源主要为生活和农业面源，陆源总氮占象山港区域的81.12%；海水养殖总氮的排放量为712.12 t，占象山港区域的18.88%。陆源总磷的排放量为378.86 t，以农业面源为主，陆源总磷占象山港区域的76.66%；海水养殖总磷的排放量为115.37 t，占象山港区域的23.34%。陆域COD_{Cr}、总氮、总磷的排放量所占比重远大于海域面源排放量。因此，加强象山港周边陆源污染控制，对于象山港区域的环境保护有重要意义。在象山港周边的5个县（市、区）中，COD_{Cr}、总氮、总磷排放量最大的均为象山县，BOD排放量最大的为宁海县。

④陆域周边的工业、农业、生活等各类污染物约97%通过河流、水闸等方式进入象山港，而工业企

业直排入海总量较小。2013年，监测的12条入海河流中，16.7%的COD_{Cr}浓度为劣五类；33.3%的总磷浓度为劣五类；66.6%的总氮为劣五类。监测的13个入海水闸中，30.8%的COD_{Cr}浓度为劣五类；30.8%的总磷浓度为劣五类；46.2%的总氮浓度为劣五类；重金属（Cu、Zn、Cr、Cd、Pb、Hg、As）含量较低，基本符合一类、二类；监测的3个印染业企业入海直排口中，COD_{Cr}、悬浮物、苯胺、铬等含量较高，均超出纺织染整工业水污染物排放标准。各河流、水闸和工业企业直排口等各污染物入海通量中，所占比例最大的为宁海县，其COD_{Cr}入海通量占象山港总量的49.1%，总磷入海通量占象山港总量的49.3%，总氮入海通量占象山港总量的50.6%；其次为象山县；鄞州区最小。

⑤根据计算和研究，象山港COD_{Cr}还有一定的环境容量（34.33 t/d），建议COD_{Cr}排放量维持现状，以调整产业结构、优化源强的空间布局为主；TN、TP已严重超标，需要减排以改善象山港海域水质。根据环境、资源、经济、社会和污染物排放浓度响应程度等考虑，最终确定总氮、总磷减排分配的最优方案，得出减排目标为COD保持不变，TN、TP近期（5年内）总量削减10%。

⑥为了有效落实污染物总量控制及减排目标，在减排技术上，采用入海口控制区域的方法，对象山港区域5个县（市、区）共28个代表性入海口（减排考核对象）的减排指标进行逐个核定和分配，确定减排量，从而为象山港海域污染物总量减排考核提供技术依据。在2013年减排考核监测的基础上，通过计算每个入海口的响应系数从而得到减排量分配权重，对2014年象山港周边TN、TP进行减排分配，使得每个入海口都得到了一定的减排任务，TN减排率从0.34%到54.94%不等，TP减排率从0.36%到37.33%不等，减排总量为所有入海口排污总量的10%。在2014年减排考核监测的基础上，通过计算每个入海口的响应系数从而得到减排量分配权重，对2015年象山港周边总氮（TN）、总磷（TP）进行减排分配，使得每个入海口都得到了一定的减排任务，总氮（TN）减排率从0.53%到22.69%不等，总磷（TP）减排率从0.31%到31.08%不等，减排总量为所有入海口排污总量的10%。在减排考核技术上，今后可以尝试首先按照不同县（市、区）进行分组，然后按照各组入海口的排污量量级再进行分组，从而按所得分配权重将项目总减排目标分配至各入海口，可以更好地避免出现某个入海口分配所得减排量超过其原始排污量的情况，使分配结果更具实际可操作性。

⑦通过开展象山港入海污染物总量减排考核现场监测，计算象山港区域5个县（市、区）河流、水闸及工业直排口的COD、TN、TP的实际排放量，进而与象山港主要污染物环境容量和核算的减排量对比，验证各县（市、区）是否实现减排目标。从各县（市、区）完成情况来看，2014年，北仑区总氮未完成减排目标，鄞州区化学需氧量和总磷未完成减排目标，奉化市化学需氧量和总氮未完成减排目标，其他各个县（市、区）的各个减排指标均超额减排。2015年鄞州区化学需氧量、总氮未完成减排目标，奉化市总氮未完成减排目标，宁海县化学需氧量和总氮未完成减排目标，象山县化学需氧量和总氮未完成减排目标，北仑区的化学需氧量、总氮、总磷3项指标均完成减排目标。

⑧为有效保障象山港入海污染物总量控制及减排考核制度的实施，全面落实以农业面源污染、生活污染、工业污染、环象山港陆源污染入海口及海水养殖等的区域环境保护管理措施，积极开展河道水闸治理、工业污染控制、生活污染治理、码头船厂污染控制、海水养殖污染控制和农业面源污染控制等减排工程。同时，以象山港陆域的生态保护补偿作为重点，尽快建立象山港区域生态补偿机制。

9.2 展望

目前，我国在海洋环境保护法等法律法规上明确了在重点海域实施污染物总量控制制度，但需在哪些海域实施总量控制尚未具体确定，同时核查监督和减排成效评估机制、方法、标准等相应的配套措施与制度尚未建立。为适应海洋污染控制的需要，目前，各级海洋主管部门主要是加大了入海污染物总量控制的理论研究工作，但实践操作性不够强，未能进入实际性的实施阶段，与地表水体和大气的污染物总量控制相比，入海污染物总量控制工作相对滞后。本书结合多年的海洋环境容量及污染物总量控制研究，在入海污染物总量控制及减排实施的理论层面和技术方法上进行了一些新的研究和探索。本书以点代替面来确定入海污染物的减排量，改变传统以线-面（行政单元、汇水区或某流域）确定入海污染物减排量，即以行政单元为考核主体，以主要入海点源为考核对象，建立以“行政单元—海洋点源化”的总量控制减排考核技术，针对性强，解决了因考核对象不明朗导致减排实施难以着陆的问题，从而实现了入海污染物总量控制的有效落实。在技术方法上，采用分类分级分配技术确定减排量，即按同排海方式、排污量级将总减排目标分配至各入海口，解决采用传统方法分配结果可能不符合实际情况（如超过原始排污量）的问题，更具科学性。同时，在入海污染物总量控制及减排考核的保障措施中，除考虑总量指标外，将减排工程纳入总量减排考核设计中，即“总量减排是抓手”，促动陆源系列减排及生态工程实施是目的，最终实现加强污染源头控制的入海污染物总量控制理念。当然，本书以“行政单元—海洋点源化”的总量控制减排考核技术研究仍属初步示范应用，其科学性还待进一步完善。另外，作为海域染物总量控制制度的配套措施与制度如排污权交易和生态补偿制度的建立等仍还任重道远。因此，在今后需进一步加强污染物总量控制及减排技术方面的一些热点、难点问题研究，可从以下方面考虑：

①减排目标及考核对象选取方面：减排目标（即减排量）的可达性以及考核对象（即入海口）选取的科学性和公平、公正性如何体现，选取的技术依据等。

②污染物总量控制精细化：如由大容量精细化到小容量，即从目前的某海域（或某港湾）的大环境容量细化到具体考核点的小环境容量，使得污染物总量控制更为精确。

③入海污染物监测技术研究：在未实现在线实时监测的情况下，采样时间的代表性如何确定、水闸（间歇式排放）的污染物入海监测技术以及径流量确定等问题。如径流量的确定，从总量控制角度，径流量是核算污染物入海通量的基础数据，而在我们的一些实际工作中，许多河流的径流量、水闸的排海量等资料获取较为困难，目前亦尚无成熟的相关技术规程。

④海陆指标衔接问题（如 COD_{Cr}、COD_{Mn}、N、P 等）：目前我国污染物总量控制，在海陆减排指标选取上存在不统一，即海洋部门需采用的指标是 COD_{Mn}、无机氮和磷酸盐，而针对陆域的污染控制，环保部所实施的减排指标是 COD_{Cr}、总氮和总磷，它们之间的换算关系目前尚未明确。同时，COD 在分析方法上（重铬酸钾法和高锰酸钾法）存在很大的差异性，两者的换算关系不明确，目前尚无统一标准。

⑤在入海污染物总量控制及减排机制体制以及减排成效监测与评估等方面进行研究。

参考文献

柏怀萍. 1984. 象山港浮游动物调查报告（J）. 海洋渔业. 6（6）：249-253.
陈清潮，章淑珍. 1965. 黄海和东海的浮游桡足类Ⅰ哲水蚤目［A］. 中国科学院海洋研究所编辑. 海洋科学集刊［C］. 青岛：科学出版社. 21-119.
黄秀清，王金辉，蒋晓山，等. 2008. 象山港海洋环境容量及污染物总量控制研究［M］. 北京：海洋出版社.
黄秀珠，叶长兴. 1998. 持续畜牧业的发展与环境保护［J］. 福建畜牧畜医，5：27-29.
日本机械工业联合会，日本产业机械工业会. 1987. 水域的富营养化及其防治对策. 北京：中国环境科学出版社.
水利部太湖流域管理局. 1997. 太湖流域河网水质研究［R］.
汪耀斌. 1998. 黄浦江上游沪、苏、浙边界地区污染源与水质调查分析［J］. 水资源保护，4：37-40.
谢蓉. 1999. 上海市畜牧业污染控制与黄浦江上游水源保护［J］. 农村生态环境，15（1）：41-44.
张大弟，张晓红，章家骐，等. 1997. 上海市郊区非点源污染综合调查评价［J］. 上海农业学报，13（1）：31-36.
中国海湾志编纂委员会. 1993. 中国海湾志第五分册. 北京：海洋出版社：74-83，151-159，217-226，291-303.
钟惠英. 1988. 象山港中西部海水化学要素分布特征［J］. 浙江水产学院学报，6（1）：53-61.
Delft Hydraulic. 2010. Delft3D-FLOW User Manua1. Delft：WL｜ Delft Hydraulics［R］.